Anweisung

das

Schießpulver

zu bereiten,

enthaltend die Gewinnung und das Raffiniren des Salpeters; die Bereitung der Kohle; Reinigung des Schwefels; Bereitung des Schießpulvers nach den bewährtesten Methoden; verschiedene Verbesserungen deren diese Bereitungsart fähig scheint; Verfahren, das Schießpulver chemisch zu zerlegen u. s. w.

von

Bottée und Riffault,

Mitgliedern der Administration des Schießpulvers und Salpeters in Frankreich.

Mit neunzehn Kupfertafeln.

Aus dem Französischen übersetzt

von

Friedrich Wolff

der Weltweisheit Dr. und Professor am Joachimsthalschen Gymnasium.

Berlin, 1816.

In der Realschulbuchhandlung.

Vorrede des Uebersetzers.

Wenn auch einem Volke die weise Mäßigung seines Herrschers, die sichere Bürgschaft gewährt, daß es nie werde genöthigt werden, offensiven Krieg zu führen, so muß dasselbe sich doch stets in solchem Stande erhalten, daß es ungerechten Angriffen von außen zu widerstehen und seine Unabhängigkeit und Selbstständigkeit zu verthei- digen vermögend ist. Man wird daher, selbst im tiefsten Frieden, diejenigen Anstalten, welche sich auf die Kunst Krieg zu führen beziehen, nicht allein erhalten, sondern unablässig auf die Vervollkommnung derselben bedacht seyn müssen.

Diese unerläßliche Rücksichten lassen mich hoffen, daß ungeachtet der weit friedlicheren Stimmung, welche jetzt in Deutschland herrscht, gegenwärtiges Werk, welches von einem der wichtigsten Gegenstände für die Kunst Krieg zu führen, nemlich von der zweckmäßigsten Bereitung des Schießpulvers handelt, eine günstige Aufnahme finden werde; um so mehr, da sein Werth den Beifall aller Kenner ihm versichern muß.

Bei der so zahlreichen Menge von Schriften, welche in ähnlicher Absicht abgefaßt sind, fehlte es dennoch an einem Werke, welches diesen Gegenstand mit so viel Klarheit und Ausführlichkeit behandelte, wie gegenwärtiges. Es werden in demselben nicht allein mannigfaltige abweichende Verfahrungsarten, welche zu verschiedenen Zeiten und an verschiedenen Orten befolgt wurden, sondern auch die Abänderungen, welche man dabei getroffen hat, sobald sie nur von einigem Belange für die Pulverfabrikation sind, vollständig angeführt, und mit Sachkenntniß geprüft.

Man wird überhaupt finden, und es ist in der Natur der Sache selbst gegründet, daß bei allen Zweigen des menschlichen Wissens, welche auf Praxis beruhen, die vollkommneren Anweisungen zur Ausübung, so wie die bewährtesten Vorschläge zur Verbesserung, von denen Männern, bei welchen sich theoretische Kenntnisse mit praktischen in dem schönsten Vereine finden, werden gegeben werden. In dieser Hinsicht konnte aber gegenwärtige Ausarbeitung nicht in bessere Hände gerathen, als in die der Verfasser, welche mit den nöthigen wissenschaftlichen Kenntnissen, die Erfahrung einer langen Reihe von Jahren vereinigten.

Was in dem Werke geleistet wurde, muß der Leser in demselben selbst aufsuchen; ein kurzer Auszug würde nicht genügend seyn, eine größere Ausführlichkeit aber, die Bogenzahl nur unnöthig vermehren.

Die Resultate, zu denen dasselbe übrigens führt, sind die, daß der größte Vorzug, welchen man dem Schießpulver zu ertheilen suchen muß, in der Gleichförmigkeit der Wirkung besteht.

Ein jeder wird mit mir einverstanden seyn, daß ein Schießpulver, welches so weit trägt als man sieht, alle Forderungen erfülle, welche man an dasselbe machen kann. Wenn wir daher ein Pulver bereiten können, welches bei grobem Geschütz zwischen drei bis viertausend Schritt trägt, und diese Tragbarkeit bei'm Aufbewahren in den Magazinen und bei weiten Transporten beibehält, so wird das geleistet, was sich für unsere kriegerischen Unternehmungen irgend wünschen läßt. Dieses erreicht man aber 1) durch Anwendung gehörig reiner Materialien; 2) durch inniges Mengen derselben im richtigen Verhältnisse; 3) und durch Verarbeiten des Gemenges zu einem hinreichend festen Korne.

Sind die Materialien nicht gehörig rein, enthält vorzüglich der Salpeter an der Luft zerfließende Salze, so wird das Pulver, welches bei der Probe zu der Zeit da es aus der Fabrike kam, ein sehr annehmliches Resultat gab, doch, nachdem es einige Zeit aufbewahrt worden, sich merklich verschlechtert haben, ja vielleicht ganz unbrauchbar geworden seyn.

Eben so nothwendig ist das innige Mengen der verschiedenen Bestandtheile in dem angemessenen Verhältnisse. Merkwürdig ist es, daß nach so mannigfaltigen Versuchen und Abänderungen der Verhältnisse, man in Frankreich auf das allerälteste, nemlich 75 Salpeter, $12\frac{1}{2}$ Kohle, $12\frac{1}{2}$ Schwefel, als das zweckmäßigste zurückgekommen ist *). Einer genaueren Untersuchung werth, sind die Seite 460 angeführten Versuche, die Menge des Salpeters bis auf 70 Procent zu vermindern und dagegen die Menge der Kohle bis auf 16, und die des Schwefels auf 14 Procent zu erhöhen. Das in diesem Verhältnisse gemischte Schießpulver, gab bei den damit angestellten Proben, größere Schußweiten,

*) Auch in England wird das Verhältniß 76 Salpeter, 12 Kohle, 12 Schwefel, den neuesten Untersuchungen zufolge, für das zweckmäßigste erklärt. Man sehe: Annals of Philosophy etc. by Thomas Thomson. N. I. 1813. p. 68.

als das nach dem alten Mischungsverhältnisse angefertigte; dies verdient aber vorzüglich in ökonomischer Hinsicht Aufmerksamkeit, indem bei dem theuren Preise des Salpeters, eine bedeutende Ersparniß der Kosten gemacht werden könnte. Das Korn des nach dem angegebenen Mischungsverhältnisse angefertigten Schießpulvers, wird wegen der verhältnißmäßig größeren Menge Kohle, poröser als bei dem gewöhnlichen Verhältnisse von Kohle seyn, diesem sucht man dadurch abzuhelfen, daß man den Pulversatz mit einer schwachen Gummiauflösung, statt mit gewöhnlichem Wasser anfeuchtet, und ihn auf die Art stärker bindet.

Das dritte Erforderniß zu einem guten Schießpulver ist Festigkeit des Kornes. Dadurch wird dasselbe fähig, sich auf große Distanzen transportiren zu lassen, ohne daß seine Güte leidet. Zwar sind mit der Festigkeit des Kornes andere Nachtheile verbunden, welche jedoch die daraus entstehenden Vortheile keineswegs aufwiegen. Das Schießpulver von mehr lockerem Korne entzündet sich schneller, in einem Moment gleichsam, werden alle elastische Flüssigkeiten frei, und die Wirkung fällt demnach größer aus. Das Schießpulver von festerem Korne, entzündet sich träger, es verstreicht längere Zeit ehe alles aufgebrannt ist, und dieses schwächt die Wirkung. Allein, wenn gleich bei der ersten Probe ein solches lockeres Pulver größere Schußweiten giebt; so verliert es diesen Vorzug doch sehr bald. Die Feuchtigkeit durchdringt das poröse Korn und verändert seine Grundmischung; so wie bei dem Verfahren des Pulvers nach entfernten Gegenden, sich ein großer Theil Mehlpulver bildet.

Diejenigen Vorzüge, welche ein gutes Schießpulver in sich vereinigen muß, besitzt unser preußisches Schießpulver in einem ausgezeichneten Grade. Wenn vielleicht das Pulver einiger auswärtiger Fabriken, bei'm Herauskommen aus den Werkstätten eine vortheilhaftere Schußweite giebt, so behält es diesen Vorzug nicht, wenn man es längere Zeit aufbewahrt, oder weit transportirt. Preußisches Pulver hingegen, welches zwanzig Jahre und länger in Magazinen gelegen hatte, verhielt sich noch eben so, bei damit angestellter Probe, als bei der Probe, welche seine Aufnahme in das Magazin bestimmte. Auch durch weite Transsporte wird dies Pulver nicht bedeutend zu seinem Nachtheile verändert.

Das Mischungsverhältniß des preußischen Schießpulvers, welches sonst ganz mit dem oben angegebenen überein kam, nemlich $\frac{3}{4}$ Salpeter, $\frac{1}{8}$ Schwefel und $\frac{1}{8}$ Kohle, ist jetzt dahin abgeändert worden, daß man den Pulversatz aus 72 Salpeter, $13\frac{1}{2}$ Schwefel und $14\frac{1}{2}$ Kohle bildet. Diese Abänderung im Mischungsverhältnisse hat bis jetzt fast gar keine Differenz in der Schußweite, gegen das nach dem älteren Verhältnisse bereitete, gegeben.

Die Ingredienzien, aus welchen das Schießpulver verfertigt wird, werden auf Mahlmühlen fein gerieben und innig gemengt. Der gröblich zerstoßene Salpeter wird mit dem Schwefel und der Kohle gemengt, und von dem Gemenge werden 45 Pfund auf einmal unter die Mühlsteine gebracht.

Die Mühlsteine bestehen aus einer Art Marmor, oder vielmehr Stinksteine, welche aus dem Brabantschen kommt; die Steine haben einen bedeutend großen Durchmesser, und zwei derselben bewegen sich auf ihrer schmalen Kante (senkrecht) auf einem Bodensteine derselben Art, durch Umdrehung einer lothrechten Welle, an welcher jene Steine befestigt sind.

Die Mühle wird durch Pferde in Bewegung gesetzt. Ein sechsstündiges Mahlen reicht hin, der Masse die nöthige Feinheit zu geben, und den Pulversatz vollkommen zu bilden.

Die gefährlichen Ereignisse, welche die Verfasser als unabtrennbar mit den Mahlmühlen betrachten, finden äußerst selten statt, und sind keinesweges in ihren Folgen so verheerend, als sie von ihnen dargestellt werden. Entzündet sich wirklich die Masse, so fliegt sie, wenn sie einige Zeit gemahlen worden, schnell in die Höhe, und findet, indem sie die in dem Dache und in den

Seitenwänden befindlichen Klappen aufstößt, einen Ausweg in's Freie. Die Steine werden keinesweges zertrümmert, selbst nicht beschädigt, ja der Gang der Mühle nur auf kurze Zeit unterbrochen. Der Verlust der aufgeflogenen Masse, ist in den meisten Fällen, nebst dem Verluste der Arbeit, das einzig bedeutende was verloren geht. Wie kann auch wohl die Masse, welche von dem Steine nur in einer so äußerst kleinen Fläche berührt wird, mithin nur auf einen so kleinen Theil des Steines wirken kann, diese Last von 50 und mehreren Zentnern in die Höhe heben, sie aus ihrer Stelle verrücken, oder sie gar zerstören?

Nachtheiliger auf die Masse des Steines wirken dergleichen Explosionen, wenn sie sich im Anfange des Mahlens ereignen. Da die Bestandtheile noch nicht gehörig fein gerieben und gemengt sind, mithin der Pulversatz nicht völlig gebildet ist, so erfolgt das Aufbrennen der Masse langsamer. Die sich entwickelnde Hitze kalcinirt den

Stein, der dadurch mürbe wird, und sich abblättert.

Die Ursache der Entzündungen scheinen in den meisten Fällen wohl Quarztheilchen zu seyn, welche sich zuweilen in dem Marmor vorfinden, mit der Zeit durch Abreiben der benachbarten weicheren Marmortheilchen sich ablösen, und wenn sie etwa einem andern Körper ähnlicher Art begegnen, die Entstehung eines Funkens veranlassen. Die Erklärung, welche von den Verfassern Seite 398 über die Entstehung der Explosionen bei Mahlmühlen, in Folge der Zersetzung der Bewegung, gegeben wird, ist viel zu gekünstelt, und auch in der Natur der Sache nicht gegründet.

Das Körnen der Pulvermasse wird auf die Seite 380 beschriebene Art verrichtet.

Die Pulvermasse, welche unter den Mühlensteinen zu festen, platten Kuchen gedrückt worden, wird in pergamentene Siebe gethan, deren Löcher, die Größe des verlangten Pulverkornes bestimmt. Ein solches Sieb stehet in einem anderen Siebe, dessen Boden von Haaren ist, und beide in einer Abtheilung eines in drei Fächer getheilten Kastens. In dem oberen Siebe, legt man auf die zu körnende Masse, zwei mit etwas Blei ausgegossene, von festem Holze verfertigte Scheiben, durch deren Hülfe während der Bewegung des Kastens (der unterhalb offen und innerhalb bloß mit Leisten versehen ist, auf welchen das Sieb stehet) die Körner durch dasselbe gedrängt, und zugleich die festen Körper zerkleinert werden.

Die Körner mit dem Staube fallen in das untere Haarsieb, welches den Staub durchgehen läßt, der sich in einem feststehenden Kasten, über welchem die in dem oberen Kasten befindlichen Siebe bewegt werden, aufsammelt und nachher wieder auf der Mühle mit der anderen Pulvermasse verarbeitet wird.

Der Kasten hängt an vier Schnüren, welche an der Decke des Körnhauses befestigt sind. Der an dem einen Ende des Kastens stehende Arbeiter bewegt den Kasten hin und her, wobei ihm noch eine hölzerne federnde Stange, die am entgegengesetzten Ende wieder zurückstößt, zu Hülfe kommt.

Das Pulver, wie es aus dem Körnhause kommt, ist noch nicht sortirt. Dieses geschieht erst nach beendigtem Trocknen, welches in durch Oefen erwärmte Trockenstuben verrichtet wird, wo dann durch Siebe das feinere, vom ordinären und von dem bei'm Trocknen entstandenen Staube abgesondert wird.

Wissenschaftlich gebildete Direktoren leiten dieses Geschäft im Ganzen, so wie in seinen einzelnen Theilen. Sie wachen darüber, daß die angewandten Materialien den erforderlichen Grad der Reinheit besitzen, daß bei dem Abwiegen, Mengen und der ferneren Bearbeitung derselben, bis zur gänzlichen Vollendung des Pulvers, alles mit der erforderlichen Genauigkeit und Sorgfalt geschehe. So genügt dieses höchst einfache Verfahren, ein Schießpulver von der größten Gleichförmigkeit und in der nöthigen Menge für den Bedarf des Staates, indem die

Berliner Fabrike täglich im Durchschnitt zehn Zentner Pulver anfertigen kann, zu beschaffen.

Wenn die Berliner Fabrike in dem langen Zeitraume, in welchem sie in Thätigkeit ist, so wenig Abänderungen in ihren Manipulationen gemacht hat, so rührt dieses keinesweges von der Unbekanntschaft mit dem her, was in anderen Ländern in dieser Hinsicht geschehen ist. Mit Aufmerksamkeit verfolgte man, alles was auf die Bereitung des Schießpulvers Bezug hatte, versuchte manches, kam aber endlich immer auf die eben beschriebene Verfahrungsart, als diejenige zurück, welche im Ganzen die meisten Vortheile darbietet.

Was die gegenwärtige Uebersetzung betrifft, so ist sie möglichst treu dem Sinne des Originals nachgebildet worden. *). Durch Oekonomie im Druck,

*) Der vollständige Titel dieses Werkes ist: Traité de l'art de fabriquer la poudre á Canon, contenant l'ex-

Druck, durch Hinweglassung einiger nicht wesentlicher Gegenstände, war es möglich, das was auf neunzig Bogen des Originals enthalten ist, in einem mäßigen Bande wieder zu geben; wodurch zugleich der so bedeutende Preis des Originals (welches in Frankreich selbst vierzehn Reichsthaler kostet) sehr verringert werden konnte.

Derjenige Theil, welcher von dem Bottée-Riffaultschen Werke ganz weggelassen wurde, ist die geschichtliche Erzählung der Fortschritte der Salpetergewinnung in Frankreich: Sie ist

traction du salpêtre, son raffinage; — la fabrication du salin, sa calcination — la fabrication du charbon par divers procedés, l'épuration du soufre par les anciens et nouveaux modes de raffinage; — la fabrication de la poudre par six procédés différents; — les améliorations à faire dans cette Fabrication en France; les compositions de poudre avec différents sels détonants; — les divers moyens d'éprouver et d'analyser la poudre; — la description des ateliers, machines et utensiles employés à ces différents genres de travaux: précédé d'un exposé historique sur l'établissement du service des poudres et salpêtres en France, accompagné d'un Recueil de qua-

ganz lokal, und hat daher nur für den Franzosen Interesse; überdieß giebt sie über das dabei zu beobachtende Verfahren keine Auskunft, sondern theilt die Verordnungender Regierung das Einsammeln des Salpeters u. s. w. betreffend mit, so wie den Betrag der jährlichen Erndte

Als Resultat dessen, was eine Erfahrung von beinahe dreihundert Jahren gelehrt hat, stehe hier ohne weitere Bemerkung von meiner Seite, folgender Erfahrungssatz:

Daß in Frankreich, so lange und so oft das Einsammeln des Salpeters dem freien Willen der Unterthanen selbst überlassen wurde, die Salpetererndten sehr wenig ergiebig ausfielen; und daß man sich daher stets genöthigt sah, immer wieder darauf zurück zu kommen, dieses Ge-

rante Planches au trait. Par MM. Bottée et Riffault, membres de l'administration des poudres et salpêtres en France. Publié avec l'approbation de S. E. le Ministre de la Guerre. Paris, Leblanc.

schäft als Regale zu behandeln, und von Salpetersuchern das Einsammeln des Salpeters auf dem Grund und Boden der Unterthanen besorgen zu lassen. Wobei jedoch von Seiten der Regierung alle Anordnungen getroffen wurden, damit die Gebäude nicht beschädigt, alles in den vorigen Zustand wieder versetzt, und die Bewohner so wenig als möglich belästigt werden möchten.

Außerdem enthält die Einleitung noch einige Untersuchungen über den Zeitpunkt, in welchem man zuerst das Schießpulver bei kriegerischen Unternehmungen in Frankreich gebraucht hat. Die bewährteren Nachrichten vereinigen sich dahin, daß man nicht früher, als unter der Regierung von Philipp von Valois (er kam 1328 zur Regierung) sich des Schießpulvers und der Kanonen bedient habe. Man findet in den Rechnungen, welche der Kriegsschatzmeister Barthelémi de Drack der Rechnungskammer abgelegt hat, eine Summe, welche im Jahre 1338 an einen gewissen Heinrich de Faméchon, zum Ankauf von Pulver und anderer zur Bedienung der Kanonen erforderlichen Gegenstände, welche vor Pay Guillaume einem festen Schlosse in Auvergne befindlich waren, gezahlt wurde.

In der Chronik von Jean Froissart wird erzählt, daß der Herzog Johann von der Normandie, ältester Sohn Philipps von Valois, welcher im Jahre 1339 einen Einfall in Hennegau machte, sich auch vor Quesnoy zeigte, bei dieser Gelegenheit heißt es, indem von dem Marsche der Armee geredet wird: Ceux qui chevauchoyent devant, viendrent devant le Quesnoy, jusqu'aux barrières, et firent semblant d'assaillir; mais il étoit si bien pourveu de bonnes gensd'armes et de grande artillerie, qu'ils eussent perdu leur peine; non pourtant, ils ecarmouchérent un petit devant les bailles, mais on les fit retraire, car ceux du Quesnoy décliquèrent canons et bombardes qui gettoyent grand quarreaux *) etc.

*) Wahrscheinlich sind quarreaux viereckige Stücke Eisen mit denen die Kanonen und Bombarden geladen wur-

Nach Anquetil bediente sich eben dieser Johann von der Normandie der Kanonen und Donnerbüchsen (bombardes) bei der Belagerung von Trin l'Eveque, einem kleinen Orte und festen Schlosse unweit Cambrai, dessen er sich bemächtigte. Diese Belagerung scheint im Jahre 1339 statt gefunden zu haben.

Flurance Virault giebt jedoch in seinen Elementen der Artillerie (Ausgabe von 1608) den Ausdrücken Kanonen und Bombarden, in der angezogenen Stelle aus Froissart, so wie in anderen Schriften und Urkunden der damaligen Zeit, eine ganz andere Bedeutung, indem er sagt, darunter müssen verstanden werden: des machines à pierres qui estoient bandées comme arbalestres, et se bracquoient à certains points comme un niveau ou quadran,

den. So nennt Aubigné, Stallmeister Heinrich des IV, die Pistolenkugeln quarreaux, weil man sich zum Laden dieses Schießgewehres viereckiger Stücke Eisen bediente.

qui se nommoit *Canon*, c'est-a-dire règle et loi de la machine.. Les autres prenoient leur force par l'esbranlement d'un gros arbre, qui etoit suspendu en balance, et qui lasché de grand bransle, alloit du bout frappez, roidement une pierre exposée à cela, et l'envoyoit fort loin avec une extrême violence; et de le balancement la machine s'appelloit Canon, parceque proprement Canon est le styl de la balance ou du trébbuchet et qui fait paroître l'egualité ou inégualité du poids. *).

Quant aux bombardes ce pourvoient estre quelques armes qui menoient bruit au deslacher qu'elles faisoient, et en fut pris le mot du grec, qui signifie proprement mener le bruit des mouches à miel et depuis a

*) Dem Sprachforscher möchte sich übrigens diese Ableitung des Wortes Kanon mehr empfehlen, als die sonst ziemlich allgemein angenommene von dem lateinischen Canna (Rohr).

été transféré a mille autres sons, et principalement à la rumeur du tonnère etc.

Diese Aeußerung von Flurance Rivault, der sie noch durch folgendes unterstützt; il faudroit qui nos ancestres en ussent usé devant Italiens et Allemands, et les premiers de l'Europe, ce qui n'est pas possible d'admettre etc. *) möchten wohl die an-

*) Wahrscheinlich war den Hindus und Chinesen das Schießpulver früher bekannt als den Europäern. Einen merkwürdigen Beitrag zur Geschichte dieser Erfindung theilt Herr Abt Lichtenstein im Braunschweigischen Magazin, Stück XXXV und XXXVI, mit.

Herr Lichtenstein hatte für seine literarische Arbeiten, aus der öffentlichen Büchersammlung der Stadt Hamburg, eine arabische Handschrift von Katitab wa Dimnah (des sonst unter dem Titel, Pilpais Fabeln bekannten Werkes), geliehen. In der Vorrede zu diesem Werke fand er nachstehende Stelle, die aus einer älteren, vermuthlich ursprünglich in persischer Sprache abgefaßten Vorrede eines gewissen Aly Ben Schah (der im dreizehnten Jahrhundert gelebt zu haben scheint) entnommen ist; sie lautet folgendermaßen:

deren Zeugnisse vorzüglich das von Froissart entkräften, um so mehr, da Ducange aus-

„Alexander der Große zog — auf seinen Feldzügen gegen den indischen König Porus, — durch keine Stadt, ohne von dort die vorzüglichsten Werkmeister mitzunehmen, welche wegen vielseitiger Anstelligkeit berühmt waren. Genie, Muth und Einsicht entwickelten in ihm den Gedanken, diesen seinen Begleitern aufzutragen, daß sie ihm sollten hohle Pferde mit darauf sitzenden Männergestalten aus Kupfer verfertigen; um darnach Kameele davor zu spannen, von welchen jene Maschinen gezogen würden, und auf deren Antreiben sie, wie Wagen — auf Rädern — fortrückten; und daß die Hohlungen jener kupfernen Pferde mit Schwefel-Knall (das dafür gebrauchte arabische Wort, kann auch Berg-Naphta heißen) und Feuer angefüllt würden; damit, wenn nun seine Reiterei sich zum Kampfe rüstete, dieses Meisterstück von Kunsterfindung im Mitteltreffen bereitstehe, und wenn im Augenblicke des Aufeinandertreffens beider Heere, die Elephanten des Porus, ihre Rüssel gegen die Reiter des Alexanders ausstreckten, alsdann jene Ladung abgefeuert würde. Er machte es den Werkmeistern zur Pflicht, diese Maschinen anzulegen und zu vollenden. Diese befleißigten sich und brachten sie bald zu Stande.“

„Als zugleich auch der von den Sterndeutern auserlesene Tag erschienen war, so erließ Alexander nochmals einen Brief an Porus, König von Indien, worin er diesen zum Gehorsam und zur Unterwerfung un-

drücklich bemerkt, er habe die Register der Rechnungskammer vom Jahre 1338 selbst gesehen,

ter seine Bothmäßigkeit aufforderte. Doch dieser ertheilte darauf eine auf Widersetzlichkeit beharrende Antwort. Da nun Alexander seine Entschlossenheit sahe: so brach er in eigner Person gegen ihn auf. Porus sandte ihm die Elephanten, welche sein Vordertreffen anführten, entgegen. Darauf ließen die Soldaten des Alexanders jene kupferne Pferde mit den darauf befestigten Männergestalten vorrücken. Als nun die Elephanten des Porus sich diesen näherten: so streckten sie ihre Rüssel gegen dieselben aus. Doch da das Feuer gegen sie losbrannte, so warfen sie die Mannschaft ab, welche von ihrem Rücken herab focht, und zertraten diese. Darauf begaben sie sich auf die schleunigste Flucht, waren durch nichts umzulenken, und gingen nirgends vorbei, ohne alles zu zertrümmern. Ja sie schnitten sogar den Porus von seiner Leibwache ab, und brachten seine Heerhaufen in Verwirrung."

Es braucht wohl kaum erinnert zu werden, daß diese Erfindung, sofern sie hier Alexander dem Großen zugeschrieben wird, nichts weiter als eine Erdichtung sey, denn würden nicht griechische und römische Geschichtschreiber, dieses merkwürdigen Ereignisses Erwähnung gethan haben? — auch sind die Schriftsteller Asiens nur zu sehr geneigt, jenem Helden der Vorzeit, alles Wunderbare und Abentheuerliche beizulegen. So viel geht jedoch aus der angeführten Stelle hervor, daß dem Verfasser derselben in einer sehr frühen Periode die Idee

wo sich jene Ausgabe für Pulver und Kanonen bemerkt findet.

F. Wolff.

vorschwebte, sich hohler metallener Körper zu bedienen, um aus ihnen mit Knall und Geräusch eine sich entzündende Substanz auf den Feind zu schleudern, und diesen dadurch in Verwirrung zu bringen; auch scheint das Gesagte nicht Fiction zu seyn, sondern vielmehr sich auf bestehende Einrichtungen, welche bei seinem oder anderen Völkern angetroffen wurden, zu gründen.

Inhalt.

Zweites Kapitel.

Drittes Kapitel.

Zweiter Theil.

Seite

Erstes Kapitel.

Zweites Kapitel.

Drittes Kapitel.

Viertes Kapitel.

Achtes Kapitel.

Seite

Neuntes Kapitel.

Zehntes Kapitel.

Zusatz des Uebersetzers.

Anhang.

Seite

Die Kunst,

Schießpulver zu verfertigen.

Die Kraft und die gute Beschaffenheit des Schießpulvers hängen wesentlich von der Reinheit der Materialien ab, welche in seine Zusammensetzung eingehen, so wie von ihrem Verhältnisse und von der Innigkeit ihrer Mischung. Um also die Kunst, das Schießpulver zu bereiten, nach Grundsätzen abzuhandeln, ist es nöthig, von diesen nothwendigen Erfordernissen, einzeln zu handeln. Dieß ist der Plan, den ich mir bei der Eintheilung dieses Werkes in zwei Theile vorgeschrieben habe.

Der erste, wird zum Vorwurf die Materialien haben, welche in die Zusammensetzung des Schießpulvers eingehen.

Im zweiten wird von den verschiedenen Verfahrungsarten, es zu bereiten, zu prüfen und zu analysiren, gehandelt werden.

Erster Theil.

Von den Materialien, welcher man sich zur Verfertigung des Schießpulvers bedient.

Die Bestandtheile, aus welchen das Schießpulver bestehet, sind: der Salpeter, oder das salpetersaure Kali; die Kohle und der Schwefel. Dieser erste Theil wird also natürlich iu drei Kapitel zerfallen.

Das erste Kapitel wird vom Salpeter handeln. In demselben werden die Verfahrungsarten gelehrt werden, durch die er aus den Materien, welche ihn enthalten, ausgeschieden werden kann; es wird ferner gezeigt werden, wie man in denen Fällen, in welchen der eine Bestandtheil desselben, die Salpetersäure, an andere Grundlagen gebunden ist, durch Zusatz von Kali, denselben in zur Bereitung des Pulvers tauglichen Salpeter umwandeln könne; wie man ihn von den fremdartigen Materien, welche ihn begleiten, trennen oder raffiniren könne; endlich wie sich sein Gehalt an wahrem Salpeter, wenn er nicht rein ist, bestimmen lasse. Dieses Kapitel wird mit einigen Bemerkungen, über die Bereitungsart der rohen Pottasche und ihre Umwandlung in gereinigte schließen.

Das zweite Kapitel wird die Auswahl der verschiedenen Arten von Holz, welche tauglich sind, Kohlen zum Schießpulver zu liefern, so wie die verschiedenen Methoden der Verkohlung zum Gegenstande haben.

Das dritte wird die alten und neuen Methoden, den Schwefel zu reinigen, darstellen.

Erstes Kapitel.

Vom Salpeter.

Um sich bei einer Abhandlung über den Salpeter durchgängig verständlich zu machen, müßte man damit anfangen, einige allgemeine Bemerkungen über die atmosphärische Luft, den Sauerstoff und Stickstoff mitzutheilen; man müßte ferner von den Säuren sprechen und von den Salzen, welche durch die Verbindung der Säuren mit erdigen und alkalischen Grundlagen entstehen, so wie von den Verwandtschaften, welche diese Verbindungen aufheben, wenn man einer chemischen Zusammensetzung eine Substanz darbietet, mit welcher einer ihrer Bestandtheile mehr Neigung hat, sich zu vereinigen. Wer aber über diese Gegenstände einer Belehrung bedarf, den muß man an die chemischen Lehrbücher verweisen, in welchen diese Lehren abgehandelt werden.

Bei dem Ziele, welches ich mir bei Ausarbeitung dieses Werkes gesteckt habe, muß ich genau von der Scheidungslinie ausgehen, welche die Theorie, die ein Eigenthum der Wissenschaft ist, von der Praxis scheidet, welche die Kunst ausmacht. Ich werde mich demnach darauf beschränken, alles, was Bezug auf die Fabrikation des Salpeters hat, mit Genauigkeit und der größten Ausführlichkeit zu beschreiben, diese Verfahrungsarten mögen in Privat-Etablissements, oder in denen, die für Rechnung der Regierung betrieben werden, befolgt werden.

Erster Abschnitt.

Von den Bestandtheilen des Salpeters, von seiner Erzeugung und von seiner Einsammlung, wie sie in Frankreich geschieht.

Der Salpeter, *Sal petrae*, ein Name, der ihm ursprünglich gegeben wurde, weil man ihn häufig in alten Steinen findet, ist gegenwärtig in der Chemie unter der Benennung salpetersaures Kali bekannt, wodurch eine Verbindung aus Salpetersäure und Kali, oder feuerbeständigem vegetabilischen Alkali angezeigt wird.

Die Chemiker sind nicht einstimmig über die gegenseitigen Verhältnisse, in denen sich diese beiden Grundbestandtheile im Salpeter befinden. Diese abweichenden Angaben sind in der folgenden Tabelle aufgestellt, nämlich:

	Säure.	Kali.	Wasser.	Summa.
Nach Bergmann .	33	49	18	100
Nach Kirwan . .	44	51,80	4,20	100
Nach Richter . .	46,70	53,30	=	100
Nach Wenzel . .	52	48	=	100
Nach Berthollet .	41,29	58,71	=	100
Nach Thenard . .	40,50	59,50	=	100
Nach Laugier . .	38	62	=	100

Diese verschiedenen Verhältnisse wurden im allgemeinen aus Resultaten, welche die Synthesis gab, abgezogen, und bis auf die neuesten Zeiten übersah man es, daß das Kali in den Zustand der größten Reinheit durch die damals gebräuchlichen Mittel gebracht, noch eine sehr bedeutende Quantität Wasser enthält, welche man ihm nicht anders entziehen kann, als durch Behandlung im heftigsten Feuer. Berthollet hat seit kurzem gefunden, daß dieser Antheil Wasser, welcher vom Kali mit zu großer Hartnäckigkeit zurückgehalten wird, auf 13,64 Hunderttheile *) geschätzt werden könne, und nach dieser Bestimmung hat er das Verhältniß der Bestandtheile des getrockneten Salpeters folgendermaßen festgesetzt:

Säure.	Wasserfreies Kali.	Summa.
48,62.	51,38.	100.

Man kann gegenwärtig dieß eben angegebene Verhältniß der Bestandtheile des Salpeters als sich am meisten der wahren Zusammensetzung dieses Salzes näherud ansehen. Und wirklich findet man hieraus für das nicht ganz wasserfreie, sondern sich in demjenigen Zustande befindende Kali, in welchem man es sonst als rein betrachtete, das Verhältniß von 58,38; was so ziemlich mit der Angabe des allgemeinen Verbrauchs dieser Substanz bei der Salpeter-Fabrikation im Großen übereinstimmt.

Die Salpetersäure bildet sich durch die chemische Verbindung von 2,36 Theilen Sauerstoff und einem Theile Stickstoff, zufolge der von Davy angegebenen Bestimmungen. Diese Verbindung hat jedesmal statt, wenn leicht befeuchtete thierische oder vege- Bildung der Salpetersäure.

*) Nach Gay Lussac beträgt dieß Verhältniß an Gewicht in 100theilen: 69,488 Sauerstoff und 30,512 Stickstoff. (Mémoires de Physique et de Chimie de la Société d'Arcueil, Tom. II. p. 253.)

tabilische Materien, einer langsamen Fäulniß ausgesetzt, sich von selbst an der Luft zersetzen, und den Stickstoff entweichen lassen, welchen sie in großer Menge in ihrer Grundmischung enthalten. In diesem Zustande eines eben entstehenden elastischen Fluidums geschieht es, daß der Stickstoff sich mit dem Sauerstoffe der Atmosphäre vereinigt, den er mit Begierde absorbirt. Nach Vauquelin sind aber vegetabilische und animalische Substanzen auf diese Art der Fäulniß hingegeben, nicht allein hinreichend, um die Bildung der Salpetersäure zu veranlassen; sondern er hält die Gegenwart und den Kontakt einer kalkerdigen oder alkalischen Materie für eine unerläßliche Bedingung dieser Zusammensetzung. Durch sie geschieht es, daß sich aus den thierischen Stoffen eine Kraft entwickelt, welche die Verbindung des Stickstoffs mit dem Sauerstoffe bestimmt. Er setzt hinzu, daß ohne die Gegenwart der alkalischen oder kalkartigen Materie die animalischen Materien nichts liefern, als kohlensaures Ammonium und wenig oder gar kein salpetersaures Ammonium, weil alsdann die Verwandtschaftsgrößen des Wasserstoffs zum Stickstoff, und der daraus entstehenden Kohlensäure zum Ammonium, über die Kräfte siegen, welche die Verbindung des Stickstoffs mit dem Sauerstoffe zu bestimmen streben, wofern diese nicht durch die Verwandtschaft der Salpetersäure (welche durch diese Vereinigung erzeugt wird) zur Kalkerde oder dem Alkali unterstützt werden. Die aus der Verbindung des Sauerstoffs und Stickstoffs resultirende Salpetersäure bildet salpetersaures Kali, wenn sie feuerbeständiges vegetabilisches Alkali antrifft, mit dem sie sich verbinden kann; gewöhnliche salpetersaure Kalkerde hingegen, wenn sie von kalkerdigen Substanzen, in welchen diese Art Alkali nicht enthalten *) ist, gebunden wird.

Man hat geglaubt, die Bildung der Salpetersäure beim Akt der Salpetererzeugung der Zersetzung des Wassers zuschreiben zu können, dessen Sauerstoff sich mit dem aus den thierischen Substanzen frei werdenden Stickstoff verbinde. Man nahm gleichfalls an, daß die Erzeugung dieser Säure im Kalkstein und Gyps von der Zersetzung der Kohlensäure und Schwefelsäure herrühre. Die Zersetzung dieser Säuren, hielt man für das Resultat des Bestrebens, welches der von den thierischen Substanzen gelieferte Stickstoff besitzt, sich mit dem Sauerstoffe derselben zu verbinden. Vauquelin aber bemerkt sehr richtig, daß wenn die Bildung der Salpetersäure der Zersetzung des Wassers zugeschrieben werden könnte, die Salpetererzeugung

*) Es wäre hier der Ort, von der Fabrikation der rohen und gereinigten Pottasche zu sprechen, allein es sind über diesen Gegenstand schon früher zwei besondere Abhandlungen bekannt gemacht worden; die eine von den vormaligen Aufsehern über das Schießpulver (régisseurs des poudres), die andere von Perthuis; und kürzlich erschien über diesen Gegenstand ein sehr ausführlicher praktischer Unterricht, mit Kupfern, von Vauquelin, Trusson und Nicolas, wovon noch eine ziemlich große Anzahl von Exemplaren vorhanden ist, so daß man sich dieses Werk sogleich verschaffen kann. Auf der andern Seite ist der Zweck dieser Schrift allein, die Verfahrungsarten zu beschreiben, welche bei der Fabrikation des Salpeters in den Werkstätten der Regierung angewendet werden, und da das Kali in diesen Anlagen keine andere Behandlung erfährt, als die, daß man es durch Kalcination der Pottasche in diesen Zustand versetzt, so kann von dieser Materie nicht eher gesprochen werden, als bis alle sich auf die Bereitung des Salpeters beziehenden Operationen beschrieben sind.

auch ohne die Gegenwart der Luft Statt haben müßte, und daß die salpeterhaltigen Substanzen sich eben sowohl im Innern, als auf der Oberfläche der Erde bilden müßten, was der Beobachtung gänzlich zuwider ist. Das Faulen der thierischen Substanzen müßte ferner salpetersaures Ammonium erzeugen, während es nichts, als kohlensaures Ammonium hervorbringt.

Was die Zersetzung der Schwefelsäure durch den Stickstoff der thierischen Substanzen betrifft, so hält sich derselbe Chemiker, durch seine eigenen Versuche mit dem salpeterhaltigen Gyps von Paris, für überzeugt, daß die kohlensaure Kalkerde allein, welche ihn immer begleitet, der einzige Theil dieses Gypses sey, welcher sich mit dem Salpeter anschwängert, und daß, je mehr er davon enthält, er um so fähiger sey, reich an salpetersaurer Kalkerde zu werden.

Fundorte des Salpeters.

Der Salpeter, oder das salpetersaure Kali zeigt sich in kleinen Nadeln auf der Oberfläche von Kalkmauern, von Erden, auf dem Fußboden von Wohnungen, wo man ihn mit Besen oder Kehrwischen wegnimmt, wovon er den Namen Kehrsalpeter (Salpètre de houssage) erhalten hat. Gewöhnlich ist er in sechsseitigen Prismen krystallisirt, die durch sechs unregelmäßige Endflächen begränzt sind, zuweilen findet er sich unter der Form von vierseitigen Tafeln, woran die Kanten mit zwei Flächen zugeschärft sind.

Der salpetersaure Kalk findet sich in alten zerstörten, aus Mauerwerk errichteten Gebäuden, welche lange Zeit von Menschen oder Thieren bewohnt waren; in der Kreide, im Gyps, im Tuff u. s. w. Die Boden von Pferdeställen, die Viehstätte überhaupt, die Taubenhäuser, Schäfereien u. s. w. liefern ihn in reichlicher Menge, wenn sie kohlensaure Kalkerde genug enthalten, um die Salpetersäure zu absorbiren.

Es giebt auch natürliche Salpetergruben, wo dies Salz sich ganz gebildet, mit Kalk als Basis, vorfindet. Natürliche Salpetergruben.

Der Abt Fortis entdeckte zu Pulo, bei Molfetta, in Apulien, Salpeter in kleinen Krystallen, dem raffinirten Zucker ähnlich. Sie bildeten auf dem dichten Kalksteine, aus welchem die Grotte bestehet, einen Beschlag, welcher sich in dünnen, gelbweissen Schuppen von dem dichten Kalksteine abblätterte. Es ergab sich aus den Versuchen des Professor Vairo, so wie aus der von Pelletier im Jahre 1781 unternommenen Analyse mit den durch den französischen Gesandten in Neapel an die Münze geschickten Proben, daß der Kalkstein von Pulo 40 bis 42 Procent seines Gewichts salpetersaures Kali enthalte. Vairo schätzt die gesammelte Menge von Salpeter, welche man aus Pulo ziehen kann, auf ungefähr 200,000 Kilogrammen *), und glaubt, daß man noch 250,000 Kilogrammen durch eine zweite Reproduktion erhalten könnte. Er macht darauf aufmerksam, daß die Bildung der alkalischen Grundlage in so großer Menge, als zur Erzeugung eines so bedeutenden Quantums Salpeter erforderlich ist, ein interessantes Phänomen für den Naturforscher darbiete und zu der Vermuthung führe, daß die Natur das Kali ohne die Dazwischenkunft von Vegetabilien erzeugen könne. (Annales de

*) Vairo schätzt die totale Masse des Salpeters in Pulo zwischen 30 bis 40000 Centner, und die zweite Wiedererzeugung über 50000 Centner: Voyage à la nitrière artificielle par Mr. *Zimmermann*, Paris 1789 p. 37.

Chimie, Tom. XXIII. p. 23 33. *)). Durch eine der fehlerhaftesten Operationen, indem man sich zum Auslaugen der Erde eines Kochsalz enthaltenden Quellwassers bediente, hat man diese eine so reiche Ausbeute versprechende Salpetergrube fast gänzlich zu Grunde gerichtet. Dadurch verdarb man eine höchst bedeutende Menge salpeterhaltiger Erden, und nach mehreren vergeblichen Versuchen, diesem Uebel abzuhelfen, machte die Schwierigkeit, diese Salpetergrube in den Stand zu setzen, eine jährliche genügende Ausbeute zu geben, daß sie gänzlich verlassen wurde. Man hat selbst seitdem versichert, daß die Ideen, welche man sich damals von den erstaunlichen Reichthümern dieser Grube machte, bloß die Wirkung eines übertreibenden Enthusiasmus waren, welcher mit der Wirklichkeit in keinem Verhältnisse stand.

Im Jahre 1792 zeigte Pickel die Entdeckung einer natürlichen Salpetergrube in der Gegend von Würzburg an.

Auch in Frankreich giebt es natürliche Salpetergruben; es sind die, welche Herr de la Rochefoucauld zu Roche-Guyon entdeckte, einem Dorfe auf

*) Klaproth fand in 1000 Gran des mit Kalkstein und Gyps gemengten natürlichen Salpeter von Pulo:

Reinen prismatischen Salpeter	425,5	Gran.
Salzsaures Kali	2	"
Selenit	254,5	"
Kalkstein	304	"
	986	
Verlust	14	
	1000	Gran.

Beitr. Bd. 1. S. 317. ff.

dem rechten Ufer der Seine, im Departement der Seine und Oise.

Dies Dorf liegt am Fuße einer steilen Felswand, welche durchgängig aus Kreide bestehet. Diese Kreide liegt häufig ganz bloß, und ist senkrecht abgeschnitten, an mehrern Orten hat man sie ausgehöhlt, um Keller, Pferdeställe und Wohnungen darin anzulegen.

Dieselbe Beschaffenheit des Erdreichs findet sich auch in der Verlängerung dieser Erhöhung sowohl zwei Stunden vor, als zwei Stunden hinter Roche-Guyon.

Herr de la Rochefoucauld benachrichtigt uns in einer Abhandlung, welche er 1778 an die Akademie sandte, daß die Bewohner dieser Gegend, durch ihre Tauben geleitet, welche die aus Kreide bestehende Oberfläche dieser Berge anpicken, um daselbst in den effloreseirten Salztheilen Kochsalz zu finden, wornach sie sehr begierig sind, und welches fast immer dem Salpeter beigemischt ist, vor langen Jahren es versuchten, diesen salzigen Beschlag zu bearbeiten. Die Ausbeute von Salpeter, welche sie erhielten war hinreichend, um ihre Industrie zu beleben; als zufolge der Feudalverfassung diese Einsammlung als Monopol in die Hände ihres Grundherrn fiel, welcher in der Folge sein Recht dem Könige für eine Rente von zweihundert Pfund Schießpulver abtrat. Er bemerkt, daß in der Folge, da diese Nachsuchungen nur durch unbemittelte und unwissende privilegirte Pächter angestellt wurden, welche sich darauf beschränkten, nur kleine Quantitäten von Salpeter, wozu sie bei der Pacht angewiesen waren, zu liefern, dieser Industriezweig zu Roche-Guyon, so wie in ganz Frankreich, verfiel, so daß die Regierung sich wieder genöthigt sah, die Hälfte des nöthigen Salpeters aus Indien zu ziehen, und dadurch der Gefahr ausgesetzt wurde, ihn in den wichtigsten Augenblicken ganz mangeln zu sehen. Er fügt ferner hinzu, daß dieß die Lage der Dinge war, als Herr von Turgot die Regie errichtete, an deren Spitze er Männer stellte, deren Kenntnisse sie in Stand setzten, neue Methoden aufzufinden und die alten zu verbessern. Dieser aufgeklärte Minister setzte noch überdies einen Preis für die Auffindung der wenigst kostbaren Mittel zur Vermehrung der Salpeterproduktion aus.

Um diese Zeit war es ebenfalls, daß Herr de la Rochefoucauld, Besitzer von Roche-Guyon, auf seinem Grund und Boden sehr interessante Nachforschungen unternahm, wovon er in seiner Abhandlung Rechenschaft giebt.

Zu eben derselben Zeit und auf die Nachricht von den durch Herrn de la Rochefoucauld angestellten Erfahrungen, begab sich Clouet, einer der Aufseher über das Pulver, nach Roche-Guyon, und stellte dort eine Reihe von wichtigen Versuchen an, von welchen eine in der Sitzung der Akademie am 5ten Julius 1777 vorgelesene Abhandlung: Sur les terres naturellement salpetrées existantes en France, ausführliche Auskunft giebt.

Diese ersten Nachforschungen lieferten zwar nicht sehr positive Resultate, aber sie gewährten den großen Vortheil, daß sie auf die Spur von bis zu jener Zeit ganz unbekannten Hülfsquellen leiteten, und daß bald auf sie eine Arbeit folgte, welche sich über ganze Provinzen ausdehnte. Lavoisier und Clouet bemerkten auf einer Reise, welche sie 1778 durch die Provinzen Tourraine und Saintonge unternahmen, daß dieselben sehr große Hülfsmittel zur Gewinnung des Salpeters darböten, zufolge der besondern Beschaffenheit der von Natur salpetrisirten Steine dieser Länder.

Wenn die Grube von Roche-Guyon bis jetzt wenig Vortheile gewährt hat; wenn die Hülfsquellen von Molfetta nur noch hypothetisch sind; so war dieses doch nicht der Fall mit den Hülfsquellen, in dem Theile von Frankreich, welcher die ehemaligen Provinzen Touraine, Anjou und Poitou begreift. Es kam bloß darauf an, um die Hoffnungen zu realisiren, welche Clouet und Lavoisier von dem Reichthume dieser Gegenden an Salpeter gefaßt hatten, einen praktischen Unterricht darüber zu geben, die Salpetergräber bei ihrem Geschäfte durch wissenschaftliche Einsichten zu leiten, ihr Vertrauen zu gewinnen, und sie zu belehren, wie durch einen zweckmäßigen Zusatz von Kali, die salpetersauren Verbindungen mit erdiger Basis, welche die Natur hier mit so viel Freigebigkeit liefert, in vollkommenen Salpeter umzuwandeln sind. Um diesen Zweck zu erreichen, sandten die Aufseher über das Pulver, im Jahre 1784, Riffault in der Qualität eines Inspektors in diese Provinzen, mit dem besondern Auftrage die schon etablirten Salpetersieder in der zweckmäßigen Anwendung der Pottasche zu unterweisen, sie über das Detail ihrer Fabrikation aufzuklären und neue Werkstätten an solchen Orten zu errichten, wo sich Materialien zu ihrem Betriebe vorfänden. Der glücklichste Erfolg krönte dieses Unternehmen, und der Gesammtgewinn an Salpeter dieser Provinzen stieg innerhalb vier Jahren von 500000 auf mehr als eine Million Pfunde.

Die Kalksteine sind nicht alle gleich tauglich zur Nitrifikation. Diejenigen, welche poröser sind und der Luft mehr Zugang verstatten, in welche die thierischen Ausdünstungen und Flüssigkeiten leichter eindringen können, sind die tauglichsten. Aus diesem Grunde schwängern sich die porösen Kalksteine der ehemaligen Provinzen Touraine und Anjou (welche den Nahmen bourré und tuffeau führen) so schnell mit Salpeter an. Sie enthalten nicht allein über 0,50 ihres Gewichtes Sand, sondern sie sind auch, wenn sie aus dem Steinbruche kommen, von einer ziemlich großen Menge Wasser durchdrungen, welches durch sein Verdunsten ebenfalls die Zwischenräume und die Entfernung der sie constituirenden Theile vermehrt. Ungeachtet alle Theile des Kalksteins die nämliche Tauglichkeit zu einer leichten Nitrifikation besitzen, so hat man doch noch nie Kalksteine gefunden, welche durch und durch in salpetersauren Kalk umgeändert worden wären. Man hat daraus geschlossen, daß es ein Maximum der Nitrifikation gäbe, über welches hinaus alle fernere Wirkung aufhört, und welches demzufolge als der Sättigungspunkt zwischen dem gebildeten Salpeter und dem Kalkstein angesehen werden kann. Entzieht man aber dem Kalksteine, welcher diesen Punkt erreicht hat, durch Auslaugen das, was er an Salpeter enthält; so sättigt sich der Ueberrest des Steins von neuem mit Salpeter, und man kann sich versichert halten, daß man auf diese Art die Gesammtmasse der Kalksteine von der hier angeführten Art, in salpetersauren Kalk umändern könne.

Das Maximum der Nitrifikation erstreckt sich gewöhnlich bei Materialien von guter Beschaffenheit auf nicht mehr als 5 Procent.

In Gebäuden aus Kalkstein errichtet findet die Nitrifikation gewöhnlich nur in einer Höhe von

3 bis 4 Metern *) statt, und gewöhnlich ist sie in der Mitte dieser Höhe am vollkommensten. Man hat gefunden, daß Steine von 3 bis 4 Decimetern **) Dicke nicht ganz salpetrisirt waren, sondern nur 10 bis 12 Centimeter ***) tief, und zwar bloß auf der Seite, welche mit der äußeren Luft in Berührung war.

Man hat ebenfalls bemerkt, daß in den aus Kalkstein errichteten Gebäuden, die Nitrifikation der neuen Steine viel schneller statt hatte, wenn unter ihnen sich durch Zufall oder mit Absicht einige befanden, in welchen die Nitrifikation schon angefangen hatte. Aus diesem wohlbekannten Grunde, den die Salpetersieder zu benutzen suchen, wenn sich Gelegenheit dazu darbietet, geschah es, daß in den genannten Provinzen man ehemals gewöhnlich mit dem Namen Mauerfraß (gangrène de la pierre) diesen Grad von Nitrifikation und die Fähigkeit, sie zu begünstigen und zu beschleunigen benannte. Diese Wirkung scheint daher zu rühren, daß die schon mit Salpeter erfüllten Steine sich mit den benachbarten und diese wieder mit den sie berührenden u. s. w. in ein Gleichgewicht von Nitrifikation und Feuchtigkeit zu setzen suchen.

Das Graben der salpetrisirten Steine in den ehemaligen Provinzen Touraine, Anjou und Poitou, welches ganz mit Einwilligung der Einwohner und ohne den mindesten Nachtheil für die Eigenthümer geschieht, hat immer, seit es Statt hat, eine bestimmte Ausbeute von Salpeter gegeben.

Die so einfache als lichtvolle Theorie der Erzeugung des Salpeters durch die Natur, mußte noth- Künstliche Salpeter-plantagen.

*) 9,5 bis 12,5 rheinl. Fuß.

**) Ungefähr 12 bis 14 Zoll.

***) 3 bis 4 Zoll.

wendig darauf führen, diese Produktionsart nachzuahmen, indem man unter eben den günstigen Umständen die Grundstoffe, welche dieses Salz zusammensetzen, einsammelte, und ihre Vereinigung durch analoge Processe, deren die Natur sich bedient, zu begünstigen suchte. Man errichtete also künstliche Salpeterplantagen. Der Minister Turgot, eben so vertraut mit den physischen Wissenschaften, als ein geschickter Verwalter des Staates, erblickte in diesem Verfahren ein Mittel, die Bewohner Frankreichs von dem so lästigen Geschäfte des Salpeterkratzens zu befreien. Er bestimmte die Akademie der Wissenschaften, einen Preis von 4000 Livres für die vorzüglichste Anweisung die Erzeugung des Salpeters durch künstliche Anlagen zu befördern, auszusetzen. Dieses wurde die Veranlassung, daß man eine Reihe von weitumfassenden Versuchen über die künstliche Salpetererzeugung, welche man bis dahin in Frankreich gänzlich vernachläßigt hatte, anstellte. Man untersuchte mit Eifer die Methoden aller der Länder, wo dergleichen Anlagen im Gange waren. Die Akademie sah sich bald im Stande, eine große Menge von Verfahrungsarten, Abhandlungen, Beschreibungen u. s. w. bekannt zu machen, welche die Commissarien in einen Band in 8vo sammelten, unter dem Titel: Recueil de Mémoires et de Pièces sur la formation et la fabrication du salpétre, imprimé chez *Moutard*, 1776 *). Man findet in diesem Werke alle Verfahrungsarten beschrieben, welche damals bekannt

*) Von diesem Werke hat man eine deutsche Uebersetzung, unter dem Titel: Sammlung von Nachrichten und Beobachtungen über die Verfertigung des Salpeters. Dresden, 1778.

kannt waren und in den verschiedenen Ländern ausgeübt wurden, wo man künstliche Salpeterplantagen angelegt hatte, wie z. B. in Schweden, Preußen, der Schweiz, China und Amerika. Um dieselbe Zeit (im Jahre 1777), machten die General-Aufseher über das Pulver einen Unterricht über die Errichtung von Salpeterplantagen und die Fabrikation von Salpeter bekannt; auch ließ der Minister Turgot zwei Beschlüsse des Staatsrathes ergehen, (den einen vom 8. August 1777, den andern vom 24. Jannar 1778), welche den Gemeinden erlaubten, sich durch das Anlegen künstlicher Salpeterplantagen von dem Salpeterkratzen loszukaufen. Aber diese Maaßregeln hatten in Ansehung der Gemeinden keinen anderen Erfolg, als daß sie, erschreckt durch die bedeutenden Kosten des Augenblicks, nichts darin sahen, als eine Quelle von Frohndiensten und Personal-Auflagen, in Vergleich mit welchen das Salpeterkratzen ihnen nichts, als eine leichte Unbequemlichkeit schien.

Auf der andern Seite machten Privatleute, angetrieben durch eine zu überspannte Hoffnung des Gewinnstes, Ausgaben der ersten Einrichtung, welchen die Erzeugnisse nicht entsprachen: Unlust folgte, und es sind heut zu Tage von diesen ersten Anlagen keine übrig, als diejenigen, welche mit Einsicht und Sparsamkeit errichtet wurden, oder die, welche der Umtausch der Eigenthümer durch Kauf oder Erbschaft auf ihren wahren Werth herabgesetzt hat. Aehnliche Anlagen zur künstlichen Salpetererzeugung in der Nähe der Raffinerien der Regierung, so wie für Kosten der letzteren errichtete Salpeterplantagen dauern gleichfalls noch fort. Dieß erklärt sich leicht. In der ersten Zeit der Bildung von Salpeterplantagen nahm man die Resultate der Ausbeute an, ohne sich von der Natur der Wirkungen und der Zersetzungen, welche die Entstehung des Salpeters veranlassen, Rechenschaft geben zu können. In der Folge wurden diese Operationen leichter begreiflich und konnten nach den Gesetzen der chemischen Verwandtschaften berechnet werden. Dadurch wurde man in Stand gesetzt, mit sehr großer Klarheit die neueren Salpeterplantagen beschreiben, und eine zweckmäßigere und sichere Anleitung zur Anwendung der Materialien, woraus man sie bilden muß, geben zu können. Man kann über diesen Gegenstand nichts mehr zu dem hinzufügen, was Chaptal in seinen Elémens de Chimie, troisième édition, Tom. I. p. 214. ff. über diesen Gegenstand sagt. Wir können nichts besseres thun, als auf dieses treffliche Werk verweisen *).

Die Ausbeute der noch jetzt bestehenden Salpeterplantagen, die theils für Rechnung von Privatleuten verwaltet werden, theils der Regierung angehören, liefert jedoch nur einen sehr schwachen Beitrag zu der allgemeinen Salpeterernte in Frankreich. Den Hauptertrag liefert das Ausgraben salpetrisirter Substanzen, welches von ungefähr sieben hundert von der Regierung beauftragten und durch alle Departements vertheilten Salpetergräbern, verrichtet wird. Diese

*) Der deutsche Leser findet eine Uebersetzung hievon im vierten Bande von Chaptal's Anfangsgründen der Chemie S. 49. ff., Königsberg 1805. bei Nicolovius; auch ist diese Abhandlung bei eben dem Verleger besonders unter dem Titel: über künstliche Erzeugung und Läuterung des Salpeters u. s. w., von J. A. Chaptal, erschienen. Vergleiche auch Chaptal's Chemie in ihrer Anwendung auf Künste und Gewerbe, übers. m. Anmerk. von S. F. Hermbstädt (2 Bde. gr. 8. 1808) II. S. 239. ff.

salpetrisirten Materien rühren theils von niedergerissenen Gebäuden, welche den Salpetergräbern unentgeltlich überlassen werden; theils von der Wegnahme der salpetrisirten Steine aus dem untersten Theile der Gebäude her; wo ihnen jedoch die Verpflichtung obliegt, andere Steine dafür einzusetzen, mit der Beschränkung, nicht eher einen zweiten Stein herauszunehmen, als bis die Stelle des ersteren ausgefüllt wurde.

Endlich ist eine zwar weniger wichtige Quelle, als die zuletzt angeführte, aber eine sichere die, welche von dem Ausgraben der Erde in Scheunen, Pferdeställen, Schäfereien, Kellern, Gewölben u. s. w. herkommt. Dieß ist die Art der Salpetergewinnung, welche man das Aufgraben (fouille) nennt. Die Regierung fährt fort, das Recht dazu in einer großen Menge von Departements auszuüben, allein mit so weniger Belästigung für den Eigenthümer, daß man ein Feind seines Vaterlandes seyn müßte, wenn man sich einer Beisteuer widersetzen wollte, welche für dasselbe nothwendig ist, und den Eigenthümern keine andere Last, als eine leichte und kurze Unbequemlichkeit verursacht.

Dieß sind die verschiedenen Zweige von Salpetergräberei, deren Ausbeute zusammengenommen die National-Einsammlung von Salpeter in Frankreich bildet, welche man wenigstens auf 1,900000 Kilogramme *) reinen Salpeter schätzen kann, und wozu die ehemalige Provinz Lothringen ungefähr den zehnten Theil, die Salpeterplantagen $\frac{1}{20}$, Paris $\frac{7}{20}$, und die anderen Departements die übrige Hälfte beitragen. Dieser letztere Antheil muß nothwendig beim Zuwachs von Ländergebiet sich vergrößern.

*) Ungefähr 34537 Zentner.

Zweiter Abschnitt.

Von der Kenntniß der salpetrisirten Erden und Materien.

Derjenige, der sich mit der Salpeterfabrikation befassen will, muß zuerst die Gegenwart dieses Salzes in den Materien erkennen lernen, von denen er voraussetzt, daß sie es enthalten; er muß ferner im Stande seyn, nach dieser Erkenntniß, den Reichthum solcher Materien zu taxiren, um sich versichern zu können, daß die Unkosten seiner Arbeit nicht den Werth des zu erzielenden Produktes übersteigen werden.

Man erkennt sehr leicht, ob Erden und Steine salpetrisirt sind, wenn man sie gepülvert auf die Zunge bringt. Die Gegenwart des Salpeters entdeckt sich durch einen stechenden und kühlenden Geschmack, welcher gewöhnlich gleich darauf bitter und salzig ist, zufolge der Mittelsalze und anderer salziger Substanzen, welche beinahe immer den Salpeter begleiten. Will man jedoch, nachdem man sich durch diese erste Anzeige von der Gegenwart des Salpeters in Erden und Steinen überzeugt hat, die Quantität, welche sie davon enthalten, berechnen, so muß man sie einem Versuche unterwerfen, welcher mehr positive Resultate giebt: dieser Versuch bestehet in einer Operation, welche wir sogleich beschreiben werden, nachdem einige allgemeine Bemerkungen vorangeschickt wurden, die zum besseren Verstehen derselben nöthig scheinen.

Wenn man Wasser auf die Erde oder den Stein, nachdem sie vorher gepülvert worden, gießt, und das Gemisch umrührt, um die Materien gehörig in Berührung zu bringen, so verbindet das Wasser, das auf die Erde keine Einwirkung hat, sich nur mit den in dieser Flüssigkeit auflöslichen Substanzen. Wenn man nachher das Wasser ablaufen läßt, so nimmt es die aufgelösten Theile mit sich und die Erde bleibt zurück. Diese Scheidung der Flüssigkeit von der Erde nennt man Filtration, oder das Durchseihen. Man bedient sich hiezu des Papieres, der Leinwand und anderer Stoffe, welchen man in diesem Falle den Namen Filtra, Durchseiher giebt. Indem man neues Wasser auf die unauflösliche Masse gießt, di auf diesen Filtris zurückgeblieben ist, so kommt man dahin, alle auflöslichen Materien durch die Flüssigkeit hinweg zu nehmen. Dasselbe geschieht mit jeder anderen Materie, welche zu gleicher Zeit, in welchem Verhältniß es auch sey, auflösliche und unauflösliche Substanzen enthält.

Als oben von der Bildung der Salpetersäure die Rede war, haben wir bemerkt, daß diese Säure durch kalkerdige Stoffe oder durch Kali, im Augenblick ihrer Entstehung, absorbirt werde, wenn sie sich mit diesen Substanzen in Berührung befindet. Wir haben gesagt, daß aus dieser Verbindung, je nachdem die eine oder andere dieser Grundlagen vorhanden ist, salpetersaurer Kalk und salpetersaures Kali entständen, und daß es nur die Verbindung der Salpetersäure mit der letzten Basis sey, welche vollkommenen Salpeter bilde, der mit Nutzen zur Verfertigung des Schießpulvers gebraucht werden könnte. Es kommt nun darauf an, wenn man die Salpetersäure mit

Kalkerde verbunden antrifft, an die Stelle dieser letzteren, Kali zu setzen. Diesen Zweck erreicht man leicht durch Hülfe einer Kraft, welche in der Chemie unter dem Namen Verwandtschaft bekannt ist. Sie ist eine Anziehung, welche sich auf unmeßbar kleine Entfernungen hin unter den kleinsten Grundtheilchen der Körper zeigt. Durch die Gewalt dieser Verwandtschaftskraft geschieht es, daß die mit der Kalkerde verbundene Salpetersäure diese Grundlage verläßt, um sich mit dem Kali zu verbinden, wenn man dieß Alkali mit dem salpetersauren Kalk in Berührung bringt. So wie man also die Auflösungen des salpetersauren Kalks und des Kali mit einander vermischt, so hat auf der Stelle eine Versetzung der Kalkbasis statt, deren Stelle das Kali einnimmt. Dieser Erfolg zeigt sich sogleich durch die Trennung der Kalkerde, welche als unauflöslich die Durchsichtigkeit der Flüssigkeit trübt, indem sie durch sie durchgehet und sich zu Boden senkt. Dies Erscheinen einer unauflöslichen Basis in einer Flüssigkeit, in welcher die Basis während ihrer Verbindung mit einer Säure aufgelöst erhalten wurde, wird Fällung, Präcipitation genannt. Wenn die Scheidung der Basis gänzlich vollbracht ist, nimmt man den Niederschlag weg, indem man die Flüssigkeit auf die schon beschriebene Art filtrirt.

Die Kalkerde ist nicht die einzige Grundlage, mit der man die Salpetersäure in salpetrisirten Materien verbunden vorfindet. Häufig trifft man diese Säure in Verbindung mit Talkerde an, und die Zersetzung dieser Verbindung, um salpetersaures Kali daraus zu erhalten, geschicht auf die nemliche Art, wie beim salpetersauren Kalk. Endlich sind die salpetersaure Kalk-

und Talkerde beinahe immer von salzsaurem Natrum begleitet, welches aus der Verbindung der Salzsäure mit dem Natrum, oder dem mineralischen feuerbeständigen Alkali entstehet, ferner von Verbindungen der Salzsäure mit erdigen Basen, mit Kalk- und Talkerde. Wir werden in der Folge sehen, wie man diese fremden Salze vom Salpeter trennen könne; indessen bei Untersuchung der salpetrisirten Erden, welche zu dem Behufe angestellt wird, um mit Bestimmtheit ihre Natur kennen zu lernen, ist es zweckmäßig, auf gleiche Weise durch das Kali auch alle die salzsauren Verbindungen mit erdigen Basen zu zersetzen, welches eben so geschieht, wie bei den salpetersauren Verbindungen dieser Art.

Wenn man Salz in Wasser schüttet und das Gemisch umrührt, so verschwindet das Salz, ohne die Durchsichtigkeit der Flüssigkeit zu trüben, und diesen Erfolg nennt man die Auflösung des Salzes im Wasser. Das Wasser nimmt aber nur so viel vom Salze in sich, als es bei der Temperatur, bei der man arbeitet, aufzulösen fähig ist. Wenn man mehr hinzusetzt, in welchem Verhältnisse es auch sey, so bleibt das Salz in der Flüssigkeit schweben, trübt sie, und senkt sich nach und nach zu Boden. Man kann durch Filtriren diesen Antheil unverändert abscheiden. Man nennt diesen Zustand des Wassers, wenn es mit der Quantität Salz verbunden ist, die es bei einer bestimmten Temperatur auflösen kann, Sättigung. Diese Quantität ist beinahe bei jeder Art Salz verschieden, und auch nach der Temperatur, mit Ausnahme einer sehr kleinen Anzahl von Salzen, von denen das Wasser, kalt und warm, immer eine gleiche Menge auflöst. Wenn eine bestimmte Menge Wasser auf diese Art bei irgend einer Temperatur mit einem Salz gesättigt ist, so kann es bei eben dieser Temperatur noch fähig seyn, eines oder mehrere andere aufzulösen. Es ist besonders bestätigt, daß Wasser, vollkommen mit reinem Salpeter gesättigt, diese Eigenschaft in dem Grade besitzt, daß wenn man von diesem saturirten Wasser eine hinreichende Menge auf Salpeter, der mit andern Salzen vermengt ist, gießt, man diese dadurch von ihm hinwegschaffen und ihn rein und von dem Wasser, welches schon damit gesättigt ist, unangegriffen erhalten kann.

Wenn Wasser mit Salz bei einer gewissen Temperatur gesättigt ist, und man erhebt diese Temperatur so, daß ein Antheil Wasser in der Form von Dämpfen entweicht, so wird, wenn die Temperatur der Auflösung auf den Grad zurückgekommen ist, den sie vor Anwendung der Wärme hatte, das Wasser sich nicht mehr in hinreichender Menge vorfinden, um alles das Salz aufgelöst zu erhalten, was es vorher in sich aufnehmen konnte. Das Salz wird also in Substanz im Wasser zurückbleiben, und die Menge desselben wird verschieden seyn, nach Maaßgabe der größeren oder geringeren Verminderung des Wassers. Man nennt dieses Entfernen des Wassers unter der Form von Dämpfen durch Erhöhung der Temperatur Verdunstung, und wenn diese Verdunstung so lange Zeit fortgesetzt wird, bis alles Wasser fortgeschafft ist, so ist alsdann alles Salz, was es vorher aufgelöst hatte, von ihm verlassen, und man findet es in dem Gefäße, in dem man die Verdunstung vornahm, welche man, in diesem Falle, Verdunstung bis zur Trockenheit nennt.

Wir kehren jetzt zu den Mitteln, die salpetrisirten Erden zu untersuchen, zurück.

Der erste Apparat und fast der einzige, dessen man zu diesen Arten von Proben bedarf, ist ein bequemes Filtrum, was folgendermaaßen gemacht werden kann. Man nimmt vier viereckig geschnittene Stücke Holz, oder Latten, wie man sie zu Gittern anwendet, und verbindet sie in Gestalt eines viereckigen Rahmens, der 48 bis 50 Centimeter *) auf jeder Seite lang ist. An zwei Seiten dieses Rahmens läßt man die Latten etwas hervorragen, wie nachstehende Figur zeigt.

Diese Einrichtung gewährt den Vortheil, daß man dieses Gestelle auf eine Butte, oder Unterlage legen kann. Man überzieht es mit einem viereckigen Stück reiner Leinwand oder Canevas, vermittelst acht kleiner Nägel, welche mit den Köpfen nach unten durch die Dicke des Holzes durchgeschlagen werden und noch um einige Millimeter **) herausragen müssen, so daß die Spitzen dieser Nägel, welche aus dem Rahmen herausstehen, dazu dienen, die Leinwand zu halten. Endlich breitet man über diese Leinwand einen großen Bogen Druckpapier.

Das so zubereitete Filtrum setzt man auf eine Wanne, oder ein anderes Gefäß, welches nach Maaßgabe der Menge von Flüssigkeit, welche durchläuft, groß oder klein seyn muß.

*) 16 bis 18 Zoll.

**) Ein bis zwei Linien.

Untersuchung der salpetrisirten Erden.

Nach Beendigung dieser ersten Operation nimmt man eine hinreichende Menge salpetrisirter Erde zum Untersuchen, um ein in die Augen fallendes Resultat zu haben und berechnet diese Quantität nach Gewicht oder Kubikmaaß. Man bringt diese Erde in einen eisernen oder kupfernen Kessel, und gießt darauf das Gleiche oder Doppelte ihres Gewichts an Wasser. Man erhitzt das Gemisch unter beständigem Umrühren, bis die Flüssigkeit einige Mal aufwallt; sodann bringt man das Ganze auf ein Filtrum von der oben beschriebenen Einrichtung, durch welches das Wasser mit allem, was es auflösen konnte, hindurch geht. Aber die auf dem Filter zurückgebliebene Erde enthält immer noch einen Theil dieses Wassers; um dieses hinwegzunehmen und um alles zu erhalten, was die Erde Auflösliches enthielt, muß man nach und nach wieder neues Wasser auf diesen Rückstand gießen, bis die aus dem Filtrum herauslaufende Flüssigkeit nicht mehr den geringsten Geschmack hat. Dieses Wasser, welches man durch Auslaugen des Rückstandes gewonnen hat, gießt man zu dem bei der ersten Filtration erhaltenen. In einem andern Gefäß löst man eine beliebige Menge der gewöhnlich im Handel vorkommenden Pottasche, deren Gewicht bekannt ist, in zwei Theilen Wasser dem Gewicht nach, auf, rührt die Mischung wohl um und stellt sie ruhig hin. In diese Auflösung gießt man sodann die beim Auslaugen der Erde erhaltene Flüssigkeit nach und nach und in kleinen Quantitäten, bis sich kein Niederschlag mehr zeigt und sich die Pottaschenauflösung nicht mehr trübt. Man rührt sie wohl um und filtrirt sie von neuem. Den Rückstand auf dem Filtrum wäscht man mit Sorgfalt so lange aus, bis das Wasser nicht mehr den mindessen Geschmack davon bekommt. Dieses Mal wird er aus den erdigen Grundlagen bestehen, die durch das Kali aus ihren Verbindungen geschieden und versetzt wurden. Das Wasser, womit man den Rückstand ausgewaschen hat, gießt man zu der filtrirten Flüssigkeit, erhitzt das Ganze und dampft es bis zur Trockenheit ab. Man wiegt das erhaltene Produkt und mischt es hierauf, indem man es wohl umrührt, mit Wasser, welches mit reinem Salpeter gesättigt ist, und welches, wie wir schon gezeigt haben, nun keinen Salpeter weiter aufnehmen kann. Nachdem man beides etwa funfzehn Minuten wohl durcheinander gerührt hat, läßt man das Wasser ablaufen und den Rückstand vollends abtropfen und trocknen. Der nun, nach dem Abwaschen mit dem mit reinem Salpeter gesättigten Wasser erhaltene Rückstand, stellt die wirkliche Quantität dieses Salzes dar, die man aus den untersuchten Erden erhalten kann. Die Differenz zwischen dem Gewichte dieses letzteren Produkts und dem Gewichte vor dem Abwaschen mit dem mit salpetergesättigten Wasser, zeigt das Verhältniß der fremden Salze zum Salpeter an, welche diese Erden enthalten. Eben so, wenn man von dem, was von der Pottaschenauflösung übrig geblieben ist, auf das schließt, was bei dem Versuch verbraucht wurde, so kann man daraus eine Schätzung dessen machen, was man davon bei der Benutzung der der Probe unterworfenen Materien im Großen würde anwenden müssen. Zugleich aber muß bei dieser Angabe bemerkt werden, daß unter den Salzen mit erdigen Basen, welche diese Substanzen enthalten können, und welche man insgesammt in Salze, welche Kali zur Basis haben, umwandeln will, sich auch salzsaure Verbindungen finden können, zu deren Zersetzung ebenfalls ein Theil des Kalis verwandt werden kann. Aber da einerseits der Abzug, den man in dieser Hinsicht, als zur Bildung des salpetersauren Kalis nichts beitragend, zu machen hätte, nicht anders, als sehr gering seyn kann, und da andrerseits, wenn es darauf ankommt, das Ungefähr der Kosten zu bestimmen, welche aber das Unternehmen einer Arbeit dieser Art entscheiden müssen, man weit besser thut, sie etwas höher anzuschlagen, als sie seyn können, statt Gefahr zu laufen sie zu niedrig angesetzt zu haben, so halte ich dafür, daß bei der Untersuchung von salpetrisirten Materien es vortheilhafter sey, alles Kali, als auf die Quantität des salpetersauren Kalis, das man erhält, verwandt, anzuschlagen, wobei man sich es vorbehält, in der Folge bei'm Ausbringen des Salpeters im Großen, diese Angaben, wenn man es nöthig finden sollte, zu berichtigen.

Dritter Abschnitt.

Von der Vorbereitung der salpetrisirten Materien.

Wenn die salpetrisirten Materien für reich genug erkannt worden sind, um eine vortheilhafte Benutzung hoffen zu lassen, so muß man sich mit den Mitteln beschäftigen, sie auf die vortheilhafteste Art zu behandeln. In der zweckmäßigsten Leitung der Arbeiten in einer Salpeterhütte bestehet eigentlich die Vervollkommnung dieses Geschäftes, so wie auch, zum Theil, hievon der günstige Erfolg der Unternehmung abhängt.

Man fängt die Bearbeitung der salpetrisirten Materien damit an, sie so zu zertheilen, daß das Wasser, womit sie benetzt werden, sie am leichtesten durchdringen und alle salzigen Theile, welche in ihnen enthalten sind, hinwegnehmen kann. In Paris verkleinert man den von niedergerissenen Gebäuden herkommenden Bauschutt dadurch, daß man ihn auf gepflasterten und zu diesem Behufe zubereiteten Tennen mit Holzstücken oder Keulen, die mit großen Nägeln beschlagen sind, zerstößt. Man wirft ihn alsdann durch ein grobes Sieb, um die Stücke abzusondern, welche dem Verkleinern entgangen sind; hierauf schütte man den zerstoßenen Kalkschutt mit Schaufeln auf ein weidenes gehörig eng geflochtenes Sieb, was ungefähr 2 Meter hoch und 3 Meter breit ist *). Das Sieb ist so gestellt, daß es auf der Seite, welche dem Arbeiter, der die Materialien darauf wirft, entgegen gesetzt ist, ein wenig schräg geneigt ist. Dieß ist eine sehr beschwerliche Arbeit, welche sich jedoch nicht vermeiden läßt. Man kann jedoch dieses langwierige und ermüdende Geschäft mit einem leichteren und schicklicheren, dessen Nutzen anerkannt ist, vertauschen. Die Salpetersieder in Touraine bedienen sich, um die salpetrisirten Steine zu zermalmen, einer Windmühle, nach deren Model die Aufseher über das Schießpulver 1785 eine zu Paris errichten ließen; allein die Salpetersieder zu Paris, die auf ihre alte Gewohnheit hielten, thaten nichts für dieses verbesserte Verfahren, welches man ihnen darbot, obgleich, wenn sie sich dieser oder einer anderen ähnlichen Maschine bedienen wollten, sie gewiß den Vortheil haben würden, diese erste Bear-

*) 6 Fuß hoch, 9 Fuß breit.

beitung der salpetrisirten Materien mit weit geringeren Kosten zu verrichten.

Es ist gut sich einen Vorrath so zubereiteter Materien zu verschaffen und sie oft umzurühren. Indem man auf diese Weise nach und nach alle ihre Oberflächen der Luft aussetzt, kann man ihren Reichthum an Salpeter vermehren, im Fall sich in denselben Stickstoff vorfindet, welcher geneigt ist, sich, im Augenblicke seines Freiwerdens, mit dem Sauerstoffe der Atmosphäre zu verbinden.

Vierter Abschnitt.

Von der Art, die salpetrisirten Erden auszulaugen.

Vermittelst des Wassers, welches die Eigenschaft hat, die salzigen Substanzen aufzulösen, während es keine Einwirkung auf die Erden äußert, mit welchen diese Substanzen sich vermengt vorfinden können, kann man leicht aus den salpetrisirten Materien alle salpetersaure Salze, die sie enthalten, ausziehen, und die Anwendung dieses Mittels ist das, was man Auslaugen dieser Materien nennt. Bevor jedoch von diesem Gegenstande gehandelt wird, wird es nothwendig seyn, ein Werkzeug kennen zu lehren, welches unter dem Namen Aräometer oder Senkwage für den Salpeter bekannt ist, und dessen Anwendung, die bei der Verfertigung des Salpeters unerlaßlich ist, nothwendig zu werden anfängt, sobald vom Auslaugen der salpetrisirten Materien die Rede ist.

Man hat bemerkt, daß beü Auflösung eines Salzes in Wasser, die Dichtigkeit oder das specifische Gewicht des Wassers vermehrt werde, und daß diese Gewichtszunahme als im Verhältniß mit der Menge der vom Wasser aufgelösten Salze stehend, betrachtet werden könne. Wenn man nun, nachdem das specifische Gewicht des destillirten Wassers bestimmt ist, durch das nämliche Mittel das specifische Gewicht desjenigen Wassers bestimmt, in welchem man irgend eine bekannte Menge eines Salzes aufgelöst hat, und man vergleicht diese beiden Dichtigkeiten mit der, welche das specifische Gewicht irgend einer anderen Auflösung desselben Salzes hat, so wird man bestimmen können, in welchem Verhältnisse das Salz sich in letzterer befinde. Von diesem Gesichtspunkte aus unternahm man die Verfertigung eines Schweremessers für den Salpeter, nach dem Model eines Instruments dieser Art, dessen man sich seit sehr langer Zeit in den Salmen der ehemaligen Provinzen Lothringen und Touraine bediente, und dessen Eintheilung so gemacht ist, daß jeder seiner Grade die Procente Salpeter, welche in der zu untersuchenden Lauge enthalten sind, angiebt.

Das Aräometer für den Salpeter bestehet in einer hohlen an der Schmelzlampe geblasenen Glaskugel, die mit einer langen zylindrischen Röhre von mittlerer Dicke versehen ist. Der untere Theil der Glaskugel ist in eine kleine Röhre verlängert, welche sich in eine zweite kleine Kugel oder Blase endigt. In diese Blase füllt man Quecksilber oder Bleiasche, um dem Instrumente Ballast zu geben, so daß, wenn es in eine Flüssigkeit eingetaucht ist, die zylindrische Röhre, oder der Stiel des Instrumentes, sich in vertikaler Richtung erhalte, und daß in destillirtem Wasser der obere Theil des Stiels sich nicht über 18 bis 20 Millimeter *) über die Oberfläche des Wassers erhebe. Man theilt den Stiel in Grade und schätzt das Gewicht einer Flüssigkeit nach der größeren oder geringeren Tiefe, auf die das Instrument in sie hineinsinkt, so daß das Fluidum, in welches es sich am wenigsten einsenkt, das gewichtigste, das dagegen, in welches es am tiefsten eintaucht, das leichteste ist. Um die Senkwage mit Graden zu versehen, muß man auf den Zustand und die Temperatur der Atmospäre Acht haben, denn da die Wärme die Flüssigkeiten ausdehnt und verdünnt, während Kälte sie verdichtet, so nehmen sie, je nachdem es mehr oder minder warm ist, mehr oder weniger Raum ein, und in Folge davon, verändert sich ihr specifisches Gewicht. Es ist zweckmäßig, mit destillirtem Wasser von 12,50° Temperatur nach der hunderttheilen Thermometerskale zu operiren, während der Stand des Barometers 756 Millimeter beträgt, welches etwa 28 Zoll entspricht. Wenn man das Aräometer in destillirtes Wasser getaucht hat, und es sich bis auf 18 oder 20 Millimeter vom obersten Ende seines Stiels eingesenkt hat, so wird dieser Punkt, der die Oberfläche des Wassers berührt, sorgfältig mit einem Dintenstrich bemerkt, der quer über einen Streifen von zusammengerolltem Papier gemacht wird, den man in den Stiel bringt. Dieser Streif Papier wird so lange nach oben oder unten gerückt, bis der Strich ganz genau mit der Oberfläche des Wassers zusammentrifft. Nach Bestimmung dieses Grades der Einsenkung des Aräometers in destillirtem Wasser bereitet

*) Sieben bis acht Linien.

reitet man zwanzig Gefäße, deren jedes vier Kilogramme (4000 Grammen) *) enthält. In das erste dieser Gefäße thut man 40 Grammen **) reinen Salpeter und 3960 Grammen Wasser, in das zweite 80 Grammen Salpeter und 3920 Wasser; in das dritte 120 Grammen Salpeter und 3880 Grammen Wasser und so fort bis zum zwanzigsten Gefäß, welches 800 Grammen Salpeter und 3200 Grammen Wasser enthalten wird, d. h. zwanzig Theile Salpeter auf hundert Theile Wasser. Nachdem diese zwanzig Auflösungen bei dem vorgeschriebenen Thermometer- und Barometerstande bereitet sind, taucht man nach und nach das Aräometer für den Salpeter hinein, und trocknet ihn sorgfältig ab, wenn man ihn aus einem Gefäße gezogen hat, ehe man ihn in ein anderes taucht. Er wird sich in die Flüssigkeit des ersten Gefäßes etwas weniger tief einsenken, als in das destillirte Wasser, noch weniger tief in die des zweiten, und so fort immer weniger und weniger, so daß, wenn man die verschiedenen Grade des Eintauchens mit einem Zirkel mißt, indem man vom ersten Grad des Einsenkens ausgeht, welches der in dem destillirten Wasser ist, und indem man diese verschiedenen Grade auf einen Streifen Papier aufträgt, welcher bestimmt ist zur Skala zu dienen, so wird man eine graduirte Skala von der Art haben, daß jeder Grad den Unterschied von eins auf hundert des im Wasser enthaltenen Salpeters ausdrückt.

*) Ungefähr acht Pfund.

**) Das Gramm ist gleich 18,82715 Gran des französischen Poids de marc Gewicht, gleich 16,09 Nürnberger Medicinalgewicht; man kann hier übrigens füglich für Gramme, Quentchen setzen, wenn man ein Aräometer den gegebenen Vorschriften zufolge anfertigen will, indem die Verhältnisse dieselben bleiben.

Wenn der Streif Papier so numerirt und graduirt ist, so rollt man ihn zusammen, um ihn in den Stiel zu bringen, damit er die Stelle desjenigen ersetze, welcher hineingesteckt wurde, als man anfing den Grad des destillirten Wassers anzumerken. Man muß diesen Punkt, der auf dem neuen Papierstreifen mit Null bezeichnet wird, auf das genaueste bestimmen, denn da der zweite Streif etwas mehr oder minder schwer als der erste seyn kann, so kann dadurch leicht eine Verschiedenheit im Eintauchen hervor gebracht werden. Diesem Uebelstande hilft man, wenn er statt hat, dadurch ab, daß man den Papierstreifen im Stiel mehr oder weniger hinunter senkt, bis die Oberfläche des Wassers genau mit der Null der Skala zusammen trifft. Man befestigt diesen Papierstreifen durch ein wenig geschmolzenes Siegellack, welches man zwischen das Papier und das Innere der Röhre bringt; hierauf verschließt man das obere Ende des Stiels hermetisch, entweder vermittelst eines Löthrohres, oder mit Hülfe der Schmelzlampe. Nachdem alles dieses mit der nöthigen Sorgfalt ins Werk gerichtet worden, ist das Aräometer vollendet.

Um sich seiner zu bedienen, füllt man ein Gefäß mit einer Auflösung von Salpeter, deren Qualität man erforschen will. Man taucht das Instrument in diese Auflösung und bemerkt bis zu welchem Grade es sich einsenkt; dieser Grad der Skale zeigt an, wie viel Procent Salpeter in der Auflösung enthalten sind. Wenn z. B. das Instrument in eine Auflösung von Salpeter, welche ein Kilogramm (1000 Grammen) beträgt, getaucht wird, und die Skale taucht genau bis zum zehnten Grade ein, so wird man daraus schließen, daß diese Flüssigkeit genau zehn Theile salpetersaures Kali enthalte,

d. h., daß 1000 Gramme derselben aus 100 Grammen salpetersaurem Kali und 900 Grammen Wasser bestehen.

Zum Auslaugen der salpetrisirten Materien bedient man sich gemeiniglich noch der Laugenfässer, oder, was leichter und wohlfeiler zu bekommen ist, der Fässer oder Tonnen, worin Wein aufbewahrt wurde. Man stellte ehemals dergleichen Gefäße, die etwa 240 Liter *) hielten, auf eine Art von Gestelle, welches 5 bis 6 Decimeter **) über den Boden erhaben war, und stellte immer zwischen zwei ein anderes Gefäß, welches bestimmt war, die ablaufende Flüssigkeit aufzunehmen. Nachher aber hat man es vorgezogen, diese Fässer auf Stücke Holz oder Böcke zu stellen, die nur 10 bis 12 Centimeter ***) über den Boden erhaben sind, indem man eine bestimmte Anzahl von ihnen in eine Rinne von Holz, die in die Erde unter den Fässern eingelegt ist, zusammen einmünden läßt. Diese Rinne ist dazu bestimmt, die herauslaufende Flüssigkeit aufzunehmen und in ein allgemeines Behältniß am Ende der Reihe Fässer zu führen. Diese Fässer, deren Boden am oberen Ende ausgeschlagen ist, sind an ihrem unteren Theil dicht am Boden, oder bisweilen in dem Boden selbst, durch ein Loch, was 16 bis 18 Millimeter †) im Durchmesser hat, durchbohrt. An diese Oeffnung befestigt man einen hölzernen Abzug, den man, nach Belieben, mit einem Stöpsel oder Zapfen, ebenfalls von Holz, verstopft. Um zu verhüten, daß die in die Fässer zu bringenden Substanzen nicht zu sehr auf diesen Theil der Gefäße drücken und die Oeffnung

Auslaugen durch Laugenfässer.

*) Ein Liter enthält etwas über 50 pariser Kubikzoll; mithin betragen 240 Liter nahe 7 Kubikfuß.

**) Anderthalb bis 2 Fuß.

***) 3 bis 4 Zoll. †) 6 bis 7 Linien.

verstopfen, trägt man Sorge, ehe man die Fässer füllt, dieß Loch mit einem Strohwisch oder mit einigen Steinen und Ziegelstücken zu umlegen. Noch vorzüglicher ist es, wenn man dem Fasse einen doppelten, durchlöcherten Boden einsetzt, der, etwa 4 Centimeter *) vom wirklichen Boden entfernt, durch Querleisten unterstützt wird. Der Zwischenraum zwischen den beiden Boden wird mit Stroh angefüllt, und auch der durchlöcherte Boden wird damit belegt. Diese Einrichtung macht, daß das Wasser leicht ausfließt. Nach dieser Vorbereitung füllt man die Fässer mit salpetrisirten Erden, Steinen oder Kalkschutt, welche vorher zerstoßen und durch das Sieb getrieben werden. Man drückt diese Substanzen leicht in die Fässer, und erhöhet sie ein wenig gegen den Rand, um der Mitte einige Vertiefung zu geben, welche man auch zuweilen mit einem Kreuz von Stroh versieht. Diese Vorsicht hat zum Zweck, zu verhüten, daß das Wasser sich nicht bloß längs der Wände des Gefäßes durchseihe; man erschwert dadurch das Durchlaufen durch die Erde bis zu einem gewissen Grade, so daß es Zeit hat, sie ganz zu durchdringen und ihr alle auflöslichen Theile, welche sie enthalten kann, zu entziehen.

In die auf diese Art gefüllten Fässer gießt man eine hinreichende Menge-Wasser, so daß es 8 bis 10 Millimeter **) über die Oberfläche der Erde stehet. Est ist wichtig, den Abzug vermittelst des Zapfens noch einige Zeit, nach diesem ersten Aufgießen von Wasser, verschlossen zu halten, denn bei Unterlassung dieser Vorsicht, kann es sich ereignen, daß das Wasser sich einen oder mehrere Wege durch die Erde bahnt, durch sie hindurch geht, ohne sie auszulaugen und selbst ohne

*) 1½ Zoll. **) 3½ bis 4 Linien.

sie in allen ihren Theilen zu benetzen. Wenn statt der Erde es zerstampfte und gesiebte Steine und Gyps sind, womit man die Fässer gefüllt hat, so können noch kleine Stücke unter diesen Substanzen seyn, welche das Wasser nicht durchdringen würde, wenn es so schnell durchliefe, und welche also nur an ihrer Oberfläche ausgelaugt seyn würden. Wenn man glaubt, daß das Wasser lange genug in den Fässern verweilt habe, um alle salzigen Theile aufzulösen, so verschafft man durch Herausziehen des Zapfens, welcher den Abzug verschließt, der Flüssigkeit einen Ausgang.

Die Salpetersieder wenden zum Auslaugen ihrer Materialien eine größere oder geringere Menge dieser Fässer an. Für eine Werkstätte, welche jährlich 12 bis 15 Tausend Kilogramme *) Salpeter fabricirt, reichen 36 Stück hin. Man stellt sie gewöhnlich in drei Reihen (bandes), wenn nun die Gesammtzahl der zum Auslaugen bestimmten Fässer 36 beträgt, so enthält eine jede Reihe zwölf. Längs jeder dieser Reihen läuft die hölzerne Rinne hin, welche bestimmt ist, das ablaufende Wasser der zwölf Fässer in ein an das Ende der Reihe gestelltes, zur Aufnahmt bestimmtes Gefäß zu leiten. Eben so bringt man über jeder Reihe von Fässern einen Wasserkasten oder eine Rinne an, welche mit so viel Löchern durchbohrt ist, als Fässer sind, damit man jedes derselben, vermittelst Abzügen und Zapfen, die man auszieht, mit dem zum Befeuchten derselben nöthigen Wasser versehen kann.

Nachdem alles so angeordnet ist und die Fässer mit den Materialien gefüllt sind, die man auslaugen will, so fängt man damit an, der einen Reihe von Fässern Wasser zu geben. Die Menge Wasser für jedes

*) Ungefähr 220 bis 280 Zentner.

Faß richtet sich nach dem kubischen Inhalte desselben, und zwar gießt man in der Regel die Hälfte von der Menge der Erde auf, d. h. wenn man in ein Faß z. B. 100 Kubik-Decimeter Erde gethan hat*), so bedarf man 50 Kubik-Decimeter, oder 50 Liter Wasser**). Man muß das Wasser in den Fässern wenigstens neun bis zehn Stunden stehen lassen, nach Verlauf dieser Zeit zieht man den Zapfen aus den Abzügen und das Wasser läuft aus den Fässern in die Rinne, welche unter jeder Reihe angebracht ist, und wird durch diese in das zur Aufnahme bestimmte Gefäß, welches am Ende der Reihe befindlich und bis an seinen obern Rand in die Erde gegraben ist, geleitet.

Da aber die Erde in jedem Faß ungefähr die Hälfte, dem Gewichte nach, von dem darauf gegossenen Wasser zurück hält, so läuft nicht mehr in das zur Aufnahme bestimmte Gefäß, als etwa 25 Liter von jedem Faß, und wenn man annimmt, daß dieß erste abgeflossene Wasser etwa 10° an der Senkwage zeigt, so bleibt in der Erde jedes Fasses die Hälfte des angewandten Wassers zurück, ebenfalls von 10°, welche man, durch neues Auswaschen, auch in das allgemeine Gefäß leiten muß. Man schreitet also zu einem zweiten Auslaugen der Reihe von Fässern, indem man dieses Mal auf jede, eine der von der Erde zurückgehaltenen gleiche Menge Wasser gießt, d. h. diese zweite darauf gegossene Wassermasse darf nur die Hälfte der ersten betragen. So fährt man fort, jedem Fasse der Reihe nach und nach eine ähnliche Menge neuen Wassers zuzuführen, bis das, was aus den Fässern herausläuft, nicht mehr als einen halben Grad am Aräometer zeigt. Nur alsdann kann man das

*) Beinahe 3 Kubikfuß. **) Anderthalb Fuß.

Auslaugen der Erde für so vollkommen beendigt, als nur immer möglich, ansehen. Das Wasser von diesen verschiedenen Auslaugungen (mit Ausnahme des von der ersteren, wenn es gehörig mit salzigen Substanzen angeschwängert ist, d. h., wenn es 10 bis 12 Grad an der Senkwage zeigt) wird wieder nach und nach auf neue, in anderen Fässerreihen enthaltene Erden gebracht, bis es den gehörigen Grad der Stärke erlangt. Durch dieß Umtragen des abgelaufenen Wassers, von einer Reihe Fässer zu der andern, errichtet man unter diesen Reihen eine beständige und regelmäßige Ordnung in der Bedienung derselben.

In einer Werkstätte, die in Thätigkeit ist, enthält die erste Reihe Fässer frische Erde, d. h., die zum ersten Male ausgelaugt werden soll, die zweite Reihe ist mit Erde, welche schon ein Mal ausgelaugt ist und es nun zum zweiten Male werden soll, angefüllt, und die dritte Reihe enthält Erden, die schon zwei Mal ausgelaugt wurden und es zum dritten Male werden sollen. Im allgemeinen beschränkt man sich auf das dreimalige Auslaugen derselben Erde; aber es ist begreiflich. daß die Stärke der ersten Lauge es bestimmt, wie oft man neues Wasser auf die salpetrisirten Erden gießen könne, um ihnen alle salzigen Theile, die sie enthalten, zu entziehen. Das gleichmäßig angeschwängerte Wasser, welches als Rückhalt bleibt, kann nicht anders erhalten werden, als durch nach und nach erfolgendes Zugießen von reinem Wasser, welches, indem es sich zu gleichen Theilen mit dem noch in der Erde befindlichen vermengt, beim Herauslaufen eine Flüssigkeit giebt, die jedesmal am Aräometer nur die Hälfte der Grade der vorhergehenden zeigt. Wenn z. B. das Wasser einer Reihe Fässer, die mit frischer

Erde gefüllt sind, beim Herauslaufen 10° am Aräometer zeigte, so ist es einleuchtend, daß, wenn man bei jedem folgenden Auslaugen nur die Hälfte der Wassermenge, wie beim ersten zusetzt, man wenigstens vier Mal auslaugen müßte, um die Lauge dieser Reihe so zu verdünnen, daß sie nicht mehr als einen halben Grad zeigte. Der Salpetersieder muß berechnen, bis zu welchem Punkte und mit welchem Vortheile er, indem er das Verhältniß des Wassers der auf die erste folgenden Auslaugungen vermehrt, er ihre Zahl vermindern und gleichfalls den gehörigen Punkt der Ausziehung aller salpetrisirten Substanzen erreichen könne.

Das Wasser, welches aus den Fässern der dritten Reihe, d. h. aus denen, deren Erde schon zwei Mal ausgelaugt ist, abläuft, nennt man Nachlauge (eau de lavage). Diese Flüssigkeit gießt man auf die Fässer der zweiten Reihe, oder auf die, wo die Erde erst ein Mal ausgelaugt ist, und nennt die herauslaufende Flüssigkeit schwache Lauge, (petites eaux); aus dieser schwachen Lauge wird starke Lauge (eau forte), wenn man sie durch Erde der ersten Fässerreihe, welche mit noch gar nicht ausgelaugter Erde angefüllt ist, hindurch gehen läßt. Während die starke Lauge abläuft, entleert man die Fässer der dritten Reihe, um sie mit neuen Erden zu füllen, durch welche man die starke Lauge hindurch gehen läßt. Sie schwängert sich noch mehr mit Salpeter an, und wird dann für siedwürdig gehalten und Siedlauge (eau de cuite) genannt.

Man würde viel Zeit verlieren, wenn man, um das Wasser auf eine Reihe von Fässern zu bringen, warten wollte, bis alles aus der vorhergehenden Reihe abgeflossen ist; man muß vielmehr die Laugen, so wie sie in dem Auffammlungsgefäß sich ansammeln, von der einen, auf die andere Fässerreihe bringen. Auf diese Weise werden die Reihen von 36 Fässern fast zu gleicher Zeit ausgelaugt werden. Dieß Umtragen der Lauge von Reihe zu Reihe, kann mit Vortheil und mit vieler Schnelligkeit vermittelst einer kleinen beweglichen hölzernen Pumpe bewirkt werden, welche man auf eine passende Weise in dem Auffammlungsgefäß aufstellt, woraus man die Lauge ziehen will, um sie auf eine Reihe Fässer zu gießen, oder in die Rinne, die diese Reihe speiset. Man begreift, daß bei dieser Art des Auslaugens, die Fässer, welche im Anfange die erste Reihe bilden, nachher zur zweiten und zuletzt zur dritten werden, daß ferner die Erde nie aus den Fässern ausgeleert wird, bevor sie nicht drei Mal ausgelaugt ist, und endlich, daß man mit drei Reihen Fässer wirklich den Dienst von vier Reihen verrichten kann.

In einer Anlage, welche sechs und dreißig Fässer hat, deren jedes etwa hundert Decimeter *) Erde enthalten kann, muß man jeden Tag etwa achtzehnhundert Liter **) neues Wasser anwenden, und erhält davon ungefähr vier- bis fünfhundert Liter ***) Siedlauge. Der ganze Ueberrest des Wassers bleibt in der Erde zurück, aber man sieht leicht ein, daß, wenn man nur Sorge trägt, so lange mit dem Auslaugen fortzufahren, bis das ablaufende Wasser nur einen halben Grad an der Senkwage zeigt, man nur unendlich wenig Salpeter darin zurückgelassen habe.

Wenn man salpetrisirte Materien zu bearbeiten hat, von denen man weiß, daß sie weniger reichhaltig

*) Ungefähr 3 Kubikfuß. **) 54 Kubikfuß.

***) 12 bis 15 Kubikfuß.

sind, so kann man die Quantität Wasser, die zu ihrer ersten Auslaugung verwendet werden soll, verringern, d. h. statt 50 Liter auf 100 Kubik Decimeter dieser Substanzen zu nehmen, wie wir oben angegeben haben, kann man sich auf die Quantität von 35 bis 36 Liter *) auf 100 Kubik Decimeter beschränken.

Auslaugen durch Kasten.

Eine viel einfachere und zugleich eine bequemere und wohlfeilere Art des Auslaugens ist die, welche zuerst 1789 in der Anlage von Ripault, in der Gegend von Tours, in Gang gesetzt wurde. Seitdem wurde sie auch von denjenigen Salpetersiedern angenommen, welche sich Rechenschaft von ihrem Verfahren zu geben, und dieses auf den Grad der Vollkommenheit zu erheben suchen, dessen Vernunft und Erfahrung es fähig machen können. Diese Auslaugungsmethode bestehet darin, an die Stelle der besagten Fässer, Kasten von Eichenholz, welche die Form von Mühlentrichter haben, zu setzen.

Zwei dieser Kasten können für die Arbeiten der bedeutendsten Salpetersiederei hinreichen, denn wenn der Inhalt eines jeden von 5 bis 6 Kubikmetern **) ist, so stellen sie zusammen den Inhalt von sechzig der größten Fässer dar, deren sich gewöhnlich die Salpetersieder bedienen. Diese Kasten haben den Vorzug, daß sie weniger Raum einnehmen, weniger Reperaturen erfordern, und daß das Aus- und Einfüllen der salpetrisirten Materien weit leichter und bequemer, als bei den Fässern, von Statten gehet. Um die drei Reihen von Fässern darzustellen, deren Gebrauch ein Mal in den Salpetersiedereien angenommen ist, müßte man auch drei dieser Kasten haben; aber man hat den

*) Einen Kubikfuß.

**) 146 bis 175 Kubikfuß.

geringen Nutzen des dritten eingesehen. Es reicht in der That hin, um das Auslaugen mit diesen mit salpetrisirten Materien gefüllten Kasten anzufangen, einen davon im Anfang mit so viel Wasser anzusetzen, daß es, nachdem es die auszulaugende Masse gehörig durchdrungen hat, noch über deren Oberfläche etwa einen Decimeter *) hoch steht. Man läßt nun dieses Wasser bis den andern Tag auf der Erde stehen, indem man die Abzüge mittelst ihrer Zapfen verschlossen hält; nach Verlauf dieser Zeit zieht man sie heraus, und das Wasser, welches in die unter dem Kasten befindliche Rinne läuft, fließt in einen Behälter, welcher an einem Ende angebracht ist. Wenn das Auslaufen des Wassers aufgehört hat, schließt man von Neuem die Abzüge und füllt so nach und nach abermals die Kasten mit reinem Wasser, bis dieß Wasser, nachdem es die Erde gehörig durchdrungen hat, nur noch einen halben Grad am Aräometer zeigt.

Wenn das Auslaugungswasser, das man beim ersten Ausfließen erhält, am Aräometer einen Gehalt zeigt, welches beweißt, daß es gehörig angeschwängert sey, z. B. 10 bis 12°, so setzt man es bei Seite und betrachtet es als gut, um in den Kessel gebracht und daselbst abgedampft zu werden, ohne daß es nöthig wäre, es noch durch andere Erde gehen zu lassen. Wenn im Gegentheil dieß erste Wasser zu schwach ist und weniger als 10° an der Senkwage zeigt, so gießt man es, wie alles Wasser, das von den, nach den ersten angestellten Auslaugungen herkommt, in den zweiten gefüllten Kasten, dessen Abzüge alle mit ihren Zapfen verstopft sind, und verfährt bei diesem zweiten Kasten, wie beim ersten. Dieser ist unterdessen mit

*) 4 Zoll.

neuer Erde gefüllt worden, um die schwache Lauge des zweiten Kastens zu empfangen. Ist dieser gleichfalls bis zur völligen Erschöpfung der Erden ausgelaugt worden, so wird von Neuem gefüllt, und s. f.

Es ist unumgänglich nothwendig, man mag sich der Kasten oder der Fässer bedienen, das erste, auf die salpetrisirten Materien gegossene Wasser nicht eher, als den folgenden Tag abzulassen, damit dieß Wasser hinreichende Zeit habe, alle Theile der Erde zu durchdringen und den Salpeter den sie enthält, vollkommen aufzulösen; nicht eben so verhält es sich mit den folgenden Aufgüssen, welche hauptsächlich nur den Zweck haben, das von der ersten Auslaugung zurückgebliebene Wasser mit sich fort zu führen. Diesen Zweck erreicht man, wenn man das neu aufgegossene Wasser zwei bis drei Stunden, ehe es abgelassen wird, darauf stehen läßt. Es ist sogar vortheilhaft, während aller Auslaugungen, die der ersteren folgen, die Abzüge offen zu lassen; denn da sie nur aus dem einzigen Gesichtspunkte angestellt werden, den Rückhalt an Lauge den Erden zu entziehen, so würde das Wasser, dessen man sich zum Nachwaschen der Erden bedient, da es durch nichts zurückgehalten wird, und aus den Oeffnungen des Kastens auszulaufen strebt, sich mit Gewalt gegen den unteren Theil des Kastens stürzen, und durch sein bloßes Gewicht, das in der Erde noch vorhandene Wasser zum Auslaufen zwingen. Auf diese Art würde gar keine oder nur sehr wenig Vermischung dieses neuen Wassers mit dem, was man zu erhalten wünscht, statt haben, und man würde es vollständiger und weniger durch das reine Wasser verdünnt erhalten. Diese Verfahrungsart hat überdieß den Vortheil, daß man bedeutend am Brennmaterial spart, dessen man sich nachher zur Verdampfung der starken Lauge bedienen muß.

Man sieht, dem Gesagten zufolge, leicht ein, daß die Operation des Auslaugens der salpetrisirten Materie zum einzigen Zweck habe, vermittelst des Wassers den Salpeter, den sie enthalten, davon abzuscheiden; indem man bei dem Punkte aufhört, wo es zweckmäßig ist, den letzten Antheil von Salz in ihnen zurückzulassen, weil, wegen Anwendung einer zu beträchtlichen Menge Wasser es unvortheilhaft seyn würde, auch diesen auszuziehen. Der Salpetersieder muß alle seine Sorgfalt darauf richten, daß einerseits seine starke Lauge oder seine Siedlauge gehörig mit Salpeter angeschwängert sey, und andrerseits darauf, daß die Nachlaugen so schwach als möglich sind, d. h., daß sie so wenig als möglich den Grad überschreiten, welcher das gänzliche Erschöpfen der Substanzen durch das Auslaugen anzeigt. Wenn der erste Punkt nicht gehörig erfüllt wurde, daß nämlich die starke Lauge hinreichend mit Salpeter gesättigt ist, so muß man sie auf neue Erde bringen, und andrerseits, wenn die Nachlauge zu sehr mit Salpeter angeschwängert ist, so muß man wieder neues Wasser auf die Materialien, aus denen man sie erhielt, gießen, um diese hinreichend auszuziehen.

Vom Gebrauche des Aräometers.

Die Senkwage oder das Aräometer für den Salpeter, ist für die Salpetersieder ein einfaches, leichtes Mittel, wodurch sie gewiß sind, auf der Stelle die Stärke der Lauge zu erkennen, welche sie durch das Auslaugen ihrer salpetrisirten Materien erhalten. Die Angaben dieses Werkzeuges müssen sie im Laufe der Operation leiten. Wenn man sich des Aräometers bedienen will, um die Qualität einer Lauge, von der man weiß, daß sie Salpeter aufgelößt enthält, zu bestimmen; so füllt man ein Gefäß mit dieser Flüssigkeit, bis etwa zwei Centimeter (8 bis 9 Linien) vom Rande an. Das Gefäß muß so gewählt werden, daß es wenigstens eine gleiche Höhe mit der Senkwage habe; man taucht sie hinein und beobachtet, bis auf welchen Punkt sie sich einsenkt. Die Verfertiger dieser Werkzeuge verkaufen dieselben gewöhnlich in einem doppelten Futteral von Blech, dessen man sich als Gefäß bei Untersuchung der salpeterhaltigen Flüssigkeiten bedienen kann. Wenn man diesen Versuch mit einer Lauge anstellt, welche der Salpetersieder als gehörig mit Salpeter angeschwängert betrachtet und findet, daß sich das Instrument so weit einsenkt, daß die Oberfläche des Wassers genau mit dem zwölften Grade der Skale zusammenfällt, so kann man daraus schließen, daß diese Lauge zwölf Procent Salz enthält. Dieß Verhältniß von Salz kann, in der Wirklichkeit, nicht lauter Salpeter seyn, weil das Wasser, das die salpetrisirten Substanzen auslaugte, zu gleicher Zeit fremde Salze mit auflösen mußte, welche in den salpetrisirten Materien zugegen seyn konnten, und auch wirklich beinahe immer in ihnen enthalten sind. Wenn aber, durch Versuche mit diesen Materialien, der Salpetersieder sich in den Stand gesetzt hat, das Verhältniß in dem die andern Salze zum Salpeter vorkommen, zu kennen, so kann er doch die Quantität dieses Salzes nach dem Grade welchen die Senkwage angiebt abschätzen. Früher, als von der Untersuchung der salpetrisirten Erden und Substanzen die Rede war, wurde bemerkt, daß sich aus dem Unterschiede des Gewichtes des Rückstandes, welchen die bis zur Trockene verdunstete Lauge überhaupt, und des Rückstandes welcher bleibt, nachdem erstere mit einer gesättigten Auflösung des reinen Salpeters ausgewaschen worden, man die wirkliche Menge des in den zu prüfenden Materien enthaltenen Salpeters erkennen könne, und demzufolge auch die, der ihn begleitenden Salze. Denkt man sich den konkreten Fall, daß man bei einem solchen Versuche als Resultat der Verdunstung zur Trockene 8 Grammen Rückstand erhalten hätte, und daß von diesem Produkt, nach dem Abwaschen mit einer gesättigten Salpeterauflösung nur 4 Grammen übrig geblieben wären, so wird man daraus schließen, daß unter der Quantität von salzigen Substanzen, die in der Probe enthalten sind, nur die Hälfte salpetersaures Kali, oder solcher Salze, die durch Zersetzung dazu werden können, sich vorfinden. In diesem Falle würden also die 12° an der Senkwage anzeigen, daß die Siedlauge 6 Procent Salpeter enthalte. Eben so prüft man die Nachlauge. Die zuletzt abfließende darf, wie schon bemerkt, nicht mehr, als einen halben oder höchstens $\frac{3}{4}$° zeigen; widrigenfalls ist man zur Vermuthung berechtigt, daß eine noch hinreichende Menge Salpeter in den Erden enthalten sey, um noch ein Nachlaugen zu erfordern.

Es wird vorausgesetzt, daß man zum Auslaugen der Erden Regen- oder Flußwasser anwende. Wenn man dagegen Brunnenwasser oder jedes andere gebraucht, was weniger rein ist, und z. B. einen viertel oder halben Grad an der Senkwage für den Salpeter zeigt, so muß man auch alsdann den Gehalt der Siedlauge bis auf $12\frac{1}{4}$° oder bis auf $12\frac{1}{2}$° bringen, und eben so müssen die schwächsten Nachlaugen einen bis einen und ein Viertel Grad zeigen.

Fünfter Abschnitt.

Von der Behandlung der Laugen mit Pottasche, schwefelsauren Kali und mit Asche.

Nie befinden sich das salpetersaure Kali und die erdigen salpetersauren Verbindungen allein in den sie enthaltenden Materien, sie sind in denselben fast immer von salzsaurem Natrum und erdigten salzsauren Verbindungen, bisweilen auch von schwefelsauren Salzen begleitet.

Aus den Resultaten, welche eine lange anhaltende Beschäftigung mit der Salpeterfabrikation, wobei alle dieselbe begleitenden Umstände auf das genaueste bemerkt wurden, lieferte, geht hervor, daß man der Wahrheit sehr nahe kommt, wenn man annimmt, daß in mittlerem Verhältnisse etwa 10 Procent salpetersaures Kali, 70 Procent erdige salpetersaure Verbindungen, 15 Procent salzsaures Natrum, und 5 Procent salzsaure Mittelsalze, überhaupt 20 Procent salzsaure Salze in den salpetrisirten Materien enthalten sind. Es würden demnach 100 Kilogramme Lauge, welche 15° am Aräometer für den Salpeter zeigen, d. h., von welchen das Instrument anzeigt, daß in ihnen 15 Procent, oder 15 Kilogramme salzige Materien befindlich sind, nur 12 Procent salpetersaures Kali und erdigte salpetersaure Salze, nämlich 1 Kilogramm und 5 Hektogramme salpetersaures Kali, und 10 Kilogramme

logrammen 5 Hektogrammen salpetersaure Mittelsalze enthalten *).

Von der Zersetzung dieser salpetersauren Mittelsalze und ihrer Umwandelung in salpetersaures Kali wird jetzt gehandelt werden.

Die Operation, vermittelst welcher man dazu gelangt, wird im allgemeinen in den Werkstätten der Salpetersieder mit dem sehr unpassenden Ausdrucke Sättigung bezeichnet. Weit schicklicher könnte man sie Zersetzung nennen, weil sie zum Zweck hat, salpetersaures Kali zu bilden, indem man die salpetersauren Mittelsalze zersetzt. Man kann sich bei dieser Operation der im Handel vorkommenden Pottasche, oder des schwefelsauren Kali, oder am einfachsten der Holzasche bedienen. Die Anwendung der im Handel vorkommenden Pottasche bestehet darin, daß man diese in ihrem doppelten Gewichte Wasser auflöst, diese Auflösung mit der starken Lauge oder der Siedlauge vermischt, und das Gemisch wohl umrührt. So wie man anfängt die Flüssigkeiten zu vermischen, findet eine Abscheidung der erdigen Grundlagen aus ihren Verbindungen statt, an deren Stelle das Kali tritt; und es entstehet ein Niederschlag, der, wenn man aufhört, die Masse in Bewegung zu setzen, sich sammelt und in dem Gefäße, in welchem man operirt, zu Boden sinkt. Man gießt die Flüssigkeit, welche über diesem Bodensatze ganz klar ist, ab, und bewerkstelligt dieß, wenn es eine Kufe ist, vermittelst eines Abzuges, der in ein Loch gesteckt wird, was zu diesem Be-

*) In 200 Pfunden Lauge von 15° also 24 Pfund salpetersaure Salze, welche nahe aus 3 Pfunden Salpeter und 21 Pfunden salpetersauren Salzen mit erdiger Basis bestehen würden.

huf 8 bis 10 Centimeter*) über dem Boden des Gefäßes eingebohrt ist. Es kommt jetzt darauf an, zu bestimmen, in welchem Verhältnisse man das Kali anzuwenden habe: welches von der Natur der Siedlauge, die man zu behandeln hat, abhängt.

Zersetzung der Siedlauge durch das Kali.

Um sich durch wissenschaftliche Ansichten bei dieser Operation, welche eine der wichtigsten bei der Fabrikation des Salpeters ist, und bei welcher man sich demnach nur zu oft durch ungewisses Umhertappen und Routine bestimmen läßt, leiten zu lassen; reicht es hin, die zwei Hauptpunkte festzusetzen, auf welche hiebei alles ankommt. Der eine ist das im allgemeinen wenig veränderliche Verhältniß der salpetersauren Mittelsalze, welche sich in einer Lauge von irgend einem specifischen Gewichte finden können; der andere betrifft das Verhältniß, in dem das Kali, rücksichtlich auf die Quantität, die davon zur Bildung des Salpeters nöthig ist, angewendet werden muß.

Erwägt man das, was schon früher, als von der Art, den Gehalt der Laugen zu bestimmen, die Rede war, gesagt wurde, so wird man finden, daß man im allgemeinen von der Anzahl von Graden, welche die Siedlauge angiebt, ein Drittheil abziehen könne, und daß dann die übrigbleibenden zwei Drittheile die Procente der salpetersauren Mittelsalze, welche in der Lauge enthalten sind, angeben werden. Auf der andern Seite wurde bei Gelegenheit der Bestimmung des Verhältnisses der Bestandtheile im Salpeter bemerkt, daß den neueren Untersuchungen von Berthollet zufolge, auf 100 Theile desselben 51, 38 Kali enthalten. In diesem Verhältnisse muß man es zur Zersetzung der salpetersauren Mittelsalze anwenden, deren Verhältniß durch die Zahl der Grade am Aräo-

*) 3 bis $3\frac{1}{2}$ Zoll.

meter, wovon man ein Drittheil abzieht, bestimmt wird. Da es jedoch möglich ist, daß in den ausgelaugten saleptrisirten Materien mehr als ein Zehntheil salpetersaures Kali und ein weit größerer Antheil salzsaurer Salze sich befinden könne, und weil es andererseits nothwendig ist, daß man sich eher unter, als über dem Punkte der gänzlichen Zersetzung der salpetersauren Mittelsalze halte, um sich nicht dem auszusetzen, daß man sehr zur Unzeit salzsaure Mittelsalze mit zersetze, so kann man für die gewöhnlichen Beschickungen der Lauge mit Kali bei Arbeiten im Großen, sich mit einem Quantum Kali (welches jedoch als völlig rein und wasserfrei angenommen werden muß) begnügen, welches 50 Procent von der angezeigten Menge der salpetersauren Salze mit erdiger Basis beträgt. Da aber die Menge dieser Salze, durch zwei Drittheil der am Aräometer bemerkten Grade bestimmt wird, so kann man es beinahe als allgemeine Regel aufstellen; daß, bei der Behandlung der Siedlauge mit Kali, die Quantität dieses letzteren, welche man auf 100 Kilogrammen Lauge zu verwenden hat, dem dritten Theil der Grade, welche die Lauge am Aräometer zeigte, gleich seyn müsse. Wenn man also z. B. mit einer Siedlauge operirte, welche 12° an diesem Instrumente zeigte und mit ihr ein Gefäß von 4 Hektolitern *) Inhalt gefüllt wäre, wo also das Gesammtgewicht der Siedlauge ungefähr 430 Kilogramme wäre, so müßte die Quantität des anzuwendenden Kali, demzufolge, was gesagt wurde, etwa 17 Kilogramme **) betragen: denn das Drit-

*) Vier Hektoliter sind gleich 11 Kubikfuß 1157 Kubikzoll, also beinahe 12 Kubikfuß.

**) Es wäre möglich, daß die angegebene Quantität des

theil der Anzahl von Graden ist 4, und demzufolge muß die Anwendung des Kali 4 Kilogramme auf jedes Hundert Kilogramme des Gewichts der Lauge betragen.

Diese Berechnung, welche der Warheit so nahe als möglich kommt, ist eher etwas zu niedrig, als zu hoch angesetzt. Es ist in derselben jedoch nur von einem vollkommen reinen Kali, so wie es in die Zusammensetzung des Salpeters eingehet, die Rede; das im Handel vorkommende aber, dessen sich die Salpetersieder bedienen und welches unter den verschiedenen Benennungen Pottasche, Perlasche u. s. w. bekannt ist, enthält in diesen verschiedenen Zuständen mehrere Neutralsalze und andere heterogene Beimischungen in mehr oder weniger beträchtlichere Menge. Je grösser dieser Antheil fremdartiger Substanzen ist, um so grösser ist der Antheil Pottasche, welcher der Siedlauge zugesetzt werden muß. Es ist daher sehr wichtig, daß sich der Salpetersieder mit den Mitteln bekannt mache, so genau als möglich die Qualität der alkalischen Salze, die er anwendet, zu erforschen. Diese Untersuchung muß er jedesmal mit Sorgfalt vornehmen, wenn diese Substanz, deren er

anzuwendenden Kali (wenn man nämlich so viel Procent Kali der Siedlauge zusetzt, als der dritte Theil der Grade beträgt, welche sie am Aräometer zeigt) bisweilen in den ehemaligen Provinzen Touraine, Anjou, Poitou, so wie in der Champagne unzureichend wäre; indem die salpetrisirten Materien dieser Gegenden gewöhnlich nur unendlich wenig salpetersaures Kali enthalten: allein das hier aufgestellte Resultat ist, wie vielfache Erfahrungen gelehrt haben, dasjenige, welches die Bearbeitung der Materialien von mittlerer Qualität liefert; es kann demnach als Norm für die gewöhnlich vorkommenden Fälle betrachtet werden.

sich bedienen will, nicht aus der nämlichen Fabrike oder von demselben Vorrathe kommt, wie die, welche er schon versucht hat.

Durch folgendes Mittel kann man eine Art chemischer Analyse mit dem anzuwendenden Alkali anstellen. Von der Gesammtmasse nimmt man eine Probe etwa von 5 Kilogrammen *), trocknet sie und wiegt sie alsdann von neuem, um zu erfahren, wie viel Feuchtigkeit sie enthalte. Den Ueberrest löst man in 10 Kilogrammen **) Wasser auf und trägt Sorge, die Mischung von Zeit zu Zeit umzurühren, um die Auflösung zu erleichtern, hierauf filtrit man die Flüssigkeit und wäscht den auf dem Filter zurückgebliebenen Rückstand mit frischem Wasser so lange ab, bis das, was abfließt, keinen Geschmack mehr zeigt. Nachdem man den Rückstand getrocknet hat, wird er gewogen, das Gewicht desselben giebt die Menge der erdigen unauflöslichen Theile an. Man gießt hierauf alles Wasser von der Auflösung und dem Abwaschen zusammen und dampft es in einem Gefäß von Eisen oder verzinntem Kupfer ab. Die Operation wird hierauf mit Sorgfalt fortgesetzt, bis die Flüssigkeit zum Aufwallen kommt. Enthält sie schwefelsaures Kali, so wird dieses, da sie bei dieser Temperatur höchstens 0, 20 ihres Gewichtes davon auflösen kann, sich auf den Boden des Gefäßes niedersenken, von wo man es mit einem Spatel oder einem Schaumlöffel wegnimmt; indem man es mit einer verhältnißmäßig kleinen Quantität Wasser abwäscht, welches man hernach zu der Flüssigkeit, die man abdunstet, zugießt. Die anderen Salze, wenn das Kali deren enthält, erhält man auf die nämliche Weise während des Abdampfens. Dieses setzt

*) Zehn Pfund. **) Zwanzig Pfund.

man bis zur Trockene fort, wobei man die Flüssigkeit, so wie sie anfängt sich sehr merklich zu verdichten, beständig umrührt. Der trockene und pulverartige Rückstand giebt dann als Resultat den wirklichen Antheil Alkali, oder wenigstens mit sehr wenigen Neutralsalzen vermischt.

Wenn man die Natur der durch die Abdampfung erhaltenen verschiedenen Neutralsalze unterscheiden konnte, und man die Menge des schwefelsauren Kali, welches unter den beigemischten Salzen sich gewöhnlich im größten Verhältnisse vorfindet, 0,60 des Gewichts als Kali annimmt, und diese Quantität zu dem durch das Abdampfen erhaltenen Rückstande hinzufügt, so wird man auf eine der Warheit ziemlich nahe kommende Art, die Menge des Kali haben, welches sowohl rein, als in Verbindung mit andern Stoffen in der Probe enthalten war. Da man ferner seinen Abgang an Feuchtigkeit und unauflöslichen erdigen Theilen schon kennt, so kann man die erhaltenen Resultate als eine annähernde Analyse der Pottasche betrachten.

Andere Arten der Analyse der Pottasche.

Man hat noch andere Verfahrungsarten sich von der Qualität der im Handel vorkommenden Pottasche zu versichern und die Quantität Kali zu finden, die sie enthält. Ein solches Verfahren wurde im Jahre zehn (1801) durch die Administrateurs des poudres bekannt gemacht und in die Annales de Chimie, Tom. I. p. 113. ff. eingerückt. Es gründet sich auf die Anwendung der salpetersauren Strontianerde, eines Salzes, welches durch Verbindung der Salpetersäure mit der Strontianerde gebildet wird. Die Salpetersäure hat eine entferntere Verwandtschaft zu dieser Erde als zum Kali; sie verläßt erstere also, um sich mit dieser neuen

Grundlage zu verbinden, so wie man salpetersaure Strontianerde mit Kali, oder mit Salzen, die Kali zur Basis haben, in Berührung bringt. Da die Strontianerde sowohl, als die aus der Verbindung dieser Basis mit Kohlen- und Schwefelsäure entstehenden Salze im Wasser unauflöslich sind, so bringt ihre Trennung von der Salpetersäure einen Niederschlag hervor, welcher die neue Verbindung der Salpetersäure, die einen Bestandtheil der salpetersauren Strontianerde ausmacht, mit dem Kali anzeigt. Man kann durch dieses Mittel auf das genaueste, sowohl das freie, als das mit Kohlen- und Schwefelsäure verbundene Kali, welches die verkäufliche Pottasche enthält, kennen lernen.

Vorläufig hatte man sich überzeugt, daß 102 Grammen einer Auflösung der salpetersauren Strontianerde, welche aus einem Theile des gehörig getrockneten Salzes und zwei Theilen destillirtem Wasser gemacht worden war, oder welche aus 34 Grammen Salz und 68 Grammen Wasser bestand, genau 20 Grammen vermittelst Alkohol höchst gereinigtes Kali verschluckten. Hierauf gründete man folgende Einrichtung eines Werkzeuges, um den Gehalt irgend einer Pottasche zu prüfen. Man schüttete die 102 Grammen Auflösung der salpetersauren Strontianerde in eine wohl kalibrirte Röhre und theilte den Raum, welchen sie einnahm, genau in 100 gleiche Theile oder Grade. Auf die Art erhielt man ein graduirtes Instrument, vermittelst dessen man leicht und auf der Stelle den Gehalt jeder vorkommenden Pottasche bestimmen konnte. Seine Anwendung ist sehr leicht. Man löst 20 Grammen der zu prüfenden Pottasche in irgend einer Quantität reinem Wasser auf, füllt in das Instrument die 102 Grammen Auflösung des salpetersauren Strontians (welche aus einem Theil dieses Salzes und zwei Theilen destillirtem Wasser gemacht wurde), und gießt hierauf von derselben, so lange zu der Pottaschenauflösung nach und nach hinzu, bis sich kein Niederschlag mehr erzeugt. Wen die 20 Grammen der der Prüfung unterworfenen Probe ganz aus Kali bestehen, so werden die 102 Grammen der Auflösung des salpetersauren Strontians, die durch die 100 Grade des Instruments dargestellt werden, ganz zu ihrer Sättigung verbraucht; folglich zeigt der Gebrauch dieser Auflösung für jeden Grad des Instruments, so viele Hunderttheile von feuerbeständigem vegetabilischen Alkali in der untersuchten Pottasche. Also, nach der vollkommenen Sättigung der Probe, schließt man aus der Quantität oder der Zahl von Graden der angewandten Auflösnng des salpetersauren Strontians auf die wirkliche Quantität Kali, welche in hundert Theilen der zu untersuchenden Pottasche enthalten sind *).

Man hat bemerkt, daß die 102 Grammen der Auflösung des salpetersauren Strontians, in dem bestimmten Verhältnisse von einem Theile Salz zu zwei Theilen destillirtem Wasser, genau dem Volumen von 77 Grammen destillirten Wassers gleich sind, so daß, wenn man diese Quantität destillirtes Wasser in eine wohl kalibrirte Röhre bringt und den Raum, den sie einnimmt, in hundert gleiche Theile theilt, man ein schicklich graduirtes Instrument hat, um mit der Auflösung des salpetersauren Strontians zu arbeiten. Man kann noch, wenn man durch die Auflösung des salpetersauren Strontians die gesammte Menge von Kali in einer der Probe unterworfenen Pottasche ken-

*) Man kann hier füglich für Gramme durchgängig Skrupel setzen.

nen gelernt hat, diese zweite Probe machen, daß man in die Auflösung einer andern Probe von 20 Grammen dieser Pottasche, nach und nach so lange Salpetersäure gießt, bis die Flüssigkeit das Lackmuspapier *) zu röthen anfängt. Man setzt alsdann die Untersuchung mit der salpetersauren Strontianerde fort, wenn sich kein Niederschlag bildet, so kann man daraus schließen, daß die Probe kein Kali in Verbindung mit Schwefelsäure enthalte; erfolgt aber ein Niederschlag, so schließt man aus der Zahl von Graden der angewandten Auflösung, auf die Menge des schwefelsauren Kali in hundert Theilen, welche in der Probe sich findet. Die Verschiedenheit zwischen diesem Verhältnisse und dem der gesammten Menge des Kali, welche durch die erste Probe mit der Auflösung des salpetersauren Strontians und der nämlichen Substanz ausgemittelt wurde, giebt das Quantum an, was sich an freiem und kohlensauren Kali vorfindet. In vielen Fällen kann es sehr nützlich seyn, ein Mittel zu haben, diesen Unterschied zu bestimmen.

Zur Bereitung der salpetersauren Strontianerde kann man sich folgendes Verfahrens bedienen. Man macht eine Auflösung von Pottasche, welche an dem Aräometer für den Salpeter 12° zeigt. Von dieser gießt man auf jedes Kilogramm wohlgetrocknete und gepülverte schwefelsaure Strontianerde 10 bis 12 Liter **); ein Verhältniß, welches mehr als hinreichend

*) Papier, welches durch die Lakmustinktur blau gefärbt ist. Man bedient sich desselben um zu erforschen, ob Flüssigkeiten sauer oder alkalisch sind. Die Säuren röthen das Papier, die Alkalien färben es grün, oder stellen seine blaue Farbe wieder her, wenn es vorher schon durch den Zusatz einer Säure geröthet worden war.

**) Das Liter ist beinahe 50 pariser Kubikzoll.

ist, um dieses schwefelsaure Mittelsalz vollständig zu zersetzen. Diese Mischung läßt man vier bis fünf Stunden kochen, indem man sie fleißig mit einem hölzernen oder eisernen Spatel umrührt; man gießt hierauf die überstehende Flüssigkeit ab und wäscht den Rückstand mit einer reichlichen Menge warmen Wassers so lange ab, bis die salpetersaure Strontianerde in der filtrirten Flüssigkeit keinen Niederschlag mehr hervorbringt. Dieses ist ein Zeichen, daß kein schwefelsaures Kali mehr im Rückstande vorhanden ist, und daß er gänzlich aus kohlensaurer Strontianerde bestehet. Funfzig Kilogrammen schwefelsaure Strontianerde auf die angegebene Art mit 500 Liter Kaliauflösung, die am Aräometer für den Salpeter 12° zeigt, behandelt, können 40 Kilogrammen kohlensaure Strontianerde geben. Um hierauf den kohlensauren Strontian in salpetersauren umzuwandeln, nimmt man fünf Theile Salpetersäure, die nach dem Bauméschen *)

*) Diese Senkwage, welche das specifische Gewicht der salzigen Auflösungen und Säuren angiebt, senkt sich, wie das Aräometer für den Salpeter, in destillirtem Wasser bis auf Null der Skale ein, die auf seinen Stiel aufgetragen ist, und ist auf ganz ähnliche Art mit Graden versehen. Allein bei der Eintheilung dieser Skale wird nicht, so wie die Menge des Salzes vermehrt wird, die Quantität des Wassers vermindert; sondern letztere bleibt beständig 100 Theile, und ihr werden nach und nach die verschiedenen Antheile Salz zugesetzt. So z. B. um den zehnten Grad auf der Skale der Senkwage für den Salpeter zu haben, muß man eine Auflösung aus 10 Theilen Salpeter und 90 Theilen destillirtem Wasser machen, während man um den zehnten Grad auf der Skale des Bauméschen Aräometers zu bestimmen, 10 Theile dieses Salzes in 100 Theilen Wasser auflösen läßt.

Aräometer 36° zeigt, und vier Theile kohlensauren Strontian. Man verdünnt die Säure mit zwei Litern Wasser auf jedes Kilogramm kohlensauren Strontian, und trägt in die so verdünnte Säure, welche in eine Schale aus Steingut gegossen wurde, nach und nach so lange von der gepülverten kohlensauren Strontianerde ein, bis das Aufbrausen aufhört, und bis das Lackmuspapier nicht mehr geröthet wird. Man gießt nun die Flüssigkeit aus dem Gefäß in ein anderes, um die Sättigung der Säuren zu erleichtern; filtrirt und dampft die filtrirte Flüssigkeit bis zur Trockene ab, wobei man Sorge trägt, bis zum Ende des Ab-

Zur Reduktion von Baumé's Aräometer auf das specifische Gewicht der Flüssigkeiten dient folgende Tabelle:

(Temperatur 55° Fahr. oder 10° Reaum.)

A. Für Flüssigkeiten welche leichter als Wasser sind.

Grade.	Spec. Gewicht.	Grade.	Spec. Gewicht.
10	1,000	26	0,892
11	0,990	27	0,886
12	0,988	28	0,880
13	0,977	29	0,874
14	0,970	30	0,871
15	0,963	31	0,867
16	0,955	32	0,856
17	0 949	33	0,852
18	0.942	34	0,847
19	0,935	35	0,842
20	0,928	36	0, 837
21	0,922	37	0,832
22	0,915	38	0,827
23	0, 909	39	0,822
24	0,903	40	0,817
25	0,897		

dampfens und auch während der Krystallisation des Salzes, fortgesetzt die Masse umzurühren, damit man das Salz in möglichst fein zertheiltem Zustande erhalte. Das so erhaltene Salz theilt man in zwei gleiche Portionen, eine davon löst man bis zur vollkommenen Sättigung in destillirtem Wasser auf, um dadurch ein mit salpetersaurer Strontianerde gesättigtes Wasser zu erhalten, mit welchem man die zweite Portion dieses Salzes abwäscht. Dies Abwaschen hat den Zweck, diesem Antheile jede fremdartige Beimischung zu entziehen, welche ihm noch ankleben könnte. Man hält endlich diese salpetersaure Strontianerde für rein, wenn ihre Auflösung, in dem Verhältniß von einem Theil auf zwei Theile destillirtes Wasser, 35° am Baumé'schen Aräometer zeigt.

Diese hier angegebene Bereitungsart der salpetersauren Strontianerde erfordert allerdings Vorsicht und Genauigkeit; allein man muß bedenken, daß man mit einem Kilogramm dieses Salzes sechzig Proben mit

B. Für Flüssigkeiten, welche schwerer als Wasser sind.

Grade.	Spec. Gewicht.	Grade.	Spec. Gewicht.
0	1,000	39	1,373
3	1,020	42	1,414
6	1,040	45	1,455
9	1,064	48	1,500
12	1,089	51	1,547
15	1,114	54	1,594
18	1,140	57	1,659
21	1,170	60	1,717
24	1,200	63	1,779
27	1,230	66	1,848
30	1,261	69	1,920
33	1,295	72	2,000
36	1,333		

gewöhnlicher Pottasche anstellen kann, daß ferner eine einzige Operation 10 Kilogrammen *) dieses Salzes liefert, und man davon also einen Vorrath vielleicht auf fünf bis sechs Jahre hat, und ferner in Erwägung ziehen, daß man sich diesen Vorrath verschafft, indem man einen Theil der verkäuflichen Pottasche in schwefelsaures Kali umändert, so daß, demzufolge, diese Materie in den Salpeterfabriken und Raffinerien nichts kostet.

Noch bedient man sich zur Prüfung des Kali eines andern Verfahrens, welches sehr leicht zu seyn scheint. Nachdem man ausgemittelt hatte, daß eine Auflösung von 96 Grammen salpetersaurer Kalkerde, die 28° nach dem Baumé'schen Aräometer zeigt, fähig sey, 20 Grammen durch Alkohol gereinigtes Kali zu sättigen, so brachte man diese aufgelösten 96 Grammen in eine kalibrirte Röhre und theilte den Raum, welchen die Auflösung darin einnahm in hundert gleiche Theile. Man löste nun 20 Grammen des zu untersuchenden Kali in einer hinreichenden Menge destillirten Wassers auf, worauf man nach und nach in diese alkalische Auflösung von der in der Röhre enthaltenen Auflösung der salpetersauren Kalkerde gießt, bis kein Niederschlag mehr erfolgt, wovon man sich überzeugt, wenn man von Zeit zu Zeit die zu untersuchende Flüssigkeit filtrirt, und alsdenn ein wenig von der Auflösung der salpetersauren Kalkerde zusetzt. Jeder Grad der aus der Röhre verwendeten Flüssigkeit zeigt ein Hunderttheil Kali in der Probe an. Das Mittel, sich diese 96 Grammen einer Auflösung der salpetersauren Kalkerde zu verschaffen, ist sehr einfach, weil es dazu hinreichend ist, so lange kohlensaure Kalkerde oder gesto-

*) Ein Kilogramm nahe 2 Pfund, mithin 10 Kilogrammen 20 Pfund.

ßenen weißen Marmor in Salpetersäure einzutragen, bis sich kein Aufbrausen mehr zeigt, und bis das in diese Auflösung getauchte Lackmuspapier die Farbe nicht mehr verändert. Man verdünnt hierauf die gesättigte Flüssigkeit mit destillirtem Wasser, bis sie nicht mehr als 28° am Baumé'schen Aräometer zeigt. Da auf der andern Seite das Volumen dieser Auflösung von 96 Grammen der salpetersauren Kalkerde genau dem Volumen von 75 Grammen destillirten Wasser entspricht, so wird das Anfertigen der Röhren sehr leicht *).

Es darf nicht außer Acht gelassen werden, daß bei der Prüfung der im Handel vorkommenden Pottasche durch salpetersaure Strontianerde sowohl, als durch salpetersaure Kalkerde, das Kali von dessen Sättigung die Rede war, sich im Zustande des durch Alkohol gereinigten Kali befand, und es ist also Kali in diesem Zustande der Reinheit, dessen wirkliche Quantität in der zu untersuchenden Probe diese Versuche angeben. Auch wurde früher bemerkt, daß dies als rein betrachtete Kali noch ungefähr 14 Procent Wasser enthält, welche es bei seiner Verbindung mit der Salpetersäure fahren läßt. Wenn man also bei einer Untersuchung 50 Procent wirkliches Kali in einer zu prüfenden Pottasche findet, so enthält diese eigentlich nur 43 Procent Kali in demjenigen Zustande in welchem es als Bestandtheil in den Salpeter eingehet.

Unter den Neutralsalzen, welche das Kali begleiten, ist das schwefelsaure Kali dasjenige, welches sich am häufigsten, theils ganz allein, theils in der größten Menge zeigt, und welches bei der Arbeit des Salpetersiedens im Großen einigen Nachtheil verursachen kann. Will man von demselben Nutzen ziehen, so ist

*) Auch hier gilt die Seite 56 befindliche Bemerkung.

es nothwendig, daß die Auflösung des Kali mit der hinreichenden Menge Wasser verdünnt sey, um die Auflösung des in derselben enthaltenen schwefelsauren Kali zu bewirken, wodurch auf der anderen Seite, bei der Arbeit im Großen der Verbrauch von Brennmaterial, und demzufolge die Kosten auf eine höchst nachtheilige Art vermehrt werden. Meiner Meinung nach wäre das Mittel diesem Uebelstande abzuhelfen und nichts desto weniger doch alles, was bei der angewandten Pottasche zur Umwandlung der salpetersauren Mittelsalze in salpetersaures Kali beitragen kann, zu benutzen, dieses: die Pottasche, womit man die Laugen beschicken will, wie gewöhnlich, etwa in dem doppelten Gewichte Wasser aufzulösen, aber sorgfältig den Niederschlag, der sich dabei zeigt, bei Seite zu legen, um ihn in die Auslaugungskasten oder Tonnen zu vertheilen. Durch dieses Mittel würde die Quantität von schwefelsaurem Kali, welche sich noch darin befände, während die Operation des Auslaugens zugleich mit aufgelöst werden, zugleich würde die Zersetzung, die es hervorbringen könnte, statt finden, ohne daß dadurch eine Vermehrung in der anzuwendenden Wassermenge, noch eine Veränderung der Behandlungsart nöthig würde.

Die Salpetersieder werden die ganze Wichtigkeit dieser Maaßregel einsehen; und sicher werden sie dieselbe annehmen und beständig befolgen. Denn man erwäge nur, daß wenn 100 Kilogramme Pottasche, die zur Beschickung der Siedlauge in 200 Kilogrammen Wasser aufgelöst sind, 12 Kilogrammen schwefelsaures Kali enthalten, so würden davon, nach dem Auflösen, wenigstens 4 Kilogramme, mit dem niedergeschlagenen erdigen Antheil, zurückbleiben, die nicht aufgelöst und gänzlich verloren sind, wenn der Rückstand als unnütz weggeworfen wird, so daß in einer Werkstätte im Großen, wo die Gesammtanwendung von Kali von ähnlicher Qualität jährlich auf 10000 Kilogrammen steigen kann, man 400 Kilogrammen eines Salzes weggeworfen haben würde, in dessen Zusammensetzung das Kali mit ungefähr 0,66 eingeht, und demzufolge würde man jährlich mehr als 260 Kilogramme Kali verlieren *). Es reicht hiezu hin, daß die angewandte Pottasche nur 12 Procent schwefelsaures Kali enthalte, und das mittlere Verhältniß dieses Salzes in der Pottasche aus Rußland, Amerika, Danzig, Trier und den Vogesen, beträgt beinahe, nach Vauquelins Analyse, 12 Procent.

Pluvinet und Pelissier haben Versuche über die Mittel angestellt, sich des schwefelsauren Kali zur Zersetzung der salpetersauren Mittelsalze, die in den Salpeterlaugen enthalten sind, zu bedienen. Mit noch mehr Vortheil kann man sich für denselben Zweck des schwefelsauren Natrums bedienen, von dem man sich große Quantitäten zu sehr mäßigen Preisen verschaffen kann. Die Zersetzung dieses Salzes würde man bewerkstelligen, wenn man es mit der im Handel vorkommenden Pottasche behandelte; man würde kohlensaures Natrum und schwefelsaures Kali erhalten, welches man alsdann zur Beschickung der Salpeterlaugen anwenden könnte. Dieß Mittel wurde mit Erfolg in einigen Pariser Salpetersiedereien angewandt. Das kohlensaure Natrum, welches sie gewinnen,

*) Bei einem Verbrauche von 20000 Pfund Pottasche, würden 800 Pfund Salz, welche 520 Pfund Kali enthielten, weggeworfen werden.

winnen, ersetzt ihnen größtentheils den Werth der Pottasche, und vermindert so, auf eine sehr merkliche Weise, diesen Hauptgegenstand der Ausgabe.

Das Verfahren, welches Pluvinet und Pelissier am zweckmäßigsten bei Anwendung des schwefelsauren Kali zu dieser Operation fanden, ist in einem Memoire beschrieben, welches sie zu Anfange des Jahres 6 (1797) der Verwaltungs-Commission für das Schießpulver überreichten. Aber das zum nämlichen Zwecke von Herrn Berard angenommene und von ihm im Großen in der Salpetersiederei zu Montpellier ausgeführte Verfahren, so oft er sich schwefelsaures Kali verschaffen konnte, scheint so einfach, so deutlich auseinander gesetzt und so leicht ausführbar, daß ich nicht anstehe, beim Schlusse dieses Gegenstandes, die ausführliche Beschreibung herzusetzen, welche er davon, als Anhang der Abhandlung von Pluvinet und Pelissier beigefügt hat. Allen Salpetersiedern, denen ihre Lokalverhältnisse erlauben, sich mit Leichtigkeit schwefelsaures Kali zu verschaffen, ist die Befolgung dieses Verfahrens anzurathen. Zersetzung der Siedlauge durch schwefelsaures Kali.

„Das schwefelsaure Kali, sagt Berard, welches man sich zu geringem Preise verschaffen kann, „wird hauptsächlich in den Fabriken gebildet, in „welchen Schwefelsäure im Großen, durch Verbrennen eines Gemisches von Schwefel und Salpeter bereitet wird; dasjenige, welches man als „Resultat anderer Operationen erhält, ist gewöhnlich sehr rein und wird vortheilhafter an Droguisten und Apotheker verkauft. Der Rückstand „nach der Verbrennung des Schwefels ist fast immer „mit Unreinigkeiten versehen, und häufig mit Schwe-

„felsäure imprägnirt. Das schwefelsaure Kali löst „sich langsam und in nur geringer Menge auf, wenn „man sich damit begnügt, es mit Wasser zu vermi„schen und umzurühren. Die Auflösungen sind „trübe, man muß sie sich setzen lassen oder sie filtri„ren. Sie enthalten einen Ueberschuß von Säure, „der die Kessel angreifen kann. Löst man endlich „dieses Salz in Salpeterlaugen auf, so ist man „häufigen Abänderungen und langem fruchtlosen „Suchen unterworfen, welches die Arbeiter abschrek„ken wird. Diesem entgehet man durch nachstehendes „Verfahren:"

„Man verschafft sich die nöthige Menge schwefel„saures Kali, um mehrere Fässer zur Auslaugung der „Erden damit anzusetzen: verkleinert das Salz mit „einem Schlägel und mischt ihm, wenn es einen „Ueberschuß von Säure enthält, eine kleine Quanti„tät guter Feuerheerdsasche bei: ein Ueberschuß von „Asche ist der Operation nicht nachtheilig. Während „des Mischens hört man ein Geräusch, welches das „Freiwerden der Kohlensäure verursacht, und es ist „zweckmäßig, alles zusammen ruhig stehen zu lassen, „damit alle Säure absorbirt werde. Man bringt dieß „so zubereitete schwefelsaure Kali, nach Art der sal„petrisirten Erden, in ein Auslaugegefäß, nur mit „dem Unterschiede, daß man es über dem Rand des „Gefäßes aufhäufen kann, damit eine desto größere „Menge in das Faß hineingeht. Hierauf gießt man „nach und nach Wasser darauf, bis dasselbe überste„het. Es trifft sich bisweilen, daß noch einiges Auf„brausen statt hat, wenn die Säure nicht vollkommen „neutralisirt wurde, aber dieß hört sehr bald auf. „Nach einigen Stunden öffnet man den Abzug und

„fängt das herauslaufende Wasser auf. Es ist im „Anfange noch etwas trübe, würd aber bald nachher „sehr hell. Es zeigt gewöhnlich 18 bis 20° am Aräo„meter, und hält sich so lange Zeit *). Die im Faß „enthaltene Materie senkt sich bedeutend, und man „schüttet, nach dem Auslaufen des Wassers, von neuem „schwefelsaures Kali zu. Man fährt fort, auszulau„gen und das Faß zu füllen, so daß es immer voll „bleibt. Die Laugen erhalten sich lange Zeit bei 20°, „und man stellt sie bei Seite. Wenn sie schwächer „werden, so kann man sie auf ein zweites Faß leiten, „was auf die schon beschriebene Art gefüllt ist, und „zu gleicher Zeit das erstere bis auf Null erschöpfen. „So kann man fünf bis sechs Fässer einrichten, nach „Ausdehnung der Fabrike und nach der Menge des „schwefelsauren Kali, das man zu behandeln hat; „und indem man die schwache Laugen über neu ange„füllte Fässer gehen läßt, so kann man sich immer „Lauge von 20° verschaffen. Dieß Verfahren hat „den Vortheil: den Arbeitern bekannt zu seyn, und „die Anwendung der erhaltenen Auflösung nähert sich „ebenfalls sehr ihrer Art, die Pottasche anzuwenden, „oder die salpetersäuren Mittelsalze zu zersetzen. Es „ist nichts erforderlich, als eine tiefe Kufe bis auf „drei Viertel mit Siedlauge, die durch Abdampfen „oder Zumischen von etwas Mutterlauge auf 20° ge„bracht worden ist, zu füllen, und hierin ein Fünf„theil, dem Volumen nach, von einer Auflösung

*) Diese Lauge enthält nothwendigerweise noch andere Salze zugleich mit dem schwefelsauren Kali, denn wenn es dieß allein enthielte, so könnte es, bei der Temperatur von 12, 15° am hunderttheiligen Thermometer, nicht mehr als etwa 7° am Aräometer zeigen.

„des schwefelsauren Kali, die 20° zeigt, zu gießen.
„Man rührt die Mischung so um, als wenn man eine „Pottaschen-Auflösung angewandt hätte; sie trübt „sich wie gewöhnlich, und es bildet sich ein Nieder„schlag, in der That etwas langsamer, aber die Lau„gen sind nachmals bedeutend entfärbt. Ich habe „durch dieß Verfahren immer einen sehr weißen Sal„peter erhalten. Man kann den Zusatz von schwe„felsaurem Kali, der Natur der salpetrisirten Laugen „zufolge, vermehren oder verringern.

„Dieß Verfahren kann leicht einige fremdartige „Salze mit einführen, besonders wenn der Säure„fabrikant nicht raffinirten Salpeter anwendet. Diese „Salze finden sich nachher in der Mutterlauge, aber „es ist leicht, sie durch Kalk oder etwas Kali zu zer„setzen, und dieser Uebelstand ist nichts gegen den „Vortheil, eine große Menge Kali zu benutzen, die „sonst verloren gehen würde".

Zersetzung der Siedlaugen durch Asche.

Man kann auch von der Holzasche, bei der Beschickung der Salpeterlaugen mit Kali, Gebrauch machen. Lange Zeit war man der Meinung, daß es für die Salpeterfabrikanten am vortheilhaftesten sey, um den größtmöglichsten Nutzen aus der Asche zu ziehen, sie besonders mit reinem Wasser, eben so wie die salpetrisirten Erden auszulaugen, auch wurde dieses Verfahren den Salpetersiedern empfohlen. Es schien demjenigen vorzuziehen zu seyn, welches auf mehreren Salpeterhütten im Gebrauch war, die Asche mit den auszulaugenden Erden zu vermischen. Man glaubte, daß dieß letztere Verfahren sehr zur Unzeit bei jedem Sieden das Volumen der salpetrisirten Materien, die sie auslaugten, beinahe um ein Drittheil vermindern, und daß also auch das erhaltene Produkt an Salpeter schwächer seyn müsse; während sie, bei derselben Operation, ein Drittheil mehr erhalten könnten, wenn sie ihre Asche besonders auslaugten. Heut zu Tage ist man überzeugt, daß diese Verfahrungsart nicht die beste, vorzüglich aber daß sie nicht ökonomisch sey; Vernunft und Nachdenken können hievon überzeugen. Jede Asche, selbst die von der besten Qualität nicht ausgenommen, enthält stets einen Antheil schwefelsaures und salzsaures Natrum und Kali; mithin wird eine Aschenlauge, in welcher das Aräometer 20 Procent Salztheile, dem Gewichte nach, anzeigt, kaum 15 Procent Kali enthalten. Diese 15 Theile Kali sind es, die bei dem Auslaugen der Asche aufgelöst worden sind, bei welcher man vielleicht an 80 Theile Wasser anwenden mußte, während diese 15 Theile Alkali zu ihrer Auflösung nicht mehr als 30 Theile Wasser erfordern, also ungefähr 50 Theile weniger. Hieraus folgt, daß zu einem Sude, welcher die Anwendung von 600 Kilogrammen *) Kali erfordert, man zu den zu behandelnden salpetrisirten Laugen 4000 Kilogramme von der auf die angegebene Art erhaltenen Aschenlauge zu 20° zusetzen müßte, welche 3200 Kilogramme Wasser enthielten, während man mit 1200 Kilogrammen Wasser dieselbe Menge von 600 Kilogrammen Kali hätte auflösen können. Es wären also bei einem Sude, wie der hier angegebene, 2000 Kilogramme Wasser zu viel zu verdunsten, und wenn man auch annimmt, daß in einer großen Salpetersiederei monatlich nur ein solcher Sud gemacht werde, so hat man doch auf das Jahr 24000 Kilogramme überflüssiges Wasser zu verdunsten, und demzufolge eine sehr merkliche Vermehrung der Kosten für das Brennmaterial. Kein Mittel scheint mehr dazu ge-

*) Das Kilogramm gleich 2 Pfund gesetzt.

macht, den Uebelständen der zwei beschriebenen Methoden auszuweichen und alle Vortheile eines zweckmäßigen Verfahrens in sich zu vereinigen, als die der Aschgefäße, deren Beschreibung und Gebrauch hier mitgetheilt werden sollen.

Man nimmt ein Faß von derselben Einrichtung wie die, deren man sich zum Auslaugen der Erden bedient, und bedeckt das auf den durchlöcherten Boden gelegte Stroh mit einem Stück grober, sehr lockerer Sackleinwand. Vorher schon hat man die frische Asche zubereitet. Diese Vorbereitung bestehet darin, daß man sie durch ein Sieb treibt, um die Kohlen davon zu scheiden und sie gleichmäßig anfeuchtet, so daß, wenn man sie mit der Hand drückt, sie sich in leicht zu zerdrückende Klumpen ballt. Von dieser macht man auf der Leinwand eine Lage von etwa sechzehn Centimetern (ungefähr 6 Zoll) Dicke, welche man festdrückt, indem man sie anfangs gelinder, nach und nach aber stärker, mit einem hölzernen, unten abgeplatteten Schlägel schlägt. Man fährt fort, neue Lagen von Asche darauf zu bringen, welche auf dieselbe Weise festgeschlagen werden, bis das Faß damit zur Hälfte gefüllt ist, alsdann ebnet man die Oberfläche mit einer Mauerkelle, mit welcher man, so oft frisches Wasser eingegossen wird, die Oberfläche glatt streicht. Man muß auf das Aschgefäß einen Korb mit Stroh setzen, um zu verhüten, daß das darauf gegossene Wasser nicht Vertiefungen oder Gruben bilde.

Man läßt alle Siedlauge über eine Anzahl dieser Aschfässer gehen, rücksichtlich auf ihre Quantität und in dem Verhältnisse von funfzehn Maaß Wasser auf ein Maaß Asche. Diese Asche muß nachher wieder frisch auszulaugender Salpetererde beigemischt werden, um ihr alles salpeterhaltige Wasser zu entziehen, das sie eingesogen hat.

Die Siedlaugen, welche durch ein so eingerichtetes Aschfaß gehen, erfahren die nämliche Zersetzung, wie bei der direkten Anwendung der Pottasche, und kommen sehr klar aus dem Fasse.

Wenn der Gebrauch der Aschfässer auch nicht ganz die Anwendung von Pottasche ersetzen kann, so können sie dieselbe wenigstens zum Theil ersetzen und das Verhältniß des anzuwendenden Kali um eben so viel vermindern, als davon in der Asche enthalten ist. Man kann den Salpetersiedern nicht genug empfehlen, sich der Asche zu bedienen, und sie auf die angegebene Art anzuwenden, wenn sie sich leicht und zu mäßigen Preisen Asche verschaffen können.

Mittel, die Asche zu untersuchen und ihren Gehalt zu erfahren.

Um die Beschaffenheit der Asche und demzufolge ihren Gehalt zu kennen, ist es nöthig ein Quantum derselben, welches ein hinreichend merkliches Resultat geben kann, bis zur gänzlichen Erschöpfung auszulaugen, d. h. wenigstens 10 Kilogramme, man filtrirt die Auflösung und dampft sie in einem eisernen Kessel bis zur Trockniß ab, während man Sorge trägt, die verschiedenen Salze, die sich während des Abdampfens zu Boden senken, zu entfernen, und das Ganze im Augenblicke der Austrocknung stark umzurühren, damit sich die Substanzen nicht zu fest an das Gefäß ansetzen. Der Rückstand, den man erhält, ist der wahre alkalische Antheil in Gestalt der Pottasche, d. h. mit färbenden und Extraktivtheilen versehen, so wie vielleicht noch mit einigen fremdartigen Salzen. Indem man diesen Rückstand in der Rothglühhitze kalcinirt, so bleibt nichts, als reine Pottasche zurück, und wenn man von den während der Verdunstung erhaltenen

Salzen das schwefelsaure Kali scheidet, von dessen Gewicht das Kali 0,66 Procent ausmacht, so wird man, mit sehr großer Annäherung, allen Antheil von Kali, sey es rein oder mit Schwefelsäure verbunden, welcher in der zu prüfenden Asche enthalten war, haben.

Man kann diese Operation auf eine noch einfachere Weise anstellen; denn da die Asche nichts anders als ein Gemenge von erdigen Substanzen, in größerem Verhältnisse, mit salzigen und alkalischen Theilen ist, so kann sie als eine Pottasche von sehr schlechter Beschaffenheit angesehen werden, die sehr wenig reines Alkali enthält. Man kann sie also auf die schon angezeigte Art behandeln, und auf die, für jedes Kali passende Prüfungsart. So, daß wenn man 20 Grammen *) der zu untersuchenden Asche nimmt, und damit wie mit der nemlichen Menge verkäuflicher Pottasche operirt, so wird man leicht erfahren, wie viel Procent reines Kali, wie es durch Behandlung mit Alkohol erhalten wird, diese Asche enthält, und dem zufolge wird es leicht seyn, ihren Gehalt zu schätzen.

Sechster Abschnitt.

Von dem Abdampfen der Salpeterlaugen und der Krystallisation des Salpeters.

Das salpetersaure Kali erfordert zu seiner Auflösung in kaltem Wasser vier Theile seines Gewichtes Wasser bei der Temperatur von 13° über Null des hundertgra-

*) 5 Quentchen.

digen Thermometers, während ein einziger Theil siedendes Wasser hinreicht, um fünf Theile salpetersaures Kali vollständig aufzulösen. Auf diese so beträchtliche Verschiedenheit in der Auflöslichkeit dieses Salzes in kaltem und warmen Wasser ist das Verfahren gegründet, dessen sich die Salpetersieder bedienen, indem sie durch Verdunsten der Lauge bei der Siedhitze, nur so viel Wasser zurücklassen, als zur Auflösung des Salpeters bei dieser Temperatur erfordert wird. Diese Auflösung, wenn sie nachher zum Erkalten hingesetzt wird, läßt allen Salpeter, den sie mit Hülfe des Wärmestoffs aufgelöst enthielt, fallen, bis auf den Antheil, den sie bei dem Grade der Temperatur der Atmosphäre, mit welchem sie sich ins Gleichgewicht setzt, bei sich behalten kann. Um diese Operation mit dem größten Vortheil zu verrichten, ist es nöthig, 1) daß die Siedlaugen, welche angewendet werden, den größtmöglichsten Grad von Stärke haben, den man ihnen nur immer geben kann, weil man alsdenn um so weniger überschüssiges Wasser zu verdunsten, und demzufolge auch um so weniger Brennmaterial anzuwenden hat; 2) daß ihnen eine hinreichende Menge Kali zugesetzt werde, damit es möglich sey, die Abdampfung fortzusetzen und bis zum schicklichsten Punkte zu treiben, ohne fürchten zu müssen, daß der Ueberschuß von erdigen Salzen, welche sich noch darin finden, das Abdampfen durch das Aufblähen, das sie in der Flüssigkeit verursachen, zu sehr erschweren, und daß sie, indem sie den Rückstand schwierig machen, der Krystallisation des Salpeters schaden; 3) daß man vor der Operation eine zureichende Menge davon zusammengebracht habe, damit man sie so lange fortsetzen könne, als der Inhalt des Kessels es erlaubt, um so durch einen und denselben Sud das größtmöglichste Produkt an Salpeter zu erhalten. Die Mittel, um den beiden ersten Bedingungen zu genügen, sind schon angezeigt, es ist daher nur noch nöthig von der dritten zu sprechen.

Ueber die zur Einrichtung eines Sudes nöthige Menge Lauge.

Obgleich gesagt wurde, daß bei der Siedhitze ein Theil Wasser vollständig bis auf fünf Theile salpetersaures Kali auflösen könne, so ist es doch nicht leicht, eine Salpeterlauge bis auf diesen Punkt abzudampfen, weil sie noch erdige Salze enthält, weil ferner alle salzsaure Verbindungen dieser Art darin bleiben mußten, und weil sie noch, in größerer oder geringerer Menge, färbende und Extraktivtheile, schleimige Theile von thierischen und vegetabilischen Substanzen, kohlensaure Kalkerde und Talkerde enthält. Die Reduktion der Siedlauge durch Verdunstung auf eine Auflösung von gleichen Theilen salpetersaurem Kali und Wasser ist im allgemeinen der Punkt, bei welchem es am zweckmäßigsten ist, einzuhalten, damit die Operation besser geleitet, weniger durch die erdigen Salze gehindert, und damit die sie begleitenden Substanzen leichter und genauer davon getrennt werden. Wenn man sich auf diesen Punkt beschränkt, so muß nach der Kapacität des Kessels, die Menge der nach und nach einzutragenden Lauge und demzufolge das Quantum derselben, welches bei einem und demselben Sude verdunstet werden kann, berechnet werden. Wenn diese Lauge z. B. 15° am Aräometer für den Salpeter zeigt, was, wie schon gesagt, anzeigt, daß sie 0,12 ihres Gewichts salpetersaures Kali enthalte, und wenn der erste Antheil, welcher davon in den Kesseln gethan wird, 1200 Kilogramme (2400 Pfund) beträgt, so muß man diese Siedlauge als aus 1020 Kilogrammen

(2040 Pfund) Wasser und 180 Kilogrammen salzigen Theile bestehend, betrachten. Von letzteren würden etwa 144 Kilogramme (288 Pfund) salpetersaures Kali, 36 Kilogramme (72 Pfund) salzsaure Salze u. s. w. seyn: 1020 Kilogramme Wasser können in der Wärme, wenn man voraussetzt, die Auflösung bestehe aus gleichen Theilen Salz und Wasser, dasselbe Gewicht von 1020 Kilogramme salpetersaurem Kali auflösen, es wird also möglich seyn, noch 876 Kilogramme (1752 Pfund) davon zu der schon in der Flüssigkeit des Kessels enthaltenen Auflösung zu setzen. Diese 876 Kilogramme Salpeter sind, nach Maaßgabe von 0,12 ihres Gewichts, in 7300 Kilogramme (14600 Pfunden) Siedlauge von 15° für das Aräometer, die der schon im Kessel befindlichen ähnlich ist, enthalten. Also diese Quantität die etwa 68 Hektalitern (ungefähr 200 Kubikfuß) entspricht, wird es seyn, mit der man nach und nach den Kessel nachfüllen muß, so wie das Abdampfen die vorhandene Flüssigkeit vermindert. Man muß das Abdampfen einstellen, wenn das ganze bemerkte Quantum Lauge in den Kessel gebracht worden ist. Diese Quantität von 7300 Kilogrammen Siedlauge zu der von 1200 Kilogrammen, die gleich zuerst in den Kessel gebracht wurde, hinzugethan, macht eine Totalmenge von 8500 Kilogrammen, welche ungefähr vier und funfzig Fässer Siedlauge betragen.

Diese Grenze der Auflösung in der Wärme, zu gleichen Theilen, ist hier als allgemeiner Grundsatz aufgestellt, welcher die Salpetersieder bei dem ungewissen und wenig vernunftgemäßen Gange, den sie größtentheils bis jetzt befolgt haben, leiten kann; er ist das Minimum, worauf man sich beschränken kann, aber der unterrichtete Salpetersieder wird seinen Vortheil dabei finden, es zu überschreiten, indem er sich durch die Kenntniß bestimmen läßt, welche er von der Natur seiner Siedlauge hat, und vorzüglich wird er sein Verfahren nach der größeren oder geringeren Menge erdiger Salze, die sie noch enthält, einrichten. Er kann sich bei seiner Schätzung der Warheit ungemein nähern, wenn er davon in einem Gefäße irgend einen kleinen Antheil, z. B. ein oder zwei Kilogramme, mit Hülfe einer Pottaschenauflösung prüft, deren Menge und Gehalt an reinem Kali er kennt. Von dieser Auflösung gießt er nach und nach in die Flüssigkeit, bis sie keine Veränderung mehr erleidet und sich zu trüben aufhört. Die so angewandte Pottasche verbindet sich in dem Verhältnisse von etwa 0,50 ihres Gewichts mit der Salpeter- und Salzsäure, um salzsaures oder salpetersaures Kali zu bilden. Indem man nachher die Säure, deren Menge durch diese neue Verbindung angezeigt wird, als vorher zu gleichen Theilen mit den erdigen Grundlagen, von denen sie sich getrennt hat, verbunden, annimmt; so kann man ziemlich genau das Verhältniß von erdigen Salzen schätzen, welche sich in der zu prüfendeu Flüssigkeit finden.

Dieser Versuch, der nichts ist, als eine ungefähre Schätzung, kann jedoch dazu hinreichen, den Salpetersieder in den Stand zu setzen, zu beurtheilen, in wieweit er die oben angegebene Grenze (nämlich die Verdichtung der Lauge bis zu dem Punkte, daß in ihr gleiche Theile Salpeter enthalten sind) überschreiten, mithin das Quantum der nach und nach zuzugießenden Lauge über das oben angegebene, vermehren könne, und er wird hiernach die Menge Lauge bestimmen, die er versieden kann.

Der größte Theil der Salpetersieder hat die Gewohnheit, mit dem Anhalten des Siedens darauf zu warten, nachdem alle Lauge, die sie anwenden wollten, nach und nach in den Kessel eingetragen worden, bis die Menge der im Kessel enthaltenen Lauge nur noch die Hälfte seines Raumes einnimmt. Sie werden sich aber ohne Zweifel, durch das was sogleich angeführt werden soll, überzeugen, daß, da diese Reduktion nur den Zweck hat, die wenige Lauge, die sie in ihren Kesseln lassen, immer mehr mit Salpeter anzuschwängern, sie diesen Zweck auf eine weit vortheilhaftere Art erreichen werden, wenn sie den ganzen Raum des Kessels mit einer Lauge von gleichem Gehalte anfüllen; diesen Zweck werden sie dadurch erreichen, wenn sie eine verhältnißmäßig größere Menge Lauge in den Kessel nachfüllen. Die Lauge im Kessel muß also im Augenblicke der Beendigung des Sudes auf derselben Höhe stehen, auf welcher man sie beständig während der ganzen Operation erhalten hat, d. h. sie muß nur so tief unter dem obersten Rande des Kessels stehen, daß bei dem Aufwallen der Flüssigkeit, welche das Sieden veranlaßt, dieselbe nicht übersteigt,

Da der Unterschied der Auflöslichkeit des Salpeters in kaltem und warmen Wasser der Grund davon ist, daß man durch Erkalten der Lauge den Antheil Salpeter, welcher vermöge der höheren Temperatur aufgelößt war, abscheiden kann, ein solcher Unterschied der Auflöslichkeit aber bei dem Kochsalze nicht statt findet, so ist es leicht, das Kochsalz aus den Laugen abzuscheiden, welche diese beiden Salze enthalten. Hundert Theile reines Wasser können bei 13° über Null des hundertgradigen Thermometers, so wie auch bei höheren Temperaturen, etwa zwei und dreißig

Theile Kochsalz auflösen, aber diese Auflöslichkeit wächst und kann sich, bei derselben Menge Wasser, bis auf acht und dreißig Theile erstrecken, wenn es mit Salpeter gesättigt war. In diesem Zustande befindet sich nun die Flüssigkeit im Kessel beim Sude der Salpetersieder, wenn er zu Ende geht. Das salzsaure Natrum kann sich also nicht zeigen, weder indem es sich präcipitirt, noch indem es krystallisirt, es sey denn, daß seine Menge in der mit Salpeter gesättigten Lauge, die sich im Kessel befindet, über 0,38 beträgt. Es geht hieraus nothwendig hervor, daß diese Sude im allgemeinen nur in dem Verhältnisse salzsaures Natrum liefern, als man ihnen von der Lauge, welche bei früherer Krystallisation sich über den Salpeterkrystallen lagerte, und die mit Kochsalz gesättigt ist, zusetzt. Hieraus geht ferner hervor, daß die Salpetersieder im Irthume sind, wenn sie, im Fall sie gar kein oder nur sehr wenig salzsaures Natrum bei einem Sude erhalten, dem sie nichts von der bei einer vorhergehenden Krystallisation übrig gebliebenen Lauge beigemischt haben, und welchen sie unter diesen Umständen einen neuen Sud nennen, daraus schließen, daß die von ihnen ausgelaugten Substanzen kein Kochsalz enthalten, während es möglich ist, wie schon gesagt wurde, daß dieses Salz in dem Sude in dem Verhältniß von 0,38 vorhanden seyn kann, und daß es in der Flüssigkeit von dem Zeitpunkte an, wo diese mit Salpeter gesättigt worden ist, aufgelöst bleibt.

Nichts ist also für den Salpetersieder so wichtig, als daß er, so genau als möglich, die Beschaffenheit der Laugen, die er zu behandeln hat, ehe er zu dem Verdunsten derselben schreitet, kennen lerne. Früher wurde in diesem Abschnitte das Mittel angezeigt, sich von der Menge erdiger Salze zu versichern, welche die Laugen noch enthalten können, nachdem sie schon mit Pottasche behandelt worden sind. Es soll jetzt von dem Verfahren gesprochen werden, welches das einfachste und passendste zu seyn scheint, um die Quantität von salzsaurem Natrum, das sich gleichfalls darin finden kann, so ziemlich gewiß zu bestimmen. Dieß Mittel bestehet darin, irgend einen Antheil von der zum Verdunsten bestimmten Flüssigkeit zu nehmen, z. B. von 25 Kilogrammen, indem man, durch die angezeigte Operation, die schon vorläufig mit einer anderen Probe von derselben Flüssigkeit angestellt wurde, die Quantität von erdigen Salzen kennt, die sich darin finden können. Wenn diese Flüssigkeit 15° am Aräometer für den Salpeter zeigt, so geht daraus hervor, daß man sie ansehen muß als zusammengesetzt aus dem Antheile erdiger Salze, den man schon kennt, und aus Wasser, das mit salzigen Substanzen angeschwängert ist. Größerer Leichtigkeit wegen, soll bei diesem Beispiele gänzlich von den erdigen Salzen abstrahirt und bloß auf das Wasser und die übrigen nicht erdigen Salze Rücksicht genommen werden, Noch wird bemerkt, daß zufolge ihres Grades am Aräometer, das Totalgewicht der Flüssigkeit aus 21 Kilogrammen Wasser und 4 Kilogrammen salziger Substanzen bestehet. Man verdunstet diese Quantität Wasser, bis das Kochsalz anfängt in Krystallen abzuscheiden; alsdann unterbricht man die Operation und wiegt die Flüssigkeit in diesem Zustande von neuem. Wenn das Gesammtgewicht z. B. nicht mehr als 8 Kilogramme betrüge, so müßte man nothwendig schließen, da der Gewichtsverlust nur durch das in Dämpfe verwandelte Wasser verursacht wurde, daß das Gewicht des Rückstandes zum Theil durch 4 Kilogrammen salzige Substanzen bewirkt wird, und daß das Supplement der 8 Kilogramme, welches hier also noch 4 Kilogrammen beträgt, der Antheil Wasser sey, der noch nicht abgedunstet ist; aber diese 4 Kilogramme mit salpetersaurem Kali gesättigtes Wasser können, in dem Verhältniß von 0,38, außerdem noch 15 Hektogramme (ungefähr 3 Pfund) salzsaures Natrum auflösen; es würden demnach außer den 4 Kilogrammen salziger Substanzen, auch an 15 Hektogrammen Kochsalz vorhanden seyn können. Demzufolge würde dieses Salz in der so untersuchten Siedlauge sich in dem Verhältnisse von mehr als 38 Procenten vorfinden.

Durch diese so wesentliche Kenntniß der Natur der Siedlaugen, verschafft sich der Salpetersieder, indem er sich durch Nachdenken bei der Operation des Siedens leiten läßt, den doppelten Vortheil, daß er den Umständen gemäß, die Koncentration der Lauge weiter oder weniger weit treiben wird; daß er die Produkte der Operation schon vorher schätzen, ja daß er selbst die Substanzen, welche in der nach beendigter Krystallisation zurückbleibenden Lauge enthalten sind, mit ziemlicher Sicherheit wird bestimmen können.

Art, die Abdampfung und das Sieden bis zum Augenblick der Beendigung zu leiten.

Wenn man die Menge Siedlauge hat, die man erforderlich glaubt, um einen gewöhnlichen Sud einzurichten und zu Ende zu bringen; so füllt man mit dieser Lauge einen kupfernen Kessel, der über einem Ofen angebracht ist, in welchem man ein Feuer anmacht, das hinreicht die Flüssigkeit zum Sieden zu bringen. Nach Maaßgabe, wie sich die Lauge im Kessel durch die Verdunstung vermindert, ersetzt man sie durch neue. Gießt man aber auf ein Mal eine zu

große

große Menge davon hinzu, so bewirkt man eine Erkältung, welche, indem sie das Sieden unterbricht, die Operation sehr merklich verzögert. Diesem Hindernisse weicht man aus, wenn man über dem Kessel ein Faß mit der nämlichen Lauge gefüllt, anbringt, welches mit einem hölzernen Abzuge und Zapfen versehen ist (Träufelbütte), vermittelst dessen man das Ausfließen des Wassers nach Willkühr hemmt, so daß nicht mehr in den Kessel zufließt, als genau durch das Verdunsten hinweggeschafft wird. Das Faß füllt man, so wie es sich entleert, wieder an, bis alle für den Sud bestimmte Lauge verbraucht ist.

Diese Einrichtung ersetzt in kleineren Anlagen das Abdampfungsbassin, dessen man sich in den größeren bedient. Dieß Abdampfungsbassin ist ein großes Ersparungsmittel des Brennmaterials. Eine Abbildung davon, so wie von dem Ofen und Kessel, findet man auf der ersten Kupfertafel, so wie im Anhange eine Beschreibung derselben.

Wenn die Lauge im Siedkessel anfängt zu sieden, so bildet sich auf der Oberfläche der Flüssigkeit ein weißer Schaum in großer Menge, welcher hauptsächlich den schleimigen Theilen der thierischen und vegetablischen Substanzen zuzuschreiben ist. Die Flüssigkeit trübt sich nachher, nach Maaßgabe, wie die Antheile von kohlensaurer Kalk- und Talkerde, welche in der Flüssigkeit, vermittelst eines Ueberschusses von Kohlensäure aufgelöst erhalten wurden, sich abscheiden, so wie dieser Ueberschuß von Kohlensäure durch die Wärme verflüchtigt wird. Dieß sind die erdigen Substanzen, welche, indem sie sich durch die Flüssigkeit hindurch zu Boden senken, die Salpetersieder Schlack (boues) nennen. Wenn man sie sich ruhig auf den Boden des Kessels setzen ließe, so würden sie daselbst so fest anhängen, daß es sehr schwer seyn würde, sie loszukratzen, ohne den Kessel zu beschädigen. Da sie auch überdieß der Krystallisation und Reinheit des Salpeters Eintrag thun wurden, so muß man diesen Hindernissen vorbauen. Dieß geschieht, wenn man im Mittelpunkt der Flüssigkeit, etwa sechs Centimeter (ungefähr 2 Zoll) vom Boden des Siedkessels entfernt, einen kleinen ausgeschweiften Kessel (den Pfulleimer) anbringt, in welchem diese Erden sich größtentheils, zufolge der Bewegung des Wassers, welche durch das Kochen von der Peripherie gegen den Mittelpnnkt geschieht, absetzen. Dieß Gefäß hängt in der Flüssigkeit vermittelst einer eisernen Kette, welche an einem Strick befestigt ist, der über eine an einem Balken über dem Kessel befestigte Rolle geht. Mit Hülfe dieser Rolle zieht man von Zeit zu Zeit den kleinen Kessel heraus, wenn man glaubt, daß er gefüllt ist. Man entleert ihn in einen über dem Kessel angebrachten Korb, durch dessen Boden sich das von den Erden absondernde Wasser abtropft und in den Kessel zurückfließt. Während des Siedens trägt man Sorge, den Schaum, so wie er sich bildet, abzuschöpfen, und ihn in ein ähnliches, ebenfalls über dem Kessel befindliches Gefäß zu werfen und abtropfen zu lassen.

Man muß das Kochen auf demselben Grade durch eine gleichmäßige Wärme zu erhalten suchen; ein zu schwaches Feuer hindert das Sieden, und ein zu starkes, besonders gegen das Ende des Sudes, kann ein Aufwallen verursachen, welches die Flüssigkeit über den Rand des Kessels überlaufen macht.

Die Siedlaugen enthalten, nach der Beschaffenheit der ausgelaugten Erden, mehr oder weniger Kochsalz. Dieß Salz, welches nicht, wie der Salpeter, die Eigenschaft hat, in siedendem Wasser weit auflöslicher zu seyn als in kaltem, krystallisirt, wenn die Abdampfung weit genug vorgerückt ist. Man nimmt alsdenn den zur Aufnahme des Schlacks bestimmten kleinen Kessel heraus, das Salz senkt sich auf den Boden des Gefäßes, wo es mit einem Schaumlöffel weggenommen wird, um es in einen über dem Kessel befindlichen weidenen Korb zu werfen. Man fährt fort den Schaum abzuschöpfen, so wie er sich auf der Oberfläche der Flüssigkeit zeigt.

Es ist gut, auf diesem Punkte des Sudes, das Feuer unter dem Kessel etwas zu dämpfen; zwar wird die Operation dadurch etwas länger dauernd, aber ihre Resultate gewinnen an Regelmäßigkeit, die Salze krystallisiren freier und beobachten besser, bei ihrer Krystallisation, die Gesetze ihrer Auflöslichkeit. Wenn das Kochsalz häufig krystallisirt, so nähert sich die Flüssigkeit dem gehörigen Concentrationsgrade. Um sich davon zu überzeugen, läßt man einige Tropfen davon auf einen glatten kalten Körper fallen, worauf denn, wenn die Flüssigkeit gehörig abgedampft ist, diese Tropfen fest werden und krystallisiren müssen. Man kann auch einen kleinen Antheil des Sudes mit einem Löffel, oder irgend einem anderen metallenen Gefäße herausschöpfen; aus der Quantität von Salpeter, der sich nach einiger Zeit darin bildet, schließt man auf das, was der ganze Sud an Ausbeute geben kann.

Diese Mittel, durch welche man erforscht, ob die Lauge hinreichend koncentrirt sey, sind auf die wichtige Eigenschaft des Salpeters, durch Erkältung zu krystallisiren, gegründet. Wenn man sich also versichert hat, daß es Zeit ist, den Sud zu beendigen, so nimmt man das Feuer weg und läßt die Flüssigkeit ruhig stehen, damit das Kochsalz sich völlig ausscheide.

Krystallisation des Salpeters.

Nach Verlauf von funfzehn bis achtzehn Stunden haben sich das salzsaure Natrum, so wie die fremdartigen Substanzen, welche in der Flüssigkeit vermittelst der Bewegung des Siedens schwebend erhalten wurden, an den Wänden und auf den Boden des Kessels niedergeschlagen. Man schöpft hierauf den Sud mit Schöpfkellen aus, wobei man alle Sorgfalt anwenden muß, zu verhüten, daß Salze und erdige Theile losgestoßen und mit weg genommen werden. In kleinen Anlagen wird die Flüssigkeit mit Schöpfkellen ausgeschöpft, in kleine mit Handheben versehene Kessel gefüllt, und so in die kupfernen Krystallisirgefäße (Wachsgefäße) getragen. Man überläßt sie in diesen sich selbst, bis sie die Temperatur der Atmosphäre erlangt hat, und bis, durch dieß Erkalten, die Krystallisation des salpetersauren Kali beendigt ist. Dieß hat mehr oder weniger schnell, und auf eine mehr oder weniger vollständige Art, nach Beschaffenheit der Temperatur, statt. Drei oder vier Tage reichen im Winter dazu hin; im Sommer braucht es längere Zeit und man erhält etwas weniger an krystallisirtem Salpeter, weil die überstehenden Laugen mehr davon aufgelöst zurückbehalten. Wenn die Krystallisation nicht weiter fortschreitet, so gießt man die Flüssigkeit, welche man Mutterlauge (eau surnageante, eau-mère) nennt, ab. Man bringt hierauf die Krystallisirgefäße in eine geneigte Lage, so daß immer zwei und zwei gegeneinander gekehrt sind, und setzt ein Gefäß unter, worin die abtropfende Flüssigkeit sich sammelt.

In den Anlagen der Regierung wird die Krystallisation auf eine schnellere Art und mit größerer Leichtigkeit beendigt: man gießt die Lauge in einen großen kupfernen Behälter mit plattem Boden ab, wovon im Abschnitte vom Raffiniren gesprochen werden soll, indem diese Operation sich von der, von welcher an jenem Orte geredet wird, nicht unterscheidet. Die zweite Figur Taf. I. enthält eine Abbildung des Krystallisirgefäßes.

Siebenter Abschnitt.

Von der Behandlung der Mutterlauge und der übrigen Produkte des Sudes.

Die bei der Krystallisation des Sudes übrig bleibenden Laugen befinden sich im Zustande der vollkommenen Sättigung mit salpetersaurem Kali und salzsaurem Natrum, weil sie von diesen beiden Salzen alles, was sie davon in der Kälte auflösen können, zurückhalten, d. h. 0,20 ihres Gewichts vom ersteren und 0,38 vom zweiten. Wenn man sich durch den oben angezeigten Versuch versichert hat, daß die Laugen, deren man sich zum Sude bedient, noch salzsaure und salpetersaure Mittelsalze enthalten, wenn sie in den Kessel gebracht werden, so wird es möglich seyn, aus der angewandten Menge dieser Laugen, ungefähr zu bestimmen, was davon sich noch in der überstehenden Flüssigkeit befinden könne.

Die Gegenwart dieser Mittelsalze, wovon nur ein Theil in salpetersaures Kali umgewandelt werden kann, macht die Scheidung der krystallisirbaren Salze, welche von den Mutterlaugen aufgelöst erhalten werden, sehr schwer. Man kann diese Laugen auf verschiedene Weise behandeln; entweder bringt man sie auf Aschfässer, oder man setzt ihnen eine Auflösung von Pottasche zu, nachdem man sie mit etwa dem Vierfachen ihres Gewichts reinem, oder von dem Nachlaugen herrührendem Wasser verdünnt hat. Zu diesem Ende gießt man, nachdem man eine Quantität Pottasche, welche 0,25 der zu behandelnden Mutterlauge gleich ist, in dem doppelten ihres Gewichts Wasser hat auflösen lassen, nach und nach zu dieser Auflösung hinzu. Die Mischung, welche in der Wärme besser gelingt, als in der Kälte, kann man in dem Kessel machen, man schöpft sie alsdann heraus, um sie in Fässer zu gießen, auf deren Boden sich die erdigen Grundlagen, die durch das Kali abgeschieden sind, niedersetzen. Statt die Mutterlauge zu wiegen, kann man sie messen, wozu es hinreicht zu wissen, daß ein Liter Mutterlauge gewöhnlich anderthalb Kilogramme wiegt (50 Kubikzoll, ungefähr 3 Pfund) und ungefähr 36 Dekagrammen (etwa 16 Loth) Pottasche erfordert. Man kann jedoch diese Quantität von Pottasche nicht mit Gewißheit bestimmen; sie ist nach der Natur der Laugen und auch der Erden, aus denen die Laugen gewonnen werden, verschieden.

Endlich giebt es Salpetersieder, welche ihre Mutterlaugen mit Salpeterlauge vermischen, ehe sie dieselbe mit Pottasche behandeln. Nach meinem Dafürhalten, sind alle die Verfahrungsarten gut, nur möchte es zweckmäßig seyn, daß wenn man die Mutterlauge mit Salpeterlauge vermischt, die 12 oder 13° am Aräometer zeigt, das specifische Gewicht der Mischung nicht weiter als auf 20 bis 21° zu bringen. Um eine vollständige Zesetzung (welche übrigens bei dem angegebenen Grade der Koncentration noch ziemlich leicht erfolgt) zu bewirken, wird man bei der Beschickung mit Pottasche, nicht allein auf die salpetersauren Salpeter mit erdiger Basis, welche schon vorhanden waren, Rücksicht nehmen müssen, sondern auch auf diejenigen, von denen man berechnen konnte, daß sie hinzugekommen sind. Der Ertrag des auf diese Weise eingerichteten Sudes wird bedeutender an Salpeter und Kochsalz seyn, indem man wenigstens alles, was in der Mutterlauge aufgelöst war, wird erhalten können. Allein auch die Mutterlaugen, welche nach Beendigung der Krystallisation dieses Sudes übrig bleiben, müssen nothwendigerweise eine weit größere Menge Kochsalz, und besonders salzsaure Mittelsalze enthalten. Die Menge davon wird nach und nach beträchtlicher, nach Maaßgabe, wie die Mutterlaugen in den Laugen der folgenden Sude vertheilt werden; aber wenn man glaubt, daß das Verhältniß der salzsauren Mittelsalze so sehr vermehrt sey, daß es der Operation des Sudes durch das Aufwallen, was diese Laugen alsdann verursachen, und durch Störung der Krystallisation hinderlich seyn könnte, stellt man sie unter dem Namen der Laugen der Nachsude (caux de rebouillage) bei Seite, um sie allein zu behandeln. Man muß sich durch die Kenntniß von der besonderen Beschaffenheit der Laugen bei jedem Sude, in Hinsicht des Punktes, bei welchem man anhalten muß, bestimmen lassen. Ich glaube übrigens, daß man die Mutterlaugen auf diese Weise wenigstens während vier oder fünf der folgenden Sude behandeln kann. Wenn man in der Folge die Nachsudslaugen zu gute machen will, so muß es nicht mit beträchtlichen Quantitäten geschehen, und es scheint zweckmäßig, sich bloß auf so viel zu beschränken, als gerade den Kessel, in dem man die Operation vornimmt, ausfüllen kann. Diese muß mit Vorsicht unternommen und besonders das Feuer vorsichtig geleitet werden, damit ja dem Uebelstande, welchen das zu starke Aufwallen der Flüssigkeit hervorbringt, begegnet werde. Man verlängert das Sieden so lange, als es irgend möglich ist, und wenigstens bis die Flüssigkeit im Kessel um zwei Drittheil ihres Volumens vermindert ist. Man langt das Kochsalz heraus und gießt wie gewöhnlich die Flüssigkeit ab, aber man muß den durch diese Krystallisation erhaltenen Salpeter mit etwas kaltem Wasser abwaschen, um ihn von einem Antheil erdiger Salze, wodurch er verunreinigt ist, zu befreien.

Die bei dieser Krystallisation zurückbleibende Flüssigkeit kann wirklich als eine Mutterlauge betrachtet werden, denn sie enthält sehr wenig krystallisirbare Salze und viele Salze mit erdigen Grundlagen. Da jedoch die salzsaure Kalkerde fast allein in dieser vorhanden ist, so ist das von den meisten Salpetersiedern angenommene Verfahren, diese Mutterlauge auf ihre auszulaugenden Erden und auf ihre zur Salpetererzeugung bestimmten Materialien zu schütten, augenscheinlich fehlerhaft, weil dadurch offenbar die abgeschiedene Menge salzsaurer Salze den folgenden Siedlaugen immer wieder zugeführt, und auf die Art das Verhältniß derselben unablässig vermehrt wird, wodurch nothwendig der Fortgang der Sude immer mehr und mehr gestört werden muß. Es ist daher rathsamer, diese letzten Antheile von Mutterlauge bei Seite zu setzen und sie den Scheidewasserfabrikanten zu verkaufen, welche, indem sie sie durch Abdampfen stärker koncentriren, auf folgende Art verfahren, um die Säure daraus zu erhalten. Sie kneten diese syrupähnliche Flüssigkeit mit Thonerde in dem Verhältniß von drei Theilen Flüssigkeit auf zwei Theile Erde zusammen, und bilden einen trockenen Teig daraus, womit sie die zur Destillation bestimmten Retorten anfüllen.

Unabhängig von der Mutterlauge erhielt man noch drei andere Produkte bei dem Sude: die zu Boden gefallenen erdigen Grundlagen, der auf der Oberfläche der Flüssigkeit gebildete und dort abgenommene Schaum, und das Kochsalz, welches sich krystallisirte und theils sich während dem Abdampfen, theils während der Ruhe der Flüssigkeit abgesetzt hat. Keines dieser Produkte darf vernachläßigt werden, bevor man nicht allen Salpeter daraus gezogen hat, den sie enthalten können.

Erdige Grundlagen.

Es ist schon oben gesagt worden, daß während des Siedens der Siedlauge sich ein Niederschlag von Erden bildet, die vorher darin vertheilt waren. Dieser Bodensatz rührt von dem salpetersauren Kalk her. Ein Theil der in demselben enthaltenen Kalkerde wurde durch das kohlensaure Kali in kohlensaure Kalkerde, deren Präcipitation nicht leicht anders, als in der Wärme vollständig vor sich geht, ein anderer durch das schwefelsaure Kali, in schwefelsaure Kalkerde verwandelt, die sich noch weniger leicht zu Boden senkt. Auch die erdige Grundlage der nicht zersetzten salzsauren oder salpetersauren Kalkerde trägt dazu bei, indem sie, wenn die Flüssigkeit gegen das Ende des Sudes sehr koncentrirt ist, einen Theil ihrer Säure durch die Wärme verlieren. Diese verschiedenen Niederschläge verursachen einen sehr starken erdigen Absatz, welcher nicht anders, als mit sehr vieler Siedlauge angeschwängert, gesammelt werden kann, und demzufolge Salpeter mit sich fortführt. Man entzieht ihm diesen durch mehrmaliges Auslaugen. Die ersten Antheile des Niederschlages, die sich im Anfange des Sudes ausscheiden, werden zu den Niederschlägen, welche sich in der Kufe bilden, wo die Behandlung der Siedlauge vorgenommen wurde, geschüttet, um gemeinschaftlich mit diesen ausgelaugt zu werden. Diejenigen, welche man nachher erhält, sind reicher, weil die Siedlauge, die mit ihnen verbunden ist, schon koncentrirter war; sie müssen gesammelt und besonders ausgelaugt werden. Die Lauge, welche man davon erhält, wird, wenn sie stark genug ist, einem anderen Sude zugemischt. Die erdigen Grundlagen werden hierauf ein zweites, ja selbst, wenn es nöthig ist, ein drittes Mal ausgelaugt, um sie so vollständig, als möglich, zu erschöpfen. Die Laugen, die beim Auslaugen der erdigen Niederschläge, welche sich in der Kufe bei der Behandlung der Siedlauge absetzen, erhalten wurden, so wie die, welche die im Anfange des Sudes gebildeten Niederschläge geben, und welche sehr schwach sind, werden zum Abwaschen oder bei der Beschickung der Siedlaugen mit Kali angewandt. Der Rückstand, der gewöhnlich ziemlich unpassend mit dem Namen Salpetermagnesia belegt wird, wird auf die zur Wiedererzeugung des Salpeters bestimmte Erde in den Salpeterhütten geworfen.

Die ersten Antheile Schaum, welche man beim Anfange des Sudes abschöpft und die wenig oder gar keinen Salpeter enthalten, werden auf die Erden geworfen, diejenigen hingegen, welche man von der Oberfläche der Flüssigkeit von dem Zeitpunkte an, wenn diese schon koncentrirter ist, bis zum Ende des Sudes abnimmt, werden bei Seite gethan, weil sie mehr Salpeter enthalten und folgendermaßen behandelt, um den in ihnen befindlichen Salpeter zu gewinnen: man füllt einen Kessel mit reinem Wasser oder schwacher Lauge, wenn man diese in hinreichender Menge hat, bis zur Höhe eines Drittheiles seines Inhalts an, bringt es zum sieden, und thut den Schaum hinzu, indem man die Mischung mit einem Schaumlöffel umrührt. Mit diesem langt man die Stücke von einer gewissen Größe heraus und zerdrückt sie, um dadurch das Schmelzen derselben zu erleichtern. Wenn der Kessel beinahe voll und der Schaum hinreichend zergangen ist, wartet man den Augenblick des Aufsiedens der Flüssigkeit ab, welches gewöhnlich ein Ueberwallen veranlaßt, das man mit Hinzugießen einer Portion kalten Wassers und dadurch, daß man das Feuer aus dem Ofen nimmt, mildert. Man läßt die Flüssigkeit zehn bis zwölf Stunden hindurch ruhig stehen; die erdigen, fetten und Extraktivtheile, welche der Schaum enthielt, setzen sich zum Theil auf den Boden des Kessels, während der Ueberrest sich auf die Oberfläche begiebt. Dieser Antheil, welcher in Gestalt eines neuen Schaumes erscheint, wird weggenommen, um auf die gleich anzuführende Art behandelt zu werden. Man gießt hierauf mit Vorsicht den klaren Theil der Flüssigkeit ab, um ihn krystallisiren zu lassen. Der erdige Rückstand des Schaumes, wel- Der Schaum.

cher sich auf dem Boden des Kessels findet, ist, so wie der bei dem Schmelzen noch zurückbleibende Schaum, hinreichend mit Salpeter angeschwängert, um bei fernerem Auslaugen Laugen zu liefern, welche mit Vortheil abgedampft werden können. Man vereinigt den Schaum, welcher abgeschöpft wird, mit dem in dem Kessel befindlichen Niederschlage, füllt den Kessel wieder ganz mit Wasser an und rührt um. Nach dieser Operation, welche man das erste Auslaugen des Schaumes nennt, wartet man es ab, bis die Flüssigkeit eben anfängt zu sieden. So wie dieses statt findet, wird es sogleich unterbrochen. Man schäumt die Flüssigkeit ab und läßt sie ruhig stehen; nach Verlauf von einigen Stunden gießt man sie ab, und erhält dadurch Lauge, welche stark genug ist, der Siedlauge zugemischt werden zu können. Diese Lauge zeigt gewöhnlich 20° am Aräometer für den Salpeter. Was den zweiten erdigen Rückstand betrifft, der sich auf dem Boden des Kessels findet, so laugt man ihn zum zweiten Male auf dieselbe Art aus, wobei man aber Sorge trägt, von Zeit zu Zeit das Aräometer in die Flüssigkeit zu tauchen, nach Maaßgabe, wie man sie mit Wasser verdünnt, um sich zu versichern, daß sie nicht unter 10° komme. Diese Operation nennt man das zweite Auslaugen (Auswaschen des erdigen Rückstandes, lavage); man läßt, wie beim ersten, alles ruhig stehen, und vereinigt nachher den klaren Theil der Flüssigkeit mit der von dem ersten Auslaugen, um sie zusammen abzudampfen. Der Salpeter, welchen die Krystallisation der durch Auslaugen des Schaumes erhaltenen Laugen liefert, ist von sehr guter Beschaffenheit, weil das salzsaure Natrum, welches in dem überstehenden Wasser eine zu große Menge Flüssigkeit zu seiner Auflösung vorfindet, nicht mit dem Salpeter krystallisiren konnte.

Diese Mutterlauge wird den Laugen vom ersten und zweiten Auslaugen beigemischt, um mit ihnen abgedampft zu werden.

Das salzsaure Natrum, welches aus der Siedlauge zu einer Zeit krystallisirt, wo die Flüssigkeit sehr koncentrirt ist; enthält nothwendigerweise eine gewisse Quantität davon, welche ihm entzogen werden muß. Bekanntlich giebt es für das Wasser einen Sättigungspunkt, der es unfähig macht einen auch noch so kleinen Antheil eines bestimmten Salzes aufzulösen, während seine auflösende Kraft für ein anderes Salz dadurch nicht im mindesten geschwächt wird. Auf der andern Seite ist das salzsaure Natrum in der Wärme nicht auflöslicher, als in der Kälte, wie schon oben gesagt wurde, während siedendes Wasser etwa sein fünffaches Gewicht an Salpeter auflösen kann. Man hat diese verschiedenen Eigenschaften der beiden Salze benutzt, um dem aus der Siedlauge erhaltenen Kochsalze den Salpeter zu entziehen. Man erreicht diesen Zweck durch folgendes Verfahren, welches man das Waschen des Kochsalzes (lavage du sel) nennt.

Kochsalz, oder salzsaures Natrum.

Nachdem man einen Kessel bis auf zwei Drittheil seiner Höhe mit Wasser gefüllt und es bis zum Sieden erhitzt hat, löst man so lange reines salzsaures Natrum darin auf, bis es damit gesättigt ist, welches man daran erkennt, daß dieses Salz sich auf dem Grund des Kessels zu Boden senkt. Man nimmt diesen Ueberschuß mit dem Schaumlöffel heraus, und nachdem man einen großen weidenen Korb, der in einer Rolle hängt, mit dem Salze, das man abwaschen will, gefüllt hat, so taucht man diesen Korb in den Kessel; die Flüssigkeit in diesem Kessel, welche vollkommen mit Kochsalz gesättigt ist, kann nur auf den Salpeter wirken, welchen sie auflöst und dem Salze entzieht. Nach Verlauf von einiger Zeit zieht man den Korb heraus und läßt ihn abtropfen; erneuert dasselbe Verfahren mit einer neuen Quantität Salz und so fort. Das gewaschene und von dem Salpeter, den es enthielt, befreite salzsaure Natrum wird in das Salzmagazin gebracht, um an die Zuckerbäcker, die sich desselben beim Eismachen bedienen, an Fabrikanten, Ackerleute u. s. w. verkauft zu werden, oder es wird den Vorgesetzten der Salzregie ausgeliefert, um versenkt zu werden, wenn es wegen seiner Unreinheit, oder wegen Mangel an Absatz nicht verkauft werden kann.

Man verfährt mit der Abdampfung der Laugen, welche zum Abwaschen des Kochsalzes gedient haben, wie mit den Salpeterlaugen.

Durch die im sechsten Abschnitte beschriebenen Operationen erhält man krystallisirten Salpeter; aber in demjenigen Zustande, in welchem er mit dem Nahmen roher Salpeter, oder Salpeter vom ersten Sude (salpêtre brut ou de première cuite) belegt wird. Er ist noch mit salzsaurem Natrum, mit zerfließenden Salzen und mit erdigen und Extraktivtheilen verunreinigt, und von einer fettigen und noch klebrigen Beschaffenheit, von der man ihn befreien muß, um ihn zur Bereitung des Pulvers geschickt zu machen; dieß macht den Gegenstand der Operation aus, welche man das Raffiniren nennt, und deren Hergang sogleich beschrieben werden soll.

Achter Abschnitt.

Raffiniren des Salpeters durch das ältere Verfahren.

Es ist abermals die Verschiedenheit in der Auflöslichkeit der Salze im Wasser, wodurch man die Abscheidung der fremden Salze bewirkt, welche dem rohen Sapeter beigemischt sind. Diesen Zweck erreicht man durch mehrere Verfahrungsarten. Bei der ehemals in Frankreich gebräuchlichen, wurde der Salpeter zweimal in Wasser aufgelöst, und eben so oft zum Krystallisiren gebracht, bevor er zum letzten Grade der Reinheit gelangte. Durch das erste Auflösen und Krystallisiren erhält man sogenannten Salpeter vom zweiten Sude, so wie der durch das zweite Auflösen und abermalige Krystallisiren, Salpeter vom dritten Sude genannt wird.

Schmelzen des rohen Salpeters durch zwei Sude.

In einer großen Siederei kann man zum Raffiniren in einen Kessel 2400 Kilogramme Salpeter schütten. Man löst diese Quantität in einer ungefähr gleicher Menge Wasser auf, welche wohl hinreicht, in der Kälte das Kochsalz und die übrigen zerfließenden Salze aufgelöst zu erhalten, nicht aber den Salpeter.

Da man, im Laufe der Operation, nöthig hat, neues Wasser zu der Flüssigkeit im Kessel zu gießen, so schüttet man im Anfange nur die Hälfte des nöthigen Wassers in den Kessel, d. h. 1200 Kilogramme (2400 Pfund), welches 12 Bardëen *) ausmacht.

*) Die Barde ist ein in den Siedereien gebräuchliches großes Maaß, welches etwa 100 Kilogramme (200 Pfd.) Wasser

Man erhitzt dies Wasser und trägt nach und nach die 2400 Kilogramme (4800 Pfund) Salpeter hinein, den man zerkleinert, und rührt das Ganze häufig um, um die Auflösung zu erleichtern. Da das siedende Wasser die Eigenschaft hat, ungefähr sein fünffaches Gewicht an Salpeter aufzulösen, so erfolgt die Auflösung schon durch die erste zum Raffiniren hineingegossene Wassermenge mit Leichtigkeit. Man unterhält das Sieden, die fettigen, erdigen und Extraktivtheile bilden einen Schaum, den man wegnimmt. Wenn der Schaum sich weniger häufig zeigt, so fängt man an eine Auflösung von Tischlerleim (collage) zuzusetzen. Man löst zu dem Ende 15 Hektogrammen starken Leim in einem kupfernen Gefäß in ungefähr 10 Liter (3 Pfund Leim in 8 Berliner Quart Wasser) siedendem Wasser auf, und setzt dieser Auflösung 30 Liter (25 Quart) kaltes Wasser zu. Man gießt dies Gemisch zu zwei verschiedenen Malen in den Kessel und rührt alles wohl um *). Die Wirkung des Zusatzes der Leimauflösung ist, alle Unreinigkeiten, die in der Flüssigkeit suspendirt sind, zu sammeln und sie auf die Ober-

hält und 150 Kilogramme (300 Pfd.) Salpeter. Man nennt daher die in diesem Maaß enthaltene Menge Wasser oder Salpeter, eine Bardée Wasser, oder eine Bardée Salpeter.

*) Da der Tischlerleim oder die Gelatina eben so wenig fähig ist, durch Hitze als durch Säuren zu gerinnen, so muß man glauben, daß die Wirkung, die sie hervorbringt, davon herrühre, daß das Wasser, in dem sie aufgelöset ist, ihr im Augenblicke ihres Hineinschüttens in den Kessel entzogen wird, und daß alsdann ihre sehr zertheilten, kleinsten Theile, die sich zu vereinigen streben, alle leichte, in der Flüssigkeit schwimmenden Körper an sich reißen und mit fort nehmen.

Oberfläche zu ziehen, was zur Erzeugung einer grossen Menge Schaumes Anlaß giebt, den man schnell wegnimmt, um das Uebersteigen der Flüssigkeit zu vermeiden. Wenn dieser Schaum sich weniger häufig zu bilden anfängt, so schreckt man zum ersten Mal die Lauge dadurch, daß man in den Kessel zwei Bardēen kaltes Wasser gießt, man rührt um, schäumt von neuem ab, und schreckt hierauf zum zweiten, dritten, vierten Male, endlich gießt man die Menge des nöthigen Wassers zu, so, daß der Salpeter sich in gleichen Theilen Wasser im Kessel aufgelöst befindet, ein Verhältniß, dessen Nothwendigkeit man zu Anfang dieses Abschnittes auseinander gesetzt hat. Sonst pflegte man diese Operation durch einen geringen Zusatz von einer Pottaschenauflösung zu beendigen, die man in den Kessel schüttete. Man schätzte ungefähr die Menge von salpetersauren Mittelsalzen, welche der zu raffinirende Salpeter enthalten könnte; löste in Wasser eine hinreichende Menge Pottasche auf, goß diese Auflösung in den Kessel, und nachdem die Flüssigkeit wohl umgerührt worden war, nahm man das Feuer weg, um alles sich setzen zu lassen und nach Verlauf von einigen Stunden beendigte man das Raffiniren. Aber da diese Anwendung von Pottasche, deren richtiges Verhältniß schwer zu bestimmen ist, den Uebelstand hervorbringen kann, die salzsauren Mittelsalze auch zu zersetzen, so hat man dies Verfahren abgeschafft; so daß, nach dem letzten Auswaschen, man die Flüssigkeit in den Zustand des Aufwallens bringt und alsdann sogleich das Feuer aus dem Ofen nimmt. Nach einigen Stunden der Ruhe gießt man die geläuterte Flüssigkeit ab. Man schöpft hierauf dieselbe mit Schöpfkellen aus, um sie in kupferne

Krystallisirgefäße *) zu gießen. Diese Gefäße bedeckt man mit einem Stücke Holz von runder Form, welches einen etwas größeren Durchmesser, als die Oeffnung des Gefäßes hat; dadurch sucht man zu bezwekken, daß das Erkalten der Flüssigkeit langsamer erfolge. Der Salpeter, der bei dieser Krystallisation erhalten wird, ist schon viel reiner, als der rohe Salpeter, aus dem Grunde, weil das salzsaure Natrum beinahe ganz in der überstehenden Lauge aufgelöst zurück bleibt. Nachdem man aus dem Kessel alle klare Flüssigkeit, welche man mit dem Schöpfgefäß erreichen konnte, ausgeschöpft hat, so bleibt noch ungefähr ein Sechstheil erdiger Rückstand in dem Kessel zurück, welchen man nicht eher herausnehmen darf, bevor nicht eine halbe Stunde lang etwas Feuer unter dem Kessel unterhalten wurde, damit sich keine Krystalle in dem Rückstande bilden und damit die Erde sich in den Behältern, in welche man die Flüssigkeit abgießt, davon trenne. Nach der zum gänzlichen Erkalten nöthigen Zeit nimmt man mit einer Kelle den auf dem erdigen Rückstande krystallisirten Salpeter weg und hebt ihn auf, um ihn wieder in den Kessel zu thun, wenn man eine hinreichende Menge davon beisammen hat.

Der krystallisirte Salpeter, den man beim Erkalten der Flüssigkeit in den Behältern vorfindet, heißt **Salpeter vom zweiten Sude.**

*) Diese Behälter haben gewöhnlich 80 Centimeter (2½ Fuß) im Durchmesser auf 37 bis 38 Centimeter (1 Fuß) Tiefe. Ihr Boden ist etwas abgerundet; an ihrer Mündung befindet sich ein umgebogener Rand von 8 Centimeter (3 Zoll), welcher dazu dient, sie vermittelst zweier großer abgerundeter hölzerner Stäbe, von denen man auf jeder Seite einen unter den Rand des Behälters bringt, zu tragen.

Die überstehende Lauge enthält den größten Theil des salzsauren Natrums, welches im rohen Salpeter befindlich war, alle zerfließenden Salze und einen Antheil salpetersaures Kali, dessen Menge mit der Quantität überstehender Lauge im Verhältniß steht, die damit gesättigt ist. Man schöpft diese Laugen aus den Behältern mit einem Schöpfgefäß aus, um sie in ein großes Gefäß zu bringen, welches für sie bestimmt ist und wo man sie sammelt, um sie besonders zu behandeln. Damit der Salpeter abtropfe, legt man die Krystallisirgefäße immer zwei gegen einander gekehrt, auf ein Gestelle, wie bei der Krystallisation des rohen Salpeters angegeben wurde. Man nimmt die Brote heraus, legt sie auf ein wohl festgestampftes Erdreich, welches mittelst einer schicklichen Neigung die abtropfende Flüssigkeit gegen eine Rinne zu führt, die sie zu einem in die Erde eingegrabenen Behälter leitet, welcher bestimmt ist, sie aufzunehmen.

Der Salpeter ist, nach diesem ersten Raffiniren, in festem Broten vorhanden. In diesem Zustande ist er viel reiner, als der vom ersten Sude, aber da er in einer mit salzsaurem Natrum angeschwängerten Lauge krystallisirte, so mußte er etwas davon mit sich nehmen und sich ebenfalls mit zerfließenden Salzen anschwängern. Davon muß er befreit werden, zu welchem Behuf man ihn zum zweiten Male auflöst, um ihn als Salpeter vom dritten Sude, oder ganz vollkommen raffinirt zu erhalten.

Da die Menge des mit dem Salpeter vom zweiten Sude krystallisirten salzsauren Natrums nur unbeträchtlich ist, so genügt es, von dem zu dieser neuen Läuterung anzuwendenden Wasser nur so viel zu nehmen, als eben hinreicht, die vorhandene Menge Salpeter bei der Siedhitze aufzulösen. Diese Quantität kann, wie schon gesagt wurde, auf fünf Theile Salpeter vom zweiten Sude einen Theil betragen. Aber da eine bis auf diesen Punkt gesättigte Salpeterauflösung den Uebelstand hat, eine zu dichte Flüssigkeit zu bilden, die zu schwer umzurühren ist, und die Kessel der Gefahr aussetzt, an ihrem Boden zerstoßen oder durchbohrt zu werden, so hat man es zweckmäßiger gefunden, um mit Leichtigkeit arbeiten zu können, zur Auflösung des Salpeters einen Theil Wasser auf drei Theile Salpeter zu nehmen.

In großen Anlagen raffinirt man gewöhnlich 3000 Kilogramme (6000 Pfund) Salpeter vom zweiten Sude. Man fängt damit an, den Kessel mit neun Bardëen oder 900 Kilogramme (1800 Pfund) Wasser zu füllen, welches man bis zum Siedpunkte erhitzt; in dieses wirft man nach und nach den Salpeter vom zweiten Sude, nachdem man ihn zerstampft hat, und rührt alles mit der Schaumkelle wohl um, um die Auflösung zu erleichtern. Wenn sie gehörig vollendet ist, so setzt man Leimauflösung hinzu; das zu dieser Auflösung angewandte Wasser, macht einen Antheil der zum Raffiniren bestimmten Menge aus. Von dieser Leimauflösung setzt man zu verschiedenen Malen Antheile hinzu, wobei man bei jedem Zusatze die Lauge durch kaltes Wasser schreckt, auf eben die Art, wie beim Raffiniren des rohen Salpeters durch den zweiten Sud; man trägt hiebei Sorge, daß zu diesen Operationen genau diejenige Menge Wasser verwendet werde, welche man an dem vollen Drittheil beim ersten Eintragen der Wassermenge in den Kessel fehlen ließ. Man rührt jedes Mal wohl um, und schäumt ab, indem man das Sieden der Flüssigkeit unterhält. Man erkennt, daß der Salpeter von den fremdartigen Substanzen, welche die Bildung des Schaums verursachen, gereinigt ist, daran, daß der Schaum leicht und weiß wird. Wenn man durch den Zusatz von kaltem Wasser die Lauge stärker verdünnen mußte, als für nöthig befunden wird, so setzt man das Sieden lange genug fort, um diesen Ueberschuß abzudampfen und um die Flüssigkeit bis auf den schicklichen Grad zu verdichten; worauf man das Feuer wegnimmt. Man läßt die Flüssigkeit einige Zeit hindurch ruhig stehen, schöpft sie hierauf mit Schöpfgefäßen in die kesselförmigen Gefäße ab, aus denen man sie hierauf in die Krystallisirgefäße (Wachsgefäße) vertheilt, welche man nachmals zudeckt, wie schon bei der Raffinirung des Salpeters durch den zweiten Sud bemerkt wurde, um sie, damit sie den kleinstmöglichsten Raum einnehmen mögen, übereinander schichten zu können.

Der bei dieser Krystallisation erhaltene Salpeter ist der Salpeter vom dritten Sude. Er ist, wofern man gut gearbeitet hat, in einem so vollkommenen Zustande der Reinheit, als man ihn erhalten konnte. Da die 1000 Kilogramme Wasser, in welchen die 3000 Kilogramme Salpeter vom zweiten Sude aufgelöst wurden, in der Kälte mehr als 300 Kilogramme Kochsalz enthalten können, so befindet sich in dieser Flüssigkeit, welche nur das in dem Salpeter des zweiten Sudes enthaltene Kochsalz in sich nehmen konnte, nur außerordentlich wenig Salz, im Verhältniß gegen das, was sie aufzulösen vermögend ist. Der Salpeter des dritten Sudes, welcher in derselben krystallisirte, hat demnach, da sie nur so wenig von demselben enthielt, auch nichts in seine Krystallisation aufgenommen.

Dieser Salpeter vom dritten Sude erscheint unter der Gestalt von festen Massen, welche man Salpeterbrote nennt, und hat beim Herausnehmen aus den Krystallisirgefäßen eine sehr weiße Farbe. Die bei dieser Krystallisation überstehende Lauge ist gewöhnlich sehr durchsichtig und etwas weniges grünlich gefärbt, was durch etwas Kupferoxyd verursacht wird, wogegen man die Wände der Krystallisirgefäße nicht ganz schützen kann. Man gießt diese Lauge ab und trägt sie in den für sie bestimmten Behälter. Der Salpeter, welcher sich in der Concavität des Brotes vorfindet, und welcher langsam und mit Freiheit, und demzufolge nach den besonderen Gesetzen dieser Gattung Salz krystallisirte, stellt lange Krystalle dar, welche man prismatischen Salpeter nennt. Er enthält viel Wasser in seinen Zwischenräumen, weshalb er schwer zu trocknen ist. Man bricht ihn von der festen Masse des Brotes los, um ihn bei in der Folge vorzunehmenden Läuterungen zu bearbeiten, wenn man ihn nicht an Fabrikanten verkaufen kann.

Trocknen des durch dreimaliges Sieden raffinirten Salpeters.

Der unter der Form von Broten vorkommende Salpeter vom dritten Sude, wird auf ein abhängendes Gerüste oder eine schiefe Fläche gebracht. Auf dem Gerüste sind nach der Richtung seiner Neigung mit Blei gefütterte Rinnen angebracht, welche entlang man die Brodte je zwei und zwei legt, um abzutropfen. Diese Rinnen münden in eine größere Rinne ein, welche mit einem Behälter in Verbindung stehet. Das Lokal des Trockenplatzes muß sehr luftig seyn, um das Austrocknen der Brote zu erleichtern. Es verfließen mehrere Monate, ehe es ganz vollständig erfolgt, d. h. bis man die Brote in den Pulvermühlen anwenden kann. Wenn man aber nichts desto weniger gezwungen ist, diesen Salpeter zu gebrauchen, so kann man es thun, indem man dem Gewichte dieses Salzes so viel zulegt, als die ihm beiwohnende Feuchtigkeit beträgt. Da aber diese Verfahrungsart eine Unregelmäßigkeit in dem Mischungsverhältnisse der Bestandtheile des Pulvers hervorbringen kann, so ist es gut, falls man irgend kann, sich eines Salpeters von dieser Beschaffenheit nicht zu bedienen.

Demzufolge, was von den drei Operationen gesagt wurde, vermittelst derselben man den Salpeter im Zustande der Reinheit erhalten kann, wird es leicht, eine ziemlich genaue Schätzung der Produkte zu machen, die man dabei erzielen kann.

Wenn man, nachdem man den Siedkessel mit 1200 Kilogrammen Lauge, die 15° am Aräometer für den Salpeter zeigt und die 12 Procent ihres Gewichts salpetersaures Kali enthält, gefüllt hat, und nach und nach 7300 Kilogramme, oder ungefähr 68 Hektoliter eben dieser Laugen in denselben nachgießt; so ist es augenscheinlich, daß in dem Augenblicke, wo der Sud beendigt ist, die im Kessel rückständige Lauge 1020 Kilogramme (2040 Pfund) salpetersaures Kali enthalten müsse; und wenn diese im Kessel befindliche Menge Lauge eben so viel beträgt, wie die, womit im Anfange der Kessel gefüllt wurde, d. h. 1200 Kilogramme (2400 Pfund), so wird diese Lauge, nach ihrem Erkalten, nicht mehr als dieselbe Quantität salpetersaures Kali, die sie vor dem Sude enthielt, d. h. 144 Kilogrammen (288 Pfund) zurückhalten können. Man mußte also 876 Kilogramme krystallisirtes salpetersaures Kali erhalten, welche der Ueberschuß über dasjenige Quantum ist, welche die angegebene Menge Wasser bei der gewöhnlichen Temperatur der

Atmosphäre aufgelöst erhalten kann; da jedoch etwas von diesem Salze mit dem Schaume, dem Schlack und dem salzsauren Natrum, welche man aus dem Sude entfernt hat, verbunden war, so kann man im allgemeinen das Produkt eines solchen Sudes, der mit 8500 Kilogrammen (17000 Pfunden), oder ungefähr 34 Tonnen Lauge, die 12 Procent salpetersaures Kali enthält, angestellt ist, auf die mittlere Quantität von 800 Kilogrammen (1600 Pfunden) krystallisirten Salpeter anschlagen, wobei von dieser Quantität von 8500 Kilogrammen (17000 Pfunden) beim Anhalten des Sudes 1200 Kilogramme (2400 Pfund) übrig bleiben.

Wendet man, um Salpeter vom zweiten Sude zu erhalten, 2400 Kilogrammen Salpeter vom ersten Sude an, so wird die Ausbeute des Salpeters vom zweiten Sude nicht mehr als etwa 1500 Kilogramme (3000 Pfund) betragen, weil der rohe Salpeter einen Antheil Salze und fremdartiger Materien enthält, und ein Theil Salpeter in der bei der Krystallisation übrigbleibenden Mutterlauge aufgelöst bleibt. Man muß daher wenigstens den Ertrag von zweien dieser Läuterungen haben, um damit einen dritten Sud anzustellen, welcher als gewöhnlich aus 3000 Kilogrammen (6000 Pfund) Salpeter bestehend, angegeben wurde, die mit 1000 Kilogrammen (2000 Pfund) Wasser in den Kessel gethan werden. Wenn man von dieser Quantität den kleinen Antheil salzsaures Natrum und die zerfließende Salze, welche der Salpeter vom zweiten Sude noch enthalten kann, ferner das was von den bei der Krystallisation übrigbleibenden Mutterlaugen zurückbehalten wird, und das, was der Schaum davon mit sich fortnahm, abzieht; so wird man leicht einsehen, daß man bei dem Raffiniren von 3000 Kilogrammen (6000 Pfund) durch ein drittes Sieden, kaum etwa 2500 Kilogramme krystallisirtes salpetersaures Kali wird erhalten können. Da dieses Produkt von 2500 Kilogrammen (5000 Pfund) von einer raffinirten Qualität, welche man, wenn man einen jeden Sud zu 800 Kilogrammen (1600 Pfund) rechnet, als die Ausbeute von sechs vollständigen Suden von Salpeterlauge ansehen kann, so kann man daraus schließen, daß man im allgemeinen aus dem rohen Salpeter nicht mehr als 0,52 krystallisirten, im Zustande der gehörigen Reinheit erhält*). Man kann aber auf die fehlenden 0,48 den Theil, welcher in den bei der Krystallisation des zweiten und dritten Sudes übriggebliebenen Laugen enthalten ist, ferner das, was in dem Schaum und in den letzten vernachläßigten Antheilen der aus den Kesseln abgegossenen Flüssigkeit sich befindet, welches zusammen ungefähr 850 Kilogramme beträgt, rechnen; dadurch steigt der Gesammtertrag von Salpeter auf ungefähr 3350 Kilogramme (6700 Pfund, welches 70 Procent ausmacht. Der wirkliche Verlust würde also nur 30 Pro-

*) Vielleicht möchte nicht jedem Leser diese Berechnung einleuchten, sie ergiebt sich jedoch aus dem, was der Verfasser im Vorhergehenden sagte.

Ein jeder vollständige Sud mit 8500 Kilogrammen Siedlauge, welche 12 Procent Salpeter enthält, giebt als Ausbeute 800 Kilogramme Rohsalpeter; nun geben 2400 Kilogramme Rohsalpeter 1500 Kilogramme Salpeter vom zweiten Sude, oder 4800 (gleich 6 × 800, gleich dem Ertrage von sechs Versiedungen der Siedlauge) Kilogramme Rohsalpeter geben 3000 Kilogramme Salpeter vom zweiten Sude, und diese, 2500 Kilogramme vom dritten Sude. Da sich nun 4800 : 2500 = 100 : 52 verhält, so kommt das obenstehende Resultat heraus.

zent betragen, und diesen kann man im allgemeinen als durch 0,20 salzsaures Natrum und das übrige durch salzsaure Mittelsalze, Erde und Feuchtigkeit veranlaßt, ansehen.

Verschiedene Produkte, die bei dem Raffiniren erhalten werden.

Die Produkte der Läuterungen sind, wie schon gesagt, der Schaum, der erdige Niederschlag und die bei der Krystallisation des Salpeters des ersten und zweiten Sudes überstehende Laugen.

Der Schaum des zweiten Sudes wird wie der vom ersten Sude behandelt. Was den Schaum, der beim dritten Sude sich bildet, betrifft, so unterscheidet er sich von dem, welchen der erste und zweite liefert, daß er ungleich reiner ist und viel Salpeter enthält, den man abscheidet, bevor man ihn mit dem andern vermischt.

Man läßt den Schaum in einer sehr kleinen Menge Wasser zergehen, und wenn die Auflösung vollständig ist, gießt man sie durch ein sehr feines Haarsieb. Die zum Krystallisiren hingestellte Flüssigkeit liefert sehr guten Salpeter vom zweiten Sude, den Rückstand vermischt man mit dem beim ersten Sude gesammelten Schaum.

Der erdige Niederschlag, welcher sich beim Raffiniren absetzt, muß mit den erdigen Grundlagen, von denen bei der ersten Operation die Rede war, zusammen gethan, und mit ihnen behandelt werden. Die Mutterlaugen, welche bei der Krystallisation des Salpeters vom zweiten Sude zurückbleiben und deren Natur wir schon kennen gelehrt haben, werden bei Seite gesetzt, und auf gleiche Art, wie die Salpeterlaugen versotten. Man zieht daraus eine große Menge salzsaures Natrum, und wenn die Flüssigkeit hinreichend verdichtet ist, um zum Krystallisiren hingestellt zu werden, so ist der daraus anschießende Salpeter Roh-Salpeter. Die bei dieser neuen Krystallisation übrigbleibende Laugen, werden zu den gewöhnlichen Mutterlaugen gegossen.

Die bei der Krystallisation des Salpeters vom dritten Sude übrigbleibende Laugen könnten, wenn sie durch Abdampfen gehörig verdichtet würden, Salpeter von derselben Beschaffenheit liefern; aber da ihrer immer nur eine geringe Menge ist, so sammelt man sie, um sie der Lauge beizumischen, aus welcher Salpeter vom zweiten Sude bereitet wird.

Gründe, welche machten, daß die alte Art des Raffinirens verlassen wurde.

Dieß war die in Frankreich übliche Art, den Salpeter zu raffiniren, bis durch die Revolution die Administration sich in eine ganz neue Lage versetzt fand. Da sie auf der Stelle für den größten Verbrauch von Pulver zu sorgen und dem Bedürfnisse der zahlreichen Armee der Republik, das nicht den geringsten Aufschub litt, zu Hülfe kommen mußte, so war es nothwendig, neue Mittel zu ergreifen, deren Schnelligkeit den Zeitumständen entspräche. Man stellte also um diese Zeit, in Verein mit Gelehrten, Untersuchungen und Nachforschungen an, deren Resultat dahin ausfiel, an die Stelle der bisher gebräuchlichen Art zu raffiniren, eine neue treten zu lassen. Durch das beschriebene Verfahren, welches bei der alten Ordnung der Dinge hinreichen konnte, welches aber nothwendig verlassen werden mußte, konnte man den Salpeter im Zustande der Reinheit nur nach Verlauf von acht bis zehn Tagen erhalten; dann befand er sich in großen Klumpen, war sehr schwer zu trocknen und zu zertheilen; während die Ausführung des neuen Verfahrens, welches das ältere ersetzen sollte, so leicht und so schnell war, daß in weniger als vier und zwanzig Stunden der rohe Salpeter in gereinigten umgewandelt wurde, und sich in einem Zustande von vollkommener Trockenheit befand. Ueberdieß machte der Zustand von feiner Zertheilung, in welcher er erhalten wurde, ihn um so tauglicher, sogleich zur Fabrikation des Pulvers gebraucht werden zu können. Man brauchte ihn nicht erst zu reiben und zu sieben; dadurch entging man dem bei dieser Operation, welche bei dem Salpeter in Broten unerlaßlich war, unvermeidlichen Verluste.

Mehrere Verfahrungsarten, welche diese Vortheile vereinigten, wurden nach und nach vorgeschlagen und versucht. Baumé hatte gerathen, den Salpeter kalt zu raffiniren, durch eine Methode, welche der, deren man sich zur Prüfung der Reinheit des rohen Salpeters bedient, analog ist, und welche darin bestehet, daß man diesen Salpeter mit Wasser abwäscht, das mit reinem Salpeter gesättigt ist. Nach dem zweiten Abwaschen mit diesem Wasser war der rohe Salpeter schon so gereinigt, daß er mit dem Kali gar keinen, und mit der Auflösung des salpetersauren Silbers einen kaum merklichen Niederschlag gab. Jedoch glaubte Lavoisier, der damals Regisseur über das Pulver war, und welcher der Meinung war, daß diese Methode nicht so vortheilhaft sey, als sie anfänglich schien, einem ebenfalls kalten Abwaschen des Salpeters den Vorzug geben zu müssen, aber mit reinem Wasser; er unternahm auf diese Art eine Raffinirung im Großen von ungefähr 2500 Kilogrammen Salpeter und durch zweimaliges aufeinanderfolgendes Abwaschen mit reinem Wasser, dessen er etwa 1950 Kilogramme dazu anwandte, gelangte er dahin, seinen Salpeter eben so rein zu erhalten, als Baumé.

Dieses von Lavoisier vorgeschlagene und einmal von ihm ausgeführte Verfahren wurde von Carny, der es durch von ihm gemachte Erfahrungen noch verbesserte, in allen damaligen Raffinerien des Staates eingeführt, und von Chaptal im ersten Bande der dritten Ausgabe seiner Elemens de Chimie (im vierten Bande Seite 94. ff. der deutschen Uebersetzung), und nachher in der Chimie appliqueé aux arts — Vol. IV. p. 137 (deutsche Uebers. B II. S. 339. ff.) beschrieben. Die Administration des Schießpulvers, nachdem sie alle Sorgfalt angewendet hatte, die Vortheile, welche die neuen, erst vorgeschlagenen, oder schon ausgeführten Verfahrungsarten vor den ehemals gebräuchlichen darboten, zu prüfen, bestimmte sich, nach reiflicher Ueberlegung für das Verfahren, welches mit aller Genauigkeit sogleich beschrieben werden soll, und welches heut zu Tage ausschließlich in den Anlagen vorgeschrieben ist und ausgeführt wird, welche von der Regierung verwaltet werden.

Neunter Abschnitt.

Verfahren bei Raffinirung des Salpeters, welches heut zu Tage in den Anlagen der Regierung angenommen ist.

Der zur Raffinirung bestimmte Kessel wird am Abend vor dem Tage, an dem die Operation statt haben soll, und kurze Zeit vor Aufhören der Arbeit mit 6 Bardéen oder 600 Kilogrammen (1200 Pfund) gewöhnlichem Wasser, und mit 8 Bardéen oder 1200 Kilogrammen

(2400 Pfund) Salpeter in dem Zustande, wie er von den Salpetersiedern geliefert wird, gefüllt. Man macht die Nacht hindurch unter diesem Kessel nur so viel Feuer an, als zum Schmelzen dieses ersten Antheils Salpeter erforderlich ist. Den andern Tag früh wird das Feuer verstärkt und der Kessel zu wiederholten Malen und in verschiedenen Zwischenzeiten mit neuen Bärdeen Salpeter, bis zur Gesammtzahl von zwanzig, (welches 3000 Kilogramme [6000 Pfund] beträgt) gefüllt. Die ganze Zeit hindurch wird alles wohl umgerührt und der Schaum, so wie er sich auf der Oberfläche der Flüssigkeit zeigt, sorgfältig hinweggenommen. Wenn die Auflösung einige Zeit im Sieden erhalten worden und man schließen kann, daß der Salpeter vollkommen aufgelöst sey, so nimmt man vom Boden des Kessels das nicht aufgelöste salzsaure Natrum hinweg, welches sich daselbst vorfindet, und gießt wiederholt kaltes Wasser hinzu*), um die Niederschlagung dessen zu erleichtern, was durch die Wärme noch in der Flüssigkeit schwebend erhalten wird. Wenn man versichert ist, daß sich nichts mehr zu Boden senkt, so gießt man in den Kessel eine Auflösung von einem Kilogramm flandrischem Leim in der hinreichenden Menge heißem Wasser; man rührt um und schäumt ab, indem man wiederholte Antheile von kaltem Wasser hinzuschüttet. Das Quantum des nach und nach auf die angegebene Art zugesetzten kalten Wassers beläuft sich auf 400 Kilogramme, so daß

*) Die Franzosen bezeichnen in den Raffinerien das Zugießen einer gewissen Menge kalten Wassers, in die in dem Kessel befindliche siedende Flüssigkeit (welches den Zweck hat, gewisse Operationen zu erleichtern) mit dem Ausdruck lavage (Abkühlung?)

wenn man die 600 Kilogramme, welche im Anfange in den Kessel geschüttet wurden, hinzurechnet, die Gesammtmasse des Wassers 1000 Kilogramme beträgt.

Wenn die zu raffinirende Flüssigkeit keinen Schaum mehr ausstößt und vollständig klar geworden ist, so unterläßt man alle ferneren Behandlungen. Man zieht das Feuer unter dem Kessel weg und läßt bloß soviel im Ofen, als hinreichend ist, um bis zum Morgen des andern Tages die Temperatur von ungefähr 88° nach dem hundertgradigen Thermometer zu unterhalten. Die Flüssigkeit muß alsdann 67 bis 68° am Aräometer für den Salpeter zeigen *).

Man bedient sich, wie gewöhnlich, bei dieser Operation, der Schöpfgefäße und kleiner Handkessel, wendet alle nöthige Vorsicht an, die Flüssigkeit nicht

*) Es wurde schon gesagt, daß das Wasser bei einer Temperatur von 13° nach dem hundertgradigen Thermometer nicht mehr als 25 Hundertheil seines Gewichtes Salpeter aufzulösen vermöge, so daß in einer Auflösung dieses Salzes bei dieser Temperatur das Aräometer für den Salpeter nie mehr als 20° zeigen kann, was eine Auflösung bezeichnet, die 80 Procent Wasser und 20 Salz enthält. Man muß daher, um durch dieses Aräometer den Grad von viel reicheren Auflösungen zu finden, ein Maaß davon mit einer bestimmten Anzahl gleicher Maaße kalten Wassers vermischen. Die Auflösung wird wohl umgerührt, und wenn man glaubt, daß die Vermischung vollständig statt gehabt habe, so bestimmt man den Grad der Flüssigkeit durch das Aräometer und multiplicirt ihn mit der Gesammtzahl der Maaße, die das Gemisch ausmachen. Wenn man z. B. ein Maaß Flüssigkeit mit drei Maaß reines Wasser vermischt hat, so hat man eine Gesammtzahl von vier Maaßen erhalten. Wenn man nun beim Eintauchen der Senkwage in diese Flüssigkeit findet, daß sie 17° zeigt und diese Zahl mit 4 multiplicirt, so ergiebt sich, daß die Flüssigkeit 68° halte.

zu trüben, und läßt die letzten Antheile, welche noch den tiefsten Theil des Bodens des Kessels bedecken, zurück. Man bringt diese Flüssigkeit in das Krystallisirgefäß (Tafel I. Fig. 2.), welches man zu diesem Behufe dem Läuterungskessel so nahe als möglich stellt. Wenn die Gesammtmenge der Flüssigkeit aus dem Kessel in dasselbe gegossen ist, so bewegt man sie, indem man mit Krücken darin herumfährt. Dadurch versetzt man die Flüssigkeit in Bewegung und erleichtert das Entweichen des Wärmestoffes. Nach Maaßgabe, wie das Niederfallen des krystallisirten Salpeters statt hat, zieht man ihn mit Harken an den Rand des Krystallisirgefäßes, und häuft ihn daselbst so an, daß er schnell abtropfen kann. Man nimmt mit Schaufeln in Form von Schaumlöffeln die obersten Theile weg, so wie sie anfangen merklich weiß zu werden, um sie in die Waschkasten zu bringen. Indem man so nach und nach den Salpeter wegnimmt, so wie er sich in kleinen, sehr dünnen Nadeln niedersenkt, trägt man Sorge, die beständige Bewegung der Flüssigkeit nicht einen Augenblick zu unterbrechen, damit sich nicht größere Krystalle bilden. Wenn die Temperatur der Flüssigkeit so weit gesunken ist, daß sie die des Ortes, wo man operirt, nicht über 4 bis 5° übersteigt, d. h., nach Verlauf von sechs bis sieben Stunden, so hat man allen Salpeter, den sie zu liefern fähig ist, erhalten. Vermittelst des doppelten Abhanges, der dem Krystallisirgefäß gegeben wurde, wodurch sich alle bei der Krystallisation zurückgebliebene Lauge ganz an einem seiner Enden und in der Mitte seiner Breite vereint, ist es leicht, sie vollständig mit Schöpfkellen wegzunehmen. Die Menge derselben beläuft sich kaum auf fünf bis sechs Bardèen, von einem

Gewicht

Gewicht von 140 bis 145 Kilogramme (280 bis 290 Pfund) und am Aräometer für den Salpeter zeigt sie 45 bis 48 Grad.

Der aus dem Krystallisirgefäß genommene und in die Kasten geworfene Salpeter wird in diese auf die Art eingeschichtet, daß er 14 bis 16 Centimeter (5 bis 6 Zoll) über ihren oberen Rand übersteht, um das Niedersinken, welches bei dem Abwaschen desselben statt findet, durch diese Anhäufung zu ersetzen. Man benetzt diese so gefüllte Kasten, nachdem man die Löcher im Boden mit Hähnen oder Zapfen verschlossen hat, wiederholt, theils mit durch Salpeter gesättigtem, theils mit reinem Wasser. Das Besprengen des Salpeters verrichtet man mit Gießkannen, und fährt so lange damit fort, bis die abtropfende Flüssigkeit am Aräometer für den Salpeter, den Grad der Sättigung anzeigt, der genau mit der Temperatur des Ortes nach dem hundertgradigen Thermometer *) übereinstimmt. Nur diese Bestimmungsart zeigt auf die sicherste Art an, daß das Wasser, dessen man sich zum Abwaschen des Salpeters bedient, nicht mehr mit Salpeter angeschwängert werden könne, und daß es Zeit sey anzuhalten. Von dem Waschen.

Die Flüssigkeit von jeder Benetzung muß ungefähr zwei bis drei Stunden auf dem Salpeter stehen. Nur nach Verlauf dieser Zeit läßt man sie ablaufen, indem man die Zapfen oder Hähne öffnet und die Lö-

*) Man wird in der Folge sehen, daß das vollständig mit salpetersaurem Kali gesättigte Wasser bei einer Temperatur von 12,5° über Null nach dem hundertgradigen Thermometer, 19° am Aräometer für den Salpeter zeigen muß, und daß beim Abweichen von diesem Temperaturgrade um 1,25° über oder unter jener Temperatur, sich diese Dichtigkeit um einen Grad vermehrt oder verringert.

cher bis zum völligen Abtropfen, oder ungefähr eine Stunde lang offen stehen läßt.

Alle nach der ersten Benetzung, so wie ein Theil der nach der zweiten herauslaufenden Flüssigkeit, wird bei Seite gestellt, als zu sehr mit fremdartigen Substanzen, von denen der Salpeter gereinigt werden sollte, beladen, um weiterhin mit der bei der Krystallisation übrig gebliebenen Lauge abgedampft zu werden. Der Ueberrest, der beinahe reinen Salpeter enthält, wird aufbewahrt, um aufs neue zum Abwaschen dieses Salzes zu dienen. Da die ersten Antheile, die nach jedem Benetzen ablaufen, im allgemeinen mehr angeschwängert sind, als die, welche später folgen, so ist es unumgänglich nothwendig, während des Ablaufens der Flüssigkeit, nach jedesmaligem Benetzen, dieselbe mehrere Male mit dem Aräometer für den Salpeter zu untersuchen, und zugleich auf den Stand des Thermometers Rücksicht zu nehmen. Es würde unzweckmäßig seyn, wenn man die Menge des zum Auswaschen des Salpeters erforderlichen Wassers, die nöthig ist, um den in einem Kasten enthaltenen Salpeter in den Zustand der größten Reinheit zu versetzen, ganz bestimmt angeben wollte, indem dieses von der Beschaffenheit des zu raffinirenden Materials, das sich keinesweges immer gleich ist, abhängt. Die Erfahrung hat jedoch gelehrt, daß man bei dieser Operation überhaupt mit 36 Gießkannen ausreiche, welche zu drei Benetzungen angewandt werden; zu jeder der beiden ersteren nimmt man funfzehn und zu der letzten sechs. Die beim dritten Benetzen herauslaufende Flüssigkeit kann mit zwei Drittheilen von der zweiten vereint, bei Seite gesetzt werden, um, wie schon gesagt wurde, zum Abwaschen des Salpeters benutzt zu werden. Aus dem Gesagten ergiebt sich deutlich, daß in jeder Raffinerie jeder Kasten, welcher nur ein Mal mit reinem Wasser gewaschen wurde, stets für einen neu auszuwaschenden Kasten die erste Benetzung von mit Salpeter gesättigtem Wasser liefern werde, und daß im allgemeinen, wenn die Gesammtwäsche nicht geringer seyn kann, als von 36 Gießkannen auf den Kasten, sie aus 15 Gießkannen mit Salpeter gesättigtem und aus 21 Gießkannen reinem Wasser werde bestehen müssen.

Der Salpeter, nachdem er fünf bis sechs Tage in dem Kasten gelegen hat, wo er gewaschen wurde, wird in das Austrocknungs-Behältniß (Fig. 3.) gebracht. Dieß Bassin wird durch den Rauch des Kessels erhitzt, in dessen Nähe es angebracht ist. Man rührt den Salpeter fast beständig mit starken hölzernen Schaufeln um, um zu vermeiden, daß er nicht am Boden des Gefäßes anhänge oder Klumpen bilde, und damit die Wärme die Masse gleichmäßig durchdringe. Nach Verlauf von vier Stunden wird er vollständig trocken seyn, was man daran erkennt, daß er nicht mehr an die Schaufeln sich ansetzt und daß er, wenn man ihn stark in der Hand drückt, keine Klumpen mehr bildet. Er ist alsdann vollkommen weiß und in Pulverform. In diesem Zustande treibt man ihn durch ein Sieb von Messing, um die Klumpen zu zertheilen und die fremden Körper, die sich etwa damit vermischt haben, davon zu scheiden, worauf man ihn in Säcke, Fässer oder Tonnen schüttet. Man kann, selbst in den kürzesten Tagen, dieß Bassin leicht täglich zwei Mal füllen und 7 bis 800 Kilogramme Salpeter darin trocknen. Man erhält durch diese letzte Operation, als reinen mittleren Ertrag einer Raffinirung von 3000 Ki- Vom Trocknen.

logrammen (6000 Pfund) 1750 bis 1800 Kilogramme (3500 bis 3600 Pfund) sehr reinen Salpeter, der zur Verfertigung des Pulvers vollkommen zubereitet ist. Man bedient sich, um den Salpeter in die Tonnen, Fässer oder Säcke zu füllen, einer kupfernen Schaufel mit kurzem Stiele.

Von der zweiten Verdunstung, oder dem Wiederaufkochen der bei der Krystallisation der Raffinagen überstehenden Laugen.

Man füllt einen Kessel in der Raffinerie mit den bei den Läuterungen übriggebliebenen Laugen, womit man die von den ersten Benetzungen herkommende Flüssigkeit vereinigt hat, ganz an. So wie das Sieden angefangen hat, wird das Verdampfende beständig durch gleiche Quantitäten derselben Laugen ersetzt, welche man nach und nach zugießt, bis zu der Totalsumme von 70 Bardéen. Bei diesem Quantum ist die erste Füllung des Kessels mit eingerechnet. Diese Flüssigkeit bestehet aus 60 Bardéen Mutterlaugen und 10 Bardéen von dem bei der Benetzung abgeflossenen Wasser. Man muß so verfahren, daß das zum Ersatz bestimmte Wasser nach und nach in den Kessel laufe, vermittelst einer Abdampfungspfanne oder eines Fasses (Traufbütte), das man über demselben angebracht hat; auch ist es nothwendig, daß diese Lauge schon einen hinlänglichen Wärmegrad erreicht hat, um das Sieden nicht zu unterbrechen. Man nimmt den Schaum hinweg und langt sehr oft das salzsaure Natrum vom Boden des Kessels, während der ganzen Zeit dieses Zugießens von Wasser, welches vier bis fünf Tage dauern kann, heraus. Wenn es aufgehört hat und die Flüssigkeit im Kessel auf zwei Drittheile ihres Volumens zurückgebracht ist, so setzt man eine Auflösung von einem Kilogramm Leim in ungefähr 15 Kilogrammen Wasser zu, und rührt stark um. Man schäumt wie gewöhnlich ab, wobei man fortfährt, das Salz wegzunehmen, welches man mit einer kleinen Quantität heißem Wasser abwäscht, die nachher wieder in den Kessel gegossen wird. Wenn die Flüssigkeit durch den Zusatz der Leimauflösung gehörig durchsichtig geworden ist, so schüttet man eine Bardée (100 Kilogrammen) kaltes Wasser hinzu und nimmt mit Sorgfalt alles niedergefallene Kochsalz weg. Alsdann gießt man eine Auflösung von 200 bis 250 Kilogrammen Kali in 4 bis 5 Bardéen Wasser (4 bis 500 Kilogrammen) zu, welche Auflösung deshalb so sehr verdünnt werden muß, um die Zersetzung der salpetersauren Mittelsalze und die Niederschlagung ihrer Grundlagen zu erleichtern, so wie das Sieden der Flüssigkeit gänzlich aufhören zu machen. Nachdem man wohl umgerührt und einen Theil des Feuers unter dem Kessel weggenommen hat, so läßt man ihn ungefähr zwölf Stunden ruhig stehen, welche Zeit zur vollständigen Beendigung des Niederschlages auf den Boden des Kessels hinreichend ist. Die Dichtigkeit der Flüssigkeit muß alsdann nach dem Aräometer für den Salpeter 65°, und ihr Wärmegrad, nach dem hundertgradigen Thermometer 85° betragen. Man gießt sie in das Krystallisirgefäß bis auf die Oberfläche des Niederschlages, mit der nöthigen Vorsicht, um sie nicht zu trüben, ab; sie wird daselbst eben so behandelt, wie die Flüssigkeiten nach den Läuterungen. Es bleiben höchstens sechs bis sieben Bardeen Lauge bei der Krystallisation übrig, welche bei einer Temperatur von etwa 19° am hundertgradigen Thermometer ungefähr 39° am Aräometer für den Salpeter zeigen; als letztes Resultat erhält man ungefähr 1200 Kilogramme (2400 Pfund) vollkommen reinen Salpeter.

Man wird leicht einsehen, daß wenn man bemerkt, daß ein zu raffinirender Salpeter aus Werkstätten kommt, wo der Salpeter vor seiner Ablieferung mit reinem Wasser gewaschen wurde, und daher nur eine sehr geringe Menge salpetersaurer Mittelsalze enthält, es zweckmäßig sey, die Menge des anzuwendenden Kali zu vermindern. Es könnte aber auch seyn, daß es nothwendig wäre sie zu vermehren, und selbst die, welche als mittleres Verhältniß angegeben wurde, zu verdoppeln, und dieß Verhältniß kann nur durch diejenigen ganz genau bestimmt werden, welche, indem sie die Salpeterfabrikation leiten und den Salpeter beständig in Empfang nehmen, dadurch in den Stand gesetzt werden, unter allen Umständen die wahre Beschaffenheit desselben zu schätzen. Man wird auch einsehen, daß, wenn man die Quantität der zu verdunstenden Laugen auf siebenzig Bardeen bestimmt, man dabei hauptsächlich den Vorsatz habe, durch eine einzige Operation das Resultat von zehn Raffinirungen zu behandeln. Es wird also zweckmäßig seyn, den sechszig Bardéen nicht krystallisirter Laugen, welche von zehn Raffinirungen übrig blieben, alle die, welche bei den ersten Begießungen abfließen, zuzusetzen. Auf diese Art gelangt man dahin, die Bearbeitung der so beschaffenen Laugen auf eine übereinstimmende Weise einzurichten.

Von der Reduktion der beim Wiederaufsieden erhaltenen Laugen.

Man füllt einen Kessel der Raffinerie mit fünf und dreißig Bardeen, von der bei der Krystallisation des Salpeters übrig gebliebenen Lauge, welche durch die eben beschriebene Operation erhalten wurde, an. Wenn der Kessel diese Menge nicht fassen kann, so thut man sie nach und nach, nach Maaßgabe des Verdunstens hinzu. Man nimmt den Schaum und das sich ausscheidende Kochsalz hinweg. Wenn die Flüssigkeit im Kessel auf ein Drittheil, oder etwas mehr ihres Volumens zurückgebracht ist, so gießt man eine Auflösung von einem Kilogramm Leim in funfzehn Kilogrammen Wasser hinzu; rührt um und schäumt ab. Hierauf macht man einen Zusatz von einer Bardee kaltem Wasser, um die Niederschlagung des sich noch in der Flüssigkeit scheidenden Kochsalzes zu erleichtern, was man mit Sorgfalt herauslangt. Man nimmt das Feuer weg, und nach fünf- bis sechsstündiger Ruhe wird die Flüssigkeit, welche in zu geringer Menge da ist, um in dem Krystallisirgefäß behandelt zu werden, in die kleinen Krystallisationsbecken abgegossen, deren man sich bei der alten Art zu raffiniren bediente. Nach Verlauf von ungefähr sechs bis sieben Tagen läßt man diese Becken abtropfen und hebt den erhaltenen Salpeter besonders auf, um ihn zu dem noch zu raffinirenden als einen Ueberschuß über die zum Raffiniren bestimmte Menge hinzuzuthun. Das bei dieser letzteren Krystallisation überstehende Wasser, welches drei bis vier Bardeen oder mehr, beträgt, deren jede etwa 145 Kilogramme (290 Pfund) wiegt, und 68 bis 70° am Aräometer für den Salpeter zeigt, wird in eine Kufe, oder sonst in irgend einen Behälter gethan, und daselbst stehen gelassen. Das salpetersaure Kali, das sie noch enthält, könnte ihr nur durch eine neue Zersetzung der Mittelsalze, die sie begleiten, entzogen werden; und da diese beinahe gänzlich aus salzsauren bestehen, so wäre offenbar Nachtheil und wirklicher Schaden bei einer solchen Operation. Es ist möglich, daß auf die Länge ein Theil des salpetersauren Kali, das in diesen Wässern enthalten ist, sich an die Wände des Behältnisses ansetzt, worin sie sich befinden, oder daß, in der Folge, die Verwaltung Mittel findet, auf eine andere Art Nutzen daraus zu ziehen. In jedem Fall ist das, was in diesem letzten Antheile Lauge, den man vernachläßigt, enthalten ist, sehr wenig; und wirklich sind die drei oder vier Bardeen, welche bei dieser Operation zurückbleiben, und 600 Kilogramme (1200 Pfund) Lauge zu 70° betragen, in welcher bei der Temperatur von 12,5° nach dem hundertgradigen Thermometer nicht mehr als ungefähr 100 Kilogramme (200 Pfund) Salpeter enthalten seyn können, das Resultat von wenigstens fünf Nachsuden (rebouillages) und demzufolge von funfzig Raffinirungen, die 150000 Kilogramme Salpeter darstellen.

Das Abwaschen des Schaumes und des Salzes, wird, so wie das Versieden der Laugen, auf die gewöhnliche Art verrichtet, aber von dem Tage an, wo die neue Bearbeitungsart in Ausführung gesetzt wurde, hat die Administration durchgängig in allen Raffinerien das Eingießen der Lauge (mit Ausnahme derjenigen, welche bei dem letzten Versieden von dem auf der vorhergehenden Seite geredet wurde, übrig bleibt) in den Kristallisationsbehälter eingeführt. Auch darf kein anderes Mittel bei der Krystallisation angewandt werden, als das beständige Umrühren der abgegossenen Flüssigkeit, und endlich muß der Salpeter immer, er komme von welcher Gattung Lauge es auch sey, in den Zustand der größten Reinheit gebracht werden, indem man ihn in allen Fällen durch Waschen in Kasten behandelt. Die bei allen Krystallisationen übrigbleibenden Laugen, werden mit denen von den Raffinirungen und den ersten Begießungen vereint, um von neuem abgedampft zu werden.

Anmerkung. Seit dieses Kapitel über den Salpeter dem Druck überliefert wurde, habe ich in Erfahrung gebracht, daß man in einigen Gegenden den Gebrauch habe, nachdem man den Salpeter aus den Waschkasten herausgenommen hat, die Wände derselben mit einer eisernen Kratze abzukratzen, um auch die letzten Antheile von Salpeter, die sich dort ansetzen, zu erhalten. Es scheint mir sehr wichtig, auf dieses höchst fehlerhafte Verfahren aufmerksam zu machen, durch das in kurzem die Kasten zu Grunde gerichtet werden, und wodurch man genöthigt wird, von neuem eine ziemlich große Menge Salpeter reinigen zu müssen, der durch die Holztheilchen, welche ein solches Abkratzen damit vermischt, verunreinigt wurde. Das einzig schickliche zu diesem Zwecke anwendbare Mittel ist, sich eines Kehrbesens zu bedienen, mit welchem man das Innere des Kastens reinigt, nachdem man vorher eine kleine Menge einer gesättigten Salpeterauflösung hineingeschüttet hat; nachher wäscht man mit großen mit reinem Wasser angefeuchteten Schwämmen die Wände und die beiden Boden der Kasten ab, wodurch man sie sehr rein macht, ohne sie zu beschädigen.

Zehnter Abschnitt.

Von der Art, die Untersuchung des Salpeters, der durch die Salpetersieder im rohen Zustande an die Magazine der Regierung geliefert wird, anzustellen.

Ich glaube die Kunst der Salpeterfabrikation mit aller Genauigkeit abgehandelt und gelehrt zu haben, wie, wenn man die Ausübung dieser Kunst Grundsätzen und Regeln unterwirft, aus welchen die verschiedenen Handgriffe entspringen, man dahin gelangt zu berechnen, wie groß die Ausbeute einer bekannten Menge salpetrisirter Substanzen seyn werde; es wurde ferner gezeigt, wie man den Salpeter abscheiden und von anderen Salzen, welche ihn gewöhnlich begleiten, reinigen könne. Es bleibt mir nur noch übrig, die Methode auseinander zu setzen, vermittelst welcher die Vorgesetzten der Administration auf eine bestimmte Weise die Qualität des Salpeters, der ihnen von den Salpetersiedern geliefert wird, bestimmen können. Diese Methode ist für sie ein sicheres Mittel, sich vor Irrungen zu hüten, die ihrem eignen Vortheile entgegen wären, und mit der vollkommensten Gerechtigkeit, sowohl das Interesse der Lieferanten, die verkaufen, und der Regierung, welche kauft, wahrzunehmen und zu vermeiden, daß weder der eine noch der andere Theil leide. Das Gesetz schreibt vor, daß der rohe Salpeter angenommen und bloß das berechnet werde, was er wirklich an reinem Salpeter enthält, wobei von allen fremdartigen Substanzen abstrahirt wird.

Bis zu dem Zeitpunkt, wo die Prüfungsart des Salpeters, womit wir uns jetzt beschäftigen wollen, entdeckt und vorgeschlagen wurde, kannte man kein genügendes Mittel, um seine Beschaffenheit zu bestimmen. Mittlerweile hatten die Gesetze und Verordnungen, die Pulverfabrikation betreffend, indem sie ausdrücklich den Salpetersiedern untersagten, den bei ihren Suden erhaltenen Salpeter zu raffiniren und sie anwiesen, ihn im Zustande der Vermischung mit den verschiedenen Salzen und anderen fremdartigen Materien, die er enthält, abzuliefern, den Abgang des so eingelieferten Rohsalpeters beschränkt, und als Maximum des Verlustes 30 Procent angenommen. Aus dieser den Salpetersiedern auferlegten Verbindlichkeit entsprang die für den Vorgesetzten, welcher den Salpeter empfing, sich auf dieselbe Quantität von 30 Procent Abgang, bei den damit anzustellenden Raffinirungen zu beschränken. Es lag also demjenigen, welcher den Salpeter von den Salpetersiedern anzunehmen verpflichtet war, wesentlich daran, mit der größten Sorgfalt die Natur und wirkliche Beschaffenheit desselben zu untersuchen, weil er über 70 Procent reinen Salpeter Rechnung ablegen mußte; allein er hatte, um die Beschaffenheit des abgelieferten Gutes sogleich beurtheilen zu können, nur höchst trügliche, oder zum wenigsten ungenaue Merkmale. In einigen Commissariaten ließ man eine Probe von dem gelieferten Salpeter in der Vertiefung eines grosen Stückes Holz schmelzen, und beurtheilte aus dem Verknistern des Kochsalzes und aus der Lebhaftigkeit der Flamme, je nachdem diese mehr oder minder durch die Mutterlange verdunkelt wurde, die Beschaffenheit von mehreren Zentnern, welche der Gegenstand der Lieferung waren. An anderen Orten glaubte man die Größe des Abganges durch die bloße Besichtigung schätzen zu können. Diese sehr unvollkommenen Verfahrungsarten zogen willkührliche Abzüge nach sich, wodurch der Salpetersieder leiden mußte, ohne Hoffnung, eine Entschädigung zu erhalten, wenn der von ihm eingelieferte Salpeter von besserer Qualität war, und die angenommenen 30 Procent Abfall nicht ganz statt fanden. Da 1787 die Aufseher über das Schießpulver diese Quelle von Ungerechtigkeiten verstopfen und unter den Salpetersiedern einen Wetteifer entflammen wollten, welcher zur Vervollkommnung der Kunst und zur größeren Ausdehnung eines dem Staate so nützlichen Erwerbszweiges führen sollte, so schlugen sie der Königlichen Akademie der Wissenschaften ein Mittel vor, den Salpeter zu zerlegen, indem man ihn genau von den drei Substanzen, die ihn verunreinigen, nämlich von der Erde, den Mittelsalzen und dem salzsauren Natrum scheidet.

Alte Art, den Salpeter zu untersuchen.

Dieß Verfahren, welches von der Akademie der Wissenschaften gut geheißen wurde, bestand darin: 1) vermittelst des Alkohols vom Salpeter die Mittelsalze zu trennen, welche diese Flüssigkeit auflöst, ohne merklich die Neutralsalze anzugreifen; 2) vermittelst des salpetersauren Bleies das salzsaure Natrum zu zersetzen, dessen Salzsäure mit dem Blei ein unauflösliches Salz (salzsaures Blei) darstellt, und einen Niederschlag verursacht, aus dessen Menge man auf die, des im Salpeter enthaltenen salzsauren Natrums schließen kann; und 3) durch Auslaugen und Filtriren die Erde und die fremden Körper, welche einen Theil des zu untersuchenden Salpeters ausmachen, abgesondert zu erhalten.

Obgleich diese Prüfungsart auf Grundsätzen beruhte, so bemerkte man doch bald, daß sie zu Irrungen Anlaß gab, wodurch die Probe, zum Nachtheile der Regierung, sehr vortheilhaft für den Salpetersieder ausfallen konnte. Man sah bald ein, daß der Salpeter selbst in höchst rektificirtem Alkohol nicht vollkommen unauflöslich sey, sobald der Salpeter mit salzsaurem Natrum oder Mittelsalzen sich gemischt vorfindet; daß ferner das niedergeschlagene salzsaure Blei, da es nicht vollkommen unauflöslich ist, nicht die wirkliche Menge des in dem Salpeter enthaltenen salzsauren Natrums anzeige. Man suchte zwar bald in den Resultaten der Prüfungen, den Einfluß dieser verschiedenen unvorhergesehenen Umstände auszugleichen, aber mit welcher Bestimmtheit man auch beim Operiren verfuhr, so war es doch schwer, den Irrungen auszuweichen, welche bei einer so zusammengesetzten Untersuchungsart, deren Resultate sich auf bedeutende Quantitäten Salpeter beziehen, zu sehr merklichen Differenzen Anlaß geben konnten, und wirklich gaben die Produkte der Pariser Raffinerie ein Deficit, welches das durch die Probe angezeigte um 6 bis 7 Procent übertraf.

Aber bei Untersuchungen über Verfahrungsarten in den verschiedenen Künsten ereignet es sich häufig, daß man nicht eher auf die einfachsten Dinge fällt, bis man zu den zusammengesetztesten Mitteln seine Zuflucht genommen hatte; und dieß war auch hier der Fall. Man suchte ein Auflösungsmittel der Mittelsalze und des salzsauren Natrums, welches auf den

Salpeter keine Einwirkung hätte, und welches, indem es ihn allein zurückließe, seine Menge in den zu untersuchenden Lieferungen der Salpetersieder anzeigte; und dieß Auflösungsmittel fand sich ganz natürlich in dem mit reinem Salpeter gesättigten Wasser, welches nicht die mindeste Quantität mehr davon auflösen kann, wenn man, nachdem es alles, was es bei einer gegebenen Temperatur davon aufnehmen kann, in sich genommen hat, nur Sorge trägt, es während seiner Anwendung ohne Verdunstung auf eben diesem Temperaturgrade zu erhalten. Dieß Auflösungsmittel erkannte Riffault, welcher damals Kommissarius der Pulverfabrikation zu Ripault, bei Tours, war, und gegenwärtig einer der Administratoren ist, als das zweckmäßigste Prüfungsmittel des rohen Salpeters. Dieß Mittel schien so einfach und leicht ausführlich zu seyn, daß es bald allgemein angenommen und ausschließlich zur Prüfung des Salpeters vorgeschrieben wurde. Man findet in einem von Guyton de Morveau an das Nationalinstitut abgestatteten Berichte vom 13 August des Jahres 1797 eine ausführliche Entwickelung der Theorie dieser Prüfungsart. Er macht auf einige leichte Ursachen zu Irrthümern, die sich bei der Anwendung vorfinden können, so wie auf die Mittel diesen zu entgehen, aufmerksam; wodurch demnach ein einfaches und gewisses Verfahren welches sich sehr leicht von jedem der dabei interessirten Theile anstellen läßt, gefunden war. Dieser Bericht ist von einem Unterrichte begleitet, zu dem hier noch verschiedene Details über einige dabei zu beobachtende Handgriffe beigefügt sind, wodurch die Anstellung dieses Versuches, selbst denjenigen, die ganz und gar keine chemischen Kenntnisse besitzen, äußerst leicht wird.

Dieß Verfahren bestehet, wie schon gesagt wurde, in Anwendung eines Auflösungsmittels, welches nur auf das salzsaure Natrum und die Mittelsalze, nicht aber auf den Salpeter Wirkung hat. Dieses Auflösungsmittel ist mit reinem Salpeter für eine bestimmte Temperatur vollkommen gesättigtes Wasser. Man bereitet sich diese Auflösung folgendermaßen vorher, damit man einen Vorrath davon habe, wenn bei erfolgender Ablieferung von Salpeter, dieser untersucht werden soll. Neue Art, den Salpeter zu untersuchen.

Man schüttet in ein großes Gefäß, vorzugsweise in eine Pfanne von Kupfer, eine Quantität raffinirten, gepulverten und gesiebten Salpeter, dessen Menge sich nach der Zahl der Proben, welche man damit zu machen sich vorgenommen hat, bestimmt, in dem Verhältniß von zwei Pfunden, oder weniger, auf jede derselben. Auf diesen Salpeter gießt man reines Fluß- oder Brunnenwasser in hinreichender Menge, so daß er davon bedeckt ist und leicht und gehörig mit einer Kelle umgerührt werden kann. Nachdem man ihn so einige Minuten umgerührt und bewegt hat, läßt man das Wasser ablaufen, indem man das Gefäß neigt und den Salpeter stark mit der Kelle drückt, damit er um so vollkommner abtropfe. Man wäscht auf die Art den Salpeter vier oder fünf Mal nach einander, aber nur mit der Hälfte Wasser, und indem man es so kurze Zeit als möglich auf demselben stehen läßt. Wenn er durch diese einfache und schnelle Vorbereitung in den Zustand der größten Reinheit versetzt worden ist, so gießt man die zu sättigende Menge Wasser darauf, welche für eine zu machende Probe auf ungefähr 15 Hektogrammen (3 Pfund) geschätzt werden kann. Man bringt, durch einen Zubereitung der mit Salpeter gesättigten Flüssigkeit, zur Probe.

hinreichenden Zusatz von heißem Wasser, die Temperatur davon auf 25 bis 30° nach dem hundertgradigen Thermometer, worauf man Sorge trägt, die Flüssigkeit während ihres Erkaltens beständig umzurühren, bis ihre Temperatur auf den Grad, den der Ort hat, wo man arbeitet, herabsinkt. Die Flüssigkeit wird durch dieses Mittel schnell und hinreichend gesättigt, und muß in diesem Zustande bei einer Temperatur von 12, 5° über Null nach dem hundertgradigen Thermometer 19° am Aräometer für den Salpeter zeigen.

Wenn die Flüssigkeit so zubereitet ist, und ihre vollkommene Sättigung durch die entsprechenden Grade des Aräometers und Thermometers angezeigt wurde, so ist sie geschickt, zu den Proben zu dienen; wenn sie aber nicht sogleich angewandt, sondern in dem Gefäße auf der noch nicht aufgelösten Menge von Salpeter stehen bleibt; so ist es möglich, daß merkliche Temperaturveränderungen ihren Zustand schnell verändern. Dieß kann der Fall seyn, wenn das Thermometer, nach einem bedeutenden Fallen, schnell wieder steigt, weil unter diesen Umständen die Anziehungskraft der gleichartigen Theile es verhindert, daß das Wasser eben so schnell, als die Temperatur sich wiederherstellt, die Quantität von Salpeter wieder aufnehme, die es während der Abnahme der Temperatur fallen ließ. Die Flüssigkeit befindet sich alsdann nicht mehr im Zustande einer vollkommenen Sättigung. Man bringt sie aber leicht dahin, wenn man sie mit dem im Gefäß befindlichen Salpeter zusammen umrührt, bis sie am Aräometer den Grad zeigt, der für sie angegeben ist. Aus diesem Grunde muß gleich anfänglich eine so große Menge Salpeter in das Gefäß geschüttet werden, daß davon immer

mer eine hinreichende Menge in der Flüssigkeit bleibe, um sie in einem ähnlichen Falle auf den Punkt der Sättigung zurückzuführen, auf dem sie war, und damit sie sich mit noch mehr anschwängern könne, so wie die Temperatur sich erhebt. Ueberhaupt muß man sich nie dieser gesättigten Flüssigkeit bedienen, ohne sich vorher mit der größten Sorgfalt von dem Zustande, in dem sie sich befindet, überzeugt zu haben. Man erfährt dieses, indem man zu gleicher Zeit das Aräometer für den Salpeter und das Thermometer hineintaucht. Die Erfahrungen und Beobachtungen, welche man über die entsprechenden Grade dieser beiden Instrumente in einer mit Salpeter angeschwängerten Flüssigkeit gemacht hat, scheinen keine Ungewißheit über ihre Anzeigen übrig zu lassen, sobald man den Stand beider zu Rathe ziehet. Nachdem man gefunden hatte, daß die vollkommen gesättigte Salpeterauflösung bei einer Temperatur von 12, 5° nach der hunderttheiligen Skala 19° am Aräometer für den Salpeter zeige, so überzeugte man sich, daß, wenn man von diesem Punkte ausgehe, das Steigen sowohl, als das Fallen des Thermometers um 1,25°, am Aräometer für den Salpeter gleichmäßig eine Veränderung um einen Grad, über oder unter dem neunzehnten Grade, der als entsprechender Vergleichungspunkt festgesetzt ist, hervorbringe. Gesetzt, die Temperatur der gesättigten Flüssigkeit betrage nur 10° über Null am hundertgradigen Thermometer, so wird das Aräometer in der mit Salpeter gesättigten Flüssigkeit nur bis zum 17° sich einsenken; dasselbe wird auf der anderen Seite 21° anzeigen, wenn die Temperatur der Flüssigkeit 15° über Null nach dem hundertgradigen Thermometer ist. Wenn die Flüssigkeit bei ihrer Untersuchung im Augenblicke einer anzustellenden Probe 19° am Aräometer für den Salpeter zeigte, und das zu gleicher Zeit eingetauchte hundertgradige Thermometer 13,75° über Null angäbe, so würde man daraus mit Grunde schließen, daß die Flüssigkeit nicht für den Grad der Temperatur des Laboratoriums gesättigt sey, und man müßte so lange den Salpeter und die Flüssigkeit umrühren, bis sie auf 20° käme, welches der, den 13,75 Temperaturgraden entsprechende Saturationspunkt ist. Mit dieser Flüssigkeit, welche beständig auf dem der Temperatur des Ortes, wo man operirt, entsprechenden Sättigungsgrade erhalten wird, verfährt man bei der Untersuchung des Salpeters folgendermaaßen:

Empfang des Salpeters und Wegnahme einer Probe zur Untersuchung.

Wenn ein Salpetersieder eine Lieferung macht, so muß der Vorgesetzte, welcher den Salpeter empfängt, Sorge tragen, den Salpeter, wenn er nicht so fein zertheilt ist, daß sich nichts von Stücken oder Klumpen in ihm mehr vorfindet, auf einer Tenne oder dem Fußboden ausbreiten zu lassen, damit er vermittelst eines Schlägels zertheilt werden kann; ja es wird selbst zweckmäßig seyn, ihn durch ein Sieb gehen zu lassen.

Man macht hierauf aus dem Salpeter einen Haufen, aus welchem man mit einer kleinen hölzernen Schaufel eine Probe, die man in einzelnen Portionen von verschiedenen Stellen des Ganzen wegnimmt, heraushebt, um sie in ein Gefäß von Steingut zu schütten, welches man in das Laboratorium bringt. Statt der Gefäße von Steingut, wäre es weit vorzüglicher kleine becherförmige Glasflaschen, welche mit einem mit Blei gefutterten Korkstöpsel, der sehr genau in den gleichfalls mit Blei belegten Hals der

Retorte einpaßt, zu diesem Versuche anzuwenden. Die Probe muß wenigstens von zwei Kilogrammen (4 Pfund) seyn, damit man jedesmal die Operation zweimal anstellen und sie selbst, im Falle eines Irrthumes oder Streites, wiederholen kann.

Wenn man zur Untersuchung schreiten will, so berichtigt man zuerst die Waagen. Man nimmt einen Glaszylinder und tarirt ihn genau mit Schrot. Hierauf legt man vier Hektogrammen Gewicht auf die Seite, wo sich das Blei befindet, und eben so viel, d. h. 400 Grammen (etwa 26 Loth) Salpeter, den man mit einem zinnernen Löffel aus dem die Probe enthaltenden Gefäße nimmt, in welchem man vorläufig alles wohl umgerührt und gemengt hat, in den Zylinder. Verfahrungsart.

Nachdem dieß erste Abwiegen vollkommen genau vorgenommen worden ist, so verfährt man eben so bei einem zweiten, welches zu der Gegenprobe bestimmt ist.

Man gießt in jedes Zylindergefäß auf die in ihnen enthaltene 4 Hektogrammen Salpeter, mit einem zinnernen Maaße (welches ein halbes Liter faßt) eine gesättigte Salpeterauflösung. Man rührt das Gemisch eine Viertelstunde lang beständig mit einem Glasstäbchen um, worauf man es einen Augenblick ruhig stehen läßt. Wenn das Salz sich zu Boden gesetzt hat, so gießt man die Flüssigkeit auf einen mit einem papiernen Filtrum belegten gläsernen Trichter, der auf irgend einem Gefäße stehet. Durch Strohhalme, welche man zwischen den Trichter und das Filtrum legt, sucht man das Ankleben desselben an den Trichter zu vermeiden.

Man gießt auf die Probe eine neue, der Hälfte der ersten gleiche Quantität der gesättigten Salpeterauflösung, mit einem Maaße von drittehalb Decilitern *).

Man rührt wieder funfzehn Minuten lang um, worauf man alles auf dasselbe Filtrum gießt, auf welches auch die erste Flüssigkeit gegossen wurde, wobei man Sorge trägt, das Gefäß wohl auszuwaschen und mit dem Löffel auch noch die kleinsten sich zeigenden Theile von Salpeter wegzunehmen.

Es ist wichtig hier anzumerken, daß nach den mit Sorgfalt angestellten Versuchen, die achtehalb Deciliter saturirte Salpeterauflösung, welche zu den zwei auf einander folgenden Wäschen der Probe angewandt wurden, und zusammen, bei 12,5° nach dem hundertgradigen Thermometer, ungefähr 88 Dekogramm wiegen, nicht mehr, als etwa 264 Grammen (17 Loth) salzsaures Natrum auflösen können, was auf die 400 Grammen (26 Loth) der Probe, ein Verhältniß von 0,66 gäbe, so daß, wenn das Verhältniß, in dem dieß Salz sich vorfände, noch größer wäre, der Ueberschuß nicht aufgelöst werden, sondern in dem Rückstande einen Antheil von dem zu bezahlenden salpetersauren Kali ausmachen würde. Das Interesse der Regierung würde dadurch augenscheinlich verletzt, wenn ein Salpetersieder den Kunstgriff gebrauchte, mit Vorsatz einen Salpeter zu liefern, der in seiner ganzen Masse nichts als salzsaures Natrum enthielte. Um dieß zu entdecken, muß man jedesmal, wenn das Resultat einer Untersuchung bei der Probe einen Gewichtsverlust von mehr als 240 Grammen (15 Loth), oder 0,60 giebt, den Rückstand zum dritten Male mit einem neuen Maaß von einem halben Liter gesättigter

*) Das halbe Litermaaß ist nahe 25 pariser Kubikzoll; das Maaß, welches 2½ Deciliter Kapacität hat, ist gleich 12,5 pariser Kubikzoll.

Salpeterauflösung waschen; eine Menge, die mehr als hinreichend ist, den Rest der Probe aufzulösen, vorausgesetzt, daß sie gänzlich aus salzsaurem Natrum bestände.

Wenn der gröſte Theil der Flüssigkeit durch das Filtrum gegangen ist, so klopft man leicht mit der flachen Hand auf den Trichter, um das Durchlaufen des letzten Antheiles zu erleichtern. Nachdem die Probe gänzlich abgetropft ist, nimmt man das Filtrum mit Vorsicht weg, um zu verhüten, daß es zerreiße und Salpeter verloren gehe. Man breitet es auf einem doppelten Blatte Druckpapier aus, welches auf einem flachen Gefäße, das mit Abschnitzeln von Filtris und einem Lager aus absorbirenden Substanzen, als Kreide, Kalk, Abgängen von Steinen, Asche u. s. w. belegt wurde, ruhet. Man vertheilt so genau als möglich mit einem zinnernen Löffel den auf dem Filter ausgebreiteten Salpeter, und setzt das Gefäß an einen Ort des Laboratoriums, wo es gegen alle Störungen gesichert ist. Nach Verlauf von vier und zwanzig Stunden ist dem Salpeter durch Einsaugung der größte Theil des gesättigten Wassers entzogen worden, welches, indem es die Probe durchnäßt, das leichte Abnehmen derselben vom Filtra verhindern würde.

Der Salpeter wird größtentheils mit dem Löffel weggenommen und für den Ueberrest bedient man sich eines stumpfen Messers in Form eines Spatels, um alle Theile des Salzes abzuschaben, ohne das Papier anzugreifen. Man thut alles in das zylinderförmige Gefäß, in welchem die Probe gewaschen wurde, und setzt dasselbe in ein Sandbad, um die Austrocknung des Salpeters bei einem gelinden Feuer zu beendigen, welches man so lange unterhält, bis das Salz weder an das Gefäß, noch an das Glasstäbchen, mit dem man es umrührt, anhängt.

Endlich bestimmt man genau das Gewicht des getrockneten Salpeters, und die Differenz zwischen diesem Resultate und den 400 Grammen des untersuchten rohen Salpeters giebt, wenn man der Probe 2 Procent, also 8 Grammen zusetzt, die wirkliche Menge der in der Probe und demzufolge in der ganzen Lieferung, von der sie einen Theil ausmachte, enthaltenen fremden Substanzen.

Folgendes Beispiel wird dieß noch anschaulicher machen.

P. hat 100 Kilogramme Salpeter geliefert: die untersuchte Probe, an Gewicht 400 Grammen (26 Loth), hat nach dem Waschen und Trocknen nicht mehr als 330 Grammen (19½ Loth) gewogen, demzufolge findet sich ein Verlust von 70 Grammen (4 Loth). Wenn man zu diesem noch 2 Procent von der Probe hinzusetzt, also 8 Grammen (2½ Quentchen), so ist der Totalabgang 78 Grammen (4½ Loth), oder 19,50 Grammen (5 Quentchen) auf 100 Grammen (6½ Loth) der untersuchten 400 Grammen (26 Loth). Es finden sich also 19,50 Procent fremdartige Materien in der Probe, und demzufolge in der Lieferung.

Der Gehalt des von P. gelieferten Salpeters ist also 80,50 Procent reiner Salpeter, d. h. die 100 Kilogrammen (200 Pfund) Rohsalpeter, aus welchen die Lieferung bestand, enthalten 19 und ein halbes Kilogramm (39 Pfund) verwerfliche fremde Substanzen und 80 und ein halbes Kilogramm (161 Pfund) bezahlbaren reinen Salpeter.

Zur Zufriedenstellung des liefernden Salpetersieders, so wie damit der Empfänger sich bei seiner Behörde, in Hinsicht der Einnahme und Ausgabe, ausweisen könne, erhält der Lieferant einen Ablieferungsschein in nachstehender Form, welcher gleichfalls in das in dem Laboratorium geführte Buch eingetragen wird.

S ch e m a.

Vom ersten Januar, 1811.

Untersuchung von 400 Grammen.	Temperatur, 12,5° nach dem hundertgradigen Thermometer. Gesättigte Salpeterauflösung 19° am Aräometer für den Salpeter.

Brutto-Gewicht der gewaschenen und getrockneten Probe .	710 Grm.	00 Cent.	
Tara des Gefäßes	380 "	00 "	
Netto-Gewicht der Probe	330 Grm.	00 Cent.	
Verlust auf 400 Grammen	70 Grm.	00 Cent.	
Zugabe von 2 auf jede 100 Theile der Probe	8 "	00 "	
Total Abgang	78 Grm.	00 Cent.	

Giebt aufs Hundert 19 Grammen, 50 Centigrammen.

Gehalt des Salpeters = 80,50. Achtzig und ein halb Procent rein.

Nach dem Resultat der Probe, welches mit aller Genauigkeit in dem vorstehenden Empfangsscheine verzeichnet ist, kann man auf der Rückseite das Resultat der Berechnung folgendermaaßen bemerken:

Datum der Lieferung	Brutto-Gewicht auf der Waage.	Abgang auf Hundert.	Abzuziehende Menge bei der Lieferung.	Bezahlbarer Salpeter.	Schuldige Summe dafür; nach der Bestimmung von 2 Franken, 50 Centimen für das Kilogramm.
1. Jan. 1811.	100 Ki. 00 C.	19 Ki. 50 C.	19 K. 50 C.	80 K. 50 C.	201 Fr. 25 C.

Eilfter Abschnitt.

Von der Fabrikation des Flußes (salin), oder der ungereinigten Pottasche, und ihrer Umwandlung durch Kalcination in gereinigte Pottasche.

Obgleich unter der Leitung und in den Anlagen der Regierung kein Fluß (oder ungereinigte Pottasche) verfertigt wird, indem diese sich darauf beschränkt, ihn von Privatleuten zu kaufen, die sich diesem Geschäfte unterziehen, so glauben wir doch das, was wir über den Salpeter zu sagen haben, nicht eher schließen zu dürfen, als bis wir einige leichte Winke über die Art, sich das feuerbeständige vegetabilische Alkali, welches, wie schon gesagt, eine von denen, den Salpeter zusammensetzenden Bestandtheilen ausmacht, zu verschaffen. Dieses Alkali ist im Handel unter den Namen Fluß (ungereinigte Pottasche) und gereinigte Pottasche bekannt. Fluß nennt man das rohe Produkt, das man bei der Abdampfung zur Trockene der Aschenlaugen, die man bei der Verbrennung von Holz und anderen Vegetabilien bekommt, erhält. Die Pottasche ist der kalcinirte Fluß, dem man durch diese Operation seine Feuchtigkeit, Farbe und den Extraktivstoffe entzogen hat.

Auswahl der Pflanzen. Die kräuterartigen Pflanzen sind von allen Vegetabilien diejenigen, welche die meiste Asche liefern und deren Asche am reichsten an Alkali ist. So z. B. enthalten die Stängel der Bohnen, der Saubohnen, des

Kohles, der Artischocken, die Tabacksblätter, die Rippen oder Adern dieser Blätter, die Stängel der Sonnenblumen, die Stiele vom türkischen Waizen, von den Nesseln und dem Farrenkraut bedeutend viel Alkali.

Eben so liefern das Heidekraut, der Buchsbaum, der Wachholderbeerstrauch, so wie andere Sträucher, ferner alle Theile des Weinstockes, von den Reben bis zu den Trauben, der Weinstein, die getrocknete und verbrannte Weinhefen eine reichliche Menge Pottasche.

Auf die Sträucher folgen die Bäume, unter welchen die Ulme, die Buche und die Linde vorzuziehen sind; die Zweige geben mehr als der Stamm, die Blätter mehr als die Zweige. Einige Früchte von wilden Bäumen, wie die Eicheln, die Buchecker und besonders die Roßkastanie liefern eine an Alkali sehr reiche Asche.

Verbrennung der Pflanzen.

Die Verbrennung der Pflanzen kann entweder in gewöhnlichen Oefen, oder auf den Feuerheerden der Häuser, oder mitten auf dem Felde geschehen. Hat man eine beträchtliche Menge Pflanzen oder Holz zu verbrennen; so kann man in die Erde eine viereckige Grube von 10 bis 12 Decimetern (30 bis 36 Fuß) Tiefe und 2 Metern (6 Fuß) Länge machen; um diese Grube schichtet man alles zu verbrennende Holz und Pflanzen auf und stößt es nach und nach in das Feuer, bis alles verzehrt ist. Aber das einfachste und am leichtesten anwendbare Mittel zur Verbrennung der Vegetabilien, bestehet darin, sie auf dem Erdboden selbst auszubreiten, nachdem man die Steine davon weggenommen und ihm durch Stampfen größere Festigkeit gegeben hat, um zu verhüten, daß sich etwas von ihr ablöse und sich mit der Asche vermische. Man zieht rund um diese Art von Tenne einen kleinen Graben, um alle weitere Ausbreitung des Feuers zu verhindern.

Die durch Verbrennung der hier genannten Vegetabilien erhaltene Asche kann bis 24 Procent Pottasche geben. Die Asche, welche das Holz giebt, enthält gemeiniglich nur zwischen 5 bis 12, höchstens 15 Procent davon. Die harzigen und leichten Hölzer sind größtentheils wenig reich an Pottasche, und Flößholz, giebt beinahe gar keine.

Auslaugung der Asche und Verdunstung der Lauge.

Man erhält die in der Asche enthaltene Pottasche durch das Auslaugen derselben und durch Verdunsten der Lauge zur Trockene.

In einigen Departements, so wie in dem des Doubs, des Jura und der oberen Saone, welche die ehemalige Franche Comté ausmachten, ist die Fabrikation der Pottasche eine Operation des Hauswesens; die Privatleute laugen die Asche ihrer Heerde in einem gewöhnlichen Fasse aus und verdunsten sie nachher in eisernen Kochtöpfen.

In den Anlagen im Großen geschieht das Auslaugen der Asche in Tonnen oder Fässern, die ungefähr 250 Pfund Asche fassen. Man stellt die Fässer in vier Reihen und giebt ihnen eine hölzerne Unterlage von etwa 4 bis 5 Zoll Dicke. Unter dem durchbohrten Boden der Fässer bringt man im Fußboden eine hölzerne Rinne an, um die Lauge einer jeden Reihe von Fässern aufzunehmen und sie in ein allgemeines, bis in seinen Rand in die Erde gegrabenes und am Ende jeder Reihe angebrachtes Sammlungsgefäß zu leiten.

Nachdem die Tonnen so angeordnet werden, bringt man über den Löchern, welche einige Linien über dem Boden angebracht sind, einen Hohlziegel oder Steine an, um zu verhindern, daß die Masse der Asche nicht zu sehr gegen diesen Punkt drücke und die Oeffnung verstopfe.

Man legt auf diese zwei bis drei Strohwische oder Reisbündel, welche man, wenn man will, mit grober Leinwand bedecken kann. Durch diese Vorrichtung bewirkt man, daß die Flüssigkeit klar durchläuft.

Nachdem man die Fässer mit Asche angefüllt hat, drückt man die Oberfläche derselben leicht ein, und erhebt sie gegen die Ränder des Fasses, um zu verhüten, daß das Wasser nicht an den Wänden entlang laufe; hierauf langt man aus, indem man ungefähr das nämliche Gewicht Wasser, wie Asche, d. h. 250 Pfund auf das Faß nimmt. Man befolgt das beim Auslaugen der salpeterhaltigen Substanzen angegebene Verfahren, damit man, indem man die Lauge nach und nach auf mit frischer Asche gefüllte Fässer bringt, ihr den Grad der Koncentration ertheile, bei dem man sie mit Vortheil abdampfen kann. Die Lauge muß wenigstens 10° am Aräometer für den Salpeter zeigen, ehe man sie in den Abdampfungskessel bringt.

Es ist dabei allein zu bemerken, daß man die Flüssigkeit, deren man sich zum ersten Auslaugen bedient, nicht eher, als nach Verlauf von neun bis zehn Stunden dürfe ablaufen lassen, damit die Asche vollkommen mit Wasser durchdrungen werde, und die salzichten Substanzen, die sie enthält, Zeit haben, sich vollkommen im Wasser aufzulösen. Bei den folgenden Auslaugungen, die nur den Zweck haben, die letzten Antheile der Lauge, mit dem, was sie aufgelöst hat, wegzuführen, braucht man das Wasser bloß zwei bis drei Stunden zurückzuhalten. Man dampft die Lauge in großen Kesseln aus Gußeisen ab, bis sie in eine trockene und pulverartige Masse verwandelt wird. Während dem Verdunsten muß man nach und nach neue Lauge zusetzen, um das verdunstende Wasser zu ersetzen und um durch dieselbe Operation eine größere Menge Pottasche zu erhalten. Die Flüssigkeit wird fortwährend mit einem großen eisernen Spatel umgerührt, wenn sie anfängt, dicker zu werden, um das Entweichen der Flüssigkeit zu befördern, und zu verhüten, daß die Pottasche sich nicht an dem Boden und den Wänden des Kessels festsetze.

Die so erhaltene rohe Pottasche thut man in so gut als möglich verschlossene Gefäße, oder in kleine Fässer, welche man fest zuschlägt, damit sie, bis zum Augenblicke ihrer Anwendung, gegen die Feuchtigkeit der Luft geschützt bleibt.

Umwandlung der rohen Pottasche in gereinigte.

Die rohe Pottasche unterscheidet sich von der gereinigten bloß durch einen gewissen Antheil Feuchtigkeit und färbenden Extraktivstoff, welcher durch die Einwirkung der Wärme nicht zersetzt wurde. Der Uebergang aus dem Zustande der rohen Pottasche in den der gereinigten, bestehet also in weiter nichts, als in einer genauen Abscheidung dieser beiden fremdartigen Stoffe, und das einzige Mittel, diese Trennung zu bewirken, bestehet darin, die rohe Pottasche aufs neue einer starken Hitze auszusetzen. Man bedient sich zu diesem Zweck gewöhnlich eines Reverberirofens.

Die rohe Pottasche, welche die Regierung von Privatleuten kauft, wird in Oefen, welche die ehemalige Regie in einigen ihrer Werkstätten anlegen ließ, kalcinirt. Diese Oefen bringen durch ihre Bauart und die Art, wie sie erhitzt werden, ein Reverberirfeuer von mittlerer Intensität, was auch leicht zu mäßigen ist, hervor. Die großen Reverberiröfen in den Siedereien haben eines Theils eine zu kostbare Einrichtung und passen auch nicht für die Verfertigung der Pottasche, weil es zu schwer ist, das Feuer in ihnen nach Willkühr zu regeln, was, nach der Beschaffenheit der zu behandelnden rohen Pottasche nothwendig geschehen muß. Auf der anderen Seite bringen die Oefen, welche in einigen Raffinerien der Regierung auf eine weniger kostspielige Art, nach den Grundsätzen, welche von den Regisseurs im Jahre 1779 bekannt gemacht wurden, erbauet sind, das entgegengesetzte Hinderniß hervor, das man in ihnen nicht den hinreichenden Feuersgrad erhält. Noch ist in derselben Bekanntmachung eine andere, in Deutschland gebräuchliche Art von Kalcinirofen angegeben, welche alle Bedingungen erfüllen und deren Beschreibung im Anhange gegeben wird, so wie Fig. 4. eine Abbildung derselben liefert. Durch einige wesentliche Veränderungen, welche ein Commissar bei dem Pulverwesen (Lechevin) der zu Errichtung eines solchen Ofens zu Trier auf Kosten der Regierung, beauftragt war, daran angebracht hat, unterscheidet er sich gänzlich von den alten Oefen der Regie.

Man schüttet auf ein Mal ungefähr 800 Pfund rohe Pottasche in den Ofen, zündet das Feuer an und rührt das Ganze von Zeit zu Zeit durch die vorne am Kalcinirheerde befindliche Oeffnung mit einer eisernen Ofenkrücke um; und wenn die Pottasche anfängt, in teigigen Fluß zu kommen, und sich keine schwarze Flecke mehr zeigen, wovon man sich durch das Herausnehmen einer kleinen Probe überzeugt, so zieht man sie nach der Oeffnung hin, und nimmt sie mit einer eisernen Schaufel heraus.

Die von der so behandelten rohen Pottasche herkommende gereinigte, muß eine harte, mit grünen oder weißlichen, bisweilen gelben Flecken gezeichnete Masse darstellen. Man schließt sie, wie die rohe Pottasche, in Fässer ein, damit sie durch die Feuchtigkeit der Luft nicht verändert werde.

Verfertigung der Weinhefenasche.

Um nichts, was auf die Verfertigung der Pottasche Bezug hat, zu übergehen, wollen wir noch von einem, besonders in den Ländern, welche die Provinzen Touraine und Orleanais ausmachten, gebräuchlichen Verfahren sprechen, sich durch das Verbrennen des beim Abziehen des Weines bleibenden Rückstandes, Alkali zu verschaffen. Dieser Rückstand, den man Weinhefen nennt, ist ein Gemenge von Weinstein und schwefelsaurem Kali, nebst schleimigten, färbenden, harzigen und Extraktivtheilen, so wie etwas sehr fein zertheilter Erde. In diesen Gegenden werden die Hefen nach dem Abziehen des Weines in Fässer gethan, um an Fabrikanten und Manufakturisten, die von ihnen Gebrauch machen, verkauft zu werden. Sie sind alsdann noch in einer Art von flüssigem Zustande, der von einem Antheile Wein herrührt, welchen das Abziehen ihnen nicht entziehen konnte; hievon befreit man sie vollständig, und wenn sie gehörig ausgetrocknet sind, so verbrennt man sie, um den alkalischen Antheil, von dem man weiß, daß er in ihnen ist, zu erhalten. Das Produkt dieser Verbrennung kommt im Handel unter dem Namen Weinhefenasche (cendres gravelées) vor. Es wäre zu wünschen, daß die Bereitung dieser Substanz in allen Ländern, wo Weinbau getrieben wird, und wo man den Vortheil, den man aus den Hefen ziehen kann, noch nicht kennt, eingeführt würde. Nachstehendes ist die Art, sie zu behandeln, um Weinhefenasche daraus zu erhalten. Nachdem man die Hefen von rothem und weißem Weine in Fässer oder Kufen gesammelt hat, läßt man sie einige Tage stehen, um ihnen den flüssigen Theil, den sie noch enthalten können, zu entziehen. Wenn nichts mehr davon abläuft, so schüttet man sie in kleine Säcke von starker, etwas dichter Leinwand, die 4 Decimeter lang und 27 Centimeter (1 Fuß lang und ¾ Fuß breit) breit sind, und bindet sie mit Bindfaden zu; hierauf legt man diese, einen neben dem andern, so regelmäßig, als möglich, in eine runde oder viereckige Kufe, oder auch, wenn man mit kleinen Quantitäten operirt, in ein Faß, das dicht über seinem Boden durchbohrt ist, und füllt dieß damit an. Man läßt die Säcke wenigstens vier und zwanzig Stunden in dem Fasse, bis sie gänzlich abgetropft sind. Um auch die letzten Antheile der Flüssigkeit auszudrücken, legt man eine Art von hölzernem Deckel oder Scheibe, die auch in das Faß hineinpaßt, darauf. Man belastet alsdann diesen Deckel so, daß der Druck auf allen Punkten gleich ist, mit Gewichten, die während vier und zwanzig Stunden vermehrt werden, so daß man mit 24 oder 30 Pfunden anfängt und bis auf 200 steigt. Nach Verlauf dieser Zeit hat der Hefen in den Säcken eine gewisse Konsistenz bekommen, man bindet sie auf, um den Inhalt umzurühren und wendet sie um. Nachdem man die leere Stelle des Sackes auf die andere gelegt hat, ordnet man sie wie vorher an und belastet sie aufs neue, nur mit dem Unterschiede, daß man das Gewicht verdoppelt. Die sowohl beim Austropfen als beim Ausdrücken der Hefen erhaltene Flüssigkeit, kann nach Beschaffenheit der Hefen zu verschiedenen Zwecken verwendet werden. Waren sie frisch, so kann diese Flüssigkeit als Getränk dienen; waren sie aber schon alt und hatten sie einige Zeit mit der Luft in Berührung gestanden, so dient sie bloß zur Bereitung von Weinessig oder Branntwein. Sind die Hefen so ausgepreßt, daß kein flüssiges mehr herausläuft, so nimmt man die Säcke aus dem Faß, fährt mit der Hand zwischen die Leinwand und die Hefen, und kehrt die Säcke um, damit man den ganzen Klumpen, ohne ihn zu zerbrechen, erhalte. Damit diese Brote leichter austrocknen, ohne daß der Hefen verdirbt, krümmt man sie beinahe so wie die Hohlziegel und bringt sie auf Böden, wo man sie auf den Fußboden, einen neben dem anderen, auf ihre Ecken aufstellt, damit die Luft sie in allen Punkten berühre, sie weder schimmeln, noch sich erhitzen und auch nicht von Würmern angefressen werden. Wenn sie nun sieben oder acht Tage hindurch gehörig der Luft ausgesetzt waren, so kann man sie, um die Austrocknung zu beschleunigen, auf einem trockenen Erdboden der Sonne aussetzen. Wenn die Austrocknung vollkommen geschehen ist und der Hefen rein und mit Geräusch zerbricht, so ist er in einem zum Verbrennen tauglichen Zustande, welches folgendermaaßen angestellt wird:

Man errichtet aus Mauersteinen, ohne Mörtel, auf einer Tenne von gut geschlagener Erde eine kleine zirkelförmige Mauer von 25 Centimetern (9 Zoll) Höhe und 2 Metern (6 Fuß) Durchmesser. In die Mitte dieses Raumes bringt man einen kleinen Haufen

fen Stroh oder kleingehauenes Holz, und um die Verbrennung der Brode anzufangen, stellt man etwa zwanzig derselben auf ihre schmale Kante rund umher auf, eines gegen das andere geneigt, so daß die Luft in der Mitte freien Durchgang hat. So wie diese ersteren Brode in vollkommenem Brennen sind, so thut man neue hinzu und erhöht die kleine Mauer in diesem Verhältniß. So fährt man fort, die Zahl der Brode zu vermehren und die Mauer zu erhöhen, bis man in dieser Umzäunung von 12 Fuß im Durchmesser tausend Brode von Hefen, von denen jedes etwa 6 Pfund an Gewicht hat, verbrannt hat. Man läßt das Brennen ruhig von selbst zu Ende gehen, und reißt die Mauer nicht eher ein, als bis alles beinahe erkaltet ist. Auch muß man während des Verbrennens darauf achten, daß es weder zu heftig, noch zu langsam vor sich gehe. So wie sich die Flamme über den Broden sehen läßt, muß man nicht säumen, neue hinzuzuthun, und nicht etwa mit diesem Hinzuthun darauf warten, bis die ersteren gänzlich verbrannt sind. Es ist vortheilhaft, die Hefen, gleich nachdem man sie eingesammelt hat, zuzubereiten, weil die Verbrennung nicht mehr so gut von Statten geht, wenn sie schon angefangen haben, in eine faulige Gährung überzugehen; es bleiben alsdann in der Weinhefenasche einige Antheile von Kohle zurück, und sie ist nicht so gut.

Eine Verbrennung von tausend wohl getrockneten Hefenbroden, deren jedes etwa sechs Pfunde wiegt, und welche von 12000 Pfunden Material, das dem Drucke unterworfen wird, herrühren, giebt gewöhnlich eine Ausbeute von 1000 Pfunden Weinhefenasche, die etwa 500 Pfunde reines

Alkali enthalten können, so daß der Hefen in dem Augenblicke, wo er in die Säcke gefällt wird, nur ein Zwölftheil seines Gewichtes an Weinhefenasche, und nur ein vier und zwanzigtheil reines Alkali liefert.

Gute Weinhefenasche muß weiß, oder mit bläulichen oder grünlichen Flecken durchsetzt seyn; sie muß auf der Zunge eine starke und selbst brennende Empfindung verursachen, wenn man eine gewisse Menge darauf bringt; was sie aber besonders kenntlich macht, ist ihre leichte Auflöslichkeit im Wasser, dem sie alle ihre Eigenschaften mittheilt.

Wenn die Umzäunung, wo das Verbrennen des Hefens geschah, erkaltet ist, so reißt man die Mauer ein, nimmt den Rückstand heraus und thut ihn, nachdem man ihn in kleine Stücke zerschlagen hat, in Fäßchen.

Zweites Kapitel.

Von der Kohle.

Erster Abschnitt.

Allgemeine Bemerkungen über die Kohle.

Wenn man durch die Einwirkung des Feuers von denen faserigen Bestandtheile einer Pflanze alle ihre flüchtigen und flüssigen Theile entfernt hat, so bleibt eine schwarze, im Wasser unauflösliche, geruch- und geschmacklose Masse zurück, die unter dem Namen der Kohle bekannt ist. Wenn man bei der Operation, durch die das Vegetabile in diesen Zustand versetzt wurde, die gehörigen Vorsichtsmaaßregeln angewandt hat, so bestehet die erhaltene schwarze Masse fast gänzlich aus der einfachen Substanz, welche man Kohlenstoff nennt, und welches Kohle im größten Zustande der Reinheit ist.

Die Kohlen sind in ihren physischen Merkmalen, je nach der Natur der Pflanzenkörper, von welchen sie erhalten wurden, verschieden. Ein Holz, welches eine straffe und dichte Faser hat, giebt eine harte, klingende, gewichtige Kohle, die noch zum Theil die Organisation des Vegetabile beibehält. Dagegen ist die Kohle zerreiblich, leicht und schwammig, wenn sie von einer zärteren Pflanze, die eine große Menge flüchtiger und flüssiger Stoffe enthält, herkommt. Der Grad der Verbrennlichkeit der Kohlen hängt von den nämlichen Umständen ab. Einige brennen langsam, gehen schwer in Asche über und lassen viel Rückstand; andere entzünden sich leicht mit Flamme, verzehren sich aber schnell und geben wenig Asche. Bei Auswahl des Holzes, welches geschickt ist, die zur Fabrikation des Schießpulvers tauglichste Kohle zu liefern, muß man sich durch Betrachtung der verschiedenen Produkte, welche die Verkohlung der Hölzer giebt, leiten lassen.

Zweiter Abschnitt.

Von der Auswahl der Hölzer, die geschickt sind, Behufs der Schießpulverfabrikation verkohlt zu werden.

Faulbaum. Ein zartes und leichtes Holz, welches eine zerreibliche, poröse, schnell verbrennende Kohle, die so wenig als möglich Rückstand läßt, also die größte Menge Kohlenstoffe enthält, zu geben im Stande ist, muß als alle Vortheile, die zur Bereitung einer für die Verfertigung des Schießpulvers tauglichen Kohle erforderlich sind, in sich vereinigend, ausgezeichnet werden.

Eine große Menge von Versuchen und Nachforschungen über die verschiedenen Arten von Kohle, bestimmten die Pulvermacher, der aus dem Faulbaume bereiteten, den Vorzug zu geben. Diese Pflanze, welche von Linnée mit dem Namen rhamnus frangula bezeichnet und von Jussieu in die Familie der Kreuzdorne (nerpruns) gesetzt worden ist, ist ein Strauch, der an feuchten Orten wächst, und selten über sechs bis neun Fuß hoch wird.

Seit langer Zeit bedient man sich der Kohle aus dem Holze des Faulbaumes vorzugsweise zur Bereitung des Schießpulvers. Vielleicht führte die Macht der Gewohnheit, auf die ersten Versuche sich gründend, die ausschließliche Anwendung dieses Holzes ein. Vielleicht aber hatte man zu der Zeit, da die Kunst, das Schießpulver zu bereiten, noch eine Art von Geheimniß war, auch noch den Zweck, das Nachspüren nach seinen Bestandtheilen, welche die Regierung nicht bekannt machen wollte, schwüriger zu machen. Dem sey jedoch, wie ihm wolle, so scheint das Faulbaumholz nicht das einzige zur Schießpulverfabrikation taugliche zu seyn, wie die von Letort, mit vieler Sorgfalt angestellten Versuche bewiesen haben. Dieser ehemalige Regisseur über das Schießpulver und den Salpeter, der von dem Verlangen beseelt wurde, die Schießpulverbereitung zu vervollkommnen, stellte mit unermüdlichem Eifer alle möglichen Nachforschungen an, die ihn zu seinem Ziele führen konnten. Bekanntlich wurde er, bei einem zu Essonne angestellten Versuche, mit aus überoxydirt salzsaurem Kali verfertigtem Schießpulver, ein Opfer seiner Liebe und seines Eifers für die Kunst. Wir huldigen auf die würdigste Art seinem Gedächtniß, wenn wir hier einiges von seinen mannigfaltigen Nachforschungen über die Bereitung des Schießpulvers bekannt machen.

Verschiedene andere Arten von Hölzern.

Den siebzehnten April 1785 stellte Letort in der Pulverfabrik zu Essonne eine vergleichende Probe mit Kohlen an, die aus verschiedenen Arten von Holz bereitet waren.

Er verkohlte unter den nämlichen Umständen Holz von der Pappel, vom Faulbaum, vom Roßkastanienbaum, vom ächten Kastanienbaum und von der Linde.

Mit jeder dieser Kohlen ließ er, in denselben Verhältnissen, eine Schießpulvercomposition machen, und mit diesen erhielt er vermittelst des Probirmörsers, von dem wir in der Folge sprechen werden, nachstehende Resultate.

Mit der Kohle aus Pappelholz mittlerer Wurf	113 Toisen	2 Fuß
Mit der Kohle aus Faulbaumholz	110 "	4 "
" " " Lindenholz .	110 "	3 "
" " " Holz der ächten Kastanie . . .	110 "	3 "
" " " der Roßkastanie	109 "	— "

Nach diesen Erfahrungen scheint das Holz der Pappel die beste Kohle zu geben; die anderen streiten mit dem Faulbaum um den Vorrang.

Durch nachher angestellte Versuche, welche diese ersteren bestätigt haben, hat man gefunden, daß die Weide die nämlichen Vorzüge, wie die Pappel habe, und daß mehrere Sträucher, wie der wilde Haselstrauch, das Pfaffenholz (Spindelbaum) der Blutskornelkirschenbaum, die Eller und die Sahl- oder Palmweide (salix caprea Linnæi, saule marsaut) mit gleichem Vortheile angewandt werden können.

Aber man wähle von diesen verschiedenen Hölzern, welches man wolle; so ist es immer zweckmäßig, es, wenn es noch saftig ist, abzuhauen, nie aber, wenn es todt ist; ferner junge Zweige von sechs bis sieben Jahren auszusuchen und die Rinde abzuschälen, weil im alten Holze, so wie in der Rinde, die erdigen Theile in einem viel größeren Verhältnisse angetroffen werden.

Beim Auswählen der Zweige muß man sowohl die zu dicken, als die zu dünnen vermeiden. Die mittlere Dicke von einem Zolle ist im Allgemeinen diejenige, welche vorzugsweise gewählt werden sollte. Wenn die Zweige diese Dicke überschreiten, so muß man sie in vier Theile spalten, so daß das Mark sich beim Verbrennen loslösen kann. Die dünneren Zweige, welche mit zu großer Leichtigkeit verbrennen, verzehren sich fast ganz zu Asche; während das schwerere und langsamere Verbrennen der zu dicken Zweige zu einer anderen Art von Abgang Anlaß giebt, indem nämlich Stücke zurückbleiben, welche nicht gänzlich verkohlt sind, und welche man Brände (brûlots) nennt. Hat man die Zweige gehörig nach dem Alter und der Dicke, die wir angezeigt haben, ausgewählt, so haut man sie in der Länge von 6 Fuß ab, um daraus Bündel von etwa einem Fuß Durchmesser zu bilden. Bei dieser Länge und Dicke müssen die Bündel etwa 30 Pfunde wiegen.

Dritter Abschnitt.

Von den verschiedenen, in Frankreich gebräuchlichen Verkohlungsarten.

Man kann das Holz auf dreierlei Art verkohlen: in Meilern, in Brennöfen und in Gruben. Die Verkohlung in Meilern wird als die einfachste, am allgemeinsten, besonders zur Bereitung der im Hauswesen nöthigen Kohlen, angewandt. Sie erfordert weiter keine Zubereitungen und bestehet darin, Holz auf dem Erdboden in einen kegelförmigen Haufen aufzuschichten, welchen man ganz mit einer Schichte Erde oder Rasen bedeckt. Am unteren Theile macht man eine Oeffnung, um Feuer in den Haufen bringen zu kön- Verkohlung in Meilern.

nen, und eine zweite auf dem Gipfel, die als Rauchfang dient. Man beschleunigt das Verbrennen durch einige kleine Oeffnungen, die hie und da in der Bedeckung gemacht werden, und die man Zuglöcher (events) nennt.

Dieses Verfahren eignet sich nicht zur Bereitung der Kohle, welche zur Verfertigung des Schießpulvers dienen soll, indem die Bekleidung des Meilers die Verunreinigung der Kohle mit Erden und anderen fremdartigen Körpern veranlaßt. Daher bedient man sich in den Pulverfabriken gewöhnlich bloß der Brennöfen und der Gruben, um in diesen Kohlen zu bereiten.

Verkohlung in Brennöfen.

Im Anfange zu diesem Werke findet man die Beschreibung, Pläne, Abrisse und Einzelnheiten der zur Bereitung der Kohle bestimmten Brennöfen (man vergleiche Fig. 5.). Um auf diese Art Kohlen zu brennen, legt man etwa zehn Holzbündel in den Ofen, und läßt die beiden sich gegenüberstehenden Thüren offen. Man setzt sie von einer Seite mit einem Strohbündel in Flammen. Ist das Feuer erst lebhaft, so schließt man die Thüre der Seite, wo man angezündet hat; der Rauch geht durch die entgegengesetzte Thüre heraus. Man läßt das Feuer brennen, indem man das Holz mit einer zweizackigen Ofengabel anschürt, und die Kohlen, so wie sie auf den Heerd fallen, zurückstößt. Wenn die Verkohlung ihrer Vollendung nahe ist, so schließt man die zweite Thüre. Nach Verlauf von etwa einer Viertelstunde nimmt man die Kohlen mit einer eisernen Schippe heraus, und wirft sie mit dieser auf die Dämpfer von Eisenblech. Hier läßt man die Kohlen zwei Tage, damit sie Zeit haben, völlig zu erlöschen und zu erkalten.

Man hat sich lange Zeit zur Verkohlung der Gruben bedient; die Erfahrung hat aber gelehrt, daß einige Abänderungen derselben den Kohlen eine größere Vollkommenheit ertheilen, indem dadurch ihre Festigkeit vermehrt und die Einäscherung des Holzes verhütet wird. Verkohlung in Gruben.

Diese Verbesserungen, so wie die an den Oefen angebrachten, werden im ersten Abschnitte des siebenden Kapitels, wo von den Verbesserungen, deren die bei der Pulverfabrikation in Frankreich üblichen Verfahrungsarten fähig sind, gehandelt wird, beschrieben werden.

Wenn man in den bisher gebräuchlichen Gruben verkohlen will, so legt man in einiger Entfernung vom Rande derselben, eine starke Stange quer über die Grube. Auf diese Stange lehnt man die erste Reihe von Holzbündeln, die man verbrennen will, an; so daß man einen leeren Raum auf dem Boden der Grube erhält. Diese erste Reihe bedeckt man mit mehreren andern, und bildet auf diese Art einen so regelmäßig als möglich errichteten Haufen, der etwa drei Fuß über die Grube hinausragt. Auf diese Art kann man an zweihundert Holzbündel anordnen. Zweckmäßig ist es, daß der Haufen nicht höher sey, als die Grube breit ist. Auch trägt man, bei Aufrichtung des Haufens, Sorge, eine Verbindung mit dem leeren Raume auf dem Boden der Grube offen zu erhalten, vermittelst welcher ein Mensch in den leeren Raum hinabsteigen kann, um daselbst einen kleinen Holzstoß, welcher aus kleinem Holz und einigen Bündeln Stroh bestehet, und sich mit der größten Leichtigkeit entzünden läßt, in Brand zu setzen. Er verstopft sogleich mit einigen Holzbündeln den Eingang, dessen er sich bediente, und schnell bahnt sich die Flamme einen Weg durch alle Punkte des Haufens. Man läßt alles ruhig fortbrennen, bis beim Brechen der Stange der Haufen zusammenstürzt. Soll die Flamme nicht erlöschen, so bedarf sie neuer Nahrung; zu dem Ende wirft man jetzt den Rest der Holzbündel, den man in einiger Entfernung aufgestellt hatte, hinein, und unterhält das Feuer, bis die Grube mit Kohlen angefüllt ist. Um dieß zu bewirken, bedarf es ungefähr einer gleichen Anzahl Bündel, als gleich anfänglich in der Grube angehäuft wurden. Während des Verbrennens muß man darauf sehen, daß es gleichförmig in allen Punkten der Holzmasse vor sich gehe, und es, wenn es nöthig ist, unterstützen. Zu diesem Zwecke bedient man sich eiserner Gabeln oder Haken, die an lange hölzerne Stiele befestigt sind.

So wie das Verbrennen beendigt ist, so daß es keine Flamme mehr zeigt, und die Grube gefüllt ist, so ebnet man die Oberfläche derselben mit dem Haken, und bedeckt sie mit einer wohl befeuchteten leinenen oder wollenen Decke, welche man an zwei Zipfeln anfaßt und über die Grube zieht. So wie dieses geschehen ist, bedecken in hinreichender Anzahl angestellte Arbeiter, welche mit Schaufeln versehen sind, schnell die ganze Oberfläche der Decke mit Erde, welche zu diesem Behufe schon früher zu beiden Seiten der Grube angehäuft wurde, während andere Arbeiter sie mit den Füßen festtreten, so daß zwischen der Kohle und der Decke durchaus kein leerer Raum mehr bleibt. Dieses Festtreten der Erde muß mit Vorsicht geschehen. Zuweilen trifft es sich, daß ungeübte Arbeiter, welche plump auf die Grube springen, das Hervorbrechen von Flammen durch die Decke und die ersten Lagen Erde, veranlassen, welche stark genug sind, um ihre

Kleider zu verbrennen. Die Arbeiter, welche die Erde aufwerfen, müssen sie immer auf die Stellen zu werfen, welche am meisten rauchen; auch müssen die, welche festtreten, auf diese Punkte besonders wirken. Man fährt mit diesem Verfahren fort, bis sich kein Rauch mehr zeigt.

Man muß die Kohlengrube, wie schon gesagt, drei bis vier Tage bedeckt lassen, damit das Ersticken und Erkalten der Masse vollständig erfolgen.

Ist die Grube zum Entleeren fertig, so nimmt man mit Sorgfalt die Decke von den Kohlen hinweg, um sie nicht durch herabfallende Erde zu verunreinigen.

Man nimmt die Kohlen mit hölzernen Schaufeln und Körben weg, und trägt Sorge, die nicht gehörig verbrannten Theile auszulesen.

Vierter Abschnitt.

Von dem Ertrage an Kohle und seiner Beschaffenheit.

Der Ertrag an Kohle bei Verbrennung des Holzes in Gruben, kann verschieden seyn, je nachdem sie mehr oder weniger mit der nöthigen Sorgfalt, Vorsicht und Geschicklichkeit vorgenommen wurde.

Wenn man in einer Grube von den angezeigten Dimensionen arbeitete, und in ihr vierhundert Holzbündel, deren jedes 30 Pfund wiegt, verbrannt hat, so kann man hoffen, 1900 bis 2000 Pfunde Kohle daraus zu erhalten. Im allgemeinen ergiebt der geringste Ertrag von Kohle, den man erhalten kann, 16 bis 17 Procent vom Gewichte des Holzes; man kann aber, wenn man gut gearbeitet hat, eine größere Ausbeute erwarten. Die Erfahrung hat es bestätigt, daß das Verkohlen in Gruben dem in Oefen vorzuziehen sey. Bedient man sich zum Verkohlen der Oefen, so bearbeitet man jedesmal nur sehr geringe Mengen, was demzufolge den Abgang vermehren muß; überdieß bildet sich die Kohle in der Mitte eines dicken Rauches, der von den öligen Theilen des Holzes angeschwängert ist. Die Wölbung des Ofens setzt dem freien Ausgange dieses Rauches ein Hinderniß entgegen, die öligen Theile, die er enthält und die mit ihm weggegangen seyn würden, setzen sich daher auf die Kohle ab und bedecken sie mit einer Art Ueberzug, der sich beim Erkalten in eine glänzende Kruste verwandelt. Dieser Ueberzug schadet der Qualität der Kohle, so wie der Wirkung, die sie bei Zusammensetzung des Schießpulvers hervorbringen soll.

Wenn man in Gruben große Quantitäten verkohlt, so hat man weniger Abgang an Bränden und Asche, und die Kohle ist ganz von öligen Theilen frei, die ruhig weggehen. Die Resultate sind also reichlicher und reiner, als bei den Oefen.

Die gute Beschaffenheit einer Kohle erkennt man zum Theil durch den bloßen Anblick, und wenn man die Gewißheit hat, daß sie erst kürzlich bereitet ist, so bleibt nichts übrig, als sich zu versichern, ob sie gut gemacht sey. Eine gute Kohle bildet lange, trockene und klingende, zylinderförmige Stücke, von glattem Bruche, in dem man noch das Fasergewebe des Holzes erkennt; ihre Oberfläche ist glatt, aber nicht glänzend.

Wenn die größeren Stücke in kleinere zerbrochen sind, oder wenn ein zu lebhaftes Verbrennen sie in Kohlenklein verwandelt hat, so ziehen sie schneller die Feuchtigkeit der Atmosphäre an, zersetzen sich und sind alsdann weniger tauglich zur Verfertigung des Schießpulvers. Man muß daher darauf sehen, von der Kohle, wenn sie aus der Grube genommen ist, alle Bruchstücke zu sondern und sie zur Bereitung des Pulvers von geringerer Qualität bei Seite zu legen; und nur die vollkommenen Stücke, die in Stäben sind, zur Verfertigung des zum kriegerischen Gebrauche und zur Jagd dienenden Pulvers anwenden.

Da von den drei Substanzen, welche die Bestandtheile des Schießpulvers ausmachen, die Kohle diejenige ist, welche den wesentlichsten Einfluß auf seine Beschaffenheit hat, so ist es für die Vollkommenheit der Arbeit wichtig, jeder Pulverfabrik die Mittel an die Hand zu geben, sich die zur Bereitung des Schießpulvers nöthige Kohle selbst zu verfertigen; auch haben sich die Administratoren mit diesem Gegenstande sehr ernstlich beschäftigt. Besondere Umstände und Hindernisse, die durch gewisse Lokalitäten hervorgebracht wurden, haben sich bisher der allgemeinen Ausführung dieser nützlichen Maaßregel entgegengesetzt, und in einigen Anlagen ist man noch jetzt genöthigt, wenigstens provisorisch, die von Lieferanten verfertigten Kohlen zu gebrauchen. In diesem Falle reicht es bei Bestimmung ihrer Beschaffenheit nicht hin, sich auf die in die Augen fallenden Kennzeichen zu beschränken; man muß sich auch versichern, ob sie nicht schon lange verfertigt, oder mit Wasser gelöscht sind, welches, wie man bald sehen wird, den doppelten Nachtheil haben würde; einmal, daß man nicht im Stande seyn würde, genau die Menge Kohle zu bestimmen, welche man zu der Zusammensetzung des Pulvers genommen hat; dann, daß man besorgen müßte, eine Kohle von schlechter Beschaffenheit angewandt zu haben, im Fall, daß sie schon seit langer Zeit bereitet worden.

Da das im Lauf des Jahrs 6 (1797 und 1798) in mehreren Fabriken angefertigte Schießpulver viel schwächer, als das von den vorhergehenden Jahren gefunden wurde, so glaubte die Administration des Schießpulvers, daß diese schlechtere Beschaffenheit davon herrühre, daß bei der außerordentlichen Aufregung, welche durch das Gesetz vom 14ten Frimaire des Jahres 2 (1793) veranlaßt wurde, in welchem zugleich neue Vorschriften zur Bereitung der Kohle enthalten waren, dieselbe nicht von der Güte, wie die ältere sey. Von der seit diesem Jahre eingelieferten Kohle befanden sich noch an verschiedenen Orten bedeutende Vorräthe. Die Pulverfabrike zu Essonne namentlich, war damit überfüllt. Die Regierung trug im Jahre 1798 Herrn Robin, damals und noch jetzt Commissarius in jener Pulverfabrik, auf, eine Reihe von vergleichenden Versuchen über die Natur und Beschaffenheit der ehemals und neuerlich verfertigten Kohlen, anzustellen. Da die Arbeit dieses Mannes einen Gegenstand betrifft, der aus diesem Gesichtspunkte noch nie war untersucht worden, und der dennoch für die Theorie der Bereitung des Schießpulvers Resultate von großer Wichtigkeit lieferte, so will ich hier dieselben mittheilen, um diejenigen Schlüsse daraus zu ziehen, welche sich aus ihnen zu ergeben scheinen.

Mißbräuche der Lieferanten. Löschen der Kohlen mit Wasser.

Die Kohle von Faulbaum oder anderem Holze, welche in den Pulverfabriken bereitet wird, muß in

Dämpfern gelöscht werden; dagegen hatte eine grosse Anzahl der Lieferanten es sich erlaubt, dieses Löschen durch auf die Kohlen geschüttetes Wasser zu bewirken. Diese Lieferanten suchten hierdurch nicht allein dem Verluste zu begegnen, der durch Einäscherung eines Theiles der Kohle sie treffen könnte, sondern sie suchten sich auch durch dieses Mittel eine Gewichtszunahme zu verschaffen, und waren schlechtdenkend genug, im Fall man nicht darauf achtete, Vortheil von diesem Verfahren zu ziehen.

Man hat allgemein geglaubt, daß diese Verfahrungsart den Nachtheil habe, die Beschaffenheit der Kohle zu verändern; jedoch wollten einige Comissairs bemerkt haben, daß diese verändernde Einwirkung, wenn sie statt habe, nicht bedeutend genug sey, um auf die Beschaffenheit des Schießpulvers Einfluß zu haben, besonders wenn die Kohle gleich verarbeitet wird, nachdem sie auf diese Art bereitet wurde, und wenn man überdieß ihren Antheil gehörig vermehrt, d. h. um dadurch, nach Maaßgabe der Feuchtigkeit, einen hinreichenden Ersatz zu erhalten.

Um aller Ungewißheit in diesem Betreff ein Ende zu machen, bereitete man Kohle, deren eine Hälfte auf die gewöhnliche Art, die andere aber mit Wasser, das mittelst einer Gießkanne darauf gegossen wurde, gelöscht ward. Diese noch ganz glühend begossene Kohle, erfuhr eine Art Verknistern, was ohne Zweifel daher rührte, daß das Wasser, welches die Fibern durchdrang, sehr schnell verdunstete, und nun mit Gewalt in Form einer elastischen Flüssigkeit zu entweichen strebte. Der größte Theil der Kohlen war in kleine Stücke zertheilt, und eine grosse Menge von Stücken waren selbst in der dem Laufe der Fibern entgegengesetzten Richtung gespalten und in Ringe getheilt, wie die Oberfläche des Holzes, das auf unsern Feuerheerden verbrennt; sie hatten auch die schwarze, atlasartige Färbung derselben; viele Stücke, welche ganz geblieben waren, waren mit einer glimmerartigen Kruste bedeckt; sie zerbrachen mit einem dumpfen Geräusch und ihr Gewebe schien locker und weich.

Man trocknete zu gleicher Zeit und unter gleichen Umständen 200 Theile dieser Kohle, nämlich 100 Theile von der durch Dämpfer erstickten und 100 Theile von der mit Wasser benetzten. Die erstickte Kohle wurde durch dieß Austrocknen nur um 2,75 Procent vermindert, während man das Gewicht der vorher befeuchteten um 29 Procent verringert fand. Hieraus folgt, daß man den Ueberschuß von Feuchtigkeit, den die Kohle durch das Löschen mit Wasser erlangt, auf 26 Procent anschlagen kann.

Andere Proben dieser beiden Arten von Kohlen wurden, ohne vorher getrocknet worden zu seyn, der feuchten Luft ausgesetzt. Das Gewicht der erstickten Kohle nahm dadurch um ein Procent zu. Das hingegen der mit Wasser gelöschten, wurde nicht verändert, woraus man schließen kann, daß sie gesättigt war.

Als dieselben Proben nachher getrocknet wurden, verlor die erstickte Kohle 4,44 Procent, die im Wasser gelöschte aber etwa 24 Procent; ohne Zweifel, weil sie Zeit gehabt hatte, an der freien Luft einen Theil ihres Ueberschusses von Feuchtigkeit zu verlieren.

Nach ihrem Austrocknen setzte man von neuem diese Kohlen einer feuchten Luft aus; die mit Wasser gelöschte Kohle absorbirte 6,11 Procent, die erstickte 4,12 Procent.

Man

Man bereitete aus diesen beiden Arten von Kohle unter den nemlichen Bedingungen und in derselben Zeit Schießpulver und setzte der mit Wasser gelöschten Kohle noch ein Drittheil ihres Gewichtes darüber zu, um die 25 Procent Feuchtigkeit, die sie enthielt, zu ersetzen. Zugleich verfertigte man Pulver mit der alten Kohle, die zu der Zeit und zufolge des Gesetzes vom 14. Frimaire Jahr 2 bereitet wurde; diese verschiedenen Sorten Pulver gaben im Probirmörser, und in der gewöhnlichen Pulverprobe von Regnier folgende Resultate, nemlich:

Schießpulver aus frisch bereiteter erstickter Kohle verfertigt; Schießpulver aus derselben jedoch mit Wasser gelöschten Kohle, und aus Kohle von der ehemaligen Fabrikation.

	Mittlere Schußweite.	Mörser.		Pulverprobe von Regnier. Feines Jagdpulver.
		Tois.	Fus	Grad.
Gewöhnliches Schießpulver zum kriegerischen Gebrauche, von der gewöhnlichen Fabrikationsart, zur Vergleichung		114	4	
Schießpulver, mit neuer, erstickter Kohle bereitet .	idem	117	1	38
Dasselbe, mit in Wasser abgelöschter Kohle . . .	idem	115	1	37
Dasselbe, mit alter, laut des Gesetzes vom 14. Frimaire Jahr 2 bereiteten Kohle	idem	112	—	26

Aus diesen Proben sieht man, daß die neue, erstickte Kohle, dem Pulver einen merklichen Vorzug giebt; daß die mit Wasser gelöschte sowohl vor der, nach der jetzt gebräuchlichen Fabrikationsart bereiteten, als vor der im Jahre 2 verfertigten Kohle einen Vorzug hat, und daß sie dem Jagdpulver eine weit grössere Kraft als die letztere ertheilt.

Es scheint also, daß die mit Wasser gelöschte Kohle, wenn sie schnell angewandt und das Verhältniß ihrer Zumischung zum Pulver nach Maaßgabe der in ihr enthaltenen Feuchtigkeit ausgeglichen wird, auf die Beschaffenheit des Schießpulvers keinen Einfluß habe, während man mit der alten, von Feuchtigkeit durchdrungenen kein taugliches Schießpulver verfertigen kann; was sehr einleuchtend durch die, mit der nach dem Gesetz vom 14. Frimaire Jahr 2 bereiteten Kohle angestellten Proben, erwiesen worden ist. Es wurde gesagt, daß sich eine große Menge davon in der Pulverfabrik zu Essonne vorfand. Diese Kohle verlor beim Trocknen an der Sonne bis auf 7 Procent ihres Gewichts. Bei dem mit dieser getrockneten Kohle bereiteten Pulver fand man die Schußweite eben nicht auf eine merkliche Weise vermehrt. Das Jagdpulver gab in den ersten Augenblicken einige Grade mehr; aber nach wenigen Tagen wurde es schwächer und von der übelsten Beschaffenheit; es hatte vorzüglich den Nachtheil, lange nachzubrennen und auf den Gewehren eine Menge eines schwarzen und zerfließenden Schmutzes (Schleim) zu lassen. Nachdem man vergeblich alle Mischungsverhältnisse, sowie alle Verfahrungsarten versucht hatte, war die Administration des Schießpulvers genöthigt, die Anwendung aller der außerordentlich nach dem Gesetz vom Jahr 2 fabricirten Kohle zu verbieten, und den Verkauf der in den Magazinen vorräthigen anzubefehlen, und sie durch neu bereitete Kohle zu ersetzen.

Aus den angeführten Thatsachen können folgende Schlüsse gezogen werden:

1) Obgleich das Ablöschen mit Wasser keine nachtheiligen Resultate giebt, wenn man die Kohle sogleich anwendet, so würde es doch gefährlich seyn, diese Methode zu dulden, und noch mehr, sie vorzuschreiben. Denn sowie man eines Theils dadurch die Betrügereien der Lieferanten autorisiren würde, so würde auch anderntheils dadurch das Mischungsverhältniß des Pulvers schwierig und ungewiß werden, indem der Grad der Feuchtigkeit unaufhörlich in den verschiedenen Kohlenfabriken variiren kann. Ferner würde die so befeuchtete Kohle sich sogleich im Magazin verändern, wenn man sie nicht gleich nach der Fabrikation anwendete, und man würde sich also, in dieser Hinsicht, allem Nachtheil der Nachlässigkeit aussetzen. Folgerungen.

Wir glauben daher, daß dem einfachen, leichten und allgemein befolgten Mittel, die Kohlen durch Ersticken zu löschen, der Vorzug zu geben sey. Man kann übrigens zu dem Mittel des Eintauchens in Wasser seine Zuflucht nehmen, wenn die Umstände es nöthig machen, ohne zu fürchten, die Beschaffenheit des Pulvers dadurch zu verändern, wenn man nur die so eingetauchte Kohle unmittelbar nachher anwendet, und bei der zum Schießpulver anzuwendenden Menge, auf die Vermehrung ihres Gewichtes durch das Wasser Rücksicht nimmt.

2) Die Kohle absorbirt Feuchtigkeit von dem Augenblicke ihrer Fabrikation an; und wenn sie im Magazin liegt, so verändert sich ihr Zustand, eben

wegen dieser Absorbtion, nach Maaßgabe der Beschaffenheit der Atmosphäre *).

Wird die Kohle durch Wasser gelöscht, so zerbröckelt sie und verschlechtert sich um so schneller, je mehr sie aus kleinen Stücken besteht, und je mehr verändert ihre Oberfläche war, je mehr zerrissen ihre Fibern, je mehr ihre inneren Theile entblößt und je kleiner ihre Bruchstücke sind.

Die Kohle ist von den drei, das Pulver zusammensetzenden Substanzen die einzige, die es fähig macht, Feuchtigkeit anzuziehen. Sie ertheilt dem schleimigen Schmutze, der nach dem Abbrennen des Pulvers in den Gewehren zurückbleibt, die schwarze Farbe, und veranlaßt die Vereinigung des Kali, welche die Grundlage des Salpeters ausmacht, mit einem Theile des Schwefels.

Die Kohle scheint einen bestimmten Sättigungspunkt für die Feuchtigkeit zu haben, und sich nicht mit mehr als 27 bis 28 Procent ihres Gewichtes an Wasser beladen zu können; sie kann diese Vermehrung durch das Ablöschen mit Wasser, oder durch das Eintauchen in diese Flüssigkeit erhalten; durch die aus der Atmosphäre eingesaugte Feuchtigkeit kann ihr Gewicht nur etwa um 14 Procent zunehmen. Es ist ferner möglich, ihr alle Feuchtigkeit zu entziehen, die sie erst seit kurzer Zeit eingesogen hat; aber sehr schwer ist es,

*) Morozzo will beobachtet haben, daß die Einsaugungsfähigkeit der Kohle nach der Holzart, von der sie erhalten wurde, verschieden sey. Nach ihm ist diese Fähigkeit bei den Kohlen von Buchsbaum und Büchen am stärksten; sie vermindert sich mehr und mehr bei den Kohlen der Weide und Pappel, der Haselstande und der jungen Zweige des Weinstockes. Die Kohle des Korkes, die sehr leicht ist, besitzt, nach ihm, das schwächste Einsaugungsvermögen.

sie der letzten Antheile Wasser zu berauben, die sie schon seit langer Zeit enthält, und mit denen sie sich chemisch verbunden zu haben scheint. Eine dergleichen alte, seit langer Zeit durchnäßte und durch einen solchen Ueberschuß von Feuchtigkeit veränderte Kohle, ist nicht tauglich, ein gutes Schießpulver zu liefern.

Ich glaube, daß es daher zweckmäßig sey, die Kohle, wenn man es irgend kann, so wie sie bereitet wurde, anzuwenden; vorzüglich, wenn man Schießpulver von ausgezeichneter Güte verfertigen will. Was das zum kriegerischen Gebrauche bestimmte Schießpulver betrifft, bei dem man nicht umhin kann, einige Vorräthe zu machen, so muß man diese an einem trockenen, vor den Westwinden geschützten Orte aufbewahren. Wurde die Kohle durch irgend eine Ursache, während sie noch frisch war, naß, so kann man sie dennoch mit Erfolg anwenden, wenn man sie nur zuvor trocknet. Man muß Sorge tragen, sie nicht eher zu pulvern, als im Augenblicke der Anwendung. Endlich, wenn sie alt und verändert und auf dem Punkte ist, sich in einen erdigen Staub zu verwandeln, was ihre Zersetzung anzeigt, so muß man nicht zögern, sie bei Seite und unter den Abfall zu werfen.

Die nemlichen Erfahrungen haben gezeigt, was weitläuftiger im Abschnitte von dem Aufbewahren des Schießpulvers in Magazinen gezeigt werden wird, daß das Pulver Feuchtigkeit im Verhältniß des Zustandes der Kohle, die in seine Zusammensetzung einging, einsaugt, und daß demzufolge, die Beschaffenheit der Kohle nicht allein auf die Güte des Pulvers, sondern auch auf seine Aufbewahrung Einfluß hat.

Das Reinigen und Auslesen der Kohle.

Die Kohle, welche in den Pulverfabriken, nach dem in diesem Unterrichte beschriebenen schicklichsten

Verfahren bereitet wurde, enthält gar keine, oder nur sehr wenig Erde, Steinchen und fremde Körper. Da man aber nicht Vorsicht und Sorgfalt genug anwenden kann, um sich zu versichern, daß diese Materie ganz rein sey, indem die geringste Unachtsamkeit in dieser Hinsicht sehr wichtige Nachtheile veranlassen kann, so ist es nöthig, die Kohle vor ihrer Anwendung, selbst wenn sie in den Pulverfabriken bereitet wurde, auszulesen. Da aber in diesem Falle die Fabrikation der Kohle sich nach dem Maaßstabe ihres Verbrauches zu Pulver richtet, so kann der mit diesem Geschäfte beauftragte Arbeiter das Auslesen bequem an einem langen Tische verrichten, welcher an seinen beiden Enden sich verengernd zuläuft; dadurch gehen nun nach und nach die größeren und kleineren Stücken Kohle bei dem Arbeiter vorüber, welche von ihm fortgestoßen, in einen zu ihrer Aufnahme bestimmten Korb fallen. Wenn man aber durch außerordentliche Umstände, in Augenblicken von beschleunigter Fabrikation genöthigt ist, große Quantitäten Kohle zu bereiten, oder dergleichen von Lieferanten zu kaufen, so ist die Art des Auslesens, welche im Jahr 3 (1794) zu Ripault in Ausübung gebracht wurde, die anwendbarste und sicherste. Dieß Verfahren bestehet darin, alle gesunde und ganze Stücke mit der Hand, indem man sie aufhebt, auszulesen, nicht größere oder kleinere Quantitäten derselben zu gleicher Zeit fortzuschieben, und den Ueberrest bei Seite zu legen. Wenn man auf diese Art eine hinlänglich große Menge gesammelt hat, so wirft man die Kohlen mit einer Schaufel gegen den Wind, auf einer zu diesem Gebrauch bestimmte Plateforme, welche ungefähr drei Fuß über die Erde erhaben, und mit wohl verbundenen

Ziegeln oder gut gebrannten Backsteinen gepflastert ist, auch nach allen Seiten einen Abhang ab, damit das darauf fallende Wasser schnell wieder abläuft, und man dieselbe leicht abkehren und sehr rein halten kann. Man wählt einen schönen Tag, um die Kohle mit Schaufeln gegen den Wind zu werfen. Die Steine, die Erde, die Brände, die fremden Körper, ja selbst der Staub, alles wird im Augenblicke und vollständig davon getrennt, und die Kohle fällt sehr rein auf die Seite, von der her man sie warf. Die Arbeiter müssen bei diesem Geschäfte sich entweder Kopf und Hals mit Leinwand verbinden, oder von einer Maske mit Glasaugen Gebrauch machen. Zwei Arbeiter können auf diese Art an einem schönen Tage wenigstens 2000 Pfund Kohle reinigen.

Fünfter Abschnitt.

Von einigen in fremden Ländern befolgten Verkohlungsarten.

Bei der Beschreibung, welche von den verschiedenen in Frankreich ihre Anwendung findenden Verfahrungsarten das Holz zu verkohlen, gegeben wurde, war meine Absicht, ihre Vortheile und Nachtheile auseinander zu setzen, und das von der Regierung angenommene Verfahren kennen zu lehren, welches bei Verfertigung einer zum Schießpulver tauglichen Kohle den Vorzug zu verdienen scheint. Jetzt soll noch einiges über die in anderen Ländern in dieser Hinsicht üblichen Verfahrungsarten angeführt werden.

Verkohlungsarten in England.

Aus einem von Coleman über das Schiesspulver im Jahre 1801 in der Bakerschen Gesellschaft vorgelesenen Memoire, wovon im sechsten Theil der Annales des arts et manufactures, 1802, ein Auszug geliefert wurde, und welches der Artillerieobrist Byllantrois ganz vollständig aus dem Englischen übersetzt hat, ersieht man, daß die Verkohlung in England auf zwei Arten geschieht.

Die erste bestehet darin, mit dem Holze, das bestimmt ist, verkohlt zu werden, einen Zylinder zu füllen, dessen eines Ende offen, oder bloß mittelst eines durchlöcherten Deckels verschlossen ist. Diesen Zylinder stellt man in einen erhitzten Ofen oder auf glühende Kohlen; und wenn das Holz vollständig verkohlt ist (was man daraus schließt, wenn kein Rauch mehr aus dem Zylinder dringt) so verstopft man das offene Ende und nimmt das Feuer weg.

Die zweite Art bestehet in einer Destillation des Holzes; man sammelt mit Sorgfalt die entweichenden flüchtigen und flüssigen Produkte, wobei man ohne einigen Verlust die Menge von Kohle, die es liefern kann, erhält.

Versuche mit diesen Methoden.

Sowie die Administration Nachricht von der Anwendung dieser Methoden erhielt, beeiferte sie sich, Versuche mit denen, durch die eine und durch die andere erhaltenen Kohlen, anzustellen. Sie ließ im Arsenal von Paris Faulbaumholz in einem Zylinder aus Gußeisen, der in den Ofen von einem der Kessel der Raffinerie gesetzt wurde, in welchem das Feuer schon seit mehreren Tagen im Gange war, verbrennen, zu gleicher Zeit wurde ein anderer Antheil durch Destillation in einem Ofen aus Gußeisen verkohlt, und endlich destillirte man etwa 60 Pfund aus einer gläsernen Retorte in Verbindung mit dem pneumatischen Apparate. Mit jeder dieser Art von Kohlen wurden zu Essonne Zusammensetzungen zu Schießpulver, sowohl für den kriegerischen Gebrauch, als zu Jagdschießpulver, in verschiedenen Mischungsverhältnissen, gemacht. Diese Pulverarten untersuchte man mit dem Mörser und der Probirmaschine von Regnier, und verglich die Resultate mit denen, welche auf gewöhnliche Art bereitetes Kriegs- und Jagdschießpulver unter denselben Umständen gaben. Bei der Prüfung mit dem Mörser übertraf die Schußweite des gewöhnlichen Pulvers, das aus 0,76 Theilen Salpeter, 0,14 Kohle und 0,10 Schwefel zusammengesetzt war, die, der aus den dreierlei Arten Kohle bereiteten Sorten Pulver, welche in zwei verschiedenen Verhältnissen, nemlich 0,76 Salpeter, 0,14 Kohle, 0,10 Schwefel und 0,76 Salpeter, 0,15 Kohle und 0,9 Schwefel angefertigt waren, um einige Ruthen, und diese schwächere Wirkung war am wenigsten merklich bei dem Schießpulver, das mit der im Zylinder verfertigten Kohle bereitet worden; am beträchtlichsten aber war sie bei dem Pulver, das mit dem durch Destillation in der Retorte verkohlten Holze angefertigt wurde. Bei der Probe mit der kleinen Probirmaschine stritt das, aus der durch Destillation im Ofen und das durch Destillation aus der Retorte erhaltenen Kohle, verfertigte Schießpulver mit dem feinen Pulver von der gewöhnlichen Fabrikation um den Vorzug; das Pulver aus der im Zylinder gebrannten Kohle war allein viel schwächer.

Zu derselben Zeit hatte Fremin nahe bei Paris ein Etablissement, wo Holz im Großen, nach Art der Engländer einer Destillation unterworfen wurde, angelegt.

Nachdem die Administration sich hievon unterrichtet hatte, ließ sie Herrn Fremin um Proben von seinen Kohlen, aber allein von solchen, die von leichten Holzarten gebrannt waren, ersuchen; diejenigen, welche er schickte, waren das Produkt der Destillation der Birke, der Weide, der Sahl- oder Palmweide und der Eller; Faulbaum, Pappel und Haselstaude hatte er in seiner Anlage nicht angewandt. Diese Kohle war in Stücken von allen Größen, die einen rund, die anderen gespalten; es gab sehr dicke, selbst Stücke von ganzen Scheiten. Das Holz war nicht von seiner Rinde entblößt worden, welche auf der Kohle eine Kruste bildete. Man verfertigte zu Essonne zum kriegerischen Gebrauche bestimmtes Pulver mit dieser Kohle, und abgesondert sowohl mit den großen als kleinen Stücken, in dem Verhältnisse von 0,76 Salpeter, 0,14 Kohle und 0,10 Schwefel. Mit diesen, so wie mit den Pulverarten, welche zu gleicher Zeit mit in der Pulverfabrik gebrannter Kohle von Faulbaum und mit der von den gewöhnlichen Lieferanten gelieferten Kohle bereitet waren, stellte man vergleichende Versuche mit dem Mörser an. Bei diesen Proben hatten die Schußweiten beider zuletzt bemerkten Arten von Kohle vom Faulbaum ein merkliches Uebergewicht über die aus destillirtem Holze; aber in den beiden Vergleichungsfällen war der Unterschied bei der Kohle in großen Stücken weniger merklich.

Die Resultate dieser Proben über die Verkohlungsmethoden der Engländer mußten der Administration beweisen, daß sie durchaus nicht den in Frankreich gebräuchlichen vorzuziehen seyn, und sie in der Idee bestärken, welche sie sich schon früher von der lächerlichen Uebertreibung der vorgeblichen Vortheile der in England angewandten Verkohlungsarten gemacht hatte; diese Vortheile bestanden, nach Coleman, in nichts geringerem, als die Kraft des Pulvers in dem Grade zu vermehren, daß die Ladung des Geschützes um ein Drittheil vermindert werden könnte.

Verkohlungsverfahren zu Berlin.

Herr Renaud, Bataillonschef im Kaiserlichen Artilleriecorps, der ganz kürzlich, mit Erlaubniß des Kriegsministers, einen genauen Unterricht über die Pulverfabrikation mit vieler Sachkenntniß und Methode, bekannt gemacht hat, berichtet darin, daß man zu Berlin, wo er sich einige Zeit aufgehalten hat, einen Verkohlungsprozeß befolgt, den er mit dem in Gruben für analog hält. Ich führe das hier an, was auf diesen Gegenstand Bezug hat. Zur Seite der Pulverfabrik befinden sich drei gewölbte, mit Ziegeln ausgemauerte Gruben, die etwa sechs Fuß lang, sechs Fuß breit und fünf Fuß tief sind. Diese Gruben werden durch eine Art Wall von Erde gebildet, so daß ihr Boden mit dem Erdboden auf gleicher Ebene stehet, und vor dem Wasser geschützt ist. An einem Ende jeder Grube ist eine viereckige Thüre, etwa einen Meter groß, und das Gewölbe ist mit einer zweiten, länglicht viereckigen Thüre durchbrochen, die etwa drei Fuß lang und anderthalb Fuß breit ist. Diese beiden Oeffnungen können, wenn die Arbeit es erfordert, durch Thüren von Eisenblech sehr dicht verschlossen werden.

Um Kohlen zu brennen, füllt man die Grube mit trockenem, kleingehauenem Holze und legt Feuer durch die untere Thüre ein. Der Luftzug, der von dieser Thüre zur oberen Oeffnung gehet, erhebt schnell die Flamme sechs bis neun Fuß über die Grube. Nach Verlauf von einer Stunde ist alles Holz verzehrt, und in große Kohlen und einen Theil kleinerer glühender Kohlen verwandelt. Die Grube hat alsdann den zur Verkohlung hinlänglichen Wärmegrad, man füllt sie mit trockenem dazu bestimmten Faulbaumholze, dem man die Rinde abgezogen hat. Man verschließt die untere Oeffnung mit der eisernen Thür, und damit sie hermetisch schließe, so schiebt man hinter ihr, in einer auf ihr angebrachten Fuge, vier bis fünf Bretter ein, zwischen welche und die Thüre man Erde legt und diese feststößt. Man schließt hierauf die obere Oeffnung zur Hälfte mit der Thüre von Eisenblech, und die ganze Aufmerksamkeit des Arbeiters muß vier und zwanzig Stunden darauf gerichtet seyn, Holz durch diese Oeffnung hineinzuwerfen, sowie das in der Grube befindliche zusammenfällt. Wenn sich einige Flammen zeigen, muß er, um diese zu ersticken, damit sie keine Asche erzeugen, augenblicklich die Thüre von Eisenblech ganz verschließen.

Nach Verlauf von vier und zwanzig Stunden verschließt man diese Oeffnung, wie die untere, mit der Thüre von Eisenblech, welche man mit Erde bedeckt, und läßt die Grube vier bis fünf Tage lang, ohne daran zu rühren. Nach Verlauf dieser Zeit öffnet man sie, man findet sie erkaltet, und bis auf zwei Drittheil mit sehr reinen, sehr gut gebrannten und von Asche ganz freien Kohlen gefüllt, wenn man nur die Aufmerksamkeit gehabt hat, während der Arbeit die Flammen, sowie sie sich erheben, gleich zu ersticken. Man nimmt hierauf die Kohlen aus der Grube.

Sechster Abschnitt.

Von einigen Versuchen mit der Kohle aus dem zerbrochenen Baste des Hanfes (Schäben, chenevottes).

Wir können dieß Kapitel über die Kohle nicht beschließen, ohne von der aus Hanfstängeln oder Schäben (chenevottes) bereiteten, zu sprechen.

Proust, einer der ausgezeichnetsten Chemiker, dem die Wissenschaft zahlreiche und nützliche Arbeiten verdankt, wurde, als er nach Spanien berufen war, um dort in einem von der Regierung zu diesem Behufe angelegten Institute die Chemie zu lehren, zum Theil mit dem Unterrichte für die Artillerieschule beauftragt. Die Beziehungen, in welche er mit den Chefs, den Offizieren und Zöglingen dieses Korps kam, ließen die Idee in ihm entstehen, sich mit Untersuchungen über das Schiespulver zu beschäftigen. Er führte dieselben mit dem Scharfsinne und der Genauigkeit aus, welche alle Arbeiten dieses Chemisten auszeichnen. Die Resultate der Versuche von Proust, welche zum Theil im Journal de Physique bekannt gemacht wurden, sind von der größten Wichtigkeit, indem sie eine Reihe von neuen Erfahrungen und wichtigen bis dahin ganz unbeachteten Thatsachen darstellen, welche er mit seiner gewöhnlichen Geschicklichkeit durchgeht und entscheidet.

Da bei seiner Rückkehr aus Spanien, Proust den Administratoren des Schießpulvers sein Verlangen bezeigt hatte, Kenntniß von dem in Frankreich gebräuchlichen Verfahren bei Fabrikation des Schießpulvers zu bekommen, so machten sie sich ein Vergnügen daraus, ihm in dieser Hinsicht alle Bemerkungen, die ihm ein Genüge leisten konnten, zu verschaffen. Proust hingegen, welcher bei seiner Ankunft in Frankreich den Administratoren angezeigt hatte, daß die Kohlen aus den hänfnen Schäben die einzigen wären, deren man sich zur Schießpulverbereitung in Spanien bediente, und daß man sie in diesem Lande zu einem äußerst geringen Preise haben könne, machte sich anheischig, auf die deshalb an ihn ergangene Einladung, dergleichen nach Paris kommen zu lassen. Man machte in der Pulverfabrik zu Essonne mit diesen aus Spanien gebrachten Kohlen, Zusammensetzungen zu Schießpulver, welche bei den gebräuchlichen Prüfungsarten, durchaus keinen Vorzug vor den gewöhnlichen, mit Kohle aus Faulbaumholz bereiteten, welche allgemein in den französischen Pulverfabriken angewandt wird, hatten. Der Commissarius der Pulverfabrik zu Essonne, Herr Robin, welcher mit dieser Kohle Zusammensetzungen zu Kriegs- und Jagdpulver machte, bemerkte, daß die Bestandtheile des Pulversatzes, mit dem (die Grube) das Stampfloch in der Stampfmühle angefüllt war, zu dem 10 Pfund Hanfkohle, und die anderen Ingredienzien in den erforderlichen Verhältnissen genommen waren, sich weit schwieriger mischte, als ein gleicher Satz, der mit Kohle aus Faulbaumholz bereitet worden. Das Stampfloch mit der Mischung in welcher die Hanfkohle befindlich war, staubte einige Zeit hindurch so stark, daß es die Besorgniß erregte, man werde noch Wasser zugießen müssen; aber mit Geduld und durch fleißiges Umrühren, um die Verthei-lung der Feuchtigkeit in der ganzen Masse zu erleichtern, kam man dennoch zum Ziele, und beim ersten Umtragen der Masse, drei viertel Stunden nach dem Einfüllen des Satzes in das Stampfloch, fand man die Bestandtheile wohl gemengt, und als die beiden Sätze aus der Mühle genommen wurden, war der mit Hanfkohle bereitete Pulversatz gebundener, als der mit Faulbaumholzkohle verfertigte. Bei der Zusammensetzung zu Jagdpulver bemerkte Herr Robin im Gegentheil, daß die Masse in dem mit Hanfkohlen gefüllten Stampfloche sich leichter in den ersten Augenblicken des Stampfens vereinigte, daß sie gleichförmiger war, und weniger Vorsicht und Aufmerksamkeit erforderte, als wenn dieselbe Füllung des Stampfloches mit Faulbaumkohle angesetzt; er fand ferner, daß nach dem Stampfen der Satz mit Hanfkohle gebundener war, als der andere. Zwar war die allgemein angenommene Maaßregel, die Kohle abgesondert und vor dem Beimengen der beiden anderen Substanzen, indem man sie befeuchtet, zu stampfen, bei diesen Versuchen nicht befolgt worden; und es wäre möglich, daß, wenn man so verfahren hätte, man während der Dauer des Stampfens durchaus keinen Unterschied in dem Verhalten der mit der einen oder andern Art von Kohle bereiteten Pulversätze würde wahrgenommen haben.

Nach diesen ersten Erfahrungen konnten die Administratoren, der Kohle aus Hanf nur in sofern, als sie wohlfeiler wäre, den Vorzug vor der des Faulbaums und den übrigen, von welchen man Gebrauch machen könnte, ertheilen. Dieser Gegenstand verdiente allerdings die größte Berücksichtigung, da, nach Proust, die in Spanien verfertigte Hanfkohle nur ¾ Pfennige das Pfund kostete, während der allgemeine mittlere Preis der Kohle von Faulbaum und andern in Frankreich angewandten Kohlenarten, für das Pfund 16 Pfennige betrug. Die Administration eilte also, allen Commissarien, welche als Oberaufseher die Pulverfabriken leiteten, vorzuschreiben, in ihren Gegenden sich nach Hanfschäben umzuthun, alle nöthigen Nachrichten, sowohl über die Mittel, sich einen Vorrath davon anzuschaffen, so wie über den Preis, zu welchem man sie erhalten könne, einzuziehen, und endlich, Versuche über die Verkohlung dieser Substanz und die Bereitung des Schießpulvers mit derselben anzustellen.

Die ersten Resultate der Ausführung dieser Maaßregel sind aber nicht befriedigend. Sie zeigen, daß bloß in den Gegenden von Frankreich, wo der Hanf so gebrochen wird, daß die abgelöste Rinde in möglichst zusammenhängenden Stücken erhalten wird, diese zum Verkohlen tauglich sey; wird hingegen durch diese Operation die Rinde in kleine Splitter zerbrochen, so kann man nicht denselben Vortheil daraus ziehen. Man überzeugte sich ferner, daß der Ankaufspreis der Schäben, im Verhänltiß gegen die geringe Menge Kohle, welche sie liefern, diese weit theurer mache, als die, welche aus Faulbaum- oder anderem Holze bereitet wird. Unter den der Administration bis jetzt über diesen Gegenstand zugekommenen Berichten, hat sie bloß die von den Commissarien der Pulverfabriken zu Ripault bei Tours und zu Vonges bei Dijon vorzüglich auszeichnen müssen, welche, besonders das von dem Commissarius zu Vonges, die ausführlichsten Details, die umständlichsten Beobachtungen

und

und Zusammenstellung feststehender Thatsachen enthalten, auf welche man für die Zukunft sich stützen kann.

Der Commissarius der Pulverfabrike zu Ripault, Herr Boritot, berichtet, daß im Departement Maine und Loire, und in einem Theile des Departements Indre und Loire sich eine beträchtliche Menge zum Verkohlen tauglicher Schäben vorfinde; daß von den aus dem Departement Maine und Loire gezogenen und an die Pulverfabrik zu Ripault abgelieferten ungefähr 10 Pfennige das Pfund kosten würde, die aus dem Departement Indre und Loire genommenen aber 9½ Pfennige und 5½ Pfennige, so daß der mittlere Einkaufspreis der Schäben in den wenigen Gegenden, wo sie am leichtesten zu erhalten und am wenigsten kostbar seyn würden, wie dieses für die Pulverfabrike zu Ripault der Fall ist, der Preis eines Pfundes 8¼ Pfennige betragen würde. Man hat sogar Grund zu glauben, daß dieser Preis noch merklich steigen würde, so wie sich ein neuer Weg darböte, aus den Schäben einen vortheilhaften Gewinn zu ziehen. Denn schon der bloße Anschein eines anderen Absatzes, hat diejenigen, welche diese Substanz zu verkaufen hatten, veranlaßt, den Preis derselben zu steigern. Die Schäben, welche der Commissarius zu Ripault zu den Versuchen, welche er damit anstellen wollte, ankaufte, verloren beim Verkohlen 86, 87, 89, 90 Procent, also nach einer mittleren Schätzung, 88 Prozent, woraus sich ergiebt, daß 100 Pfund, das Pfund zu 8¼ Pfennig gerechnet, beinahe 3 Reichsthaler kosten, und da sie nicht mehr als 12 Pfund Kohle geben, daß der Preis eines Pfundes Hanfkohle fast 6 Groschen zu stehen komme, und

M

demzufolge den Preis der gewöhnlichen Kohle aus Faulbaum ansehnlich übersteige.

Was die Anwendung dieser Kohle zur Fabrikation des Schießpulvers betrifft, so glaubt Herr Boritot zwischen der Kohle welche aus Schäben, die aus großen Stücken, und der, welche aus Stükken mittlerer Größe bestehet, einen Unterschied machen zu müssen. Er hat bemerkt, daß die Quantität von Hanfkohle, welche zu einem Pulversatze, der auf einmal in die Grube (das Stampfloch) gethan wird, genommen werden muß, sich bequem in diese eintragen lasse, wenn die Kohle aus Schäben, die aus großen Stücken bestand, bereitet wurde; daß dieses aber nicht der Fall ist, wenn sie aus Schäben von mittlerer Größe bereitet war. Die 3 Pfund dieser letzteren Kohle, welche zur Füllung einer jeden Grube gehören, können nicht auf einmal darin aufgenommen werden, man muß sie nach und nach eintragen; dieses hat eine doppelte Unbequemlichkeit: einmal wird dadurch die Bearbeitung länger und schwieriger, dann ist auch die Verstäubung weit größer. Während des Stampfens verhalten sich beide Arten von Kohle ebenfalls nicht auf gleiche Weise. Der Satz, in welchem die Kohle von aus größeren Stücken bestehenden Schäben sich befindet, wendet sich schwer in der Grube, sie ist dicht und hat ein schmieriges Ansehn; diejenige hingegen, zu der man Kohle aus Schäben mittlerer Größe genommen hat, verhält sich wie ein mit Kohle aus Faulbaum gemachter Satz. Nach Verlauf von dreißig Minuten bindet dieser Satz, die Masse ist hinreichend durchgeknetet, sie wendet sich gehörig in der Grube, und erfordert keine besondere Behandlung.

Die mit diesen beiden Arten von Kohle bereiteten Pulversätze gaben nach dem Körnen ein beinahe gleiches Produkt an gekörntem Pulver und Mehlpulver.

Herr Boritot hat mit diesen Kohlen aus größeren und mittleren Schäben nur Zusammensetzungen zu Kriegsschießpulver gemacht; und bei einer vergleichenden Untersuchung der Schußweiten des mit der einen und der andern Art dieser Kohle bereiteten, fand sich ein sehr merklicher Unterschied. Die mittlere Schußweite des mit der Kohle aus großen Schäben bereiteten Pulvers betrug nahe 830 par. Fuß, und die des mit Kohle aus mittleren Schäben bereiteten ungefähr 846 par. Fuß. Die mittlere Schußweite des Schießpulvers von der gewöhnlichen Fabrikation mit Kohle von Faulbaumholz, die zu gleicher Zeit untersucht wurde, war 844 par. Fuß. Die tauglichste Hanfkohle zur Fabrikation des Kriegsschießpulvers aus den Departements Maine und Loire und Indre und Loire ist also die, welche aus den Schäben, die aus Stücken von mittlerer Größe bestehen, bereitet wird; und die Anwendung dieser Kohle zu Kriegsschießpulver hat in der Pulverfabrik zu Ripault nur eine gleiche Schußweite mit dem gewöhnlichen, aus Kohle von Faulbaumholz bereiteten Schießpulver gegeben.

Der Commissarius der Pulverfabrik zu Vonges, Herr Pelissier, glaubt, daß nach den Nachrichten, die er einzuziehen Gelegenheit hatte, er sich in seiner Gegend eine hinreichende Menge Schäben würde verschaffen können. Auch er unterscheidet zwei Arten von Schäben, die bei ihrer Anwendung sich sehr von einander verschieden zeigten. Diese beiden Arten sind erstens die von dem gerösteten und gebrochenen Hanfe herkommenden Schäben, und dann die, welche von den Landeseinwohnern mit dem Namen malaire bezeichnet werden. Letztere kommt vom Hanfe her, welcher weder geröstet, noch gebrochen wurde. Diese letzte Art hat die ganze Länge des Hanfstängels, und sogar noch die daran sitzenden Seitenzweige. Die von dem gebrochenen und gerösteten Hanfe kommenden Schäben, sind Stücke von 9 bis 18 Zoll Länge. Zweihundert Pfund Schäben, welche Herr Pelissier zu seinen Versuchen sammelte, bestanden dem größten Theile nach aus Schäben der ersten Art; sie kosteten 1 Rthlr. 14 Gr. oder das Pfund etwa $2\frac{1}{4}$ Pfennig. Er glaubt, daß wenn man die Einkäufe zur Zeit des Brechens machte, man sie noch etwas wohlfeiler erhalten könnte, obgleich es ihm sehr wahrscheinlich ist, daß die vermehrte Nachfrage und die Idee von einem großem Werthe, welche die Anwendung zum Schießpulver dieser Substanz in den Augen des Landmannes geben würde, den Preis bedeutend steigern könnte; Pelissier nimmt übrigens in seiner Berechnung an, unter der Voraussetzung, daß der Einkauf zu einer schicklichen Jahreszeit gemacht werde, daß der Preis von 100 Pfunden nicht mehr als etwa 18 Groschen betragen werde. Das Produkt der Verkohlung von 100 Pfunden war nicht größer, als ungefähr 9 Pfund, wodurch hervorgeht, daß jedes Pfund dieser Kohle in der dortigen Gegend fast zwei Groschen kosten würde, während der Preis eines Pfundes Faulbaumholzkohle, welche der Commissair bereiten läßt, nur 15 Pfennige beträgt. Herr Pelissier, der mit der Kohle aus diesen beiden Arten von Schäben Zusammensetzungen zu Kriegs- und Jagdpulver gemacht hat, erwähnt nicht, daß der mit Hanfkohle bereitete Pulversatz sich beim Stampfen in der Grube auf andere Art verhalte, als der, zu dessen Zusammensetzung Kohle von Faulbaumholz genommen worden. Er stellte jedoch eine andere Untersuchung an, und verglich das specifische Gewicht jeder dieser beiden Arten von Kohle, und des mit jeder von ihnen bereiteten Pulvers. Er fand, daß das Gewicht eines Volumens von 50 par. Kubikzoll gepulverter und gesiebter Kohle, die aus einem Gemisch der verschiedenen Arten dieser Schäben bestand, 5 Loth 3 Quentchen betrug, während 50 par. Kubikzoll Faulbaumholzkohle unter denselben Umständen über 8 Loth wogen. Das Gewicht von 50 par. Kubikzoll Kriegsschießpulver mit Kohle aus Schäben von geröstetem und gebrochenem Hanf betrug 1 Pfund 22 Loth 3 Quentchen, das eines gleichen Volumens dieses Pulvers mit Kohle aus derjenigen Art von Schäben, welche den Namen malaire führt, betrug 1 Pfund 25 Loth 2 Quentchen, und das von 50 par. Kubikzollen gewöhnlichen Schießpulvers mit Faulbaumholzkohle 1 Pfund 23 Loth.

Das Gewicht von 50 Kubikzollen Jagdpulver, das mit Kohle aus beiden Arten Schäben bereitet war, betrug 2 Pfund 8 Loth, und das von 50 Kubikzollen desselben Pulvers mit Faulbaumholzkohle, 2 Pfund 8½ Loth. Aus diesen Versuchen geht hervor, daß die Kohle aus Schäben, welchen diejenige Art, die man malaire nennt, beigemengt worden, obgleich ihr specifisches Gewicht weit geringer ist, als der aus Faulbaumholz, dennoch dem Kriegs- und Jagdschießpulver ein merklich größeres specifisches Gewicht giebt, als die mit Faulbaumholzkohle bereiteten Pulverarten besitzen. Der Commissair gestehet in dieser Hinsicht ein, daß das Mittel, dessen er sich zu

Bestimmung des specifischen Gewichtes der Hanfkohle bediente, vielleicht nicht ganz genau war; aber immer bleibt es wahr, daß man nur der Anwendung dieser Kohle zu der Bereitung des Jagd- und Kriegsschießpulvers das größere specifische Gewicht, welches bemerkt wurde, zuschreiben könne. Pelissier probirte das mit Hanfkohle und mit Faulbaumholzkohle bereitete Kriegs- und Jagdschießpulver mit dem Mörser, er that Schüsse mit diesen verschiedenen Arten Pulver, einige mit der gewöhnlichen Ladung von ungefähr 6 Loth in der Kammer des Mörsers, andere mit derselben Ladung, nur mit dem Unterschiede, daß er auf das Pulver eine Scheide Papier setzte, und auf diese Rübsaamen, um die Kammer vollständig zu füllen; endlich versuchte er auch noch das Jagdpulver aus Hanfkohlen und Faulbaumholzkohle mit der Pulverprobe von Regnier.

Das Kriegsschießpulver, welches in dem gewöhnlichen Mischungsverhältniße mit Kohle aus Schäben von geröstetem und gebrochenem Hanfe zubereitet worden war, gab als mittlere Schußweite im Mörser, bei einer Ladung von 6 Loth nahe 780 Fuß; die mittlere Schußweite bei Anwendung von Kohle aus denjenigen Schäben, welche malaire genannt werden, betrug bei derselben Ladung nur 631 Fuß, während eine Ladung von 6 Loth Kriegsschießpulver mit gewöhnlicher Faulbaumholzkohle bereitet, eine mittlere Schußweite von 875 Fuß gab. Dieselben Arten Kriegsschießpulver gaben bei dem Probiren mit dem Mörser, bei einer Ladung von 6 Loth, mit der Abänderung, daß die Kammer auf die angezeigte Art ganz ausgefüllt wurde, als mittlere Schußweite für das mit der Kohle aus einem Gemenge beider Arten von Hanfkohle bereitete Pulver 792 Fuß, und für das nemliche Pulver, daß mit gewöhnlicher Faulbaumholzkohle verfertigt worden, 1008 Fuß.

Das Jagdpulver von dem gewöhnlichen Mischungsverhältnisse, welches mit dem Mörser bei einer Ladung von 6 Loth probirt wurde, gab für das Pulver aus der Kohle der beiden Arten Schäben 719½ Fuß, und für dasselbe Pulver mit Faulbaumholzkohle 887 Fuß Schußweite. Endlich zeigte das mit Kohle von Schäben aus geröstetem und gebrochenem Hanfe, und aus der anderen Art von Schäben (malaire) bereitete Jagdpulver an der kleinen Pulverprobe von Regnier 15 Grad, und dasselbe Pulver mit Faulbaumholzkohle 20,50 Grad.

Es ist, allen diesen Versuchen zufolge, ganz augenscheinlich, daß die Kohle, welche diejenige Art von Schäben, welche malaire genannt wird, liefert, und die von den Stängeln des nicht gerösteten und nicht gebrochenen Hanfes herkommt, auf eine so nachtheilige Art auf die Beschaffenheit des Schießpulvers einfließt, daß man sorgfältig vermeiden muß, Gebrauch davon zu machen. Beschränkt man sich bloß (mit Beseitigung alles übrigen) auf die Schußweiten, welche mit Faulbaumholzkohle und mit Kohle aus Schäben von geröstetem und gebrochenem Hanfe bereitetes Schießpulver zu kriegerischem Gebrauche geben, so findet man, daß bei der Probe mit dem Mörser, für eine Ladung von sechs Loth, ein bedeutender Unterschied statt fand, welcher mehr als 92 Fuß, zu Gunsten des mit der von Faulbaumholzkohle bereiteten Schießpulvers beträgt. Es ist schwer, Gründe für diesen Unterschied anzugeben, welcher in den Pulverfabriken zu Essonne und zu Ripault nicht bemerkt wurde, indem den an diesen Orten angestellten Versuchen zufolge, die Schußweiten des mit Hanfkohle und Faulbaumholzkohle bereiteten Pulvers sich beinahe gleich waren. Sollte er etwa von der besondern Beschaffenheit der Schäben in jenen Gegenden herrühren? Ich glaube übrigens, daß man diese Untersuchung unterlassen könne, da schon der höhere Preis der einen Kohle vor der andern in diesen Gegenden, jede andere Untersuchung überflüssig macht.

Die Commissarien zu Ripault und Bonges sind in Rücksicht auf die Anwendung der Hanfkohle zur Fabrikation des Schießpulvers über zwei Punkte vollkommen einverstanden: nemlich 1) über die Schwierigkeit der Verkohlung der Schäben, die Vorsicht, welche sie erfordert, und die Unbequemlichkeiten zu welchen sie Anlaß giebt *); 2) darüber, daß das Gewicht einer bestimmten Anzahl Bündeln aus Schäben sich zu der gleichen Anzahl von Bündeln von Faulbaumholz von gleichen Dimensionen etwa wie 1 zu 5 verhält; daß ferner das Produkt der Verkohlung der Schäben nur die Hälfte von dem, welches die Verkohlung des Faulbaumholzes liefert, betrage; und endlich, daß, da die Zeit des Einsammelns der Schäben nur zwei bis drei Monate dauert, man, um den nöthigen Vorrath von Schäben in den Magazinen unterzubringen, einen zwanzig mal größeren Raum haben müßte, als er für das Faulbaumholz nöthig ist; wozu noch kömmt, daß man sich gegen die Gefahr, welche die Anhäufung einer so

*) Da diese Kohle sehr flüchtig ist, so fällt sie sehr stark auf die Brust, und erregt, bei ihren sehr reizenden Einwirkungen, einen heftigen und hartnäckigen Husten, der bis zum Erbrechen gehet.

leicht feuerfangenden Materie verursachen kann, noch besonders zu verwahren hätte.

Es schien mir nicht unzweckmäßig, mich weitläuftiger über diesen Gegenstand auszubreiten, da diese Angaben interessante Beobachtungen enthalten und da sie von Vorstehern der Pulverfabriken gegeben worden sind, deren Kenntnisse und Genauigkeit zum Vertrauen berechtigen. Sie dienen vollkommen dazu, die Frage über die Zweckmäßigkeit der Anwendung der Hanfkohle zur Fabrikation des Schießpulvers, in denen Gegenden, wo es möglich ist, sich dergleichen zu verschaffen, befriedigend zu entscheiden. Man wird ohne Zweifel einsehen, daß die Frage von großer Wichtigkeit war; da es möglich schien, durch diese Anwendung die Kosten für die Verfertigung des Schießpulvers in manchen Ländern sehr merklich zu vermindern.

Noch muß etwas über die von Proust in seiner zweiten Abhandlung über das Schießpulver geäußerten Meinung, daß nemlich die Hanfkohle mehr Kohlenstoff, als die aus Faulbaum und allen anderen Substanzen, die in Frankreich in Anwendung sind, enthalte, gesagt werden. Ich begnüge mich hier damit, zu bemerken, daß gleich gut bereitete und angefertigte Kohlen, dennoch sich unter einander in Rücksicht des größeren oder geringeren Verhältnisses von erdigen und alkalischen Substanzen unterscheiden, die sie enthalten. Die, welche von krautartigen und holzigen Pflanzen herkommen, sind von schlechterer Beschaffenheit, weil es bekannt ist, daß sie bei ihrem Verbrennen mehr Asche geben, als Holz, und diese Thatsache wird besonders durch die in Spanien fabricirte Hanfkohle bestätigt. Bei drei, vollständigen und mit vieler Sorgfalt bewirkten Einäscherungsversuchen dieser Kohle, erhielt man einen Rückstand, der nach einer mittleren Bestimmung immer 10 Procent überstieg, während der Rückstand bei einer mit derselben Sorgfalt angestellten Einäscherung der gleichen Quantität Kohle aus Faulbaumholz kaum drittehalb Procent betrug. Die Hanfkohle enthielt also viermal mehr fremde Substanzen neben dem Kohlenstoffe, als die Faulbaumholzkohle. Wie kann sie also diesen Stoff in größerer Menge enthalten?

Anmerkung. In der Folge (Abtheilung II. Kapitel V.) wo die in der Schweiz übliche Bereitungsart des Schießpulvers beschrieben werden wird, wird sich die Gelegenheit darbieten, noch von einer anderen Verkohlungsart zu sprechen.

Drittes Kapitel.

Vom Schwefel.

Erster Abschnitt.

Von dem Zustande des in den Handel aufgenommenen Schwefels.

Der Schwefel ist eine mineralische Substanz, welche man durch Schmelzen und Sublimation aus Schwefelkiesen, die eine Verbindung des Schwefels mit Metallen sind, zieht. Durch dieses Verfahren erhält man den größten Theil des in den Handel kommenden Schwefels. Man findet ihn auch im beinahe reinen Zustande in der Nachbarschaft von Vulkanen, wo er sich sublimirt, und bisweilen eine krystallinische Gestalt annimmt. Italien und besonders Sicilien liefern sehr viel davon. Man schickt ihn aus jenen Gegenden im rohen Zustande, unter dem Namen des soufre en roche nach Marseille. Dort wird er geläutert, und in denjenigen Zustand versetzt, wodurch er fähig wird, in den Künsten angewandt zu werden. Man unterscheidet zwei Arten des geläuterten Schwefels: Stangenschwefel und Schwefelblumen.

Vor dem Kriege unterschied man in Frankreich im Handel verschiedene Arten von rohem Schwefel. Der von Ankona machte die beste Sorte aus. Hierauf folgte der aus Romanien; der Sicilianische Schwefel behauptete den dritten, und der von Telamone den letzten Rang. Seitdem aber die Schiffahrt nicht mehr frei ist, kommt gar kein Schwefel von der ersten Sorte mehr an, und es finden sich zu Marseille im Handel nur Schwefelsorten von geringerer Qualität, zu einem sehr hohen Preise vor, welches von den Gefahren herrührt, welchen die Schiffahrt unterworfen ist. Diese Hindernisse haben die Industrie aufgeregt und wichtige Verbesserungen in der Art, den Schwefel zu läutern, veranlaßt. Michel, einer der ersten Schwefelraffineurs zu Marseille, ist, aufgemuntert von den Administratoren des Schießpulvers, und unterstützt von Herrn Libour, Commissair der Administration in jener Stadt, dahin gelangt, durch ein sehr sinnreiches, auch bei Arbeiten im Großen anwendbares Verfahren, den schönsten und reinsten Schwefel aus den schlechtesten, im Handel vorkommenden Sorten, zu ziehen. Dieser Mann war so uneigennützig, daß er, nachdem er sich mit einem Erfindungspatent versehen hatte, aus Erkenntlichkeit für die Hülfleistungen, welche er von der Salpeterraffinerie zu Marseille, bei Ausführung seines Verfahrens, erhalten hatte, der Administration des Schießpulvers sein Geheimniß übergab, und ihr die Erlaubniß ertheilte, allen zu ihrem Gebrauche benöthigten Schwefel durch dieses neue Verfahren zu reinigen. Bevor wir dieß aber beschreiben, scheint es zweckmäßig, von dem ehemals gebräuchlichen Verfahren zu sprechen. Es ist gut, es kennen zu lehren, besonders wegen seiner Einfachheit, welche jedem Commissair einer Pulverfabrik bei Mangel an Raum in seinen Gebäuden gestattet, den ihm zugeschickten, oder den von ihm in unvorhergesehenen Fällen im rohen Zustande gekauften Schwefel auf diese Art zu raffiniren. Hierauf soll ein Auszug aus der von Herrn Libour an die Administration geschickten Abhandlung folgen, welcher das Detail, des bei der Fabrikation der Schwefelblumen zu befolgenden Verfahrens enthält. Dieses könute man die Reinigung des Schwefels durch Sublimation nennen. Zuletzt soll das neue, zur Reinigung des rohen Schwefels, angenommene Verfahren, welches Herr Libour als eine Destillation betrachtet, beschrieben werden.

Zweiter Abschnitt.

Vom Raffiniren des Schwefels durch Schmelzen.

Diese sehr einfache Operation bestehet darin, den Schwefel in einem eisernen Kessel zu schmelzen. Der Kessel muß auf einem Ofen angebracht seyn, welcher wenig Zug hat, dessen Heerd auf ebenem Boden befindlich und der Rauchfang sehr kurz ist, so daß nur eine gelinde Hitze hervorgebracht wird. Die Schwefelstücke müssen vorher mit einem Schlägel zerschlagen werden, damit eine schnellere und gleichförmigere Schmelzung statt finde. Man wirft den so zerschlagenen Schwefel nach und nach in den Kessel, und rührt ihn von Zeit zu Zeit mit einem hölzernen Spatel und einem eisernen Schaumlöffel um. Diese Behandlung muß fortgesetzt werden, bis der Kessel gefüllt ist. Das Feuer muß jedoch früher, als bis aller Schwefel geschmolzen ist, hinweggenommen werden. Der dazu schickliche Zeitpunkt wird durch die Beschaffenheit des

Schwefels, mit dem man arbeitet, bestimmt, wobei man mit Sorgfalt zu vermeiden sucht, die Hitze auf einen so hohen Grad zu treiben, daß Entzündung oder Sublimation des Schwefels dadurch entstehen kann.

Der im Handel vorkommende Schwefel hat gewöhnlich dreierlei Farben: er ist entweder zitronengelb, ins Grüne spielend, dunkelgelb oder gelbbraun. Da diese drei Farbenstufen von verschiedenen Wärmegraden herkommen, denen der Schwefel bei seinem Ausschmelzen im Großen ausgesetzt wurde, so kann man aus jeder von ihnen schließen, bis zu welchem Punkte er noch von neuem beim Schmelzen, um ihn zu raffiniren, erhitzt werden könne. Welches übrigens die Farbenstufe des Schwefels auch sey, so bestehet die Kunst des Raffinirens darin, das Feuer so zu regieren, daß seine Farbe nach dieser Operation ein glänzendes, ein wenig ins Grüne spielendes Gelb sey.

Es ist gut, den Schwefel, ehe man ihn raffinirt, nach Verschiedenheit seiner Farbe zu sortiren. Hat der zu raffinirende Schwefel eine grüne Farbe, welche anzeigt, daß er beim Ausschmelzen wenig erhitzt worden, so muß man die Schmelzung weiter treiben, d. h., das Feuer muß so lange Zeit unter dem Kessel gelassen werden, bis nur noch die Oberfläche der Masse ungeschmolzen ist.

Der Schwefel von gelber Farbe kann die Einwirkung des Feuers nicht ganz so lange Zeit aushalten, es muß weggenommen werden, wenn die Masse bis auf drei Viertheil geschmolzen ist.

Der Schwefel von brauner Farbe ist schon zu sehr verbrannt, man muß ihn daher so wenig als möglich erhitzen, und das Feuer kann daher schon weggenommen werden, wenn nur die Hälfte des vollen Kessels geschmolzen ist.

Statt den Schwefel von jeder Farbenabstufung besonders zu schmelzen, würde man, wenn man doch alle drei Arten zu behandeln hat, ein besseres Resultat erhalten, wenn man zuerst den Kessel mit grünem Schwefel bis auf die Hälfte, ein Viertheil mit gelbem und den Rest mit braunem Schwefel anfüllte, und wenn man alsdann das Feuer wegnähme, nachdem man den gelben Schwefel hineingethan, und beinahe ganz hat schmelzen lassen.

Nach Wegnahme des Feuers bedeckt man den Kessel mit dem Deckel. Die Schmelzung des Schwefels vollendet sich durch die Hitze der Masse; die leichteren Theile erheben sich alsdann unter der Form eines schwarzen Schaums, welchen man wegnimmt, auf die Oberfläche; die schwereren hingegen senken sich zu Boden.

Man läßt die geschmolzene Masse vier bis fünf Stunden hindurch ruhig stehen; von Zeit zu Zeit deckt man den Kessel ab, um den Schaum wegzunehmen. Wenn sich keiner mehr bildet, und die Oberfläche des Geschmolzenen rein ist, so schöpft man mit eisernen Schöpfkellen den flüssigen Schwefel aus, und gießt ihn in Fässer oder metallene, zu diesem Gebrauche bestimmte Röhren, in welchen er in unregelmäßigen Massen krystallisirt.

Beim Ausschöpfen trägt man Sorge, den Grund des Kessels nicht zu berühren, wo sich ein Bodensatz unter dem Namen der Schlacken gebildet hat. Diese Schlacken werden in ihrem flüssigen Zustande, besonders, in flache Wannen gegossen. Nachdem sie erkaltet sind, und sich zu einer Masse verdichtet haben, kehrt man die Wannen um; man zerbricht die Kuchen und sondert die gelblichen Theile mit einem Meissel davon ab, welche man bei Seite legt, um sie wie den Rohschwefel zu raffiniren.

Dritter Abschnitt.

Vom Raffiniren des Schwefels durch Sublimation.

Diese Art, den Schwefel zu reinigen, bestehet darin, ihn in Gasgestalt zu versetzen, indem man ihn in einem verschlossenen Apparate verflüchtigt. Diese Operation ist ganz derjenigen ähnlich, welche die Natur im Großen in den Vulkanen ausführt. Der Apparat, dessen man sich dazu in den Schwefelraffinerien bedient, bestehet in Kesseln, welche ungefähr 400 Pfund dieser Materie enthalten. Jeder Kessel ruht auf einem Ofen und ist mit einem Helme versehen. Er stehet, durch eine in der Mauer angebrachte Oeffnung, mit einer gewölbten Kammer in Verbindung. Man läßt zwischen dem Helme und der Kammer einigen Zwischenraum, damit diese letztere sich durch die Einwirkung des Ofens so wenig als möglich erhitze. Der untere Theil der Oeffnung ist mit einer, aus einem gehauenen Steine bestehenden, Platte versehen, welche abgängig gegen die Seite des Kessels geneigt ist, und sich hoch genug über ihn erhebt, um zu verhindern, daß der Schwefel, den er enthält, nicht, wenn er etwa aufschwillt, im flüssigen Zustande in die Kammer fließen könne. Sie dient auch dazu, die zu großen Theilchen, welche, statt sich zu verflüchtigen, auf ihrem Wege flüssig werden und herabfließen, aufzuhalten, und in den Kessel zurückzuführen. Nur die leichteren Theilchen gelangen in die Kammer, da sie allein, wegen ihres geringen specifischen Gewichtes, den durch die Platte in der Oeffnung angenommenen Raum überschreiten, und in die Kammer eindringen können.

Die Kammer ist in ihrem Gewölbe mit zwei viereckigen Oeffnungen durchbrochen, welche durch Klappen von Eisenblech, die sich in einer eisernen Einfassung bewegen, verschlossen sind. Die Vorderseite des Helms hat ebenfalls eine Thüre, um Schwefel in den Kessel hineinschütten, und nach der Operation die fremden Körper herausnehmen zu können. Diese Oeffnung muß sehr genau durch eine starke gegossene Platte, welche mit einem Kreuz von eisernen Stangen, die in wohl befestigten Zapfen gehen, versehen ist, verschlossen werden können.

Auch hat die Kammer, damit man in sie hineingelangen könne, eine Thüre, welche dem Arbeiter gestattet, hineinzugehen, um den durch die Sublimation dort angehäuften Schwefel zu sammeln. Diese Oeffnung wird durch eine starke gegossene Platte, welche eben so, wie die am Helme, angemacht und befestigt ist, verschlossen.

Nachdem der Kessel mit Rohschwefel gefüllt ist, und die Thüre des Helmes, so wie die der Kammer, mittelst eines Küttes, mit welchem man alle Fugen ausschmiert, luftdicht verschlossen worden sind, schreitet man zur Sublimation.

Der Schwefel schmilzt durch die Einwirkung des Wärmestoffes, und fängt an in diesem Zustande ins

Sieden zu gerathen. Durch längere Fortsetzung dieser Einwirkung wird er dick und syrupsartig. Erhält man ihn in diesem Zustande, so sublimirt er sich. Die verflüchtigten Theilchen drängen und häufen sich im Helme an; sie gehen in die Kammer über, und da sie dort eine weniger erhöhte Temperatur finden, so vereinigen sie sich zu einer Art Staub oder zu sehr feinen Nadeln, und setzen sich entweder an die Wände fest, welche sie antreffen, oder am Fußboden, wo sie sich niedersenken.

Die Produkte dieser Operation sind von einer Seite, Schwefel in Staubform, der beinahe vollkommen rein ist; auf der anderen, erdige und metallische Theile, welche, da sie der Verflüchtigung nicht fähig sind, im Kessel zurückbleiben, aus welchem man sie, wenn die Sublimation gehörig von Statten ging, im Zustande von Asche und ganz von Schwefel befreit, herausnimmt.

Der Zweck der Operation bestehet darin, einen sehr feinen, sanft anzufühlenden Staub zu erhalten, welcher keine harten oder körnigen Theilchen zeigt, und Schwefelblumen genannt wird. Die Geschicklichkeit des Arbeiters bestehet wesentlich in der Kenntniß, welche er von dem Einflusse des Wärmestoffes auf die Produkte der Sublimation haben muß.

Wenn man als Produkt der Sublimation eine Blume erhalten will, welche alle im Handel geforderten Eigenschaften in sich vereinigt, so muß man nur bei einem sanften und gemäßigten Feuer arbeiten. Alsdann gerathen die sich verflüchtigenden Theilchen in den Zustand der größten Feinheit. Man muß ferner die Temperatur der Kammer auf einem gleichen und gemäßigten Wärmegrade erhalten, damit diese

Theilchen, wenn sie sich an die Wände der Kammer ansetzen, diesen Grad der Feinheit beibehalten.

Ein zu lebhaftes und heftiges Feuer würde die Operation beschleunigen; aber alsdann würden die Theilchen, aus welchen die weißen Dämpfe bestehen, die durch die Hitze entwickelt werden, dichter werden, und sich mehr berühren. Sie würden sich zusammen begeben, indem sie sich verdichten; der Dampf würde gelb und dick werden, und das Resultat der Sublimation würde ein grob anzufühlender, sandartiger Staub seyn.

Dieses sind die Einwirkungen des Wärmestoffes auf die Operation an und für sich; wenn aber die Hitze zu sehr erhöht wird, so haben diese Wirkungen auch noch einen leicht vorher zu sehenden Einfluß auf die durch die tägliche Arbeit in die Kammer geführten Produkte, und verändern dieselben, welche man gewöhnlich erst nach acht Tagen, während welcher Zeit die Arbeit ununterbrochen fortgeht, aus der Kammer nimmt.

Die nothwendige Folge der ununterbrochenen Fortsetzung der Operationen ist Erhöhung der Temperatur in der Kammer, welche sowohl durch Mittheilung der Wärme des Ofens, als auch durch den Wärmestoff veranlaßt wird, welchen die Masse von Dämpfen, die sich darin ausbreitet, jeden Tag daselbst absetzt. Der Arbeiter muß diese Ursachen der Temperaturerhöhung in der Kammer auszugleichen wissen, indem er eine Verminderung der Wärme hervorzubringen sucht, um immer eine gleiche Temperatur zu haben. Wenn diese Temperatur bei ihrem Steigen, entweder in der ganzen Kammer, oder doch in der Nähe des Ofens, wo dieselbe immer größer ist, den Wärmegrad des siedenden Wassers überschritte, so würde eine mehr oder minder große Menge der Schwefelblumen anfangen zu schmelzen. Dieser Umstand würde besonders in dem Theile der Kammer, der an den Kessel stößt, Statt haben. Wenn endlich durch eine zu lange fortgesetzte Arbeit, welche Tag und Nacht nicht unterbrochen wird, und durch ein zu heftiges Ofenfeuer die Temperatur im ganzen Raume der Kammer auf einen Grad gebracht würde, welcher höher wäre, als der des siedenden Wassers, so würde aller Schwefel, welcher sich in diesem Raume angesetzt hätte, anfangen zu schmelzen, und nach seinem Erkalten nichts als eine dichte Masse von Schwefel darstellen.

Diese verschiedenen Resultate bei der Fabrikation der Schwefelblumen waren zu allen Zeiten bekannt. Die Raffineurs fanden immer im Recipienten ihres Sublimirapparates, neben dem feinen und sammtartigen Staube, den sie erzielen wollten, eine mehr oder weniger beträchtliche Menge eines Staubes von stärkerem, sandartigem und grob anzufühlendem Korne, welchen sie Traubenschwefel (grapillons) nannten, und durch Sieben von den eigentlich sogenannten Schwefelblumen trennten. Auch fanden sie daselbst mehr oder minder große Stücke von krystallisirtem Schwefel, die in größerer oder kleinerer Menge vorkamen, welchen sie in Krystallen angeschossenen Schwefel (candi) nannten.

Da der Zweck dieser Fabrikation darauf gerichtet ist, als einziges Produkt Schwefelblumen einzusammeln, welche alle die für die Künste, in welche sie angewandt werden, erforderliche Eigenschaften in sich vereinigen, so hat man diese Nachtheile, welche aus der Leitung der Arbeit entspringen, zu vermeiden gesucht. Man nahm zu verschiedenen Mitteln seine Zuflucht, welche sich alle auf den nämlichen Zweck bezogen, nämlich die Wärme, sowohl bei der Sublimation selbst, als die Temperatur der Luft, welche die Kammer erfüllt, in der die Produkte der Sublimation sich täglich anhäufen, zu modificiren, und ihre Wirkungen zu mäßigen.

Als die Ursachen angeführt wurden, welche auf die Beschaffenheit der Produkte einfließen können, so wurde der Grundsatz aufgestellt, daß der Wärmestoff, die erste und einzige Ursache der Sublimation, die Gestalt der Produkte nach seiner Intensität abändern könnte. Wenn man nun die Schwefelblumen als das Resultat des ersten zur Sublimation nöthigen Wärmegrades ansieht, so wird das ganze Wissen des Raffineurs in den zu nehmenden Vorsichtsmaaßregeln bestehen, dieß Verhältniß nicht zu überschreiten.

Dieß wird er sowohl durch die Dimensionen seines Apparates, als durch die Leitung seiner Operationen erreichen.

Er muß sich auf Kessel von mittlerem Gehalte beschränken, weil er, wenn er auf ein Mal die Sublimation einer zu bedeutenden Menge Schwefel betreiben wollte, seinen Wärmestoff zu sehr verstärken müßte, entweder durch Anwendung eines heftigeren Feuers, um die Operation zu beschleunigen, oder durch eine längere Zeit ohne Unterbrechung fortgesetzter Feuerung, um sie zu beendigen, oder endlich durch eine zu große Masse von Dämpfen, die während der Operation in die Kammer übergehen, die, einmal angefangen, nicht wieder unterbrochen werden kann, um ein Erkalten zu bewirken.

Er muß seine Oefen von der Mauer der Kammer durch einen Raum, welcher zur Erleichterung der Luftzirkulation bestimmt ist, trennen, weil die Berührung mit dem Ofen, diesem Theile der Kammer eine Wärme mittheilen würde, welche den Produkten, die sich dort ansetzen, nachtheilig wäre.

Für eine Kammer von mittlerem Inhalt richte er nur einen einzigen Kessel, von der vorher angegebenen Größe zu. Soll ein zweiter Kessel angewendet werden, so wird es nothwendig, den inneren Raum der Kammer zu verdoppeln, aber immer ist es für den Erfolg der Operation vortheilhafter, zwei Kammern, jede mit einem Kessel versehen, zu haben, als eine einzige von doppelt so großem Inhalte, welche die Stelle von zwei ersetzen soll.

Der Kessel muß mit einem Rande von hinreichender Höhe versehen seyn, welcher eine geneigte Fläche darstellt, deren Abhang gegen den Kessel gerichtet ist. Er hat den doppelten Zweck: einmal das Ueberlaufen der schmelzenden Materien zu verhindern, wenn durch Wärme aufgebläht, sie sich in Schaum erheben; dann die größeren Theilchen, welche durch die Sublimation in die Höhe gerissen wurden, sich aber sogleich wieder wegen ihrer Schwere zu Boden zu senken streben, in den Kessel zurück zu führen.

Man muß die Sublimation bei einem sehr gemäßigten und gleichmäßig unterhaltenen Feuer betreiben, um die Feinheit der Theilchen zu bewahren und die Dichtigkeit des frei gemachten Gases nicht zu vermehren.

Wird die Operation mehrere Tage hindurch fortgesetzt, ohne daß die Produkte herausgenommen werden, so muß der Arbeiter die Kammer bei gleicher Temperatur zu erhalten suchen, indem er zwischen jeder Operation einen Zwischenraum von einigen Stunden läßt, und während dieser Ruhezeit, welche gewöhnlich in die Nacht fällt, die Klappen der Kammer öffnet, kurz, indem er in der Kammer eine Erniedrigung der Temperatur hervorbringt, welche mit der durch die beständige Fortsetzung der Operationen bewirkten Erhöhung derselben im Gleichgewicht stehet und diese immer auf demselben Grade erhält.

Aber alle diese Bedingungen, welche, wenn sie mit Aufmerksamkeit und Fleiß erfüllt werden, allein im Stande sind, den Schwefelblumen die Eigenschaften zu sichern, welche der Handel erheischt, veranlassen einen größeren Abgang, mehr Arbeit, und einen größeren Aufwand von Brennmaterial. Dieses rührt von der Langsamkeit der Operation her, welche zum Theil in dem Rande mit geneigter Fläche, wodurch stets einen Theil der weggehenden Partikelchen wieder in den Kessel zurückgeführt wird, theils in den Verhältnissen, welche man in Absicht auf den Inhalt der Kessel nicht überschreiten darf, seinen Grund hat. Diese Betrachtungen sind es, welche den Preis der Schwefelblumen im Verhältniß zum Preise des raffinirten Schwefels bedeutend erhöhen. Bei der Bereitung der Schwefelblumen findet ein Abfall von 18 bis 20 Procent statt, welcher mehr den Umständen bei der Bereitung, als den fremden Körpern, die sich im rohen Schwefel finden, zuzuschreiben ist. Dieselben Umstände bewirken während des Laufes der Arbeit häufig wiederkehrende und oft beträchtliche Verbrennungen des Schwefels. Bei jeder Verbrennung (welche sich alsdann der Masse des in Dampf verwandelten Schwefels mittheilt) bildet sich schwefelichtsaures Gas, welches mit einem Knalle sich frei macht, indem es die Klappen aufstößt; und der natürliche Abfall des rohen Schwefels wird nun noch durch die in Gas verwandelte Menge dieser Materie, deren größter Theil außerhalb der Kammer entweicht, und von der ein Antheil die Schwefelblumen säuert, an welchen die Gegenwart einer Säure immer zu bemerken ist, vermehrt.

Diesen Nachtheilen kann man bei dieser Art der Fabrikation nicht ausweichen; sie sind die nothwendige Folge der zur Erhaltung der eigentlich sogenannten Schwefelblumen erforderlichen Vorsichtsmaaßregeln. Wir wollen untersuchen, ob sie sich gleichfalls in dem neuen Raffinirungsverfahren des Schwefels durch den Weg der Destillation wiederfinden.

Vierter Abschnitt.

Von dem neu angenommenen Verfahren bei Reinigung des Schwefels.

Die Destillation scheint diejenige chemische Operation zu seyn, deren Benennung auf das Verfahren, welches sogleich beschrieben werden soll, anwendbar ist. Es kömmt bei dieser Operation darauf an, den flüchtigen Antheil, d. h. den eigentlich sogenannten Schwefel von den festen Materien, oder fremden erdigen und metallischen Körpern zu trennen, welche sich immer in größerem oder geringerem Verhältniße im rohen Schwefel vorfinden. Es ist nicht nöthig, den kleinsten Theilchen des verflüchtigten Schwefels diese Feinheit zu erhalten, welcher ihnen im Zustande der

Blumen eigen ist; der einzige Zweck des Raffineurs ist der, daß aller reine Schwefel in den Verdichtungsapparat übergehe, und daß alle Körper, die ihm fremd sind, ganz von ihm entblößt, in dem Kessel zurückbleiben.

Geschieht die Sublimation bei einem gemäßigten Feuer, so findet das Entweichen der Dämpfe langsam, und unter der Gestalt eines weißen Dampfes, statt. Der Wärmestoff führt nur diejenigen Theilchen fort, welche wegen ihrer Feinheit fähig sind, bei diesem Grade der Wärme verflüchtigt zu werden. Ein heftigeres Feuer würde eine Masse von dichteren, aus stärkeren und mehr genäherten Theilchen zusammengesetzten Dämpfen von gelblicher Farbe entwickeln, welche in Folge ihrer Anhäufung im Helme, sich bei ihrem Uebergange in die Kammer, ihrer Schwere zufolge, zu Boden senken werden. Nur die leichteren Theilchen werden sich an die Decke oder Seitenwände der Kammer festsetzen.

Der Raffineur muß also bei dieser Operation dem Wärmestoffe durch ein wohl unterhaltenes und heftiges Feuer alle mögliche Intensität geben. Er wird seinen Kessel mit einem senkrecht aufsteigenden Rande versehen, der hoch genug ist, um das Ueberfließen des Schwefels, wenn dieser siedet, und sich als Schaum erhebt, zu verhindern. Statt der nach dem Kessel zu geneigten Fläche, welche bei der ersten Operation einen Antheil der Theilchen in den Kessel zurückführte, wird er eine in entgegengesetzter Richtung geneigte Fläche anbringen, deren Abhang alle durch die Destillation in die Höhe gehobenen Theilchen in die Kammer führt.

Da es hier nicht mehr darauf ankommt, die Feinheit der Theilchen zu erhalten, so wird man den

Kesseln eine größere Ausdehnung geben, um mit beträchtlicheren Massen Schwefel arbeiten zu können. Da auch die Erhaltung der Form dieser Theilchen nicht mehr berücksichtigt wird, deren Zusammentreten man hier erleichtern muß, welches hingegen bei der Sublimation verhütet wurde, und da es darauf ankommt, im Recipienten eine feste oder flüssige Masse in einem Stücke zu erhalten, so wird man die Temperatur der Kammer auf einen Grad der Wärme bringen, welcher fähig ist, die Theilchen des Schwefels, sowie sie sich niedersenken, zu schmelzen, und dieser Grad der Wärme wird die ganze Operation hindurch unterhalten werden müssen.

Die Intensität des Wärmestoffes, welche bei der Sublimation beschränkt werden mußte, wird also eine der nothwendigsten Bedingungen bei dieser neuen Operationsart seyn. Statt sich auf einen einzigen Kessel zu beschränken, wird man mehrere mit dem nämlichen Apparat in Verbindung setzen, und die innere Wärme der Kammer wird sowohl durch die Menge von Wärmestoff, welche alle diese Kessel zugleich in ihr absetzen, als durch den Ueberfluß von Dämpfen, welcher aus ihnen in dieselbe steigt, vermehrt werden. Statt zwischen den Operationen einen Zwischenraum zu lassen, werden sie bei diesem Verfahren ohne Unterbrechung fortgesetzt, und statt Mittel anzuwenden, um die Temperatur der Kammer zu vermindern, wird man vielmehr allen Ursachen des Erkaltens vorbeugen. Mit einem Worte, die Temperatur des Apparates muß erhöhet, und auf diesem Grade der Erhöhung durch alle mögliche Mittel erhalten werden. Die Unbequemlichkeit welche man zu vermeiden hat, ist die, daß die Hitze nicht soweit getrieben werde, um den in der Kammer in flüssiger Gestalt befindlichen Schwefel in einen syrupsähnlichen Zustand zu versetzen, und dadurch seine Farbe malt zu machen.

Die bei der Sublimation nöthigen Vorsichtsmaaßregeln, um die Intensität der Wärme zu modificiren, haben, wie schon gezeigt wurde, die nothwendige Folge, daß dadurch der Preis der Schwefelblumen sehr erhöhet wird, indem die Zahl der Arbeiter, der Aufwand an Brennmaterial und das Verhältniß des Abganges bei der Fabrikation bedeutend vermehrt werden. Bei der Destillation im Gegentheil, wird die Nothwendigkeit, die Stärke des Feuers zu vermehren, entgegengesetzte Wirkungen hervorbringen.

Bei der Sublimation hat man für jeden Apparat nur einen Kessel, bei der Destillation hingegen können zwei oder drei Kessel, die mit derselben Kammer verbunden sind, durch eine beinahe gleiche Zahl von Arbeitern beschickt werden.

Bei der Sublimation kann ein Kessel von dem Gehalt von 400 Pfunden, während vier und zwanzig Stunden nur ein Mal gefüllt werden, sowohl wegen der unvermeidlichen Langsamkeit dieser Operation, als wegen der Vorrichtung, vermittelst welcher die größeren Theilchen stets wieder in den Kessel zurückgeführt werden. Bei der Destillation beendigt ein Kessel von 1000 bis 1200 Pfund Gehalt seine Arbeit in höchstens neun Stunden; und es entspringt aus diesem Gewinn an Zeit, eine beträchtliche Ersparniß an Brennmaterial.

Bei der Sublimation muß man einen Zwischenraum zwischen dem jedesmaligen Anfüllen der Kessel lassen. Bei der Destillation muß man im Gegentheil auf beständige Fortdauer der Arbeit sehen, um jedem

Erkalten zuvorzukommen; und die Hitze des Ofens, des Kessels und des ganzen Apparates wird, von dem Augenblicke an, wo der Schwefel im rohen Zustande hineingeworfen worden ist, dazu beitragen, die Operation zu beschleunigen und den Aufwand an Brennmaterial zu vermindern.

Bei der Sublimation muß man die Hitze des Apparates durch das Oeffnen der Klappen vermindern, wobei man, durch die im Innern erfolgende Erkältung, das Eindringen der äußern Luft erleichtert. Daher rührt das wiederholte Verbrennen des Schwefels, die häufige Bildung von schwefelichter Säure und das oftmalige Freiwerden von Dämpfen. Bei der Destillation muß man alle Sorgfalt darauf richten, dem Erkalten vorzubeugen, folglich das Eindringen der äußeren Luft erschweren, wenn man es nicht gänzlich vermeiden kann. Die Wirkung dieser Vorsicht wird die seyn, daß die Ursache des Verbrennens beschränkt, und zugleich die der Säurebildung entfernt wird.

Nach Voranschickung dieser Grundsätze, kann nunmehr die Beschreibung der bei der Destillation erforderlichen Arbeiten folgen.

Man habe einen aus zwei Kesseln, deren jeder mit einem Ofen und einem Helme versehen ist, bestehenden Apparat, und eine Kammer, wovon der Anhang eine Beschreibung der Form und Dimensionen liefern wird, welche mit den Helmen, durch in der, an die Kessel stoßende Mauer angebrachte Gänge, zusammenhängt. Ueber den Kesseln, am Anfange des Ganges, erhebt sich ein Rand von hinreichender Höhe, um allem Ueberlaufen, der im Kessel enthaltenen Substanzen vorzubauen; hinter diesem Rande befindet sich eine geneigte Fläche, von welcher der Rand den höchsten Punkt bildet, quer durch die ganze Breite des Ganges, so daß sie gegen die Kammer hin abhängig ist. Vorn an dem Gange und über der Mündung des Ofens ist der Helm mit einer viereckigen Oeffnung durchbrochen, durch welche man den Kessel füllen und reinigen kann. Diese Oeffnung wird genau durch eine fest anschließende, gegossene, eiserne Platte verschlossen. Ueber dieser Platte ist ein Loch, um die für den Arbeiter nothwendige Sonde, durch die er sich vom Zustande seines Kessels unterrichtet, durchzulassen.

Im Gewölbe der Kammer sind zwei Klappen, welche in einem eisernen Rahmen laufen. Sie dienen dazu, um den während der Operation sich bildenden Dämpfen und Gasarten einen Ausgang zu gestatten. In einer der Mauern der Kammer ist eine Thüre angebracht, welche zum Eingange für die im Innern vorzunehmenden Arbeiten, und zum Reinigen und Ausbessern der Kammer dient. Diese Oeffnung ist gleichfalls durch eine Platte von gegossenem Eisen verschlossen.

In einer der Mauern befindet sich noch eine viereckige Oeffnung, durch welche eine eiserne Röhre hindurchgeht, deren eines Ende in das Innere der Kammer geht. Ihre Oeffnung befindet sich dicht am Fußboden, und ragt nicht über die Mauer hinaus. Das andere Ende der Röhre geht außerhalb der Kammer, und ist mit einem Vorsprunge versehen, welcher sich über einem festen gemauerten Boden befindet. Diese Röhre, welche nach außen fest verschlossen wird, dient zum Herauslassen des in der Kammer enthaltenen, flüssigen Schwefels.

Nachdem die Einrichtung des Apparates gehörig eingesehen worden, so kann jetzt die Beschreibung der vorzüglichsten bei dieser Operation vorzunehmenden Arbeiten folgen.

Der Arbeiter füllt seine Kessel mit so viel Schwefel, als sie nur immer fassen können.

Dies Füllen geschieht durch die im Helme, auf der dem Gange entgegengesetzten Seite angebrachten Oeffnung; wenn die Kessel die hier angenommene Dimensionen haben, so können sie jeder etwa 1200 Pfund Schwefel fassen.

Ist die Füllung geschehen, so schließt der Arbeiter die Oeffnungen am Helme mittelst der Platte aus gegossenem Eisen, welche er sorgfältig mit Hülfe der Querstangen befestigt. Er verschmiert die Fugen der Platte mit Lehm, um alle Verbindung mit der äußeren Luft abzuschneiden. Die nämliche Vorsicht gebraucht man bei der Seitenthüre der Kammer, man sieht sorgfältig nach, ob auch die Ausflußröhre genau verschlossen sey, und keine Verbindung des Innern der Kammer mit der äußeren Luft zulasse.

Hierauf setzt man das Feuer der Oefen in Wirksamkeit, und vermehrt seine Stärke gradweise, um den im Kessel enthaltenen Schwefel erst in Fluß, und dann in den Zustand des Siedens zu versetzen.

Eine der vorzüglichsten Sorgen des Arbeiters, (und die mindeste Nachlässigkeit in dieser Hinsicht kann wichtige Folgen haben) muß die seyn, seine Klappen zu untersuchen, sie zu reinigen und sich zu versichern, ob ihr Spiel leicht und ohne Hindernisse vor sich geht, und sie zwischendurch zu öffnen, um das Entweichen der Dämpfe, welche sich im Innern des Apparates bilden, zu erleichtern. Die unbedingte Nothwendigkeit einer beständigen Aufmerksamkeit, um das freie Spiel der Klappen zu erhalten, die Zufälle, welche aus den häufigen Ursachen, welche die freie Bewegung derselben verhindern, entstehen können; die Gefahren, welchen sich der Arbeiter aussetzt, der genöthigt ist, oft auf das Gewölbe zu steigen, um sie frei zu machen, sowie endlich die Erfahrung, haben ein sehr einfaches Mittel an die Hand gegeben, um jeden Augenblick die nöthige Aufmerksamkeit hierauf wenden zu können. Ein eiserner Hebel, welcher über der Klappe angebracht, und durch eine Kette daran befestiget ist, wird durch ein Zugseil, welches in die Werkstätte zur Seite des Ofens herabhängt, in Bewegung gesetzt. Der Arbeiter kann also leicht den Zustand seiner Klappen untersuchen, ihrem Einklemmen vorbauen, und sie offen halten, wenn der innere Druck des Gases dessen Ausgang erheischt.

Wenn der Schwefel im Kessel siedet, so muß der Arbeiter ein gleichförmiges Feuer unterhalten, ohne dessen Stärke zu vermehren. Ein zu heftiges Feuer kann, indem es ein Aufschwellen der Flüssigkeit bewirkt, ein Uebersteigen des Schaumes über den Rand des Kessels und den Erguß eines Antheils Schwefel in die Kammer verursachen. Ein gemäßigtes und wohl unterhaltenes Feuer erleichtert das Entweichen der durch die Wärme ausgedehnten Luftblasen; die Flüssigkeit fängt an eine syrupsartige Konsistenz zu bekommen, welches eine Folge der Einwirkung des Wärmestoffes auf den flüssigen Schwefel ist, und bald geht der Schwefel in den Zustand des Dampfes oder in Gas über. Der Augenblick, wo die Verflüchtigung Statt hat, ist leicht zu erkennen. Das Sieden des Schwefels wird durch ein inneres Wallen angezeigt, welches sich leicht durch das Gehör vernehmen läßt. Sein Uebergang in den Zustand der Dämpfe wird durch die Hitze, welche die Platten aus gegossenem Eisen am Helme verbreiten, angezeigt. Wenn die Verflüchtigung statt hat, so entzünden diese Platten, welche durch die Berührung der Dämpfe sehr erhitzt sind, ein ihnen genähertes Stück Schwefel.

Hierauf giebt der Arbeiter dem Feuer seiner Oefen die größte Stärke: denn da die im Schwefel enthaltene Luft und Feuchtigkeit während des Siedens gänzlich weggegangen sind, so hat er das Ueberwallen der Flüssigkeit nicht mehr zu fürchten. Diesen Feuersgrad muß er unterhalten, bis aller Schwefel in Dämpfe verwandelt ist und bis nichts mehr im Kessel zurückbleibt, als die festen Materien, welche man von ihm abscheiden wollte.

Bevor die Erscheinungen, an welchen die Beendigung der Operation kenntlich ist, angeführt werden, muß von den verschiedenen Stoffen, welche sich während dieser Arbeit verflüchtigen, geredet werden, damit der Arbeiter, vor den traurigen Folgen, die daraus entstehen können, sich sichere. Vor allen Dingen erwäge man, daß die Operation, deren Beschreibung hier gegeben ward, die erste ist, welche mit einem Apparate angestellt wird; daß dieser demnach vor Anfang der Operation in seinem Innern mit atmosphärischer Luft gefüllt ist, welche die Temperatur der äußeren Atmosphäre hat.

Der rohe Schwefel enthält mehr oder weniger Feuchtigkeit. Das erste Freiwerden von flüchtigen Stoffen, das während des Siedens des Kessels statt hat, ist das von Wasserdämpfen, welche sich im Innern der Kammer anhäufen. Nach Maaßgabe, wie die Temperatur steigt, bleiben diese Dämpfe im ausgedehnten Zustande. Zweitens wird schweflichtsaures Gas frei. Der im Kessel enthaltene Schwefel nimmt durch das Kochen einen bedeutenden Wärmegrad an; er entzündet sich und brennt vermittelst der atmosphärischen Luft, welche der Apparat enthält, langsam an seiner Oberfläche. Diese Verbrennung dauert so lange fort, bis die umgebende Luft durch das in ihr erzeugte schweflichtsaure Gas so verändert worden ist, daß sie ihm keine Nahrung mehr liefert. Da das Feuer der beiden Kessel niemals mit derselben Lebhaftigkeit unterhalten wird (denn der Arbeiter muß seine Kessel so beschicken, daß in dem einen die Sublimation wenigstens eine Stunde früher anfängt, als in dem anderen, eine Vorsicht, deren Nothwendigkeit in der Folge gezeigt werden soll), so hat diese Verbrennung im ersten Kessel so lange Statt, bis alle Luft in seinem Helme gänzlich zum Unterhalten des Verbrennens untauglich gemacht ist; hierauf fängt die Sublimation in diesem ersten Kessel an. Die Atmosphäre der Kammer ist verändert: statt der atmosphärischen Luft, welche sie enthielt, ist sie jetzt aus einer beträchtlichen Menge von Wasserdämpfen, aus schweflichtsaurem Gas, dem Produkte der ersten Verbrennung, und in ihren unteren Lagen, aus Schwefeldämpfen oder Theilchen von verflüchtigtem Schwefel, zusammengesetzt. Noch aber ist in der Kammer und besonders in der Nähe des zweiten Kessels, ein Antheil Luft zurückgeblieben, welcher, da er noch keine Veränderung erlitten hat, zu einem zweiten Verbrennen Anlaß geben kann, wenn man nicht, ehe der zweite Kessel in Gang gesetzt wurde, so lange wartete, bis durch die

Arbeit mit dem ersteren die ganze Luftmasse des Apparats zum Verbrennen untauglich gemacht wurde.

Wenn in dem Augenblicke, wo der im zweiten Kessel enthaltene Schwefel die Temperatur erreicht, welche der Verflüchtigung vorhergehet, so wird, wofern noch eine hinreichende Menge unverdorbener Luft vorhanden ist, daß auch er sich entzünden kann, diese Entzündung sich sehr schnell den verflüchtigten Theilchen, welche dem ersten Kessel entstiegen sind, mittheilen. Die Folgen hiervon werden die seyn, daß ein Uebermaaß von schweflichtsaurem Gase erzeugt wird, welches augenblicklich entstehet; daß die innere Temperatur schnell bedeutend erhöhet wird, und alle Luft sowohl als die Dämpfe beträchtlich ausgedehnt werden. Das von dieser Ausdehnung herrührende Uebermaaß geht mit Gewalt und Knall durch die Klappen heraus; diese werden durch die dicken Dämpfe, welche sich mit einem furchtbaren Geräusch frei machen, ganz offen gehalten. Nach wiederhergestelltem Gleichgewichte fallen sie von selbst zu, und die Verflüchtigung geht jetzt in einer Atmosphäre fort, welche alle zur Verbrennung nöthigen Eigenschaften verloren hat.

Die Besorgniß der höchst nachtheiligen Ereignisse, welche entstehen können, muß den Arbeiter bestimmen, alle Aufmerksamkeit darauf zu richten, daß dieses Weggehen der Dämpfe möglichst erleichtert werde. Er muß alle Mittel anwenden, um zwischen der Arbeit seiner beiden Kessel die nöthige Zwischenzeit zu lassen; oft aber wird seine Wachsamkeit in dieser Hinsicht getäuscht, und der zweite entzündet sich, ungeachtet seiner Sorgfalt, vor der Zeit, welche er dazu festsetzte. Die äußere Temperatur bestimmt zum Theil die Stärke der inneren Ausdehnung; die Detonationen sind immer stärker und mehr zu fürchten, wenn es kalt ist; vorzüglich sind sie zu fürchten, wenn ein starker Nordwind weht. Der Arbeiter muß daher immer, sowie der erste Kessel zu sieden anfängt, seinen Klappen freies Spiel lassen; er muß sie beständig zwischendurch etwa zum vierten Theil offen halten, er muß sie von Zeit zu Zeit ganz öffnen, um das Weggehen der Dämpfe, sowie sie sich bilden, zu erleichtern, und so die Kraft, die ihnen noch fehlt, um sie selbst aufzustoßen, ergänzen. Sieht er, bevor die Arbeit mit dem zweiten Kessel anfängt, Dämpfe in großer Menge herausgehen, so kann er sich über die zu fürchtenden Ereignisse einer Entzündung dieses Kessels beruhigen. Die angeführte Erscheinung ist ein Beweis, daß der Apparat mit Dämpfen im Uebermaaß gefüllt ist, die Entzündung wird also nicht Statt haben, oder wenigstens nur unbeträchtlich seyn. Auf seiner Huth muß er aber besonders dann seyn, wenn die Luft kalt ist, ein Nordwind bläßt, und er keine Dämpfe weggehen sieht; nur mit der größten Vorsicht wird er den schrecklichen Folgen, welche aus einem plötzlichen Freiwerden derselben entspringen, entgehen können.

Sowie in beiden Kesseln die Verflüchtigung des Schwefels Statt findet, gehen keine Dämpfe mehr weg, alle Furcht vor Gefahren ist vorüber; der Arbeiter hat alsdann nur dafür zu sorgen, den Wiedereintitt der äußeren Luft durch Verschließung der Klappen zu hindern, und immer darüber zu wachen, daß diese gehörig in ihre Rahmen schließen, und nicht etwa durch Schwefeltheilchen, welche sich gewöhnlich in der Form von Schwefelblumen daran festsetzen, eingeklemmt bleiben.

Kann er den Wiedereintritt der äußeren Luft nicht ganz verhüten, so muß er ihm wenigstens zum Theil durch Vermehrung des Feuers seiner Oefen und durch Unterhaltung der Arbeit seiner Kessel, so, daß die innere Temperatur nicht sinken kann, zuvorkommen. Immer, so wie ein Erkalten Statt hat, entstehet Verdichtung der Dämpfe, Eindringen der äußeren Luft, Ursache des Verbrennens, und demzufolge, Freiwerden der Dämpfe oder Verpuffen.

Wir mußten uns über die zu nehmenden Vorsichtsmaaßregeln, um Zufälle zu vermeiden, welche traurige Folgen haben können, verbreiten; jetzt kehren wir zu den Ursachen der Detonation und den Mitteln, sie vorherzusehen und ihre Wirkungen zu verringern, zurück; vorher soll noch der Verfolg der Arbeit erörtert werden.

Es wurde schon gesagt, daß, wenn in dem einen und anderen Kessel die Verflüchtigung des Schwefels Statt findet, der Arbeiter das Feuer seiner Oefen verstärken und es so lange unterhalten müsse, bis die Gesammtmasse des Schwefels verflüchtigt ist. Den Zustand seiner Kessel erforscht er, indem er die Sonde durch das über der Platte im Helm angebrachte Loch bis auf den Grund des Kessels hineinbringt. Wenn er beim Herausziehen der Sonde am Ende derselben nichts von den Spuren findet, welche der flüssige Schwefel daran lassen muß, so kann er überzeugt seyn, daß nur noch trockene und feuerbeständige Substanzen im Kessel zurückgeblieben sind; er kann alsdann denselben aufs neue mit Schwefel füllen.

Nachdem er den Kütt, mit welchem er den Umkreis der Platte umgeben, abgelöst hat, nimmt er die Platte weg, und zieht mittelst eines langgestielten eisernen Löffels alle die Substanzen aus dem Kessel, welche sich im Zustande der Einäscherung in demselben befinden. Ist diese Reinigung mit Sorgfalt vorgenommen, so füllt er ihn von neuem mit der hinreichenden Menge rohen Schwefel; setzt hierauf die Platte wieder ein, verküttet sie wohl, und verfährt bei dieser zweiten Destillation eben so, wie bei der ersten.

Es ist vortheilhaft, ohne Unterbrechung wenigstens drei bis vier Operationen auf einander folgen zu lassen, um die Temperatur des Apparates sogleich auf den hinreichenden Wärmegrad bringen zu können. Dieser erreicht die zur Schmelzung, des von der Destillation herkommenden Schwefels, nöthige Temperatur, erst bei der achten oder neunten Füllung. Wenn man nicht von Anfang an sorgfältig diese Stetigkeit der Arbeit unterhielte, so würde man weit mehr Füllungen nöthig haben, bevor man den Grad der nöthigen inneren Temperatur erreicht, und diese Anhäufung von Schwefel könnte auch in ihrer Farbe eine nachtheilige Aenderung erfahren. Auch beugt diese beständige Fortsetzung den Zufällen der Detonation, von welchen wir noch sprechen werden, vor.

Hat die Kammer den nöthigen Wärmegrad erreicht, so erkennt der Arbeiter, ob der in ihrem Innern enthaltene Schwefel sich im flüssigen Zustande befindet, daran, daß er durch die Klappen ein Schwefelstück hineinwirft, dessen Geräusch, indem es auf den Boden der Kammer fällt, ihm den Zustand der Materien anzeigen wird. Ist alles geschmolzen, so öffnet der Arbeiter die zum Ausfließen bestimmte Röhre, bringt den krystallisirten Schwefel, der sie anfüllt, zum schmelzen, worauf der in der Kammer enthaltene flüssige Schwefel durch diese Röhre in das unter ihr angebrachte Becken abfließen wird, aus welchem man ihn, sowie er hineinläuft, ausschöpft, um ihn entweder in Wannen, oder in Fässer, oder endlich in hölzerne Formen zu gießen, in welchen er durch das Erkalten fest wird.

Diese Operation darf die Arbeit der Kessel nicht unterbrechen; es ist hinreichend, daß in der Kammer genug flüssiger Schwefel bleibt, um die Röhre luftdicht zu verschließen, und so der äußeren Luft das Eindringen zu verwehren. Die Farbe der Flüssigkeit zeigt die Güte des Produktes an. Sie muß klar, vollkommen durchsichtig, von oraniengelber, etwas ins Rothe spielenden Farbe seyn; alsdann ist der Schwefel, dem Ansehn nach, von der besten Beschaffenheit. Ist die Flüssigkeit dick und syrupsartig; ist ihre Farbe sehr dunkel und ins Braune spielend, entwickelt sich beim Herausfließen derselben viel Rauch, und wallt sie in dem Becken, welches sie aufnimmt, auf; so kann man daraus schließen, daß die innere Temperatur zu hoch sey, und man nothwendig eine Erniedrigung derselben hervorbringen müsse. Diese Umstände würden auf die Farbe des Schwefels einen nachtheiligen Einfluß haben; statt des lebhaften, ins Oraniengelbe fallende Gelben, der Halbdurchsichtigkeit, und des schwach öligen Ansehens, welches seine Schönheit bezeichnet, zeigt er ein mattes, graues, selbst schwärzliches Gelb, welches nachtheilige Vermuthungen über seine Beschaffenheit, obgleich sie wirklich chemisch dieselbe ist, veranlassen könnte.

Jetzt befinden wir uns demnach bei einem Zeitpunkte der Operation, wo die Kammer zu heiß ist. Dieß ereignet sich gewöhnlich nach sechszehn Füllungen des Apparates, wenn sie sich ohne Unterbrechung folgen; man muß alsdann aufhören die Kessel zu füllen, allen Schwefel herauslaufen lassen, und hierauf alle Thüren und Klappen öffnen, um das Freiwerden der im Apparate angehäuften gasartigen Dämpfe zu bewirken, indem die Atmosphäre des Apparates sich gänzlich erneuern muß.

Bei allen nachfolgenden Operationen befolgt man denselben Gang; sie erfordern dieselbe Sorgfalt und Vorsicht. Je mehr die Kammer vor der ersten Füllung der Kessel erhitzt ist, desto weniger sind die Zufälle der Detonation zu fürchten, indem die augenblickliche Ausdehnung der Dämpfe verhältnißmäßig weniger stark seyn wird. Doch muß der Arbeiter immer die Vorsichtsmaaßregeln anwenden, welche ich anzeigen zu müssen geglaubt habe.

Von den Zufällen welche im Laufe der Arbeit Statt haben können.

Die verschiedenen Zufälle, welche sich im Laufe der Arbeit ereignen können, sind:

1) die Bildung des schweflichtsauren Gases;

2) mehr oder minder starke Detonationen, welche man das Blasen (soufflements) nennt;

3) der Verlust, welcher durch diese beide Ursachen bewirkt wird;

4) Aenderung der Farbe der Produkte.

Vom schweflichtsauren Gase.

Die Bildung dieser Gasart ist dem Verbrennen des Schwefels, welches durch die im Apparate schon befindliche, oder beim Erkalten von außen eingedrungene atmosphärische Luft unterhalten wurde, zuzuschreiben.

Wenn nach dem ersten Füllen der Kessel die Operation in einem mit atmosphärischer Luft gefüllten Apparate anfängt, so entzündet sich der in dem einen Kessel enthaltene Schwefel vermöge seiner hohen Temperatur, wenn er im Sieden ist, und brennt so lange an seiner Oberfläche fort, bis das aus dieser Verbrennung hervorgehende schweflichtsaure Gas der atmosphärischen Luft denjenigen ihrer Grundstoffe entzogen hat, der das Verbrennen unterhält. Alsdann ändert die Atmosphäre im Apparate ihre Natur; sie bestehet jetzt aus einem Antheile der Luft, die sie anfangs enthielt, aus Wasserdämpfen, welche der Schwefel in großer Menge frei werden läßt, aus schweflichtsaurem Gas, welches sich anhäuft und endlich aus Schwefeldämpfen oder Theilchen von verflüchtigtem Schwefel, welche letztere, indem sie die unteren Schichten dieser Atmosphäre bilden, noch den Druck vermehren, den die durch die aus den beiden Helmen ausströmende Wärme ausgedehnten Gasarten hervorbringen.

Wenn in dem Augenblicke, in welchem die in dem zweiten Kessel befindliche Substanzen sich anfangen zu verflüchtigen, noch genug unverdorbene Luft vorhanden ist, um eine Entzündung des Schwefels zuzulassen, so ereignet es sich, daß diese sich augenblicklich den in der Kammer umhergestreuten Schwefeltheilchen mittheilt, und auf diese Art eine allgemeine Verbrennung verursacht. In diesem Falle ist die Säureerzeugung am beträchtlichsten; und sie wiederholt sich alle Mal, wenn durch das Erkalten des Apparates ein Wiedereinströmen der atmosphärischen Luft statt hat. Diese Erniedrigungen der Temperatur ereignen sich nothwendig im Laufe einer Operation, welche aus achtzehn bis zwanzig Füllungen bestehet, bei jeder Pause, die man zwischen diesen Füllungen zu machen genöthigt ist, indem bloß die vier ersten sich ununterbrochen folgen, die anderen aber, je zwei und zwei, durch eine Ruhe von sechs bis sieben Stunden in der

Nacht unterbrochen werden. Je kälter die äußere Temperatur ist, desto mehr finden Erkältung, Wiedereintritt der äußeren Luft, und demzufolge diejenigen Ursachen statt, welche das Verbrennen herbeiführen.

Die Ursachen des Erkaltens liegen in der Operation selbst: man kann durch Vorsichtsmaaßregeln ihren Einfluß schwächen, ohne ihn ganz verhüten zu können. Die gewöhnliche Arbeit giebt zwei Füllungen in vier und zwanzig Stunden, von welchen nur siebzehn Stunden ununterbrochen gearbeitet wird, sieben hingegen den Arbeitern zu ihrer Ruhe gelassen werden. Es hat also während der Nacht, wo kein Feuer in den Oefen brennt, ein Erkalten im Innern statt; sowie freier Zutritt der Luft, wegen der Verdichtung der Dämpfe. Beim Füllen der Kessel dringt ebenfalls atmosphärische Luft durch die Oeffnungen im Helme ein. Das Ausfließen des geschmolzenen Schwefels, giebt, wegen Abwesenheit dieser Masse, zum Erkalten und Verdichten Gelegenheit. Alles was man thun kann ist, die nöthige Vorsicht anzuwenden, daß die Klappen über Nacht so luftdicht als möglich verschlossen bleiben, und mit Schnelligkeit und Lebhaftigkeit zu füllen. Im Laufe der Arbeit sind die Veränderung der Temperatur oder der Augenblick, wo ein Nordwind sich erhebt, durch eine Detonation bezeichnet, welches ein sicheres Merkmal einer stattfindenden Verbrennung ist.

Die Bildung des schweflichtsauren Gases liegt also in der Natur dieser Operation. Die Geschicklichkeit des Arbeiters bestehet darin, die Ursachen, welche sie hervorbingen können, zu entfernen, und die Wirkungen zu schwächen. Ein Theil dieses Gases, welcher in der Kammer schweben bleibt, geht entweder bei den Detonationen, oder durch die verschiedenen Ausgänge, welche man alle sechs oder acht Stunden zu öffnen genöthigt ist, davon. Ein anderer Theil vereinigt sich mit den Wasserdämpfen, und senkt sich, nachdem er gehörig verdichtet worden, auf den Boden der Kammer. Diese saure Flüssigkeit ist durch ihren Geschmack und ihre schwarze Farbe ausgezeichnet. Wenn man den Schwefel in der Kammer sich zu ganzen Massen verdichten läßt, so findet man so viel schwarze Lagen, als man Tage gearbeitet hat; wird aber der Schwefel im flüssigen Zustande durch das Ausfließen herausgezogen, so geht, da die saure Flüssigkeit immer oben auf schwimmt, die Schwefelmasse erst zuletzt heraus, wenn man die Kammer gänzlich entleert. Ihre Anwesenheit wird durch die Farbe der Flüssigkeit hinlänglich angezeigt, welche man alsdann besonders in einem Gefäße auffängt, und diese saure Flüssigkeit findet sich auf der Oberfläche des Schwefels, der beim Erkalten fest geworden ist, wieder.

Wenn man beim Ausfließen des Schwefels Sorge trägt, nie, ausgenommen den letzten Tag, wo es nothwendig ist, das Füllen zu unterbrechen, und die Kammer zu öffnen, diese ganz zu entleeren; und wenn man an diesem letzten Tage darauf bedacht ist, die letzte Schichte der Flüssigkeit in ein besonderes Gefäß zu schütten, so kann man versichert seyn, niemals in dem Reste des durch die Destillation gelieferten Schwefels Säure zu finden, welche der Reinheit und Farbe dieser Materie nachtheilig ist, und sich immer vorfindet, wenn man die Produkte in der Kammer fest werden läßt.

Von den Detonationen.

Die Detonationen, welchen man den Namen des Blasens gegeben hat, können so traurige Folgen haben, daß man nicht Sorgfalt genug anwenden kann, um sie zu verringern. In einer Fabrike, in welcher der Schwefel auf die eben beschriebene Art gereinigt wurde, wurde das Gewölbe der Kammer gänzlich weggerissen; in der des Herrn Michel wurden die Gewölbe der Helme gesprengt; in einer anderen setzte, gerade in dem Augenblicke, wo Sachverständige zur Untersuchung der Verfahrungsart schritten, das wankende und geborstene Gewölbe das Leben mehrerer Menschen in Gefahr. Endlich wurde in der kaiserlichen Raffinerie die eiserne Thüre, welche die Oeffnung der Kammer verschließt, da sie wegen der eisernen Querstangen, die sie festhielten, nicht weichen konnte, auf der Stelle in mehrere Stücke zerschmettert. Bei den gewöhlichen Detonationen entweicht eine Wolke von dicken Dämpfen von freien Stücken mit Geräusch durch die beiden Klappen; bei den zufälligen Detonationen, verursacht die ungeheure Menge von Dämpfen, welche auf ein Mal wegzugehen strebt, ein schreckliches Geräusch, und wenn unglücklicher Weise das Spiel der Klappen nicht ganz frei ist, wenn sie nicht ein Mittel darbieten, eine große Masse von Dämpfen weggehen zu lassen, so muß eine der Seiten des Apparates, diesem gar nicht zu berechnenden Drucke nachgeben; und alsdann gleicht die Explosion, der, eines Vulkans.

Alle Detonationen haben dieselbe Ursache, nämlich die im Inneren erfolgende Verbrennung des Schwefels, denn durch diese entstehet das schweflichtsaure Gas, und die plötzliche Ausdehnung der im Apparate enthaltenen Dämpfe und Luftarten, deren Temperatur durch dieses Verbrennen plötzlich erhöht wird. Die Gewalt der Detonation ist um so größer, je lebhafter die Verbrennung, und je beträchtlicher die Menge der schon im Apparate befindlichen, verdorbenen oder plötzlich in ihn eintretenden Luft war.

Die Bildung des schweflichtsauren Gases ist demnach eine der Hauptursachen der Detonation oder richtiger, beide haben dieselbe Ursache, die innere Verbrennung.

Alles, was den Wiedereintritt der Luft verhüten kann, muß Gegenstand der Aufmerksamkeit des Arbeiters seyn, indem die mindeste Nachlässigkeit in dieser Hinsicht sein Leben in Gefahr setzen kann. Er muß sich sorgfältig überzeugen, ob auch die Thüren, sowohl der Kammer, als der Helme und der Ausflußröhre genau verschlossen sind, und alles anwenden, um sie mit der hinreichenden Menge Kütt zu versehen.

Besonders muß er beständig auf die Klappen aufmerksam seyn: die Schwefelblumen, welche sich an dieselben ansetzen, kleben sie oft, indem sie zuerst durch die Hitze geschmolzen, und nachher wieder fest werden, an ihre Rahmen fest; und natürlich erfolgt, wenn dieser für den Weggang der Dämpfe bestimmte Ausweg dem Drucke nicht weichen will, eine Ansammlung von Gas, und dieser Umstand kann als die erste Ursache der sich bei dieser Arbeit ereignenden Zufälle angesehen werden.

Eine Reihe von Beobachtungen hat gelehrt, die Umstände, unter welchen eine Detonation statt haben kann, und wenn sie am stärksten sind, vorherzusehen. Diese Umstände sollen sogleich angegeben werden.

Wenn man mit einem Apparate zu arbeiten anfängt, der um das Weggehen der Dämpfe, oder ein Erkalten darin zu bewirken, offen gewesen ist, so hat immer eine Detonation, oder wenigstens ein geräuschvolles und schnelles Ausströmen dieser Dämpfe statt.

Diese Wirkung ereignet sich bei der ersten Füllung der Kessel. Je länger der Apparat geöffnet blieb, je mehr sich die Temperatur der Kammer der der Atmosphäre nähert, und je kälter diese ist, desto beträchtlicher wird auch der Weggang der Dämpfe seyn: und diese wird in noch höherem Maaße statt finden, wenn der Wind mit Macht aus Norden bläßt.

Die Handgriffe bei der Arbeit und die Art, wie der Arbeiter sie leiten müsse, sind mit der nöthigen Ausführlichkeit dargelegt worden. Das Entweichen der Dämpfe hat gewöhnlich statt, so wie die Masse in einem der Kessel aus dem Zustande des Siedens in den der Verflüchtigung übergehet: alsdann entzündet sich der Schwefel und brennt an der Oberfläche. Man sieht in diesem Augenblicke einen dicken Rauch aus den Klappen und besonders aus der, die gerade dem Kessel entspricht, weggehen. Wenn im zweiten Kessel gleichfalls die Verflüchtigung beginnt, so vermehrt sich dieser Rauch; und dringt zu gleicher Zeit aus beiden Klappen heraus. Die Menge der Dämpfe, welche unter diesen Umständen aus dem Apparate weggehet, ist oft beträchtlich; und je größer die jetzt entweichende Menge ist, desto weniger hat man eine Detonation zu fürchten. Das Entweichen der Dämpfe zeigt ein Uebermaaß derselben im Innern an, und giebt zu erkennen, daß, da die Atmosphäre der Kammer damit überladen ist, dieselbe so sehr verdorben sey, um alle Entzündung zu verhindern. Der Arbeiter muß dieses Entweichen der Dämpfe erleichtern, indem er seine Klappen öffnet, so oft sich Rauch zeigt, und indem er sie selbst von Zeit zu Zeit offen hält. Alsdann wird in dem Augenblicke, wo im zweiten Kessel die Verflüchtigung anfängt, gar keine oder eine sehr unbedeutende Verbrennung statt haben; und wenn eine Detonation entstehet, so ist sie schwach. Fand aber bei dem ersten Kessel gar kein Entweichen der Dämpfe statt, haben sich außerhalb gar keine Dämpfe gezeigt, so muß der Arbeiter alles fürchten, wenn in dem zweiten Kessel die Verflüchtigung anfängt. Er muß diesen anzuhalten suchen, um dem ersten Zeit zu lassen, die Luft zu verderben.

Geht in beiden Kesseln die Verflüchtigung vor sich, so hat kein neuer Weggang statt, die Gefahr der Detonationen ist vorüber, und Erkältungen allein im Apparate können neue herbeiführen. Sie sind unvermeidlich, theils wegen der Veränderungen in der Atmosphäre, theils wegen der Pausen, die man während der Nacht zwischen den Füllungen des Kessels zu machen genöthigt ist. Je kürzer diese Zwischenräume sind, desto weniger Erkältung und desto weniger Gefahr, welche durch das Entweichen veranlaßt werden könnte, hat man zu fürchten.

Wenn man diese Operationen in einem Apparate angefangen hat, der lange offen gestanden hat und völlig erkaltet ist, wenn zu diesem Umstande noch entweder eine kalte Temperatur oder Nordwind kommt, so muß man sogleich und ohne Zwischenräume beim Füllen, die Temperatur der Kammer auf einen hohen Grad von Wärme bringen, und ihre Atmosphäre durch einen Druck von hinlänglich vielen Dämpfen verstärken; was man dadurch erreicht, wenn man die Arbeit ohne irgend eine Unterbrechung die ersten vierzig Stunden lang fortsetzt, dieses macht ungefähr vier Füllungen aus. Wenn man, nachdem man die erste Füllung gemacht hat, welche immer länger dauert als die anderen, (da keine vorhergehende Wärme sie beschleunigen hilft) die Arbeit die erste Nacht hindurch, besonders im Winter unterbricht, so hat man alles für den zweiten Tag zu fürchten; denn da die durch die erste Füllung erzeugten Dämpfe während der Nacht verdichtet worden sind, und da es an genugsamer Wärme mangelte, um sie im Gaszustande zu erhalten, so hat die äußere Luft den Platz wieder eingenommen, welchen sie in ihrem ausgedehnten Zustande behauptete, und da sich nun die gewöhnliche Verbrennung der Kessel den zweiten Tag durch den ganzen Apparat verbreitet, indem sie von selbst die durch die erste Füllung verbreiteten Theilchen von verflüchtigtem Schwefel entzündet, so entstehet wenigstens ein bedeutendes Blasen (soufflement), oft eine höchst gefährliche Detonation.

Um das bisher Gesagte kurz zusammenzufassen: die Verbrennungen des Schwefels und die theilweisen Entzündungen sind unvermeidlich; diese Verbrennungen stehen mit der Menge der noch unverdorbenen im Apparate befindlichen Luft, und die Wirkungen mit der Menge des in demselben Augenblicke brennenden Schwefels im Verhältnisse; sie sind um so beträchtlicher, je mehr Theilchen von verflüchtigtem Schwefel vorhanden sind, welche, bei der Gegenwart der Luft, geneigt sind, die Verbrennung weiter fortzupflanzen, und die Menge der vorhandenen Luft wird durch die Erkältung, die Abwesenheit oder Verdichtung der Dämpfe vor der Destillation bestimmt.

Man muß daher dem Arbeiter eine beständige Aufmerksamkeit auf diejenigen seiner Klappen, welche dazu bestimmt sind, den Dämpfen einen Ausweg zu verschaffen, einschärfen. Er muß wissen, daß die Detonationen nur alsdann statt finden, wenn dieser Ausgang unzureichend oder gar verschlossen ist; er muß das Entweichen der Dämpfe immer theilweise zu bewirken suchen, er muß aus dem Zustande der äußeren Temperatur und der im Innern vor seiner Arbeit, die Erfolge voraussehen können, er muß während der ganzen Arbeit der äußeren Luft keinen Zutritt gestatten, er muß immer fürchten, um nie an Vorsicht etwas mangeln zu lassen; das Gefühl seiner Selbsterhaltung macht ihm eine Pflicht daraus.

Durch die Destillation wird der Schwefel in den vollkommensten Zustand der Reinheit, welchen die Kunst hervorbringen kann, versetzt. Alle fremde Körper, die sich nicht verflüchtigen lassen, bleiben fest im Kessel zurück. Und doch ist der Verlust nicht bedeutender, als der, welchen derselbe Schwefel bei dem alten Raffinirungsverfahren erlitt. Die Menge dessen, was immer davon in den Rückständen zurückbleibt, wird anderweitig benutzt, und diese Ersparniß wiegt beinahe den Verlust auf, der durch Verwandelung des verbrennenden Schwefels in schweflichtsaures Gas, was bei diesem Verfahren unvermeidlich ist, hervorgebracht wird.

Die vom rohen Schwefel abfallenden Abgänge sind die fremden erdigen und metallischen Körper, die er enthält, und die mehr oder minder beträchtliche Menge Feuchtigkeit, welche ihn immer begleitet, besonders den Schwefelstaub, der beständig einen Antheil der Masse ausmacht.

Wiederholte Abwägungen der auf dem Boden des Kessels zurückbleibenden feuerbeständigen Substanzen, gaben als Resultat: daß auf einen Totalabfall von 10 bis 11 Prozent sie ungefähr 6 bis 7 ausmachen; der Ueberschuß des Abfalls wird nicht wiedergefunden; er bestehet aus der in Dämpfen weggehenden

den Feuchtigkeit und dem Antheile des verbrannten und in schweflichtsaures Gas verwandelten Schwefels.

Die chemische Analyse der feuerbeständigen Materien würde vielleicht sehr befriedigende Resultate liefern; sie würde aber mehr Interesse für die Chemie, als für die Kunst zu Raffiniren haben.

Wir haben uns hinlänglich über die Ursachen der Bildung des schweflichtsauren Gases ausgebreitet; die Vorsichtsmaaßregeln, welche man nehmen muß, um die Wirkung der Verbrennungen zu vermindern und abzuändern, haben einen bedeutenden Einfluß auf das Quantum des Abganges, der daraus hervorgeht. Bei der Sublimation steigern die häufigen, von dieser Operation unabtrennlichen Verbrennungen den Verlust von den Schwefelblumen auf 20 Procent, während er bei der Destillation, deren Produkte eben so rein sind, nicht 10 bis 11 Procent überschreiten darf.

Da die Qualität des rohen Schwefels in seinem Preise einen beträchtlichen Unterschied macht, der immer bedeutender ist, als der größere Abfall, welcher bei einer schlechteren Sorte Rohschwefel statt findet; während die Produkte der Destillation, die Qualität des angewandten Schwefels sey, welche sie wolle, immer dieselben sind, so ist es für den Unternehmer zweckmäßig, mit der mindest kostbaren Art dieses Schwefels zu arbeiten. Man darf selbst nicht das mindeste Bedenken tragen, denjenigen zu kaufen, der im Handel mit dem Namen des verbrannten Schwefels (soufre brulé) bezeichnet wird. Sein Abgang ist wirklich etwas stärker, aber man wird doch, in Rücksicht auf den weit höheren Preis, in welchem schönerer Schwefel stehet, noch Vortheil dabei haben. Seine Produkte sind mit den übrigen von gleicher Beschaffenheit; hinreichend ist es, bei der Besorgung der Oefen, zu verhüten, daß der Schwefel, der um so mehr Neigung hat, sich beim Sieden zu erheben, je mehr Schlacken er enthält, sich nicht in die Kammer ergieße, indem er über den Rand aufsteigt.

Die Feuchtigkeit des rohen Schwefels verdient ihrerseits eine besondere Aufmerksamkeit. Sie ist, wenn sie zu beträchtlich ist, der Destillation hinderlich Das Ueberlaufen der Flüssigkeit beim Sieden ist mehr zu befürchten, die Detonationen aus dem Apparate sind häufiger, wegen der Menge von wässrigen Dämpfen, welche sich entbinden, und weil diese geneigt sind, sich bei der leichtesten Erkältung zu verdichten.

Die bei der Operation erzeugte schweflichte Säure wirkt stark auf die eisernen Thüren und die Klappen von Eisenblech ein; besonders sind die letzteren ihrer Einwirkung ausgesetzt. Es erzeugt sich dadurch ein Schwefelrost, der sich an die Wände und besonders an das Pflaster der Kammer ansetzt, auf welchem er eine schwarze, anhängende Kruste bildet, welche man beim Reinigen des Innern des Apparates, wenn die Anhäufung dieser Krusten es nöthig macht, abkrazzen muß.

Von der Aenderung der Farbe.

Bei Aufzählung der Ursachen, welche auf die Veränderung der Farbe der erhaltenen Produkte Einfluß haben, kann nur weniges über die gesagt werden, welche in ihrem Ansehen und in ihrer Reinheit durch das Ueberlaufen entstehet, welches in dem Augenblicke statt haben kann, wo der siedende Schwefel sich über den Rand, der ihn zurückzuhalten bestimmt ist, zu erheben sucht. Dieser Zufall, welcher nicht zur Operation gehört, sondern bloß aus einem Fehler bei der Arbeit entspringt, kann nur durch ein Versehen des

Arbeiters verursacht werden, er kann ihn durch beständige Aufmerksamkeit auf den Gang seiner Kessel vermeiden.

Das Herausziehen des Schwefels durch Ausfließen der geschmolzenen Masse, bewahrt auch die Produkte vor der Veränderung, welche sie durch die in den wässrigen Dünsten aufgelösten Verbindungen des Schwefels mit Eisen erleiden können, wenn diese Dämpfe, durch das Erkalten verdichtet, sich auf den Boden der Kammer niedersenken. Da die Auflösungen dieser schwefelhaltigen Verbindungen beständig auf der Oberfläche der Flüssigkeit bleiben, so können sie nur dann durch die Abzugsröhre abfließen, wenn man den Apparat gänzlich ausleerte; sie bleiben also, vermöge der Vorsicht, die Abzugsröhre immer einige Linien über dem Fußboden anzubringen, so daß die letzte Schichte nicht auslaufen kann, größtentheils auf dem Boden der Kammer zurück.

Der Einfluß der Wärme auf die Farbe der Produkte muß aber besonders in Betrachtung gezogen werden.

Der reine destillirte Schwefel muß sich für das Auge durch eine lebhafte gelbe, auf dem Bruche glänzende Farbe unterscheiden, er muß zugleich halb durchsichtig seyn, und ein leicht öligtes Ansehen und eine grünliche Färbung zeigen. Damit er diese Eigenschaften in sich vereinige, muß er im Apparate einem hinreichenden Wärmegrade ausgesetzt gewesen seyn.

War die Temperatur des Apparates nicht hoch genug, so ist die Farbe blaß, es fehlt ihr Glanz und Lebhaftigkeit. Diese Kennzeichen bemerkt man an den Schwefelblumen.

War die Hitze des Apparates zu stark, so daß der Schwefel in den syrupsähnlichen Zustand überging, so erhält man, wenn er beim Erkalten fest wird, einen Schwefel von dunkelgelber, ja selbst ins Graue fallenden Farbe.

Ich wage nicht die Ursachen dieses Einflusses der Wärme auf die Farbe des Schwefels zu bestimmen. Obgleich seine Reinheit immer dieselbe seyn mag, so muß sich doch der Arbeiter beeifern, eine Vollkommenheit zu erreichen, welche seine Produkte in den Augen der Käufer auszeichnet.

Uebung in seiner Arbeit wird ihn dieß Ziel erreichen lassen. Wenn er sieht, daß der in der Kammer befindliche Schwefel geschmolzen ist, so wird er ihn durch die Röhre auslaufen lassen, bevor ein zu hoher Wärmegrad ihn ins Sieden bringt. So wird er fortfahren, seine tägliche Ausbeute, so wie sie flüssig geworden ist, herauszulassen. Die Beschaffenheit der flüssigen Masse wird ihm den innern Temperaturgrad anzeigen. Wenn sie ihre Durchsichtigkeit und Dünnflüssigkeit verloren hat, wenn sie in den Gefäßen, in welchen er sie auffängt, siedet, wenn sie beim Herauslaufen einen dicken, erstickenden Rauch ausstößt, so kann er daraus schließen, daß die innere Hitze zu stark sey; er zieht alsdann allen Schwefel heraus und hält mit der Arbeit ein, um dem Apparate einige Erkältung zu verschaffen, und durch Oeffnung der verschiedenen Ausgänge und Zulassnng der äußeren Luft den Weggang der Dämpfe zu bewirken.

Zweiter Theil.

Von den verschiedenen, sowohl in Frankreich, als in anderen Ländern bei der Fabrikation des Schießpulvers gebräuchlichen Verfahrungsarten. — Von den Mitteln, dessen Stärke zu untersuchen, und die chemische Analyse desselben anzustellen.

Es wurde schon gesagt, daß die Stärke und die gute Beschaffenheit des Schießpulvers wesentlich von der Reinheit der drei Substanzen, die in seine Zusammensetzung eingehen, von einem gehörigen Verhältnisse ihrer respektiven Mengen und von einer so genau als möglich vorgenommenen Mischung derselben, abhänge. Durch die im ersten Theile dieses Werkes gegebenen Beschreibungen der Verfahrungsarten bei der Fabrikation und dem Raffiniren des Salpeters, beim Brennen der Kohlen und bei Reinigung des Schwefels, haben wir die Mittel an die Hand gegeben, die erste dieser Bedingungen zu erfüllen; es bleibt uns nun noch übrig, die Wege anzuzeigen, auf welchen man den beiden anderen Genüge leisten kann. Da man aber in Frankreich die Erfahrung gemacht hat, daß es nicht vortheilhaft sey, diese drei reinen Substanzen anzuwenden, bevor sie nicht in den Zustand der feinsten Zertheilung gebracht worden sind, so ist es nöthig, daß wir zuerst von der Behandlung sprechen, welcher sie, zur Erfüllung dieses Zweckes, vorläufig unterworfen werden müssen.

Erstes Kapitel.

Von der Vorbereitung der drei Substanzen, ehe sie zur Bereitung des Schießpulvers angewendet werden, und der ersten, allen Fabrikationsarten gemeinschaftlichen Arbeit.

Wenn der Salpeter durch die im ersten Theile beschriebene ehemalige Raffinirungsmethode unter der Gestalt von sehr harten Brodten erhalten wurde, so unterwarf man ihn in größeren oder kleineren Stücken der Einwirkung der Stampfmühlen, von welchen in der Folge geredet werden wird.

Der Schwefel, mit Ausnahme dessen aus einer kleinen Anzahl Fabriken, in welchen er gröblich gepulvert wurde, wurde im Allgemeinen eben so, wie der Salpeter, in Stücke zerschlagen angewandt.

Die Kohle wurde ebenfalls in dem Zustande, in welchem sie sich nach ihrem Brennen befand, in die Mühle gebracht.

Es ist augenscheinlich, daß man sich bei dieser Verfahrungsart der Gefahr aussetzte, fremde Körper in die Zusammensetzung des Pulvers einzuführen, welche fähig sind, eine Explosion zu verursachen, indem sich dergleichen, bei der Krystallisation des raffinirten Salpeters in Massen, mit einfinden, oder den beim Raffiniren des Schwefels und dem Auslesen der Kohle genommenen Vorsichtsmaaßregeln entwischen konnten. Ueberdieß befand man sich in der Nothwendigkeit, eine weit längere Zeit mit dem Stampfen anzuhalten, um die vollkommene Zerreibung dieser drei so angewandten Substanzen zu bewirken. Seitdem man sich aber, durch die Art zu Raffiniren, deren genaue Beschreibung ebenfalls im ersten Theile gegeben wurde, den Vortheil verschafft hat, den Salpeter in einem Grade von Feinheit zu erhalten, der es gestattet, durch nachheriges Trocknen und Durchtreiben durch ein messingenes Sieb alle fremde Körper, mit welcher er sich gemischt finden könnte, zu trennen, so kann derselbe zur Fabrikation des Schießpulvers, in diesem Zustande und ohne weitere Vorbereitung angewendet werden, ohne Unbequemlichkeit und Gefahr zu besorgen. Um diese Vollkommenheit in der Art, den Salpeter zu raffiniren, noch wirksamer und nützlicher zu machen, um immer mehr und mehr Zufälle zu vermeiden und sich eine bessere Fabrikation zu sichern, hat man geglaubt, daß es zweckmäßig sey, die Kohle und den Schwefel auf denselben Grad der Zertheilung, wie den Salpeter, zu bringen.

Erster Abschnitt.

Von dem Pulverisiren des Schwefels und der Kohle.

Das Pulvern des Schwefels kann man mittelst eines Pochwerkes bewerkstelligen, welches aus eisernen Hämmern, die in, aus gegossenem Eisen angefertigte Stampflöcher fallen, bestehet, und denen ähnlich ist, deren man sich in den Gießereien bedient. Auch kann man diese Operation vermittelst einer Stampfmühle verrichten. Diese Mittel sind die leichtesten und einfachsten, haben aber beide das Unbequeme, daß sie das Verstäuben einer bedeutenden Menge der gepülverten Substanz veranlassen. Die Maschine mit Mühlsteinen, deren Beschreibung im Anhange gegeben werden soll, scheint am besten zum Pulverisiren des Schwefels geeignet zu seyn; und ich glaube, daß man sich ihrer vorzugsweise in allen Pulverfabriken, wo diese Maschine angelegt werden kann, bedienen müsse. Jedes der drei hier angezeigten Mittel ist jedoch unzureichend, um diese Substanz in ein vollkommen feines Pulver zu verwandeln. Man wird immer noch darin kleine, sehr harte Körper entdecken, welche der Wirkung des Reibens widerstanden haben, so lange dasselbe auch fortgesetzt wurde, weil der zerriebene Schwefel eine Art Klebrigkeit besitzt, welche macht, daß er sich unter dem ihn zusammendrückenden Körper zusammenballt. Nur durch das Sieben kann man diese Körner, welche nicht in Staub verwandelt werden konnten, trennen, und man muß sich zu diesem Behufe eines Siebes von Seide von sehr dichtem Gewebe bedienen. Durch diese letzte Operation erhält man sodann den Schwefel im Zustande eines beinahe unfühlbaren Pulvers.

Da aber das Sieben eine sehr langwierige Arbeit ist, so bedient man sich zu seiner Abkürzung eines Sichtbeutels, der entweder für sich vom Wasser getrieben, oder mittelst eines kleinen, mit der Reibemaschine in Verbindnng gesetzten Triebwerkes zugleich mit diesem in Bewegung gesetzt wird. Das zylindrische Gestelle des Sichtbeutels wird mit einem sehr dichten Seidenzeuge überzogen. Man schüttet den gepulverten Schwefel in den Mühlentrichter, welcher mit dem Innern des Zylinders durch einen kleinen, sehr geneigten Gang in Verbindung stehet. Der Zylinder siebt bei seinem Umdrehen den Schwefel durch; der feine Theil geht durch das Seidenzeug und fällt herunter; die gröberen Theile bleiben im Innern auf dem Seidenzeuge zurück, gleiten, vermittelst einer schicklichen Neigung, welche man ihm von der Seite, von der die Substanzen einfallen, gegen die entgegengesetzte gegeben hat, den Zylinder entlang, und fallen von selbst in einen zu diesem Behufe angebrachten Kasten. Man nimmt sie heraus, um sie noch einmal in die zum Zerreiben des Schwefels bestimmte Maschine zu bringen.

Da der den Sichtbeutel umgebende Kasten nicht allein dazu bestimmt ist, den gesiebten Schwefel aufzufangen, sondern auch zu verhindern, daß nichts von dem Pulver verstäube, so muß man darauf sehen, daß er genau schließe.

Der so durch den Sichtbeutel gegangene Schwefel, wird in das Gebäude gebracht, von dessen Einrichtung wir weiterhin sprechen werden. Man thut ihn in die zu seiner Aufnahme bestimmten Fässer oder Tonnen, und bedeckt sie mit einem Tuche.

Die Kohle ist, wenn sie gut bereitet wurde, von allen drei Substanzen diejenige, welche sich am leichtesten zertheilen läßt. Es ist so wenig Kraft nöthig, sie vollständig in Staub zu verwandeln, daß man in einigen Fabriken es für unnütz gehalten hat, sie dieselbe Zubereitung erfahren zu lassen, wie die beiden anderen Substanzen, welchen sie zugesetzt wird. Man wandte sie also in Stücken, oder vielmehr in Stäben an, so wie man sie gewöhnlich durch das Verkohlen erhielt. Die Erfahrung hat aber gezeigt, daß, da durch die ersten Wirkungen des Stampfens das Innere der Kohlenstäbe, welches bis dahin vor der Einwirkung der Luft geschützt war, jetzt plötzlich mit ihr in Berührung gesetzt wird, diese Erschütterung in gewissen Fällen, und vielleicht bei der Mitwirkung anderer Umstände, im Stande sey, sie zu entzünden *), und so das Verbrennen der Substanzen zu verursachen. Man glaubte, dieser vermutheten Ursache der Entzündung dadurch vorbeugen zu können, daß man die Kohle vorher pulverte und siebte, und sie gewissermaaßen vor ihrer Anwendung in der Luft löschte; indem man aber diesen bekannten Zufällen ausweichen wollte, setzte man sich einer anderen unvorhergesehenen

*) Der Professor Bartholdi behauptet, daß sich bisweilen beim Verkohlen von verschiedenen Arten weißen Holzes, und besonders des Faulbaumholzes Phosphor bilde; und daß dieser Phosphor, welcher mit der Kohle verbunden bleibt, eine starke Detonation hervorbringen kann, wenn die Kohle mit Salpeter gerieben wird. Hassenfratz hat gleichfalls diese Substanz in der Holzkohle entdeckt.

Gefahr aus. Zwei Selbstentzündungen der gepulverten Kohle in dem Sichtbeutel selbst, in welchem diese Kohle gesiebt wurde, welche in der Pulverfabrik zu Essonne im Jahre 8 (1800) kurz nach einander statt hatten, zeigten nur zu sehr, daß man durch diese Vorbereitung sich noch nicht ganz vor den Unfällen, welche aus ihrer Anwendung entspringen konnten, gesichert habe (man sehe die Annales de Chimie, Theil 35, Seite 93). Wir wollen uns hier nicht in eine Untersuchung über die Selbstentzündungen vertiefen, deren Erfolge, welche glücklicherweise nur einen Verlust von sechshundert Pfunden Kohle verursachten, unendlich bedeutender hätten seyn können. Wir bemerken nur, daß, da das Einsaugungsvermögen der Kohle für Gasarten sich um so stärker äußern muß, je mehr die Berührungspunkte mit ihnen vervielfältigt sind, es möglich sey, daß sie im Zustande ihrer feinsten Zertheilung mit so viel Kraft auf die absorbirten Gasarten einwirkt, daß sie sie verdichtet, so daß ein Freiwerden von Wärmestoff und Erzeugung von Wärme statt hat, welches, indem es sich fortschreitend in der gepülverten Masse vermehrt, die Temperatur derselben bis zum Entzündungspunkte erhöhet. Nach Rouppe, Professor der Chemie zu Rotterdam, dessen Erfahrungen und Meinung über diesen Gegenstand Berthollet anführt, bildet die mit Wasserstoffgas angeschwängerte Kohle (und dieses Gas scheint sich immer in bedeutender Menge in ihr zu finden), wenn sie mit der atmosphärischen Luft in Berührung gebracht wird, durch Anziehen von Sauerstoff aus derselben Wasser, wobei Wärmeentwicklung statt hat. Professor Bartholdi sagt, daß der kleine Antheil Phosphor, welcher sich bisweilen bei Verkohlung mehrerer Holzarten bildet, mit denselben Basen verbunden bleiben könne, welche vor der Verbrennung Phosphorsäure enthielten, und daß es, durch das Zusammentreffen mehrerer Umstände sich ereignen kann, daß die so mit irgend einer Phosphorverbindung imprägnirte Kohle, wenn sie einer warmen und feuchten Luft ausgesetzt wurde, gephosphortes Wasserstoffgas entwickelt, welches sich bei Berührung mit der atmosphärischen Luft entzünden, und die Entzündung der Masse der Kohle mittheilen kann. Eine besondere Beobachtung, welche diese letztere Meinung zu begünstigen scheint, ist die, daß bei der ersten der beiden Selbstentzündungen, welche sich zu Essonne ereigneten, man in dem Augenblicke, wo die Thüre des Sichtbeutels, welcher die gepulverte und gesiebte Kohle enthielt, geöffnet wurde, einen Zug von Feuer bemerkte, welcher auf der Oberfläche der Kohle hinlief, wie eine Schlange, welche sich hinschlängelt: dieß sind die in dem Protokoll, in welchem das Ereigniß niedergelegt ist, verzeichneten Ausdrücke.

Welches auch die Ursachen seyn mögen, durch die diese Entzündungen hervorgebracht wurden, so mußte man sich doch, seit es bekannt war, daß gepulverte und gesiebte Kohle von selbst Feuer fangen könne, mit den Vorsichtsmaaßregeln beschäftigen, welche dieser Gefahr vorbeugen können; und die Maaßregel, welche seit der Zeit in Frankreich angenommen worden ist, scheint diesen Zweck vollkommen erfüllt zu haben. Diese Maaßregel wurde 1808 von David, der damals Commissair en Chef war und die Anlage zu Ripault leitete, woselbst er Versuche damit machen ließ, vorgeschlagen. Sie bestehet darin, die Menge der Kohle, welche man anwenden will, im Zustande von Stücken oder Stäben, die vorher mit der größten Sorgfalt ausgelesen sind, zu wiegen; sie mit ungefähr 0,70 ihres Gewichtes Wasser zu benetzen und so lange umzurühren, bis alle Kohle gleichmäßig befeuchtet ist; dieses Gemisch wird alsdann allein der Einwirkung der Stampfen unterworfen. Das Reiben der Kohle geschieht auf diese Art mit der größten Leichtigkeit in sehr kurzer Zeit und ohne alles Verstäuben. Es gewährt also diese Art auf ein Mal den doppelten Vortheil, jeder Ursache zu einer Detonation und Entzündung der Kohle vorzubauen, und allen Abfall von dieser Substanz zu verhüten.

Zweiter Abschnitt.

Von dem Verhältnisse der drei Substanzen bei ihrer Anwendung zur Fabrikation des Schießpulvers, oder dem Mischungsverhältnisse. (Dosage, Dosirung?)

Das schicklichste Verhältniß, in welchem man das salpetersaure Kali, den Schwefel und die Kohle, deren Verein das Schießpulver ausmachen soll, mit einander verbinden muß, nennt man Mischungsverhältniß (dosage). Sein Endzweck ist, die schnellste und vollständigste Verpuffung dieser drei Substanzen zu bewirken, indem es jede derselben mit der ganzen Wirkung, welche sie durch ihre Einwirkung in Rücksicht auf die beiden andern hervorbringen kann, mitwirken läßt. Um diesen Zweck zu erreichen, muß man sich von dem, was beim Verpuffen des Schießpulvers vorgeht, Rechenschaft geben können und im Stande seyn, alle Resultate dabei anzugeben. Sie können aber so viele Abänderungen, oft durch so wenig vorher zu schätzende Umstände, erfahren; daß es kaum möglich ist, sie als ein vollkommen einförmiges und beständiges Ganze zu betrachten. Man muß sich also bei Bestimmung des Mischungsverhältnisses auf die Kenntniß derjenigen von den Hauptwirkungen, welche nicht fehlen können, beschränken, und es ist bekannt, daß diese Hauptwirkungen wesentlich in der plötzlichen Umwandlung eines Theils der Substanzen, welche das Schießpulver zusammensetzen, in elastische luftförmige Flüssigkeiten bestehen. Bei der Erhöhung der Temperatur, welche die Entzündung des Schwefels und der Kohle durch den Funken hervorbringt, verbindet sich, bei der plötzlichen Zersetzung des salpetersauren Kali der Sauerstoff der Salpetersäure mit dem Kohlenstoffe der Kohle und der andere Grundbestandtheil dieser Säure, der Stickstoff, wird in Freiheit gesetzt. Die Menge von Wärmestoff, welche dabei frei wird, beträgt weit mehr als nöthig ist, um die sich bildende Kohlensäure und den abgeschiedenen Stickstoff in gasförmigen Zustand zu versetzen, und es bleibt daher noch genug übrig, um die Ausdehnung dieser Gasarten und des Wasserstoffgases, so wie der atmosphärischen Luft, welche mit der Kohle und dem Schießpulver im Augenblicke ihrer Entzündung verbunden seyn konnten, und selbst die Umwandelung des Wassers, welches die Kohle noch zurückbehalten haben mochte, in Dämpfe zu bewirken. Endlich, da dieser Wärmestoff, welcher sich auf ein Mal in so großer Menge entwickelt, nicht so schnell durch die Körper, in welchen die Entzündung des Schießpulvers statt hat, durchgehen kann, so kann er selbst, nach Art anderer entwickelter elastischen Flüssigkeiten, kräftig wirken, und viel zur Vermehrung der Wirkung der Detonation beitragen.

Es scheint außerordentlich, daß in einem Falle, wo feste Substanzen so schnell in den luftförmigen Zustand übergehen, sich so viel Wärme zeigt, da die Theorie im Gegentheile sagt, daß hier eine bedeutende Absorbtion von Wärmestoff statt haben sollte; und man hat diese Beobachtung als in einem auffallenden Widerspruche mit den Grundsätzen der Wissenschaft stehend, angeführt. Aber die Quelle, woher dieser Wärmestoff kommt, ist bekannt. Man weiß, daß unter allen Verbindungen des Sauerstoffgases mit andern gasartigen Substanzen es bei der, welche es mit dem Stickgase eingeht, um Salpetersäure zu bilden, das wenigste von dem Wärmestoffe, der mit ihm in seinem gasartigen Zustande verbunden war, fahren läßt, und daß es, nach Lavoisiers Erfahrungen und Berechnungen, noch ungefähr 0,88 davon zurückhält. Ebenfalls ist es bekannt, daß die Salpetersäure bei ihrer Verbindung mit dem Kali nur einen sehr kleinen Antheil dieses Wärmestoffes frei werden läßt. Die Menge desselben, welche dem zufolge zurückbleibt, ist also so beträchtlich, daß der Sauerstoff sich gewissermaßen in dieser Säure im Zustande eines verdichteten Sauerstoffgases befindet, welches auf sein kleinstes Volumen zurückgebracht ist, und da es sich beständig frei zu machen strebt, es dem zufolge so wenig festgehalten wird, daß die geringste Gewalt hinreicht, ihm seine Freiheit zu geben. Aber in demselben Augenblicke, wo es im Gaszustande wieder erscheint, geht es eine neue Verbindung ein, deren Gasform weit weniger Wärmestoff erfordert, als es, um als Sauerstoffgas erscheinen zu können, bedurfte, und alsdann muß jener sich in einem großen Ueberschusse zeigen.

Gerade das ist es, was bei der Detonation des Schießpulvers geschieht, wenn der von der Salpetersäure geschiedene Sauerstoff sich mit dem Kohlenstoffe der Kohle verbindet. Es bedarf nur eines Antheils des Wärmestoffes, der mit ihm verbunden war, um sowohl die gebildete Kohlensäure als das durch die Zersetzung der Salpetersäure frei gewordene Stickgas im gasförmigen Zustande zu erhalten.

Das älteste in Frankreich bekannte Mischungsverhältniß ist das von 0,750 Salpeter, 0,125 Kohle und 0,125 Schwefel. Obgleich diese Verhältnisse zuerst zu einer Zeit aufgestellt wurden, wo wissenschaftliche Kenntniß der Chemie noch in ihrer Kindheit war, wenn man auf die reißenden Fortschritte sieht, welche sie seitdem gemacht hat, und die Bestimmung derselben in einen Zeitpunkt fällt, wo die Theorie der Luftarten kaum bekannt war, so kann man doch nicht läugnen, daß sie in Rücksicht auf die chemische Natur dieser Substanzen und ihre Wirkung bei dem Verknallen des Schießpulvers, dessen Haupterscheinungen uns heut zu Tage viel leichter zu erklären geworden sind, sehr zweckmäßig bestimmt sind.

Man hat seitdem zuweilen andere Mischungsverhältnisse versucht, aber vielleicht ist nie in Frank-

reich

reich eine so vollständige Arbeit über diesen Gegenstand erschienen, als die auf Befehl der Regierung 1794 veranlaßte, welche eine Commission zu diesem Endzweck ernannte, die aus Herrn Pelletier, einem Chemiker und Mitgliede des National-Institutes, und Riffault, (der damals Commissair zu Ripault war, gegenwärtig Administrator ist), unter der Aufsicht des Herrn Rioche, eines Mitgliedes der National-Versammlung, bestand. Diese Maaßregel hatte nicht allein den Zweck, das schicklichste Verhältniß der drei Substanzen bei Zusammensetzung des Schießpulvers aufzufinden, die Commissaire waren außerdem noch beauftragt, sich zu überzeugen, bis zu welchem Punkte es möglich sey, die Dauer der Wirkung der damals gebräuchlichen Stampfmühlen auf diese Substanzen abzukürzen. Im Laufe ihrer Untersuchungen, welche in der Pulverfabrike zu Essonne angestellt wurden, ließen diese Commissarien Pulver aus fünf verschiedenen Mischungsverhältnissen *) anfertigen, wobei verschiedene Abänderungen, sowohl in der vorhergehenden Zubereitung der Substanzen, als auch in der Behandlung während der Fa-

*) Folgendes sind die fünf versuchten Mischungsverhältnisse, nemlich:

0,76 Salpeter 0,14 Kohle 0,10 Schwefel, Mischungsverhältniß in dem Schießpulver zu Basel;

0,76 Salpeter 0,12 Kohle 0,12 Schwefel, war damals in der Pulverfabrik zu Grenelle im Gebrauch.

0,76 Salpeter 0,15 Kohle 0,09 Schwefel. Von Guyton de Morveau angegeben.

0,7732 Salpeter 0,1344 Kohle 0,0924 Schwefel. Von eben demselben.

0,775 Salpeter 0,150 Kohle 0,075 Schwefel. Von Riffault vorgeschlagen.

brikation statt hatten, und bei einer Reihe von mehr als zweihundert Schüssen aus dem Probirmörser, von dem wir bald Gelegenheit haben werden, zu sprechen, waren es die Mischungsverhältnisse von 0,76 Salpeter, 0,15 Kohle, 0,09 Schwefel, und von 0,76 Salpeter, 0,14 Kohle und 0,10 Schwefel, welche beständig die genügendsten Resultate gewährten. Dem, der Regierung von den Commissarien abgestatteten Berichte zufolge, wurde das Mischungsverhältniß von 0,76 Salpeter, 0,15 Kohle und 0,9 Schwefel vorzugsweise angenommen und vorzugsweise für das Kriegs-Schießpulver vorgeschrieben. Einige Jahre nachher glaubte man jedoch an die Stelle dieses Mischungsverhältnisses das von 0,76 Salpeter, 0,14 Kohle und 0,10 Schwefel setzen zu müssen, welches bei den Versuchen der Commissarien mit dem ersteren um den Vorzug gestritten hatte. Zu dieser Veränderung wurde man dadurch bewogen, daß, da in diesem letztern Mischungsverhältnisse der Antheil der Kohle etwas geringer und der des Schwefels etwas beträchtlicher ist, hieraus, bei einer beinahe gleichen Beschaffenheit, ein Vorzug für die Aufbewahrung des Schießpulvers hervorgeht. Endlich hat man, trotz des größeren Vorzuges, welchen das neue Mischungsverhältniß dem Schießpulver gab, doch seit kurzem demjenigen den Vorzug gegeben, welches seiner Aufbewahrung am günstigsten war, was so nothwendig ist, wenn das Schießpulver häufig und weit verfahren werden soll, oder eine gewisse Zeit in den Magazinen bleiben muß; und man ist auf das allerälteste Mischungsverhältniß von 0,750 Salpeter, 0,125 Kohle und 0,125 Schwefel zurückgekommen. In diesem Mischungsverhältnisse ist der Antheil derjenigen Substanz, welche fähig ist, die Feuchtigkeit mächtig einzusaugen, mehr und mehr verringert und durch diejenige ersetzt worden, welche das Schießpulver davor bewahrt. Dieß ist also heut zu Tage das in Frankreich für das Kriegsschiespulver gebräuchliche Mischungsverhältniß; das für das Pulver in der Schweiz ist: 0,76 Salpeter, 0,14 Kohle und 0,10 Schwefel; und aus mehreren mit englischem Schießpulver angestellten Analysen hat man ersehen, daß dasselbe aus 0,76 Salpeter, 0,15 Kohle und 0,09 Schwefel zusammengesetzt ist.

Da das Phänomen des Verknallens des Schießpulvers hauptsächlich, wie schon gesagt, in der plötzlichen Zersetzung der in dem salpetersauren Kali befindlichen Salpetersäure seinen Grund hat, indem durch den freien überschüssigen Wärmestoff die Ausdehnung des kohlensauren Gases, das durch die schnelle Verbrennung des Kohlenstoffs in dem Sauerstoffgase gebildet wird, so wie die des frei gewordenen Stickgases bewirkt wird, so können wir versuchen, für das salpetersaure Kali und für die Kohle die Stärke dieser hervorgebrachten Wirkungen zu berechnen.

Nach der letzten Arbeit von Berthollet über das Verhältniß der Elemente in einigen Verbindungen, beträgt der Antheil Salpetersäure in 100 Theilen des reinen, vollkommen trockenen salpetersauren Kali 48,62 Theile, und nach den neuesten, von Gay Lussac in verschiedenen Verbindungen, deren Grundbestandtheile luftartig sind, aufgefundenen Verhältnissen, betragen die Bestandtheile der Salpetersäure dem Volumen nach: 200 Sauerstoff und 100 Stickstoff, was auf Gewicht reducirt, in 100 Theilen: 69,488 Sauerstoff und 30,512 Stickstoff ausmachen würde. Von diesen Bestimmungen, die man heut zu Tage als ganz genau ansehen kann, ausgehend, hätte man also in den 4 Loth 3 Dr. 44 Gr. salpetersaurem Kali, welche das Verhältniß dieses Salzes in 6 Loth 2 Dr. 10 Gr. französischem Kriegsschießpulver ausmachen, 2 Loth 1 Dr. 39 Gr. Salpetersäure, welche aus 1 Loth 2 Dr. 45 Gr. Sauerstoff und 2½ Drachmen Stickstoff beständen. Dieser Antheil von 1 Loth 2 Dr. 45 Gr. Sauerstoff ist es, der, wenn er aus seiner Verbindung mit dem Stickstoffe in der Salpetersäure im Augenblicke der Entzündung des Schießpulvers frei wird, die Kohlensäure bildet, indem er schnell den ihm von der Kohle gelieferten Kohlenstoff einsaugt; und diese Einsaugung geschieht, immer nach den von Gay Lussac aufgestellten Proportionen, in dem Verhältnisse von 27,376 Kohlenstoff auf 74,624 Sauerstoff, in 100 Theilen gebildeter Kohlensäure. Es sind also zwei Drachmen 35 Grammen Kohlenstoff erforderlich, um die 1 Loth 2 Dr. 45 Gr. Sauerstoff, die in den 4 Loth 3 Dr. 44 Gr. salpetersaurem Kali befindlich sind, zu sättigen. Wenn man nun bedenkt, daß die Kohle, unabhängig von den erdigen und salzigen Substanzen, welche sie enthält, so wie von der Feuchtigkeit, welche sie seit dem Augenblicke, wo sie fabricirt wurde, eingesogen hat, und selbst von dem Antheile Stickstoff, den sie in sich verbergen kann*), noch gewöhnlich mit Wasserstoff in einem Verhältnisse angeschwängert ist, das von Lavoisier auf 0,125 ihres Gewichtes **)

*) Berthollet, Memoires de la Société d'Arcueil, Tome II., Pages 80 und 486.

**) Lavoisier, der das Verhältniß des Wasserstoffes in der Kohle auf diese Art bestimmte, was auch durch die Versuche von Priestley und Cruikshank bestätigt wurde,

geschätzt wurde, welches seitdem von Berthollet noch zu gering befunden worden ist, so kann man daraus schließen, daß die Kohle, in dem gegenwärtigen Mischungsverhältnisse des Kriegsschießpulvers, sich nicht in der gehörigen Proportion, in Rücksicht auf die Quantität Sauerstoff, welchen die Salpetersäure liefern muß, finden könne.

Ich bemerke noch außerdem bei dieser Gelegenheit, daß das Volumen des Sauerstoffgases durch den Kohlenstoff, mit dem es sich in dem Verhältnisse um Koh-

glaubte, daß die kalcinirte Kohle vom Wasserstoff befreit sey; allein es ist nachher durch die Versuche von Kirwan, Cruikshank und Berthollet dargethan worden, daß sie in diesem Zustande noch eine große Menge liefern kann, wenn man sie lange Zeit bis zum Rothglühen erhitzt. Dieß scheint auch durch die neuern Versuche von Gay Lussac und Thenard noch mehr bestätigt zu werden, welche oxydirt salzsaures Gas dadurch in gewöhnliches salzsaures Gas umwandelten, daß sie ersteres über im heftigsten Ofenfeuer kalcinirte Kohlen gehen ließen. Dieser Erfolg, welchen sie nothwendig der Gegenwart des Wasserstoffes in der Kohle zuschreiben, giebt ihnen zu dem Schlusse Anlaß: „daß das „oxydirt salzsaure Gas, als das kräftigste bekannte Agens „angesehen werden könne, um der Kohle ihren Wasserstoff zu entziehen, weil es noch dann die Gegenwart „desselben anzeige, wenn die Kohle vorher im heftigsten „Schmiedefeuer behandelt worden ist." (Memoires de la Société d'Arcueil, Theil II., Seite 343, ff.). Meinem Dafürhalten nach, kann man demnach wohl nicht die Gegenwart einer merklichen Menge Wasserstoff in der Kohle, so wie man sie zur Fabrikation des Schießpulvers anwendet, in Zweifel ziehen.

Kürzlich wurden im Museum für Naturgeschichte, in dem Laboratorium von Vaucquelin, welches er dazu hergab, einige Versuche über das Verbrennen der Kohle in Sauerstoffgas über Quecksilber angestellt. Es konnte jedoch

lensäure darzustellen, verbindet, keinen Zuwachs an Volumen erhält, während, wenn es sich mit einer größern Menge Kohlenstoff verbinden kann, gasförmiges Kohlenoxyd erzeugt wird, welches beinahe ein doppelt so großes Volumen hat. Es ist mithin klar, daß die Wirkungen bei der Detonation des Schießpulvers verstärkt werden müssen, wenn man zu seiner Zusammensetzung ein Quantum Kohle nimmt, welches dasjenige übertrifft, welches gerade nöthig ist, um mit dem Antheile Sauerstoff des salpetersauren Kali kohlensaures Gas zu bilden.

keine größere Menge als 19 Gran Kohle zu jedem Versuche angewendet werden, und doch hätten weit beträchtlichere Mengen auf ein Mal verbrannt werden müssen, wenn eine Bildung von Wasser, vermöge der Gegenwart des Wasserstoffes in der Kohle hätte sichtlich werden sollen; um so mehr, da Berthollet glaubt, aus einigen mit stark kalcinirten Mischungen aus Kohle und Schwefel, und Kohle mit einem Metalloxyde, angestellten Versuchen, folgern zu können, daß die Kohlensäure, wenn sie durch das Verbrennen der Kohle gebildet wurde, noch einen Antheil Wasser enthalte, der sich nicht manifestire und nicht der sey, welcher die hygrometrischen Erscheinungen hervorbringt. (Statique chimique, T. II., P. 44 und 45. Deutsche Uebersetzung von Fischer und Bartoldy, B. II. S. 39 u. 40.)

Wir beobachteten ferner, daß ein Antheil in Spanien fabricirter Hanfkohlen, nachdem sie lange Zeit in einem Platintiegel im Weißglühen erhalten worden waren, 28 Procent am Gewichte verloren hatten; und da, wie schon gesagt, die Kohle durch das bloße Einsaugen der Feuchtigkeit aus der Atmosphäre nur um 0, 14 am Gewicht zunehmen kann, so können wir die weit beträchtlichere Gewichtsverminderung dieser Hanfkohle, welche gut in eine Schachtel eingeschlossen und mit Papier bedeckt war, nicht anders erklären, als durch die Annahme, daß sie Wasserstoff in bedeutender Menge enthalten habe.

Die 2 Loth 1 Dr. 9 Gr. kohlensaures Gas, welche aus der Verbrennung von 6 Drachmen 24 Gran Kohlenstoff durch 1 Loth 2 Dr. 45 Gr. Sauerstoff entstehen, haben bei der Temperatur von 12,50° am hundertgradigen Thermometer, und bei einem Barometerstande von 28 Zoll, ein Volumen von 960 Kubikzoll, und die 2½ Drachmen Stickstoff, welche durch die Zersetzung der Salpetersäure in den Gaszustand übergeführt worden sind, geben 470 Kubikzoll, was für das gebildete kohlensaure Gas und das frei gewordene Stickgas ein Totalvolumen von 1430 Kubikzollen beträgt. Aber dieß Totalvolumen der beiden Gasarten muß durch die Ausdehnung, welche es durch die Menge freien Wärmestoff, die zu der, welche im Augenblicke der Entzündung des Schießpulvers entbunden wird, hinzukommt, noch vermehrt werden; und dieser Antheil freien Wärmestoffes, der von Lavoisier, jedoch mit der Bemerkung, daß er sich unter der Wirklichkeit gehalten habe, auf 430° nach der 80theiligen Skala bestimmt wurde, kann, nach neueren Schätzungen, wenigstens auf 600° des hunderttheiligen Thermometers angenommen werden. Da nun, nach Gay Lussac, die Ausdehnung der permanenten Gasarten (deren Ausdehnung bei allen dieselbe ist und in demselben Verhältnisse wächst), durch den Wärmestoff, 0,00375 ihres Volumens für jeden Grad des hunderttheiligen Thermometers zwischen dem Frost- und Siedepunkte beträgt, und durch Induktion sich schließen läßt, daß für jede andere höhere Temperatur dasselbe Gesetz statt finden werde, so folgt daraus, daß die Zunahme des Totalvolumens der Gasarten durch die 600° Wärmestoff, nach dem hundertgradigen Thermometer 2,250 betragen werde; und ihr Volumen steigt demzufolge auf 3220 Kubikzoll. Nimmt man nun an, daß man 6½ Loth französisches Kriegsschießpulver in einen Raum von ungefähr 3 Kubikzoll zusammenpreßt, so sieht man, daß dieses Quantum sich im Augenblicke der Entzündung des Pulvers schnell, und bloß durch Einwirkung des Salpeters und der Kohle, in elastische Flüssigkeiten verwandeln werde, welche das Bestreben äußern, sich in einen beinahe tausendmal größeren Raum auszudehnen.

Man hat geglaubt, daß die Anwendung des Schwefels bei der Zusammensetzung des Schießpulvers keinen anderen Nutzen leiste, als die gegenseitige Durchdringung der drei Substanzen zu begünstigen, das Körnen des Pulvers zu erleichtern, es weniger fähig zu machen, sich zu verschlechtern und ihm mehr Dichtigkeit zu geben. Auch schienen einige mit aus Salpeter und Kohle (ohne Schwefel) angefertigtem Schießpulver angestellte Versuche, welche bei der gewöhnlichen Probe so vortheilhafte Schußweiten gaben, als wenn dieses Schießpulver mit der gewöhnlichen Menge Schwefel bereitet worden wäre, dieser Meinung noch mehr Gewicht zu verschaffen; dessen ungeachtet aber ist sie nicht gegründet. Es ist seitdem durch mehr abgeänderte, vergleichende Versuche über die Zusammensetzungen von Schießpulver mit Schwefel und ohne Schwefel, welche mit derselben Sorgfalt in der ganzen Behandlung, und unter übrigens ganz gleichen Umständen verfertigt wurden, dargethan worden, daß das Schießpulver ohne Schwefel, auf welche Art man es auch probirt, sich immer schwer entzündet, ein sehr langes Feuer macht und mit weit weniger Geräusch detonirt. Dieser Erfolg, welcher ganz mit der Theorie übereinstimmt, rührt augenscheinlich davon her, daß der Schwefel durch die Eigenschaft, die er besitzt, sich bei einer weit niedrigeren Temperatur, als die Kohle, zu entzünden, die Verbrennung dieser Substanz, und demzufolge die Detonation des Schießpulvers beschleunigt.

Man fand ferner, als man die Versuche dahin abänderte, daß man die Gesammtmenge der Gasarten, welche sich bei der Detonation von Gemischen aus derselben bestimmten Quantität von Salpeter und Kohle allein, aber in verschiedenen Verhältnissen und derselben Gemische mit einem Zusatze von Schwefel in verschiedenen Verhältnissen entwickelten, auffing; daß die Detonation der mit Schwefel gemachten Mischungen ein merklich bedeutenderes Volumen an Gas lieferte. Diese Vermehrung des Volumens kann auf die Vermuthung leiten, daß, wegen der großen Beschleunigung der Entzündung des Schießpulvers durch den Schwefel, aller Sauerstoff mit solcher Schnelligkeit frei werde, daß eine augenblickliche Erzeugung von gasförmigem Kohlenoxyd statt hat, welches, im Augenblicke seiner Entstehung, ein beinahe doppelt so großes Volumen, als das kohlensaure Gas, einnimmt; und wenn dem also ist, so muß man schließen, daß der Zusatz von Schwefel wesentlich zur Vermehrung der Wirkung bei der Detonation des Schießpulvers beiträgt.

Aus dem, was bisher über das, was zum Theil bei der Detonation des Schießpulvers vorgehet, gesagt wurde, kann man sich eine Idee über seine Gesammtwirkung machen, und auf die Kraft schließen, welche so augenblicklich gebildete Gasarten, die sich mit so viel Gewalt zu entfesseln streben, gegen das

Hinderniß ausüben müssen, welches sich ihnen entgegensetzt.

Das gegenwärtig in Frankreich gebräuchliche Mischungsverhältniß für das Kriegsschießpulver ist also, wie schon oben gesagt wurde: 0,750 Salpeter, 0,125 Kohle und 0,125 Schwefel. Das für das Jagdpulver, sowohl für das feine, als das superfeine, ist 0,78 Salpeter, 0,12 Kohle und 0,10 Schwefel.

Das Mischungsverhältniß für das Bergwerkspulver (poudre de mine) *), welches bei dem Gebrauche, den man davon macht, keine so große Kraft nöthig hat, ist: 0,65 Salpeter, 0,15 Kohle und 0,20 Schwefel. Das endlich für das Ausfuhrpulver (poudre de traite) **) ist: 0,62 Salpeter, 0,18 Kohle und 0,20 Schwefel.

Dritter Abschnitt.

Vom Mischen und Zusammendrücken der Substanzen.

Nachdem von der vorhergehenden Zubereitung der drei Substanzen, welche in die Zusammensetzung des Schießpulvers eingehen, und von ihren Verhältnissen für jede Art Pulver geredet worden, bleibt noch übrig

*) Man hat diese Art Pulver so genannt, weil man sie besonders beim Bergbau und bei Steinbrüchen anwendet.

**) Diese Art Schießpulver führt diesen Namen, weil sie ausschließlich bestimmt ist, als Tauschwaare von den Schiffen, welche den Negerhandel treiben, nach den Küsten von Afrika verführt zu werden.

auseinander zu setzen, wie man die innige Mischung dieser Bestandtheile bewirkt. Diese Substanzen sind durch ihre Zertheilung schon so vorbereitet, daß es nur noch darauf ankommt, sie durch das Einandernähern ihrer Theilchen in den Zustand einer festen, durchaus gleichartigen Masse zurückzuführen. Dahin gelangt man durch die verschiedenen Zusammendrückungsmittel, denen diese Substanzen unterworfen werden können, nachdem sie vorher hinlänglich befeuchtet worden sind.

Man erreicht diesen Zweck durch verschiedene Maschinen, welche zu diesem Gebrauche sowohl in Frankreich, als auch in anderen Ländern angewendet werden.

Obgleich ich mir vorgesetzt habe, von diesen verschiedenen Mitteln Rechenschaft zu geben, so daß man sie zur Genüge kennen lerne, so glaube ich doch, daß das allgemein in den französischen Pulverfabriken angenommene Verfahren uns ganz besonders beschäftigen müsse. Ich will daher von diesem eine genaue und detaillirte Beschreibung geben, welche den Commissarien über das Schießpulver, welche dergleichen Anlagen leiten, als Regel und Führerinn dienen kann.

Den Berichten der Artillerie-Officiere über die Probe und die Annahme von Schießpulver, so wie den Proben zufolge, welche die Administration des Schießpulvers sich davon zu verschiedenen Zeiten aus verschiedenen Pulverfabriken hat schicken lassen, scheint es, daß das in den verschiedenen Fabriken angefertigte Pulver nicht von durchgängig gleichförmiger Beschaffenheit sey. Nichts ist zur Erreichung dieses Zweckes mehr geeignet, als ein bestimmter, bindender Unterricht. Dieser ist hauptsächlich der Zweck dieser Arbeit.

Das in Frankreich angenommene Mittel, um das Zusammendrücken und das Mengen der drei Substanzen zu bewirken, bestehet in einer Stampfmühle. Eine Beschreibung derselben liefert der Anhang, so wie die Kupfertafeln die nöthigen Abbildungen.

Wir gehen sogleich zu den Operationen über, welche in den Werkstätten einer Pulverfabrik mit Stampfen statt haben.

Drittes Kapitel.

Von dem eckigen, durch die Stampfmühlen zerriebenen und zusammengedrückten, durch Siebe gekörnten Schießpulver.

(Das in Frankreich gebräuchliche Verfahren.)

Da die drei Substanzen, wie in dem Abschnitte von den Mischungsverhältnissen gesagt wurde, in dem Verhältnisse angewandt werden müssen, welches durch die Art des Schießpulvers, das man verfertigen will, bestimmt wird; so muß zuerst von dem Verfahren gehandelt werden, wie man diese drei Substanzen vorbereitet, bevor man sie dem Mischen und dem Zusammendrücken unterwirft. Es bestehet darin, von jeder derselben das bestimmte Verhältniß abzuwiegen: man nennt dieses den P u l v e r s a t z m a c h e n (former la composition).

Erster Abschnitt.
Von der Bildung des Pulversatzes.

Man bedient sich, um den Satz zu machen; kleiner hölzerner Zuber (welche man boisseaux nennt). In diesen wird der Satz nach der Mühle getragen. Jedes dieser Gefäße muß die Mengen von Salpeter und Schwefel zusammen, oder von der Kohle allein enthalten können, welche die Füllung jedes Stampfloches ausmachen sollen. Diese Füllung beträgt 20 Pfund.

Nachdem an dem Arbeitsorte alles angeordnet ist, so fängt der Altgesell (maitre garçon), der den Satz machen soll, damit an, den Salpeter sehr genau zu wiegen, welchen er mit einer hölzernen Mulde aus dem Fasse oder der Tonne nimmt, die ihn enthält. Die erforderliche Quantität zur Füllung eines Stampfloches, vorausgesetzt, daß die Zusammensezzung zu Kriegsschießpulver gemacht wird, beträgt vom Salpeter funfzehn Pfund. Nachdem dies geschehen ist, so nimmt er den ersten Zuber, und nachdem er sich überzeugt hat, daß sich kein fremder Körper, der etwa durch den Gebrauch, den man hat, die Zuber über einander zu schichten, um sie nach der Mühle zu tragen, hineingekommen ist, so schüttet er mit Vorsicht seinen abgewogenen Salpeter hinein; hierauf schiebt er den Zuber auf den Wiegetisch bis dicht neben der Waage für den Schwefel. Auf dieser wiegt er genau 2½ Pfund Schwefel ab, welche er aus dem neben ihm stehenden Fasse nimmt, und schüttet sie mit Sorgfalt auf den Salpeter. Ist der erste Zuber auf diese Art gefüllt, so verfährt er eben so bei den übrigen, und stellt in eine Reihe so viele neben einander, als er Stampflöcher in der Mühle hat, auf den zu ihrer Aufnahme bestimmten Tisch.

Wenn alle den Salpeter und den Schwefel enthaltende Zuber so geordnet sind, so schreitet er zum Abwiegen der Kohle in Portionen von 2½ Pfund, und t jede derselben in einen besonderen Zuber, deren ahl der mit Schwefel und Salpeter gefüllten gleich ist, und er schichtet auf diese letzteren, die Gefäße, in welche er die Kohle abgewogen hat, damit sie ihren gehörigen Platz haben, da es zweckmäßig ist, sie vor jenen nach der Mühle zu tragen.

Wir müssen hiebei bemerken, daß nicht ohne Absicht zuerst der Salpeter und hierauf der Schwefel in die ersten Zuber gewogen wird; die letztere Substanz würde, wegen ihrer Klebrigkeit, sich am Boden des Gefäßes ansetzen, wenn sie zuerst hineingewogen würde.

Dieß sind die verschiedenen Handgriffe bei der Bildung des Satzes. Es ist sehr wichtig, dieses Geschäft nur einem genauen und sorgfältigen Arbeiter aufzutragen, damit die Beschaffenheit des Schießpulvers gehörig durch das richtige Verhältniß der Substanzen gesichert sey, und damit unter dem Produkt an frabricirtem Schießpulver und den angewandten Substanzen immer ein richtiges Verhältniß obwalte.

Es wird vorausgesetzt, daß sich der zum Pulversatze abgewogene Salpeter in einem vollkommen trockenen Zustande befinde, denn wenn es sich anders verhielte, wenn man etwa durch irgend eine Ursache genöthigt worden wäre, in eine Pulverfabrik Salpeter zu schicken, welcher etwas Feuchtigkeit enthielte, so muß der Aufseher streng darauf sehen, den Wassergehalt durch eine mit einem kleinen Antheil dieses Salpeters, den er vollständig trocknen läßt, angestellte Probe zu bestimmen, und er muß dafür sorgen, daß bei Bildung des Satzes dem Gewichte des Salpeters soviel zugesetzt werde, als nöthig ist, um das genaue Verhältniß dieser Substanz in ihrem vollkommen trockenen Zustande wiederherzustellen.

Zweiter Abschnitt.

Von dem Stampfen.

Die Anwendung der Stampfmühlen hat das Zerreiben und Zusammendrücken der drei vereinigten Substanzen zum Zweck; und die Operation, durch welche man, vermittelst dieser Mühlen, dahin gelangt, sie zu zertheilen, zu vermengen und gegenseitig zu durchdringen, nennt man das Stampfen. Damit diese Operation gut vor sich gehe, ist es wichtig, daß die Stampflöcher eine solche Form haben, daß die Substanzen in ihnen in eine regelmäßige Bewegung gesetzt werden, durch welche alle ihre Theilchen nach und nach der Einwirkung der Stampfen unterworfen werden. Die Gestalt der Köpfe, mit welchen diese Stampfer an ihrem unteren Theile versehen sind, trägt ebenfalls viel zur Erreichung dieses Zweckes bei. Sie war ehemals ihrer ganzen Länge nach cylindrisch, die seitdem angenommene Form ist birnförmig, und also mehr geeignet, die Substanzen längs den Wänden des Stampfloches hinauf zu heben, auf dessen Boden sie nachher wieder hinabfallen. Die Wirkung davon ist, daß die Stampfen, so wie sie in die Stampflöcher fallen, bei jedem Stoß eine Lage von neuer Materie vorfinden, welche sie verhindert, auf das bloße Holz zu wirken, welches letztere man mit dem Ausdrucke, auf den Grund stampfen (battre à fond) bezeichnet, und dessen Wiederholung eine gefährliche Erhitzung hervorbringen würde.

Die Dauer des Stampfens betrug ehemals ein und zwanzig Stunden, denn da der Salpeter in Stükken, die Kohle in Stäben und der Schwefel nur unvollständig gepulvert dieser Operation unterworfen wurden, so war jene Zeit erforderlich, um das Mischen und das gegenseitige Einverleiben dieser Substanzen zu bewirken. Nachher, als die Umstände schnelle Ablieferungen des Pulvers forderten, beschränkte man sich darauf, nur zwölf Stunden zu stampfen, indem man die Zahl des Wechselns (rechanges), von welchen wir bald sprechen werden, vermehrte. Aber diese Beschleunigung genügte ganz und gar nicht, als man 1793 für außerordentlichen Verbrauch von Pulver sorgen mußte, Um diese Zeit war es, daß Riffault, Commissarius zu Ripault, nachdem er sich überzeugt hatte, daß wenn man die vorher gepulverten und gesiebten Bestandtheile des Pulvers, nur drei Stunden lang der Einwirkung der Stampfen aussetzte, man ein sehr gutes Schießpulver erhalte, diese neue Art der Bearbeitung vorschlug. Die Regierung befahl, die Versuche zu Essonne, durch eine dazu erwählte Commission, von welcher

schon

schon geredet wurde. Auf den Bericht derselben wurde dem größten Theile der Pulverfabriken vorgeschrieben, die Dauer des Stampfens der drei gepulverten und gesiebten Substanzen auf das Minimum von drei Stunden zurück zu führen. So allein wurde es der Administration möglich, vermittelst der bloßen Stampfmühlen so viel zu fabriciren, um dem außerordentlichen Drange und der Ausdehnung der Bedürfnisse zu genügen.

Man machte auf diese Art ein sehr gutes Schießpulver, welches gleich, so wie es damals beständig geschah, nach der Fabrikation angewandt werden konnte, doch kann nicht geläugnet werden, daß es unter anderen Umständen, wo das Schießpulver in Magazine gebracht wird, oder zu langen und wiederholten Transportirungen bestimmt ist, sehr wichtig wird, ihm durch eine längere Dauer des Stampfens, die zu seiner Aufbewahrung nöthige Festigkeit zu geben.

Um diese Vorzüge vollkommen zu erreichen, ist die Dauer des Stampfens des Kriegsschießpulvers in Frankreich mit den so zubereiteten Substanzen, wie schon gesagt ist, auf vierzehn Stunden festgesetzt worden, mit einer gegebenen Geschwindigkeit, wovon sogleich gesprochen werden soll.

Die Zahl der zur Bedienung der Stampfmühlen nöthigen Arbeiter bestehet in jeder Mühle, welche zwei Stampfsätze, jeden von zehn *) Stampfen, hat, aus

*) In einigen Pulverfabriken in Frankreich giebt es Stampfsätze, welche aus zwölf Stampfen bestehen, da aber diese Einrichtung das Unbequeme hat, daß ihre Länge zu groß ist, also zu viel Erschütterung in den Hauptstücken derjenigen Anordnungen, welche wir in der Folge beschreiben werden, verursacht, so muß die Zahl von zehn Stampfen allgemein und ausschließlich angenommen werden.

vier Pulvermachern und einem Altgesellen. Sie haben folgende Arbeiten zu verrichten:

Einschütten des Pulversatzes in die Stampflöcher.

Man beginnt das Tagewerk mit Füllen der Mühlen, indem man die in die Zuber eingewogenen Materialien des Satzes hinzuträgt, um sie in die Stampflöcher zu schütten.

Ehemals wurden die drei vereinten Substanzen zusammen eingeschüttet, heut zu Tage wird die Kohle, wie man in dem Abschnitte von dem Pulversatze gesehen hat, von den beiden andern Substanzen abgesondert, um allein gestampft zu werden. Dieß ist, wie schon gesagt, die Maaßregel, welche die Administration geglaubt hat, nehmen zu müssen, um den Zufällen vorzubeugen, die aus der Fähigkeit, welche die Kohle besitzt, sich in einem gewissen Zustande und unter einigen Umständen von selbst zu entzünden, entstehen können.

Die Operation bestehet darin, in jedes Stampfloch die Gabe von Kohle, die für dasselbe bestimmt ist, hinein zu thun, sie hierauf mit der ganzen, für alle drei vereinigten Substanzen vorgeschriebenen Quantität Wasser zu benetzen, und so zu pulvern. Die Erfahrung rechtfertigt noch täglich die Wirksamkeit dieser Maaßregel, welche den doppelten Vortheil in sich vereinigt, die Ursachen der Gefahr bei der Anwendung der Kohle abzuwenden, und diese Substanz, zur Beschleunigung der Wirkung des Stampfens, in denselben Zustand der Zertheilung, wie die beiden andern, zu versetzen.

Die Quantität von 20 Pfunden, welche jedes Stampfloch erhalten soll, ist bei dem Satz, wie schon gesagt, in zwei Zuber gewogen worden. In den einen hat man die Kohle in Stäben gethan, in den andern den gesiebten und gepulverten Salpeter und Schwefel und das Ganze in den für die verschiedenen Arten von Schießpulver vorgeschriebenen Mischungsverhältnissen.

Man fängt damit an, in jedes Stampfloch einen, der mit Kohle angefüllten Zuber auszuleeren, schüttet hierauf 2 Pfund Wasser auf jedes Stampfloch, wendet den Inhalt desselben zu zwei verschiedenen Malen mit einer hölzernen Krücke, welche man touilloir nennt, um, damit er in allen seinen Theilen gleichmäßig befeuchtet werde. Hierauf giebt man dem Rade das nöthige Wasser, damit die Stampfer vierzig Mal in der Minute niederfallen. Dieß Stampfen dauert zwanzig Minuten, höchstens eine halbe Stunde. Nach dieser Zeit läßt man das Schutzbrett fallen, und hält die Stampfen an. Man fegt sorgfältig mit einem Haarbesen, welcher balayette (Borstewisch) genannt wird, den Obertheil der Reihen der Stampflöcher ab, worauf man den Schwefel und den Salpeter in die Stampflöcher auf die Kohle schüttet. Diese drei Substanzen werden mit der Hand wohl durcheinander gemengt, damit ihnen auch von der im Anfange zugegossenen Feuchtigkeit etwas zu Theil werde. Jetzt wird auf jedes Stampfloch noch ein Pfund Wasser zugesetzt: die zugegossene Wassermenge beträgt demnach im Ganzen für eine Füllung von 20 Pfunden 3 Pfund oder 15 Procent. Man rührt die drei verbundenen Substanzen von neuem um; hierauf fängt man das Stampfen an, nachdem man Sorge getragen hat, den Umfang eines jeden Stampfloches mit dem Kehrwische zu reinigen, damit die Theilchen der Substanzen, welche etwa durch das Mischen, mit der Hand herausgehoben worden sind, wieder in das Stampfloch zurückfallen. (Diese Operation nennt man touillage.)

Erstes Benetzen.

Man läßt die Stämpfer niederfallen; zu dem Ende hebt man mit der linken Hand das Ende des Hebezapfens ein wenig auf, und zieht die Pflöcke heraus, mit welchen die untere Scheidelatte unterstützt, und so der Stämpfer schwebend erhalten wurde. Die Pflöcke müssen sorgfältig an einem bestimmten Orte aufbewahrt werden, damit man sie im Falle einer Unordnung im Mechanismus der Mühle, welche diese anzuhalten nöthigt, sogleich finden kann. Hierauf endlich setzt der Altgeselle die Mühle in Bewegung, indem er das Schutzbrett aufzieht und dem Rade Wasser giebt.

Geschwindigkeit des Stampfens.

Die Menge des dem Rade zu gebenden Wassers muß diesem eine solche Geschwindigkeit ertheilen, daß jeder Stämpfer fünf und funfzig bis sechzig Hube in einer Minute macht. Dieses lehrt die Uebung den mit diesem Geschäfte beauftragten Altgesellen sehr bald. Auch ist es, wenn einmal die Erhöhung des Schutzbrettes, welche zur Erreichung dieses Zweckes erfordert wird, bekannt ist, leicht, sie beständig zu machen, indem man bloß die Zahl der Schraubenumdrehungen bemerkt, durch welche sie erhalten wurde. Wenn der Altgeselle sich versichert hat, daß die Kraft des Wassers dem Rade eine Geschwindigkeit von neun Umdrehungen in der Minute mittheilt, so weiß er dadurch, daß jeder Stämpfer sich wenigstens vier und funfzig Mal in derselben Zeit hebt. Und wirklich wird man aus dem Anhange, wo der Zusammenhang zwischen den einzelnen Stücken des Mechanismus der Mühle dargelegt wird, ersehen, daß jede Umdrehung des Wasserrades auch eine Umdrehung des Stirnrades bewirken muß (da ihre Axe gemeinschaftlich ist); allein jede Umdrehung des Stirnrades, welches in seinem Umkreise mit acht und vierzig Zähnen (alluchons) versehen ist, wird drei Umdrehungen des Trillings, welche an den Wellbäumen sich befinden, und deren jeder bloß mit sechszehn Triebstöcken versehen ist, bewirken; da nun, bei jeder Umwälzung der Wellbäume, die Stämpfer zwei Mal gehoben werden, so werden sie sechs Mal durch jede Umdrehung des Wasser- und Stirnrades gehoben werden. Wenn man also die neun Umdrehungen des Rades mit sechs multiplicirt, so hat man die Zahl der Hube der Stampfer in der Minute, und diese Zahl wird vier und funfzig betragen. Man muß also dem Rade eine Geschwindigkeit von neun bis zehn Umdrehungen in der Minute geben, um die für die Minute vorgeschriebene Zahl von fünf und funfzig bis sechszig Huben zu erhalten. Auf diese Art ist bis jetzt die Geschwindigkeit des Stampfens in Frankreich bestimmt worden; wir werden aber im siebenten Kapitel, wo von den bei der Fabrikation des Schießpulvers anzubringenden Verbesserungen gehandelt wird, ein Mittel vorschlagen, um der Ungewißheit und Unregelmäßigkeit, welche immer bei dieser Operation statt fanden, und welchen man die Verschiedenheiten, die man in der Beschaffenheit unseres Schießpulver aus verschiedenen Fabriken bemerkt, zuzuschreiben hat, abzuhelfen.

Man muß Sorge tragen, dem Rade das benöthigte Wasser nicht zu rasch zu geben; der Uebergang von Ruhe zur Bewegung muß gradweise geschehen: man vermeidet dadurch, daß die Speichen des Rades nicht einen zu plötzlichen Druck erleiden, welcher sie zerbrechen könnte, und welcher zum wenigsten der Axe, in die sie vereinigt sind, eine Drehung mittheilen könnte, welche sie beschädigen und ihre schnelle Zerstörung bewirken kann.

Der Altgeselle schließt, nachdem er sich versichert hat, daß die Mühle gut geht und alle Geräthschaften an ihrem Platze sind, die Thüren und Klappen der Mühle, damit das erste Verfliegen der Substanzen, welche noch nicht gehörig mit einander verbunden sind, weniger bedeutend sey.

Eine Viertelstunde nachher kehrt er zurück, um die Masse zu untersuchen, nachzusehen, ob sie sich gehörig unter den Stämpfern umwende, und ob nicht etwa in einigen Stampflöchern die Stämpfer auf den Boden des Stampfloches schlagen, was sich ereignen kann, wenn entweder die Masse zu viel, oder auch im entgegengesetzten Falle, wenn sie zu wenig Feuchtigkeit hat. Ist die Masse zu trocken, so wird sie blasen, d. h., sie wird aus dem Stampfloche herausgetrieben. Im erstern Falle macht der Altgeselle mit der Krücke (touilloir) die am Stampfloche festsitzende Masse los, und nöthigt sie, sich umzuwenden; im Falle des Blasens, bringt er durch Einstecken der Pflöcke die Stämpfer in Ruhe, thut etwas Wasser zu, knetet die Masse mit der Hand, und unterwirft sie von neuem die Einwirkung der Stämpfer.

In allen Fällen, selbst wenn alles in Ordnung ist, entfernt sich der Altgeselle nicht eher von der Mühle, als nach Verlauf der ersten halben Stunde, nach welcher er zu einer zweiten Operation, welche man das Wechseln (Umtragen der Masse, rechange) nennt, schreitet.

Vom Wechseln.

Wenn das Stampfen der Kohle allein, und das der drei verbundenen Substanzen ungefähr eine Stunde gedauert hat, so muß, da die Zeit des ganzen Stampfens für das Kriegsschießpulver, wie schon gesagt wurde, auf vierzehn Stunden festgesetzt ist, zur gehörigen Erreichung des Zweckes dieser Operation, welches der ist, zu zertheilen, zu mengen und zusammen zu drücken, diese Wirkung durch Wechseln der Masse in den Mörsern erleichtert werden, denn, so vollkommen auch die Köpfe der Stämpfer und die Form der Stampflöcher seyn mögen, und so gut sich auch die Masse umwendet, so bildet sich doch beständig im Mittelpunkte eine Masse, welche sich auf dem Boden des Stampfloches festballt und so fest anhängt, daß wenn sie nicht beweglich gemacht wird, die Mengung hier nicht vor sich geht. Dieses Festballen des Pulversatzes nennt man zum Keil ansetzen (faux cul ou culot). Es ist nöthig, diese Masse abzulösen, damit sie, so wie die übrigen, der Einwirkung der Stämpfer ausgesetzt werde, wozu man allein durch die Operation des Wechselns gelangen kann. Außerdem, daß dieses Verfahren viel zum innigeren Mengen der Substanzen beiträgt, muß es auch darum vorgenommen werden, um der zum Keil angesetzten Masse nicht die Zeit zu lassen, sich zu verhärten und durch die Stöße der Stämpfer so stark erhitzt zu werden, daß dadurch Gefahr entstehen könnte.

Wenn der Augenblick des Wechselns gekommen ist, so treten die vier Arbeiter in ihre Mühle, und bemächtigen sich der Pflöcke; der Altgeselle läßt das Schutzbrett nach und nach herab, damit die Arbeiter die dadurch langsamer gewordene Bewegung der Stämpfer benutzen können, um die Pflöcke einzustecken. Zu dem Ende heben sie mit einer Hand die Stämpfer so weit auf, daß das Loch, in welches der Pflock eingesteckt wird, über die unteren Scheidelatten emporgehoben wird. Nachdem alles so angeordnet ist, muß die Masse des ersten Stampfloches, wo man das

Wechseln anfängt, in eine Art von langem Kasten, oder die Lade (layette), gethan werden, welchen der Arbeiter an die Vorderseite des Grubenstockes anlehnt und anbringt. In dieses erste entleerte Stampfloch thut man die Masse des zweiten und so fort. Jeder Arbeiter hat, um die Masse heraus zu nehmen und die Stampflöcher zu beschicken, ein kleines schaufelartig gestaltetes Werkzeug (den Räumer). Es ist aus starkem Kupferblech angefertigt, und hat die Form einer Muschel; an seinem Rande ist es scharf, nach der Seite hin eben, wo es mit der Hand gehalten wird, ist es abgerundet. Die vier Arbeiter, mit einer Lade versehen, stellen sich folgendermaßen; zwei vor das erste Stampfloch jeder Batterie, die beiden andern vor das sechste, wenn die Batterie aus zehn Stampflöchern bestehet, oder vor das siebente, wenn sie deren zwölf hat. Jeder von ihnen nimmt gebückt und auf ein Knie niedergesenkt die Masse aus seinem ersten Stampfloche, und thut sie in die Lade, wobei er Sorge trägt, die Klöße mit der Hand zu zerbrechen, und alles um das Stampfloch abzukratzen, um die Schwefeltheilchen, welche an den Wänden des Stampfloches ansitzen, wegzunehmen. Der Altgeselle muß seine ganze Aufmerksamkeit darauf richten, daß diese Operation in seiner Mühle gehörig verrichtet werde, und der Pulvermeister muß alle Mühlen durchgehen, um sich zu überzeugen, daß man sich keine Nachlässigkeiten zu Schulden kommen lasse.

Jeder Arbeiter geht alsdann zum zweiten Stampfloche derjenigen Anzahl, deren Wechseln er zu besorgen hat, und leert den Inhalt desselben auf gleiche Weise aus, und füllt ihn in das erste; dann leert er das dritte in das zweite aus, und so fort, bis zum letzten derselben Zahl, in welches er die in der Lade zurückgebliebene Masse thut, indem er sie an den Rand des Stampfloches anlehnt, und von oben gegen den Boden klopft, um sie vollständig zu entleeren. Nachdem jede Geräthschaft an den ihr in der Mühle angewiesenen Platz gebracht worden ist, und die Schaufeln in die Laden gelegt worden sind, fegt man den oberen Theil der Stampfen ab, indem man die Masse, die sich dort befindet, in die Stampflöcher kehrt; die, welche auf den Fußboden gefallen ist, wird ebenfalls zusammengekehrt und in ein besonderes Gefäß gethan. Hierauf läßt man die Stampfen nieder, bringt die Pflöcke an ihren Platz, und der Altgeselle läßt Wasser auf das Rad.

Das zweite Wechseln geschieht eine Stunde nach dem ersten und so fort bis zum zwölften, welches das letzte ist; denn alsdann läßt man die Masse zwei Stunden ohne Unterbrechung stampfen, um ihr Körper zu geben und die Mischung wiederherzustellen, welche durch das Wasser bei dem Anfeuchten, das im Laufe des Stampfens nöthig wurde, und wovon wir jetzt sprechen wollen, geändert worden seyn kann.

Besuche der Mühle und nachher noch vorgenommenes Anfeuchten der Masse.

Der Altgeselle macht von Stunde zu Stunde, und eine halbe Stunde vor jedem Wechseln die Runde in seiner Mühle, um sich vom Zustande der Masse und von dem des Mechanismus zu unterrichten. Wenn er bemerkt, daß einige Hebezapfen nachgelassen haben, so schlägt er sie wieder fest, indem er sie mit einem hölzernen Hammer mit langem Stiel hineintreibt, den er, ehe er sich desselben bedient, vorher in Wasser taucht.

Gewöhnlich muß die Masse nach der achten und eilften Stunde des Stampfens aufs neue befeuchtet werden, was jedoch nach der Temperatur verschieden ist. Es ist Pflicht des Altgesellen, durch Befühlen mit der Hand zu beurtheilen, in welchem Zustande sie sich befinde, und die Quantität Wasser zu bestimmen, welche hinzuzusetzen nöthig ist. Diese Uebung in der Arbeit ist um so nöthiger, da die Zeit des Stampfens nicht die Masse in allen Stampflöchern auf gleiche Weise verändert; indem in einigen die Masse schneller trocknen wird, als in andern. Unmittelbar nach dem Wechseln nimmt der Altgeselle in die eine Hand einen Eimer, in die andere ein kleines zinnernes Maaß, das ungefähr $\frac{1}{4}$ Quart Wasser faßt, welches er ganz, oder zum Theil, dem Bedarf gemäß, in jedes Stampfloch gießt. Sogleich vertheilt ein Arbeiter die zugeschüttete Feuchtigkeit, indem er die Masse mit den Händen, in zwei Stampflöchern zu gleicher Zeit, umwendet, worauf man die Stämpfer herabläßt und der Mühle Wasser giebt.

Um die Masse nicht zu verlieren, welche sich an die Hände der Arbeiter beim Wechseln und Abkehren ansetzt; so müssen sie ihre Hände in einem kleinen, mit kupfernen Reifen versehenen und mit Wasser gefüllten Eimer, dem man eine bleibende Stelle in der Mühle anweist, waschen; dieses Waschwasser ist, da es Salpeter enthält, tauglicher zu dem Anfeuchten des Pulversatzes, als gemeines Wasser.

Bei jedem in den Mühlen gestampften Pulversatz bildet sich an den Köpfen der Stämpfer eine Kruste, und alle fünf bis sechs Tage nimmt dieser sich ansetzende Theil so sehr zu und verhärtet sich dermaaßen, daß die Köpfe der Stämpfer ihre Form nicht länger behalten, und es unerläßlich wird, sie abzuputzen. Diese Operation, welche man decordonnage nennt, geschieht gewöhnlich alle Sonnabende, indem man die Kruste durch starke Schläge mit dem hölzernen Hammer abschlägt, nachdem man zuvor hinter der Stampfe eine Leinwand ausgebreitet hat, um die Bruchstücke der Masse aufzufangen, welche in die Stampflöcher zurückgeworfen werden. Man kehrt die auf den Boden gefallenen Stücke zusammen, und vereinigt sie am Ende der Stämpferreihe in einen Haufen, um in den Korb für den Kehricht gethan zu werden.

Diese Art, die Köpfe der Stämpfer abzukratzen, welche zu allen Zeiten in Gebrauch war, hat den Uebelstand, die Köpfe so zu erschüttern, daß sie von den Stämpfern losgehen. Man läuft ferner bei dieser Verfahrungsart Gefahr, einen Antheil von Kupfer abzulösen, wenn dasselbe Stellen enthält, welche nicht gleichförmig abgekühlt worden. Es ist daher für diese Operation vorzüglicher, den obern Theil der Stampflöcher mit Brettern zu belegen, auf diese kleine Gefäße, die etwa 6 bis 8 Pfund Wasser halten, zu setzen, und in jedes dieser Gefäße die entsprechenden Stämpfer einzusenken, und da, wie schon gesagt, diese Reinigung gewöhnlich Sonnabends geschieht, so kann man, ohne den Lauf der Arbeit zu stören, die Köpfe der Stämpfer den ganzen folgenden Tag in das Wasser der Gefäße getaucht lassen, wo sie ohne Erschütterung gereinigt werden. Den darauf folgenden Tag, beim Eintritt in die Mühle, wäscht und trocknet man sie mit Sorgfalt ab.

Man bedeckt die Stampfen, während des Feierns der Mühle mit zu diesem Gebrauche bestimmten Tüchern.

Nach Verlauf von vierzehn Stunden des so fortgesetzten Stampfens, ist der Pulversatz, sowohl für — Entladen der Mühle.

das feine Pulver, als für das Kriegsschiesspulver, so genau gemengt, als er es nur seyn kann. Was das zum Gebrauche in den Bergwerken bestimmte Pulver betrifft, so kann die Dauer des Stampfens auf die Hälfte der Zeit zurückgeführt werden. Wenn man die Masse aus den Stampflöchern nimmt, so leert man die aus jedem derselben in die Lade aus und schüttet sie nach und nach in Zuber, um in die Werkstätte getragen zu werden, welche man das Körnhaus (grenoir) nennt.

Die so aus den Stampflöchern genommene Masse, wird durch das Körnen in Schiesspulver verwandelt, welches bei dem Verfahren, das wir hier beschreiben, folgendermaaßen geschieht.

Dritter Abschnitt.

Von dem Körnen.

Die Werkstätte, wo das Körnen geschieht, ist in ihrem ganzen Inneren mit Trögen von besonderer Form besetzt. Diese Tröge, so wie die übrigen Geräthschaften, deren man sich im Körnhause bedient, werden im Anhange beschrieben und durch Abbildungen erläutert werden.

Man kann von Seiten der Arbeiter nicht Klugheit und Vorsicht genug bei den Arbeiten in dieser Werkstätte, welche, wie schon gesagt, das Körnhaus ist, anwenden. Sie dürfen nur mit Socken auf den Füßen oder mit Schuhen ohne Sohle, welche man Patinen (patins) nennt, hineingehen; sie müssen kein Metall an sich tragen, welches durch Stoß oder Fall Zufälle veranlassen könnte; ja sie müssen sogar ihre Aufmerksamkeit so weit treiben, auf alle ihre Bewegungen zu wachen. Der Fußboden, die Mauern und die Geräthschaften sind an diesem Orte so mit Pulver bestreut, daß alles, was zur Erzeugung eines Funkens Anlaß geben kann, sorgfältig entfernt werden muß.

Bevor die Operation des Körnens beschrieben wird, muß bemerkt werden, daß die Masse beim Heraustragen aus der Mühle sich in einem teigigen und feuchten Zustande befinde, und etwas austrocknen muß, um eine Consistenz zu erhalten, welche, indem sie die Bildung der Körner erleichtert, eine größere Menge derselben entstehen läßt. Diese Masse wird in den Zubern mitten in der Werkstätte hingesetzt, bis nach Verlauf von einem oder zwei Tagen, wo sie zum Körnen tauglich geworden ist, der Pulvermacher sie in den Trog wirft. Er hat neben sich eine hölzerne Schaufel, ein kleines hölzernes Streichbrett und einen dem in den Mühlen ähnlichen Kehrwisch. Dieser Arbeiter, welcher vor dem Troge steht und die Masse zur Rechten, vor sich aber eine Stange hat, welche quer durch den Zuber geht, hat, um zum Körnen zu schreiten, nichts weiter nöthig, als die Siebe und Haarsiebe, welche zu der Art Pulver, die bereitet werden soll, passen.

Die Siebe heißen das Schrotsieb (guillaume), das Körnsieb (grenoir) und das Scheidesieb (egalisoir). Die Dimensionen ihrer Löcher findet man im Anhange angegeben. Wir sprechen hier bloß von ihrem Gebrauche.

Das Schrotsieb dient dazu, die aus den Stampfen genommene Masse mittelst einer auf diese Masse gelegten Scheibe von schwerem Holze, und mittelst einer der Scheibe und dem Siebe mitgetheilten Bewegung zu zermalmen, wie wir dieses den Augenblick sehen werden.

Das Körnsieb ist ein anderes Sieb, welches den Körnern die erforderliche Größe giebt, und welche durch die Vorschriften bestimmt ist.

Das Scheidesieb ist nichts anders, als ein Sieb, durch welches man die Körner hindurch gehen läßt, um sie gleich zu machen. Da das Korn der verschiedenen Arten von Schießpulver nicht dasselbe ist, so bedient man sich verschiedener Schrotsiebe, Körnsiebe und Scheidesiebe, welche den Namen von dem Pulver führen, zu dessen Bereitung sie bestimmt sind: es heißen also diese Siebe: Schrotsiebe, Körnsiebe und Scheidesiebe für Kriegsschießpulver, für feines Jagdpulver, für Pulver zum Gebrauch in den Bergwerken u. s. w., nach der verschiedenen Art von Schießpulver, zu welcher man sie gebraucht.

Die Staubsiebe dienen zur Trennung des Kornes vom Staube. Ihr Boden ist mit einem mehr oder minder dichten Haartuche überzogen, welches die Körner zurückbehält und den Staub in den Trog fallen läßt.

Man hatte das an dem französischen Schießpulver auszusetzen, daß es keine Gleichförmigkeit hatte, und in Absicht auf Größe und Gleichheit des Kornes so viele Abarten darstellte, als Pulverfabriken im Reiche waren. Es entsprang daraus ein Uebelstand für die Zeughäuser, wo sich häufig zu feines Pulver für das grobe Geschütz, und zu grobes für die Schießgewehre vorfand. Ein anderer Nachtheil war der, daß man nicht über die Verschwendungen des Kriegsschießpulvers und die unbefugte Fabrikationen des Jagdpulvers die nöthige Aufsicht führen konnte.

Die Administration nahm daher eine Maaßregel, welche darauf hinzweckte, in einer im Mittelpunkte gelegenen, einzigen, zu Villedieu im Departement de la Manche errichteten Werkstätte, mechanisch die Zubereitung und das Durchlöchern aller der für die Arbeit der Pulverfabrikation nöthigen Siebhäute vornehmen zu lassen. Da diese Häute nachher von der Administration in alle Pulverfabriken vertheilt wurden, so wird in der Folge in den erzielten Produkten eine Regelmäßigkeit entspringen, welche jeder Art von Schießpulver einen leicht erkennlichen Typus geben wird.

Der Pulvermüller, um die Masse zu brechen, stellt sein Schrotsieb in den Trog so, daß es schräg gegen eine Stange sich lehnt, welche durch den Trog quer hindurch gehet. Die Oeffnung des Siebes ist nach der im Troge befindlichen Pulvermasse gerichtet. Er schüttet mit der Schaufel so viel von dem Pulverteige in das Sieb, daß die Masse durch ihr Gewicht die Haut des Siebes nicht zu sehr angreift. Hierauf hebt er das Sieb horizontal auf die Stange und siebt auf die gewöhnliche Weise, um alle die kleinen Theilchen der Masse, welche nicht aus größeren Stücken, als die Löcher des Siebes sind, bestehen, durchgehen zu lassen; aber auch diese Stücke müssen durchgehen, und um sie dazu zu nöthigen, setzt er eine hölzerne Scheibe von linsenförmiger Gestalt darauf (tourteau). Man setzt diese Scheibe im Innern des Siebes in eine lebhafte Bewegung, und ertheilt ihr eine Bewegung nach zwei verschiedenen Richtungen, eine rotirende und eine hin und her gleitende (mouvement de rotation et de translation). Man erreicht dieses dadurch, daß man dem Siebe und der Scheibe einen Anstoß nach vorne giebt. Da dieser Bewegung die Scheibe nicht folgen kann, so zersetzt sich dieselbe, und die Scheibe wird genöthigt durch eine beschleunigte Bewegung, den innern Umkreis des Siebes zu durchlaufen, dessen Rand sich dem Bestreben entgegen setzt, das sie beständig äußert, hinweg zu fliegen. Die Scheibe zerbricht durch diese Bewegung, durch ihr Gewicht und durch die liesenförmige Form, welche sie immer wieder auf die Masse zurückbringt, die Theile des Pulversatzes, und nöthigt die festeren Stücke und Klöße, wenn sich dergleichen darin finden, durchzugehen. Dieß ist das, was man die Masse brechen (rompre la matière) nennt.

Die Stange, auf welche der Arbeiter sein Sieb wirken läßt, ist viereckig, und da sie, wie schon gesagt, horizontal den Trog quer durchschneidet, so ruht sie auf einem ihrer Enden, und bietet demzufolge das entgegengesetzte dem Arbeiter dar. Durch diese Stellung der Stange, wird es dem Arbeiter leichter, sein Sieb auf derselben hin und her zu schieben und in Bewegung zu setzen, und die durch die Löcher des Siebes hindurch getriebene Masse fällt weit leichter herunter.

Ist die Masse auf diese Weise gänzlich gebrochen, so nimmt der Arbeiter seine Stange, welche beweglich ist, hinweg, und macht sie auf der Seite der schon gebrochenen, zum Körnen bestimmten Masse fest. Er bedient sich hierauf eines Körnsiebes, dessen Löcher der Art von Pulver, die erhalten werden soll, proportionirt sind. Er füllt es und treibt, so wie in dem Schrotsiebe, mittelst einer Scheibe, die Masse durch, und wenn alles durchgegangen ist, so ist das Körnen beendigt.

Hat der Arbeiter gekörnt, um Kriegsschiesspulver zu bekommen, so findet sich, wenn die ganze Masse durchgegangen ist, ein Theil derselben in dikken Körnern, welche den Durchmesser der Löcher des Siebes haben, ein anderer in feineren Körnern, der Ueberrest als Staub. In diesem Zustande schüttet man die Masse in eine Art Körnsieb, welches das Scheidesieb heißt, weil es die feineren Körner und den Staub durchgehen läßt, und bloß das grobe Korn zurückhält. Dieses Korn, welches im Scheidesiebe zurückbleibt, wird nach Maaßgabe, wie es sich bildet, in kleine Fässer, welche ein Mann bequem tragen kann, welche man Handzuber (barils a main) nennt, gethan, und man erhält davon ungefähr die Hälfte der dem Körnen unterworfenen Masse. Das feinere Korn und der Staub werden aus dem Troge genommen und in Zuber geworfen, um wieder zurück in die Mühle gebracht zu werden, wie man nachher sehen wird. Kriegsschießpulver.

Noch sind unter dem Kriegsschießpulver einige Theile, welche sich mit ihm, entweder wegen der Ungleichheit der Löcher, oder weil einige Stücke durch die Bewegung der Scheibe im Siebe herausgefallen sind, vermischt finden, und welche man vom Kriegsschießpulver trennen muß. Man bedient sich hiezu eines zweiten Scheidesiebes, dessen Löcher groß genug sind, um alle Körner des Kriegsschießpulver hindurchzulassen, während es die größeren Körner, oder die

Klümpchen, welche sich in der Masse gebildet haben, zurückhält, welche alsdann in andere mit Masse von derselben Art gefüllte Fässer geworfen werden. Dieses zweite Scheidesieb ist nichts anderes, als ein sehr regelmäßiges, für das Kriegsschießpulver bestimmtes Scheidesieb.

Wir haben geglaubt, daß es zum besseren Verstehen zweckmäßig sey, den beiden Scheidesieben eine Benennung zu geben, welche den Gebrauch eines jeden gehörig bezeichnete. Wir werden demzufolge das eine, welches das feinere Korn abscheidet, das erste Scheidesieb (sous-égalisoir), und das, welches die Stücke und groben Körner abscheidet, das zweite Scheidesieb (sur-égalisoir) nennen.

Das so erhaltene Kriegsschießpulver wird in kleinen Fässern in die Trockenkammer getragen. Dort wird es, wie feines Pulver behandelt, und demzufolge auf die Weise, welche angegeben werden soll, wenn von der Behandlung dieser Art von Schießpulver gesprochen werden wird. Wenn es aus der Trokkenkammer kommt, so hat das Kriegsschießpulver keine andere Behandlung mehr zu bestehen, als die, welche man das Aussieben des Mehlpulvers (epoussetage) nennt, und welche den Zweck hat, den durch das Trocknen gebildeten Staub davon zu trennen. Man bedient sich zu dieser Operation eines Haarsiebes, oder noch besser, eines Sichtbeutels, welcher in nichts von dem zum Sichten des Schwefels gebräuchlichen und dort beschriebenen verschieden ist.

Bergwerkspulver.

Das Bergwerkspulver, welches beinahe ganz zu öffentlichen Arbeiten verwendet wird, wird, da es zu den Arbeiten, für die man es bestimmt, nicht denselben Grad der Stärke nöthig hat, von geringerer Qualität und Preise angefertigt, indem man in sein Mischungsverhältniß, wie in dem Abschnitte, welcher von den Mischungsverhältnissen des Schießpulvers handelte, bemerkt wurde, ein geringeres Verhältniß Salpeter aufnimmt. Um zu vermeiden, daß man sich seiner nicht etwa aus Irthum statt Kriegs- oder Jagdpulver bediene, giebt man seinem Korne eine die Körner dieser zwei Arten von Schießpulver übertreffende Größe. Ehemals schied man vermittelst des Körnsiebes, dessen man sich beim Kriegsschießpulver bediente, die feineren Körner ab, woraus ein Pulver bereitet wurde, welches man den Sklavenhändlern für ihren Handel an der Küste von Guinea verkaufte, und welches man Pulver für den Seehandel (poudre de traite) nannte. Während der Revolution ging die Bereitung dieser Art von Pulver ein, bis nach den Frieden von Amiens die Seespekulationen etwas mehr Schwung bekamen, wo die Kaufleute in den See-Handelsstädten bei der Administration mehrere Nachfragen nach Pulver für den Seehandel machten, wobei sie aber bemerkten, daß sie nur dann eine gute Spekulation damit machen könnten, wenn der Preis desselben noch geringer, als der des Bergwerkspulvers wäre. Man wurde daher genöthigt, das Mischungsverhältniß dieses Pulvers durch eine noch größere Reduktion in dem Zusatze von Salpeter abzuändern, wie man im Abschnitte Mischungsverhältniß gesehen hat.

Das Korn des Pulvers für den Seehandel ist von derselben Größe, wie das des Kriegsschießpulvers; unterscheidet sich aber von diesem dadurch, daß es nicht so gleichförmig ist, und daß sich demzufolge eine größere Menge feiner Körner darin vorfinden, und ferner dadurch, daß es durch die Operation des Polirens, von der wir in der Folge sprechen werden, einen Glanz bekommen hat. Man unterwarf es dieser Operation in einem noch höheren Grade, als das Jagdpulver, weil dieser äußere Glanz den Negern, zu welchen es als ein Handelsartikel gebracht wurde, gefiel.

Das Bergwerks-, so wie das Pulver für den Seehandel, werden, wie das Kriegsschießpulver, in die Trockenkammer gebracht, worauf sie eingepackt werden können.

Feines und superfeines Schießpulver.

Die Handgriffe beim Körnen des feinen Schießpulvers sind in nichts von denen beim Körnen des Kriegsschießpulvers verschieden. Da dieses Pulver dazu bestimmt ist, bei den kleinen Gewehren zur Jagd gebraucht zu werden, so muß es ein feineres, gleicheres und mehr vom Staube freies Korn haben. Die Größe der Körner wird durch die der Löcher des feinen Siebes oder des Körnsiebes für das feine Pulver bestimmt. Die Dimensionen der Löcher dieses Siebes werden im Anhange angegeben werden.

Will man Jagdpulver von vorzüglicher Stärke machen, so bedient man sich eines noch feiner durchlöcherten Siebes, als des für das gewöhnliche Jagdpulver gebräuchlichen. Dieß ist das, was man ausgesuchtes oder superfeines Pulver (poudre d'élite ou poudre superfine) nennt.

Man körnt diese Art Pulver nicht anders, als alle die, von welchen eben gesprochen worden ist; aber der größere Grad von Stärke, dem man ihm geben will, erfordert einige besondere Behandlungsarten; und wenn gleich einige von diesen nicht für den gegenwärtigen Abschnitt zu gehören scheinen, so glaube ich doch, an diesem Orte Rechenschaft davon ablegen zu müssen, weil das Körnen das wesentlichste dabei ist.

Die hauptsächlich zum superfeinen Schießpulver nothwendigen Bedingungen sind die große Zertheilung der Substanzen und die Consistenz oder Festigkeit des Korns. Diese Resultate sucht man mittelst der bei Bereitung des kaiserlichen Schießpulvers angenommenen Behandlungsarten zu erreichen. Man wendet zu diesem Ende die Stampfmühlen und die Mühlsteine gemeinschaftlich an. Man ist versichert, daß man durch diese Bereitungsart dahin gelange, superfeines Pulver von der größten Stärke zu machen; aber die Langwierigkeit des Verfahrens und die Gefahr, mit welcher es verbunden ist, machen, daß es ausschließlich für das zu den Jagd-Vergnügungen Sr. Majestät des Kaisers und Königs bestimmte Schießpulver aufbehalten wird. Die Administration ließ Nachforschungen anstellen, um schnellere und weniger gefährliche Handgriffe für das ausgesuchte und superfeine Schießpulver aufzufinden, welches ausschließlich im Pariser-Magazin, in versiegelten und gestempelten Patronen, welche ein Pfund an Gewicht haben, verkauft wird.

Schon im Jahre 1800 hatte Bottée die Möglichkeit dargethan, mittelst der noch in den Werkstätten zu Ile-Jean bei Essonne vorhandenen Pressen, welche zur Fabrikation des Schießpulvers in der Revolutionszeit gedient hatten, die dem superfeinen Schießpulver nöthige Dichtigkeit zu ertheilen, und es war ihm gelungen, auf diese Weise ein sehr starkes Schießpulver zu verfertigen, von welchem noch Proben vorhanden sind. Da aber die Pressen, welche man nicht weiter ausgebessert hatte, nach und nach auſer Gebrauch gekommen waren, ſo machte Robin, Commiſſaire zu Eſſonne, neue Verſuche, welche den Zweck hatten, Mittel aufzufinden, um bloß durch Anwendung der Stampfmühlen, ohne Mitwirkung der Mühlſteine, ein ſuperfeines Schießpulver zu verfertigen, welches ſich ſo ſehr als möglich dem kaiſerlichen an Güte nähere. Da ſeine Unterſuchungen einen ſehr günſtigen Erfolg hatten, ſo eile ich, von ihnen Nachricht zu geben.

Man macht zuerſt einen Satz für feines Pulver in eben dem Miſchungsverhältniſſe, welches im zweiten Abſchnitt angegeben wurde. Der Satz wird vierzehn Stunden hindurch geſtampft, und jede Stunde (die letzte ausgenommen) wird gewechſelt. Die Befeuchtung richtet ſich nach der Jahreszeit; ſie muß jedoch hinreichend ſeyn, um der Maſſe einen angemeſſenen Grad von Conſiſtenz zu ertheilen.

Dieſe Maſſe, ſelbſt wenn ſie zum Körnen fertig iſt, iſt gewöhnlich noch weich und giebt ein ſchlechteres Pulver; man körnt ſie in dem feinen Körnſiebe, und thut ſie zum gewöhnlichen Jagdpulver.

Der bei dieſem Körnen abfallende Staub wird wieder während drei Stunden, mit einer Benetzung von drei bis vier Procent Waſſer, nach Verſchiedenheit der Temperatur geſtampft; die Maſſe wird nach Verlauf der erſten Stunde gewechſelt.

Der bei dieſem Stampfen erhaltene Teig iſt ſchon conſiſtenter, er giebt ein feſteres Korn, welches dem folgenden Pulver beigemengt wird. Zum Körnen dieſes Pulvers bedient man ſich der Siebe mit feineren Löchern als die haben, deren man ſich ſonſt zum Körnen des Pulverſatzes bedient. Es wird mit einem eigenen Zeichen bezeichnet, bei Seite gestellt, um ein ausgesuchteres Jagdpulver zu bilden.

Der bei dieser zweiten Operation abfallende Staub wird wieder wie der bei der ersten gestampft; das Produkt ist noch vorzüglicher, und wird, wie schon bemerkt wurde, mit dem vorhergehenden vermengt.

Der dritte Staub wird in den gewöhnlichen Fällen auf dieselbe Weise behandelt, bisweilen ist er jedoch schon weit genug vorgerückt, um superfeines Pulver zu geben; alsdann wird er wie die folgenden behandelt.

Der bei dieser vierten Operation erhaltene Staub wird als eine Masse, die fähig ist, superfeines Pulver zu geben, bearbeitet.

Dem zufolge wird er in den besten Stampfsatz gethan, und etwa vier Stunden, gewöhnlich mit einer Benetzung von vier Procent Wasser, in trocknen Zeiten aber von fünf Procent gestampft. Nach Verlauf der ersten und zweiten Stunde wechselt man. Man sorgt dafür, daß durch das Stampfen das Uebermaaß von Feuchtigkeit verdunste, ohne daß jedoch die Masse auf den Punkt komme, zu stäuben. Dieser Umstand würde verursachen, daß sie alle ihre Consistenz verlöre, und ein leichtes, poröses und zerreibliches Korn gäbe.

Die Masse, welche bei dem jetzigen Stampfen erhalten wird, bringt man an einen besonderen Ort des Körnhauses, und körnt sie zu superfeinem Pulver.

Der fünfte, sechste, siebente, achte Staub werden alle auf dieselbe Weise behandelt, aber immer abgesondert, und geben, wie der vierte, superfeines Pulver.

Alle Produkte von jedem Stampfen des von superfeinem Pulver herrührenden Staubes werden besonders getrocknet, und bleiben bis zur Probe von einander gesondert.

Obgleich die Güte der Beschaffenheit des superfeinen Pulvers in direktem Verhältnisse mit der Zahl der Stampfungen zu wachsen scheint, so hat man sich doch überzeugt, daß diese Zunahme an Güte nach dem achten Staube aufhöre, welcher selbst bisweilen ein Pulver von geringerer Qualität, als das aus dem vierten Staube bereitete, giebt. Es scheint, daß alsdann Veränderungen im Mischungsverhältnisse vorgehen, und daß die drei Substanzen sich nicht mehr in dem gehörigen Verhältnisse vorfinden.

Auch trägt man Sorge, nie ein einziges Faß superfeines Pulver in Patronen zu füllen, ohne es vorher probirt zu haben.

Das superfeine Pulver wird durch dasselbe Scheidesieb, dessen man sich für das kaiserliche Pulver bedient, geschieden.

Die zurückbleibenden oder gröberen Körner werden zum ordinairen Pulver geworfen. Sie werden von den Wildmeistern und von einigen Liebhabern, welche das feine Korn nicht schätzen, gesucht.

Damit das Korn des superfeinen Pulvers sehr gleich sey, nimmt man die feineren Theile, mit einem feineren Scheidesiebe (oder einem Siebe aus Beuteltuch) davon hinweg. Man bewahrt von diesem feinen Korne nichts auf, als das, was sich bei der Probe bewährt; es giebt ein sehr starkes ausgesuchtes Pulver, welches bisweilen für Pistolen vorgezogen wird.

Der Ueberrest der feineren Theile und des Staubes wird unter das gewöhnliche Jagdpulver geworfen.

Es war in diesem Abschnitte bloß von dem am allgemeinsten in den Pulverfabriken der Regierung beim Körnen gebräuchlichen Verfahren die Rede, wo, wie man sieht, jeder Arbeiter auf ein Mal nur ein Sieb in Bewegung setzt. Jedoch geschieht in einigen Fabriken diese Operation auf andere Weise: drei dieser Siebe, welche auf einem Rahmen angebracht sind, werden durch einen einzigen Menschen in Bewegung gesetzt; und in einer dieser Pulvermühlen, welche sehr reich an Wasser ist, hat man außer der Ersparung, welche durch Anwendung der Rahmen hervorgebracht wird, den Vortheil hinzugefügt, dieselben von der Kraft des Wassers bewegen zu lassen. Da diese verschiedenen Anlagen der zum Körnen bestimmten Maschinen nichts in der Behandlung, welche bei der Bearbeitung der Masse angegeben wurde, abändern, so beschränke ich mich hier auf das, was im siebenten Kapitel, welches von den bei der Fabrikation des Pulvers anzubringenden Verbesserungen handelt, und insbesondere im vierten Kapitel, wo vom Körnen die Rede ist, gesagt wird.

Von den verschiedenen Verfahrungsarten beim Körnen.

Vierter Abschnitt.

Von dem Glätten.

Von allen Pulverarten, von welchen hier gesprochen wurde, sind das feine und superfeine, welche für die Jagd bestimmt sind, und das zum Seehandel bestimmte Pulver, welches ehemals als Handelsartikel an die Küsten von Guinea verführt wurde, die einzigen, welche, bevor sie getrocknet werden, einer vorhergehenden Operation unterworfen werden, die man das **Glätten** oder **Poliren** (lissage) nennt. Diese Operation hat den Zweck, die Rauhigkeiten des Kornes zu vertilgen, es sauberer und weniger fähig zu machen, die Hände zu beschmutzen, und ihm ein angenehmeres Aeußeres durch eine Art Glanz zu verschaffen. Ihr muß aber, jedoch nur beim Jagdpulver, eine andere vorgehen, welche man das **Trocknen an der Luft** (essorage) nennt, und welche darin bestehet, daß man diese Art Pulver etwa eine Stunde hindurch auf Tischen in der Sonne ausbreitet. Dieses Aussetzen geschieht im Winter auf Tischen, die bloß mit einem einfachen Tuche, auf welchem das Pulver liegt, bedeckt sind, im Sommer zwischen zwei Tüchern. Es hat den Zweck, dem Pulver einen Theil seiner Feuchtigkeit zu entziehen, welcher es verhindern würde sich zu glätten; aber da dieß Trocknen an der Luft nie geschehen kann, ohne etwas Staub zu verursachen, so muß man das Pulver noch zuvor abstäuben, ehe man ihm die Politur giebt.

Die Werkstätte, wo das feine Pulver geglättet wird, heißt die **Polirstätte**, so wie die zu dieser Operation dienende Maschine, das **Polirfaß** (lissoir). Mittelst dieser Maschine und durch das Reiben, welches das Korn des Pulvers erfährt, wird der Zweck der Operation des Glättens erreicht. Die Pulverkörner reiben sich unablässig dadurch an einander, daß man sie in Tonnen, welche sich um ihre Axe drehen, schüttet.

Gewöhnlich thut man in jedes Polirfaß, deren Durchmesser in dem Abschnitte von den Fässern angegeben werden wird, ungefähr 300 Pfund Pulver.

Um das Pulver in diese Tonnen zu bringen, bedient man sich eines Trichters, dessen unterer Theil in eine im Bauche des Fasses angebrachte Oeffnung gehet. Man verstopft diese Oeffnung, indem man sie mit einem Tuche bedeckt, und in die Fuge einen hölzernen Stöpsel treibt, welcher dieses Tuch so andrückt, daß es weder dem Pulver noch dem Staube bei der Bewegung heraus zu fallen verstattet. Um den Zapfen fest zu halten, erhebt man die Ränder des Tuches, und zieht über das Ganze eine Schnur, welche man an vier hölzerne mit Köpfen versehene Pflöcke befestigt, die in das Faß an den vier Winkeln des Stöpsels eingeschlagen sind; so, daß die Schnur sich in Diagonallinien über dem Stöpsel kreuzt und ihn fest andrückt.

Das Umdrehen der Tonnen muß langsam geschehen, um das Glätten gehörig zu vollziehen; eine zu sehr beschleunigte Bewegung würde das Korn zerbrechen und Staub verursachen, indem sie machte, daß das Pulver zu heftig und stoßweise gegen einander gewälzt würde, während erfordert wird, daß die Masse beständig auf der geneigten Fläche der Tonnen entlang gleite, und daß das Reiben ohne Stoß bloß durch die Dazwischenkunft der Stangen und der Axe geschehe, welche die Masse unaufhörlich zertheilen.

Man läßt das Schießpulver von acht bis zu zwölf Stunden in dem Polirfasse, und diese Dauer des Glättens ist nach der Beschaffenheit der Temperatur der Atmosphäre verschieden. Man sieht es als beendigt an, wenn das Korn des Pulvers einen matten Glanz bekommen hat, den man für den besten hält; denn der Zweck dieser Operation soll der seyn, das Pulver weniger fähig zu machen, Staub zu erzeugen, ohne auf der anderen Seite eine Verminderung der

Entzündlichkeit zu bewirken. Den zuletzt bemerkten Fehler wirft man dem zu sehr glänzenden Schießpulver so wie denen Arten vor, welche durch einen Zusatz von Graphit glänzend gemacht worden sind. Der beim Glätten entstehende Staub hängt gewöhnlich, wegen seiner Feuchtigkeit, an den Wänden der Fässer an, und bildet dort Krusten, welche, wenn sie durch die Bewegung losgemacht werden, sich dem Pulver in größeren oder kleineren Antheilen, welche man ramandeaux nennt, beimengen.

Wenn man das Schießpulver aus dem Polirfasse herausnehmen will, so nimmt man die Stöpsel aus jeder Tonne, und während man fortfährt, sie langsam umdrehen zu lassen, fällt das Pulver heraus, und wird von langen, untergestellten und mit Tüchern belegten Kasten aufgenommen. Man nimmt es aus diesen Kasten heraus, um es in die Handzuber zu thun, welche dazu dienen, es nach dem Trockenhause zu tragen. Man muß Sorge tragen, die Kasten die ganze Dauer des Glättens hindurch auf ihrem Platze zu lassen, damit wenn etwa, während des Umdrehens der Tonnen, einer der Stöpsel herausfiele, oder einige der Dauben dieser Tonnen losgingen, das herausfallende Schießpulver sogleich gesammelt werden könne.

Da nun alle Arten von Pulver auf den Punkt gebracht worden sind, daß sie getrocknet werden können, so ist noch zu bemerken, daß, wenn gesagt wurde, daß das Pulver in das Trockenhaus getragen werde, wir unter dieser Bezeichnung ein Lokal verstehen, welches dem Platze, wo das Ausbreiten an der Sonne oder das künstliche Trocknen geschieht, so nahe als möglich ist, d. h. ein Magazin, welches bestimmt ist, den Vorrath von zu trocknendem Pulver aufzunehmen, den man die Niederlage von frischem Pulver (depôt de poudres vertes) nennt.

Diese Niederlage ist bisweilen nichts, als eine Erweiterung des zum Körnen dienenden Gebäudes, neben welchem das Trockenhaus immer aufgeführt seyn muß.

Zusatz.

Versuche, das Glätten des Pulvers betreffend, in der Kaiserlichen Salpeter-Raffinerie zu Paris angestellt.

Herr Cagniard-Latour, Auditeur im Staatsrathe bei der Administration des Pulvers und Salpeters, welcher verlangte, daß man einige Versuche über das Glätten anstellen möchte, und seine Ideen den Administratoren mitgetheilt hatte, ließ eine Art kupferner Tonne verfertigen, deren innere Einrichtung, der, der Reibefässer (tonneaux a triturer) ähnlich ist. Er brachte die nöthigen Vorrichtungen daran an, um sie um ihre Axe drehen zu können, während sie horizontal in einen der Raffinirkessel zu Paris getaucht wurde.

Man ließ aus Essonne eine Quantität frisch gekörnten Schiespulvers kommen, von dem man 50 Pfund in den Zylinder einschloß, um ihn bis auf ein Drittheil seines Gehaltes zu füllen.

Nachdem der Zylinder hierauf über dem Kessel befestigt, und äußerlich bis auf ein Fünftheil seines Durchmessers in die Flüssigkeit getaucht worden war, deren Temperatur ungefähr auf den Grad des siedenden Wassers erhalten wurde, drehten zwei Arbeiter ihn um, wobei sie ihm eine mittlere Geschwindigkeit von fünf und vierzig Umdrehungen auf die Minute gaben.

Nach einer halben Stunde wurde er herausgenommen, um den Zustand der Masse zu untersuchen. Das Korn der Probe, welche man herausgelangt hatte, um sie bei Seite zu legen, war eben so glänzend geworden, als wenn das Pulver geglättet worden wäre, welche Operation, wie man weiß, wenigstens acht bis neun Stunden erfordert.

Der Cylinder wurde, nachdem er verschlossen worden war, wieder in den Kessel gebracht, und wie vorher, eine halbe Stunde in Bewegung gesetzt. Nach Verlauf dieser Zeit nahm man ihn von neuem heraus. Da sich die zweite Probe von der ersten wenig verschieden zeigte, so glaubte man, sich auf diesen letzten Versuch beschränken zu müssen.

In Verfolg dieser Proben bemerkte man, daß ein Theil des Staubes, durch das Wasser der verdichteten Dämpfe, an den innern Wänden des Zylinders hängen geblieben sey; welches davon herzurühren schien, daß man das Faß erst eine halbe Stunde erkalten ließ, bevor man es entleerte, und was man wahrscheinlich verhindert haben würde, wenn man diese Zögerung vermieden hätte. Kurz, man erhielt ungefähr 40 Pfund gutes Pulver, welches, statt sechs Procent Wasser, die es vor der Operation enthielt, nun nicht mehr als noch eines bei sich hatte.

Man ließ eine Probe trocknen, um sie mit dem Probirmörser, zugleich mit einer Gegenprobe von gleich trocknem Pulver derselben Art, das man nicht erhitzt hatte, zu untersuchen. Die leichten Unterschiede, welche man in den Resultaten der Proben bemerken konnte, waren zu Gunsten des erhitzten Pulvers.

Aus diesen Thatsachen geht hervor, daß man durch Beihülfe der Wärme des Marienbades das Pulver in einem achtzehn Mal geringeren Zeitraume, als auf die gewöhnliche Weise, glätten könne.

Noch wissen wir zwar nicht, ob diese Entdekkung einer nützlichen Anwendung fähig seyn werde; jedoch darf die Administration den Beweis von Eifer, welchen Herr Cagniard-Latour für den Dienst, dem er zugegeben ist, dadurch an den Tag gelegt hat, nicht verkennen.

Fünfter Abschnitt.

Vom Trocknen.

Das Trocknen des Pulvers kann auf zwei Weisen geschehen, entweder in freier Luft durch die Sonnenwärme, oder in einem verschlossenen Gebäude mittelst des Feuers. Das zu Erreichung dieses Zweckes auf eine oder die andere Weise bestimmte Lokal heißt der Trockenplatz.

Um an der Luft zu trocknen, bedarf man eines gegen Morgen und Mittag liegenden Lokals, damit es den größten Theil des Tages die Sonnenstrahlen empfangen kann. Gegen Norden muß es durch hinlänglich hohe Mauern geschützt seyn, um die Windstöße abzuhalten und die Strahlen der Sonne zurück zu werfen.

Die Anlagen und Dimensionen aller der Theile, welche zu einem Trockenplatze an der Luft gehören, so wie alle dabei gebräuchlichen Geräthschaften wird man im Anhange beschrieben finden.

Man kann mit Feuer auf verschiedene Art trocknen. In dem ehemaligen Belgien, in Holland, der Schweiz, in Rußland und in ganz Deutschland setzt man Tafeln rund um die Wände eines kleinen wohl verschlossenen Zimmers, welches man mittelst eines Ofens von Gußeisen erhitzt, dessen Körper ganz in der Trockenstube sich befindet, und dessen Ofenloch oder die den Feuerheerd verschließende Thüre in einer kleinen benachbarten Kammer enthalten ist, wo man das Feuer anmacht.

In England wendet man in mehreren Fabriken zum Trocknen des Pulvers Wasserdämpfe an. Diese in ihrer Anlage kostbare Verfahrungsart hat den Vortheil, jede Ursache zu einer Gefahr verschwinden zu lassen, von welcher die mit Oefen versehenen Trockenstuben in den Gegenden, welche wir angegeben haben, durchaus nicht frei sind.

In den Memoiren der Schwedischen Akademie der Wissenschaften vom Monat Julius, August und Septem 1781 und in dem Journal des Savants vom Monat Mai 1787 findet man einen Aufsatz über die Art, das Pulver mittelst der Wasserdämpfe zu trocknen, welche in England in der Königl. Pulverfabrik durch Herrn David Louis Mayer Gerhardson eingeführt worden ist.

Die Art, mittelst Feuer zu trocknen, wurde auch in Frankreich angewendet, um das Trocknen an freier Luft zu einer Zeit zu ersetzen, wo es nicht möglich war, bloß mittelst der Sonne, das Trocknen der bedeutenden Menge von Schießpulver, welches die so sehr beschleunigenden Verfahrungsarten bei seiner Fabrika-

tion

tion lieferten, zu bewirken, und wo doch der Drang der Umstände die schnellste Beendigung des Prozesses erheischte.

Das Verfahren, welches 1793 durch Herrn Riffault in der Pulverfabrik zu Ripault in Ausführung gebracht wurde, und welches das Mittel zwischen der gefahrbringenden Anwendung der Oefen in Deutschland und dem kostbaren Gebrauche der Wasserdämpfe in England hält, bestand darin, erwärmte Luft in den Gängen unter dem Fußboden und in der Dicke der Mauern eines Lokals zirkuliren zu lassen, welches ehemals in der Fabrik zur Kapelle gedient hatte, und diese Luft hierauf durch verschiedene Oeffnungen in diesen Raum, welchen man damals zu einer Trockenstube eingerichtet hatte, eintreten zu lassen. Die Temperatur desselben wurde dadurch nach und nach bis auf 70° nach dem hundertgradigen Thermometer erhöhet. Man hätte noch mehr Verbesserungen anbringen können, welche dieses Verfahren vor aller Veranlassung zur Gefahr geschützt hätten, aber da die Umstände, welche sehr beträchtliche Pulverlieferungen nothwendig erheischten, nicht ferner statt fanden, und sowohl das Klima als die Ausdehnung der Fabrike ein größeres Quantum Pulver an der Luft zu trocknen, als die gewöhnliche Arbeit der Fabrike lieferte, erlaubten; so wurde die Beihülfe einer Trockenstube nicht mehr unumgänglich nothwendig. Bei der Rückkehr zu einer bleibenden und dauerhaften Ordnung der Dinge, glaubte man bei der Fabrikation des Schießpulvers, so wie bei vielen andern ökonomischen Künsten, wo das Trocknen wesentlich ist, das damals als sehr beunruhigend und kostbar betrachtete Mittel des Trocknens mit Feuer, nicht länger beibehalten zu müssen.

Die Gelehrten, welche sich mit den verschiedenen Gewerben beschäftigt haben, wo eine Austrocknung nöthig ist, haben viele Nachforschungen über die vortheilhaftesten und leichtesten Mittel, sie zu bewirken, angestellt. Chaptal zeigt in seinen Elémens de Chimie, indem er seinen Wunsch ausdrückt, daß man ein Verfahren auffinden möchte, das Schießpulver zu jeder Zeit zu trocknen, um eine zu große Anhäufung desselben in den Werkstätten und die Gefahren, die es begleiten, zu vermeiden, an, daß er dahin gekommen sey, das Trocknen des Pulvers durch beständiges Erneuern der Luft auf einem bedeckten Trockenplatze, vermittelst Windmühlenflügel, zu erleichtern; daß er auch versucht habe, warme Luft an die Orte gehen zu lassen, wo das Pulver zum Trocknen ausgebreitet ist, und daß er eine Einrichtung aufgefunden habe, welche selbst die Idee einer durch Anwendung des Feuers verursachten Gefahr, zu entfernen scheine.

Montgolfier, dessen Geistesprodukte alle den Charakter des Genies und der Einfachheit an sich tragen, beschäftigte sich ebenfalls mit diesem Gegenstande. Die Gradirkammern in den Salinen brachten ihn auf die Idee, ähnliche Vorrichtungen bei dem Trocknen des Schießpulvers anzubringen. Da nämlich in diesen, mit der größten Leichtigkeit feuchte Substanzen ohne Feuer getrocknet, oder das Wasser selbst durch die bloße Berührung mit der Luft verdunstet wird, so glaubte er, daß es nur darauf ankäme, die Luft in gehöriger Menge mit der Substanz, welcher man die Feuchtigkeit entziehen will, in Berührung zu bringen, um schnell einen bedeutenden Erfolg zu erhalten; und er sah ein, daß man, um dieß in einem kleinen Raume zu bewirken, auch eine große Menge Luft in wenig

Zeit müßte hindurchgehen lassen, indem man einen heftigen Luftzug dahin richtete. Und wirklich kam er durch seine in den Jahren 1794 und 1797 angestellten Versuche dahin, aus diesem Mittel zum Austrocknen einen bedeutenden Vortheil beim Abdampfen von Fruchtsäften zu ziehen.

Auf der anderen Seite hatte die Administration für das Schießpulver, dem Berichte einer besonderen, den 6ten August 1802 ernannten Commission zufolge, in welchem die Beschaffenheit des englischen Schießpulvers zum Theil der in diesem Lande angewandten Trocknungsmethode zugeschrieben wurde, von Sr. Excellenz, dem Kriegsminister den Befehl erhalten, Versuche über die besten Mittel, das Schießpulver künstlich zu trocknen, anzustellen. Sie war damit in der Pulverfabrik zu Essonne beschäftigt, als Herr Champy der Sohn, Administrator, der seinem Vater, unserm Amtsgehülfen adjungirt ist, die Idee hatte, den Grundsatz von Montgolfier auf die Austrocknung des Schießpulvers anwendbar zu machen; er erdachte und schlug die Anwendung eines Apparates vor, welcher keine Furcht mehr über die Gefahren, die aus der Anwendung und Nachbarschaft des Feuers in den Laboratorien zur Bearbeitung des Pulvers entspringen können, übrig zu lassen scheint. Das Verfahren bestehet darin, durch Pumpen oder einen Ventilator, in eine Stube, welche auf die Temperatur von 60° nach dem hundertgradigen Thermometer erhitzt ist, eine Masse Luft hineinzubringen, welche die, in der Stube zusammendrückt und sie nöthigt, in ein benachbartes Zimmer quer über das Schießpulver zu gehen, welches in dicken Lagen in einem Kasten und auf Rahmen von Eisendrath, die mit grober Leinewand bedeckt sind, ausgebreitet liegt. Man findet die Beschreibung dieser Vorrichtung im Anhange.

Trocknung an freier Luft.

Will man an freier Luft trocknen, so muß man ein stilles Wetter wählen. Ein zu starker Wind verursacht Verlust, indem er die feinsten Theile des Schießpulvers, welche man den Staub nennt, mit sich hinwegführt. Man muß auch vermeiden, bei ungewissem Wetter zu trocknen, aus Furcht, daß ein plötzlicher Regen eintrete, und verhindere, das Pulver, ehe es durchnäßt wird, hinwegzunehmen.

Eine gemäßigte Temperatur ist diejenige, welche das Austrocknen des Kornes am besten geschehen läßt; man muß demzufolge Sorge tragen, das Schießpulver auszubreiten, so wie die Sonne über dem Horizonte ist, und Nebel und Feuchtigkeit gänzlich zerstreut sind. Das Pulver trocknet auf diese Weise gradweise und unmerklich aus, ohne daß eine zu heftige Bewegung in den inneren Theilen des Kornes, von wo das Wasser entweicht, erfolge. Wenn man im Gegentheile das Schießpulver an die Luft legt, wenn die Sonne schon eine gewisse Höhe über dem Horizonte hat, so erfährt das Pulver zu schnell einen großen Grad von Hitze; das im Innern der Körner enthaltene Wasser, welches schnell ausgedehnt wird und mit Gewalt herauszugehen strebt, zerbricht sie, und verwandelt sie in Staub. Auch ereignet es sich bisweilen, daß durch die Einwirkung einer zu schnellen und zu starken Hitze der glühenden Sonne, indem die Feuchtigkeit von der Oberfläche des Korns sehr schnell weggeführt wird, auf der Oberfläche eine Art von Kruste gebildet wird, welche das freie Entweichen der letzten, im Mittelpunkte des Kornes enthaltenen Antheile von

Feuchtigkeit, verhindert, wodurch die Austrocknung des Pulvers unvollkommen wird.

Wenn das Wetter dem Trocknen günstig ist, so fassen die Arbeiter, je zwei und zwei, die Tafeln des Trockenhauses an den Enden an, stellen sie eine neben die andere auf Unterlagen, und bilden auf die Art Reihen von Tischen. Auf diese Tische breiten dieselben Arbeiter Tücher aus, welche man Trockentücher (draps à sécher) nennt, und welche man in ihrer ganzen Länge, etwa drei Viertheil Ellen übereinander hingehen läßt; man rollt sie an ihren beiden Enden auf, so daß man, längs der beiden Ränder des Tisches, dadurch eine Wulst bildet, welche dazu dient, das Schießpulver zurück zu halten. Man hindert das Aufrollen dieser Wulste und das Aufheben der Tücher durch den Wind dadurch, daß man sie auf dem Tische durch Stücken Holz oder Ziegel befestigt, welche man auf die vier aufgerollten Ecken jedes Tuches legt. Sind die Tücher so ausgebreitet, so bringt man das Pulver herbei, das getrocknet werden soll; jeder Arbeiter holt aus dem Magazine, in welchem das frische Pulver aufbewahrt wird, ein Handfaß, welches er auf seine Schulter setzt, er schüttet die Hälfte daraus auf ein Tuch, die andere auf das andere, woraus folgt, daß, da jedes Handfaß ungefähr 80 Pfund Pulver enthält, und das Tuch gewöhnlich 47 Quadratfuß groß ist, jeder Quadratfuß beinahe $1\frac{7}{10}$ Pfund davon aufnehmen kann.

Es ist wesentlich, daß die Lage des Pulvers auf den Tüchern nicht mehr als eine bis anderthalb Linien Dicke habe, damit die Feuchtigkeit des untern Theiles dieser Lage desto leichter durch dieselbe hindurchziehen könne, ohne dem Zustande des Kornes des oberen Theiles zu schaden.

Nach Verlauf von einer Stunde des Aussetzens an der Sonne, erneuern die Arbeiter die Oberfläche des Pulvers, indem sie mit Rührhaken darauf herum fahren, aber sehr leicht, um das Korn nicht zu zerdrükken. Sie wiederholen diese Operation von Stunde zu Stunde, bis zur sechsten; alsdann ist es Zeit, umzuwenden. Zu dem Ende nehmen zwei Arbeiter, welche mit dem Gesichte gegen einander stehen, die auf die Ränder der Tücher gelegten Ziegel hinweg; sie fassen mit einer Hand das erste von den Tüchern, jeder an einen Zipfel, und schlagen die eine Hälfte desselben auf die andere zurück; mit der andern Hand klopfen sie die verkehrte Seite der zurückgeschlagenen Hälfte des Tuches mit einem Stocke, um die festsitzenden Körner und den Staub los zu machen, worauf sie sie auf den Tisch eben so hinlegen, wie sie vorher lagen; jetzt schlagen sie die zweite Hälfte zurück, indem sie sie wie die erste klopfen, und vereinigen dadurch das Pulver in einen Haufen in der Mitte des Tuches. Dieselbe Operation nehmen sie nach und nach mit allen vorhandenen Tüchern der ganzen Länge der Tische entlang vor, indem sie nachher die Wülste wiederherstellen, und sie durch Ziegel befestigen, worauf man das Pulver von neuem mit dem Rührhaken ausbreitet. Man rührt auch jetzt von Stunde zu Stunde, sechs Stunden hindurch, das Pulver um, aber immer so, daß das Pulver vor Sonnenuntergang von den Tischen genommen wird. In langen Tagen kann man noch eine oder zwei Stunden der Tagesarbeit dazu benutzen, das Aussetzen des feinen Pulvers an die Luft vorzunehmen, wovon im vierten Abschnitte beim Glätten gesprochen wurde.

Wenn das Wetter nicht erlaubt, das Pulver ungefähr zehn Stunden lang (welche Zeit zu einem guten Austrocknen erfordert wird) der Luft auszusetzen, so setzt man es zu verschiedenen Malen in mehreren Tagen aus, bis es vollkommen trocken ist.

Um das Pulver von den Trockentischen wegzunehmen, sammelt man es in der Mitte eines jeden Tuches, wie beim Umwenden, und nachdem man die beiden Enden dieser Tücher zusammengedrehet hat, beladen sich die Arbeiter damit, indem sie das eine Ende sich um den linken Arm wickeln, das andere aber über die rechte Schulter werfen, so daß der mit dem Pulver gefüllte Sack des Tuches quer über den Rücken liegt. So tragen sie das Schießpulver in die Werkstätte zum Abstäuben, wo sie die Tücher ausleeren, entweder in Tröge oder in Fässer, indem sie eines der Enden des Tuches fallen lassen, und das andere hoch halten, damit das Pulver herauslaufen kann.

Ist auf diese Weise alles Schießpulver vom Trokkenplatze fort gebracht, so steigen die Arbeiter auf die Tische, um an ihren Rändern mit Haarbesen allen Staub zusammen zu kehren, welcher durch die Tücher durchgegangen ist, während die Altgesellen, mit einem Borstenwisch in der einen, und einem nicht durchbohrten Siebe, welches die Trommel (tambour) heißt, in der andern Hand, diesen Staub sammeln und in die Werkstätte, in welcher das Abstäuben des Pulvers vorgenommen wird, tragen, wo er mit dem bei der sogleich zu beschreibenden Operation abfallenden Mehlpulver vereinigt wird.

Sind die Tische abgefegt, so schichtet man die Blätter derselben säulenförmig auf die Unterlagen auf, und bedeckt sie zum Schutz gegen den Regen, mit einem Dache.

Trocknen mit Feuer.

Die Art, mittelst Feuer zu trocknen, welche nicht immer unumgänglich nothwendig ist, hat jedoch den Vortheil, daß sie die Möglichkeit gewährt, das Pulver zu allen Jahreszeiten und unter allen Klimaten zu seiner Vollkommenheit zu bringen, immer eine vollkommene Austrocknung zu bewirken, und dem zufolge, dem Pulver beständig eine seiner wesentlichsten Tugenden zu sichern.

Es war für diese Art, wie schon gesagt, eine neue Verfahrungsart vorgeschlagen und auch ausgeführt worden. Drei der französischen Fabriken bedienen sich schon der zu einem künstlichen Trocknen eingerichteten Werkstätte, welche man Trockenhäuser (sécheries) nennt. Sie können nach und nach auch in den andern eingeführt werden, vorzüglich aber sind sie da zu empfehlen, wo Klima oder Lage, ihren Nutzen noch sichtlicher machen.

Die erste Trockenanstalt dieser Art wurde 1808 in der Pulverfabrik zu Essonne, nach dem Plane und unter der Aufsicht des Herrn Champy Sohn errichtet. Er bewirkt das Zusammendrücken der Luft, welches das Agens bei dieser Operation ist, durch ein hydraulisches Rad, mittelst dessen die Stempel zweier Luftpumpen in Bewegung gesetzt werden, welche die Luft in die Trockenkammer treiben und dort zusammenpressen. Die Einrichtung dieser Trockenanstalt glückte vollkommen, und man hat sich ihrer mit Erfolg bedient; aber sie erfordert einen verwickelten Apparat, ist Reparaturen unterworfen und nicht aller Orten anzubringen, was Herr Champy bald einsah, weshalb er auch, als er 1809 mit der Einrichtung einer zweiten Trockenanstalt in der Pulverfabrik zu Vonges, bei Dijon, beauftragt war, die Gebläse mit Stempeln verließ, und an ihre Stelle den Ventilator mit Centrifugalkraft, welcher von Désaguilliers in den philosophischen Transactionen von 1735 beschrieben ist, setzte; diese Maschine ist sehr einfach und erfüllt sehr wohl ihren Zweck. Eine dritte Trockenanstalt, welche 1810 in der Pulverfabrik zu Esquerdes, bei Saint Omer, unter der Leitung des Herrn Muguet, eines der General-Inspektoren der Administration für das Schießpulver, errichtet wurde, bietet noch größere Vervollkommnung dar, und diese letztere ist es, von der man die Beschreibung im Anhange, so wie eine Abbildung auf den diesem Werke angehängten Kupfertafeln finden wird.

In der Folge werden auch im fünften Abschnitte, (der vom Trocknen des Schießpulvers handelt) des siebenten Kapitels, von den Verbesserungen bei der Bereitung des Schießpulvers, neue Ansichten gegeben, welche den Zweck haben, bei der Anwendung von Trokkenhäusern die Kosten für Handarbeit und Brennmaterial zu verringern.

Wir schreiten jetzt zur Beschreibung der Handgriffe in den Trockenhäusern; sie sind sehr einfach und mit den hiezu gehörenden Abbildungen verglichen, leicht einzusehen.

Will man eine Trocknung machen, so verschließt man die Fallthüre M (Tafel VI. Fig. IV.), indem man den Deckel n fallen läßt. Auf das Tuch, mit welchem das Drathgitter bedeckt ist, schüttet man die Quantität Pulver, die getrocknet werden soll. Man

Handgriffe.

bildet daraus eine Lage von sehr gleicher Dicke, welche man mit einem an einem Stiele in der Form einer Harke befestigten Streichholze, das an seinen beiden Enden ausgeschweift ist, ebnet, indem man es von oben nach unten, und von unten nach oben auf der zum Trocknen ausgebreiteten Masse hinführt, wobei man es mit den hervorspringenden Theilen seiner Ausschweifung auf einem beweglichen Rahmen, der auf die Krönung des Trockentisches gesetzt, und nach Maaßgabe des Ebnens vorgerückt wird, hingleiten läßt. Der untere Theil des Streichholzes ist also immer mit dem Tuche, auf welchem das Pulver liegt, parallel, und die Lage des Schießpulvers von einer überall gleichen Dicke. Um das Ausbreiten des Pulvers zu beschleunigen, wendet man zwei Rahmen und zwei Streichhölzer an, und fängt das Ebnen an den beiden Enden des Trockentisches zugleich an. Man begreift, daß die Breite der Streichhölzer mit der Beschaffenheit und Art des Pulvers, das man trocknen will, im Verhältnisse seyn muß. Man versieht sich daher mit Streichhölzern von verschiedenen Dimensionen.

Während des Füllens des Trockentisches setzt man das Gebläse in Bewegung. Wenn es vollendet ist, hebt man den Deckel n der Fallthüre auf. Die in der Wärmstube verdichtete Luft, welche dort auf eine sehr hohe Temperatur gebracht worden ist, tritt alsdann in die Trockenkammer unter das Pulver. Der Zustand der Verdichtung, in dem sie sich befindet, und in dem sie die fortgesetzte Wirkung des Gebläses erhält, macht, daß sie durch die Lage des Pulvers hindurch streicht, und ihm, kraft ihrer erhöhten Temperatur, das Wasser entzieht, das es enthält. Da sie nun wegen ihrer

Feuchtigkeit leichter als die atmosphärische Luft geworden ist, so steigt sie in die Höhe, welche Bewegung außerdem noch durch den Druck der ihr immer nachfolgenden Luft begünstigt wird. Sie entweicht in die Atmosphäre durch die Gallerie xx, welche das Gebäude umgiebt.

Ist das Trocknen beendigt, so hält man das Gebläse an, und schließt die Fallthüre M; hierauf läßt man, mit gestielten Streichhölzern, welche denen, die zum Ebnen dienen, ähnlich sind, das Pulver durch die Röhren in die Tinen oder Fässer fallen, welche zu seiner Aufnahme bestimmt sind. Da sich der Staub viel leichter losmacht, wenn das Pulver warm ist, so benutzt man die erhöhte Temperatur, die es erlangt hat, dazu, daß man es sogleich beutelt.

Die Fallthüre ist niemals offen, als wenn das Pulver in Ruhe auf dem Trockentische und das Gebläse in Bewegung ist. Aus dieser Ruhe folgt, daß kein Staub auf die Mündung der Klappe fällt, und aus der Bewegung des Gebläses, daß, wenn auch dergleichen dorthin fiele, ihm dennoch der Luftzug eine rückgängige Bewegung mittheilen würde, so daß es sich nie in dem Kanal ansetzen könnte. Man hat daher nie zu fürchten, daß er in die Wärmstube eindringen könne, wenn man nur die Fallthüre während des Nichtgehens des Gebläses verschlossen hält. Nach welcher Richtung auch die Kurbel gedrehet wird, so hat der Luftzug stets seine Richtung unter dem Trockentische; die Unaufmerksamkeit des Arbeiters kann also in dieser Beziehung keine Gefahr bringen.

Sechster Abschnitt.

Vom Ausstäuben des Pulvers.

Obgleich das Sieben, von welchem in dem dritten Abschnitte, der vom Körnen handelt, gesprochen wurde, dem Schießpulver schon einen Theil seines Staubes entzogen hat, so muß diese Operation dennoch, da sich während des Trocknens neuer Staub gebildet hat, wiederholt werden, um ein reines Korn, welches weder Hände noch Gewehre beschmutze, zu erhalten, und dieß ist es, was man Ausstäuben nennt.

Das Gebäude, wo diese Operation geschieht, ist eben so wie das Kornhaus eingerichtet, nur kleiner. Der größte Theil seines Inneren ist mit Trögen besetzt, und an einem Ende befindet sich der Länge nach, mittelst einer Scheidewand, ein Verschlag, in welchem eine große Waage mit zwei Schaalen aufgestellt ist, um das Pulver in die Fässer (tines d'enfonçage) in welche es eingepackt werden soll, einzuwiegen.

Um das Pulver abzustäuben, stellt sich ein Arbeivor einen Trog, und läßt ein sehr feines Haarsieb (das Staubsieb), welches den Staub durchgehen läßt, auf einer über dem Troge, wie beim Körnen, angebrachten Stange spielen. Diese Bewegung, welche im Hin- und Hergehen bestehet, kann nur den größeren Theil dieses Staubes entziehen; es ist daher nothwendig, um auch die letzten Antheile desselben zu entfernen, das Sieb zu schütteln. Dieses bewirkt der Arbeiter dadurch, daß er dem Siebe nach der rechten und linken Hand auf der Stange eine schaukelnde Bewegung ertheilt. Diese doppelte Bewegung nöthigt das Schießpulver, sich von den beiden Seiten des Siebes hinweg zu begeben, und es fällt in die Mitte zurück. Aller Staub, welcher nicht durch das Sieb geht, verflüchtigt sich in der Luft und fällt in den Trog herab. Um sich zu überzeugen, daß das Abstäuben vollkommen beendigt sey, langt man eine Hand voll Pulver heraus. Dieses darf die Finger nicht beschmutzen, und wenn man es über den Rücken der Hand laufen läßt, keine zu merkliche Spur zurücklassen.

Man kann das Abstäuben auf eine schnellere Art, als mit einem Siebe, mittelst eines Sichtbeutels, dem ähnlich, welcher im ersten Abschnitte, der von dem Pülvern des Schwefels handelte, beschrieben worden ist, verrichten; aber es geschieht dadurch nie so vollständig, aus dem Grunde, weil die letzten feinsten Theilchen des Staubes, welche sich durch die Bewegung des Sichtbeutels eben sowohl, als durch die des Siebes erheben, nothwendig wieder auf das Pulver zurückfallen, und mit ihm durchgehen. Da aber die größtmöglichste Vervollkommnung bei der Operation des Abstäubens nur für das feine Pulver nöthig ist, aber nicht so sehr für das Kriegsschießpulver, indem bei letzterem, da es nicht, wie das feine, geglättet ist, sich unaufhörlich neuer Staub bei der Operation des Siebens selbst bildet; so beschränkt man sich bei diesem Abstäuben gewöhnlich auf den Gebrauch des Sichtbeutels. Man muß nur Sorge tragen, daß der Abhang des Zylinders nicht zu steil sey, und daß der Trichter, welcher mit einem kleinen Schieber versehen ist, nur einen sehr feinen Faden Pulver durchlaufen lasse.

Durch diese Mittel kann ein einziger Mann ein Faß von 100 Pfunden Pulver jede Stunde abstäuben, und zwar so vollkommen, als für das Kriegsschießpulver nöthig ist.

Das feine Pulver muß, bevor es abgestäubt wird, von neuem durch das Scheidesieb getrieben werden, um die Krusten, welche sich bilden (ramandeaux), und von welchen schon gesprochen wurde, davon zu trennen.

Das so abgestäubte Pulver wird in Handfässer gethan, und hat keine weitere Behandlung mehr zu erfahren. Wenn die Werkstätte anfängt, sich mit diesen Pulverfässern zu füllen, so schafft man sie in das Magazin für das vollkommen fertige Pulver, nachdem man das Pulver vorher gewogen und in andere Fässer geschlagen hat; welche Operation das Einschlagen (l'enfonçage) heißt.

Siebenter Abschnitt.

Vom Einschlagen und Einmagasiniren des Schießpulvers.

Man hat zwei Arten, das Schießpulver in Fässer zu packen. Man schüttet es entweder bloß in das Faß, nachdem man es gewogen hat; oder besser, man füttert das Innere dieses Fasses mit einem Sacke von Leinwand aus.

Das Kriegsschießpulver wird, wenn es für die Landartillerie bestimmt ist, bloß in das Faß geschüttet;

aber in diesem Falle setzt man dieß erste Faß in ein zweites größeres ein, welches man die Kappe (chape) nennt. Dieselbe Gattung Pulver wird aber, wenn sie für die Marine bestimmt ist, in einen im Fasse befindlichen Sack eingeschlossen.

Das Jagdpulver ist immer in einem Sacke, das Bergwerkspulver ist es gewöhnlich nicht; wenn man aber die Absicht hat, es an entfernte Orte zu versenden, es demnach einen langen Landtransport aushalten muß, so ist es sehr zweckmäßig, es in Säcke und Fässer zu packen.

Die Dimensionen der Fässer werden im achten Kapitel angegeben, welches die Instruktionen zum Probiren, zur Annahme und zum Einmagasiniren des Pulvers enthält. Der Inhalt eines solchen Fasses muß so groß seyn, daß es ungefähr einen Centner Pulver fassen kann. Man macht auch für die Landartillerie welche, die zwei Centner enthalten; jedoch fängt man gegenwärtig an, sich dieser Art von Fässern nicht mehr zu bedienen.

Wenn man eine gewisse Quantität Schießpulver zum Einpacken fertig liegen hat, so verfährt man bei dieser Operation, d. h. bei seinem Einschlagen, folgendermaaßen. Man setzt auf die eine der beiden Schaalen der Waage, welche letztere, wie schon gesagt, an dem einen Ende des zum Abstäuben bestimmten Gebäudes aufgestellt ist, eine Wanne von ovaler Form. In diese schüttet man so lange Pulver aus einem Handfasse, bis die Schaale mit den Gewichten sich zu erheben anfängt; alsdann stellt man durch Zuschütten oder Herauslangen des Pulvers vermittelst einer kleinen hölzernen Handschaufel genau das Gleichgewicht her, so daß die Zunge der Waage gerade in der Mitte steht. Alsdann trägt man die so gewogene Wanne zum Einschlagen fort, welches in einem an das Gebäude zum Abstäuben anstoßenden, oder doch ganz nahe gelegenen Schuppen geschieht. Dort sind die zur Aufnahme des Schießpulvers bestimmten Fässer aufgestellt. Soll das Pulver eingesackt werden, so ist das Innere des Fasses mit einem Sacke von Leinwand ausgefüttert, dessen Rand man über den des Fasses überschlägt; man schüttet das Pulver aus den Wannen hinein, und wenn alles ausgeleert ist, so erhebt man den zurückgeschlagenen Rand des Sackes und bindet ihn über dem Pulver zu; man schlägt hierauf das zugebundene Ende auf den Sack zurück, und die Böttcher schlagen das Faß zu.

Das so, entweder bloß in Fässer oder in Säcke und Fässer eingeschlagene Pulver ist fertig, um zum Dienst der Land- und See-Truppen abgeliefert, oder verkauft zu werden. Es wird auf Karren in das Pulvermagazin gebracht, woselbst es nach Verschiedenheit der Sorten geordnet, und die Fässer nur drei bis vier Reihen hoch übereinander gelegt werden. Man würde, wenn man diese Zahl überschritte, Gefahr laufen, die unteren Reihen zu sehr zu überladen, und die Fässer dieser Reihen einem schnelleren Verderben aussetzen. Im Anhange wird man die Beschreibung eines Pulvermagazins in einer Fabrike, so wie die nöthigen Bedingungen für den erforderlichen Raum und für die gute Lage desselben finden.

Im siebenten Kapitel wird auch von den Verbesserungen bei der Anlage der Pulvermagazine die Rede seyn, so wie von einigen Versuchen, um das Innere der Magazine in Festungen auszutrocknen, da diese, wegen der Art ihres Baues, gewöhnlich feucht und daher besonders geeignet sind, eine Verschlechterung in dem in ihnen aufbewahrten Schießpulver zu bewirken.

Nachdem wir die ganze Behandlung beschrieben haben, welche nothwendig ist, um die verschiedenen Arten von Schießpulver zu ihrer Vollendung zu bringen, so bleibt nur noch übrig, von dem beim Sieben und Abstäuben erhaltenen Staube, so wie von dem Kehricht in den Werkstätten, wo gearbeitet wird, zu handeln.

Achter Abschnitt.

Von der Behandlung des Staubes und des Kehrichts.

Die aus der Mühle genommene Masse, welche durch die Operation des Körnens nicht in Körner verwandelt worden ist, ist darum nicht minder in dem gehörigen Grade gemengt; und es fehlt ihr, um in wirkliches Schießpulver verwandelt zu werden, weiter nichts, als hinreichende Consistenz, um ein festes Korn in großer Menge geben zu können. Diese Consistenz ertheilt man ihr durch das Benetzen und nochmahlige Stampfen in der Mühle.

Man unterscheidet zwei Arten Staub, nämlich den frischen (poussier verd) und den trocknen Staub (poussier sec).

Der frische Staub ist der, welcher beim Körnen abfällt, und der demzufolge gar nicht aus dem Körnhause herausgekommen ist. Mit diesem Staube ist das Mehlpulver (pulverin) vereinigt, d. h. die

U

zu feinen Körner, welche man absichtlich von den verschiedenen Arten von Pulver getrennt hat, um sie gleichmäßiger zu machen.

Der trockene Staub ist der, der mit dem Korne zurückgeblieben ist, ferner der, welcher sich während des Glättens und Trocknens gebildet hat, und der, welcher durch das Abständen erhalten wird.

Diese beiden Arten Staub werden in kleine Tröge, welche zu diesem Ende im Körnhause angebracht sind, niedergelegt. Will man sie zum zweiten Male stampfen, so mißt man aus jedem Troge mit einem Maaße, welches die Ladung für ein Stampfloch, die ungefähr 20 Pfund beträgt, hält, die Hälfte der Quantität heraus, welche die Gesammtladung der Mühle bilden soll. Hierauf benetzt man jeden Trog aus einem kleinen Maaße, welches etwa zwei Pfund Wasser hält, im Sommer und in trockenem Wetter mit zwölf Maaß, wenn er nur frischen Staub enthält, und mit sechszehn, wenn man noch ein Viertheil trockenen Staub zugemischt hat. Diese Verhältnisse scheinen zur Erreichung des vorgesetzten Ziels, welches darin bestehet, die Masse auf einen Grad zu befeuchten, daß man, indem man sie umrührt und mit den Händen knetet, einen Teig von hinreichender Consistenz, um noch ein Mal gestampft werden zu können, daraus erhält, die schicklichsten zu seyn. Man weiß, daß diese Consistenz von der Art seyn muß, daß man einerseits das nicht zu fürchten hat, was das Blasen genannt wurde, und andrerseits auch kein Einstampfen in den Boden aus Uebermaaß von Feuchtigkeit zu besorgen hat.

Ist der Staub so befeuchtet und geknetet, so thut man ihn in vier Fässer, welche man zur Mühle trägt und vertheilt ihn so gleichmäßig als möglich in die

Stampflöcher. Man kann auch den Staub erst in den Stampflöchern selbst befeuchten, wie bei dem Pulversatze; aber man zieht es vor, dieß in den Trögen zu thun, weil man in diesen der Masse weit leichter den schicklichen Grad von Feuchtigkeit ertheilt, indem sie gleichmäßiger vertheilt wird, und man weniger Irrungen und Nachlässigkeiten von Seiten der Arbeiter zu fürchten hat.

In einigen Pulverfabriken sind die Staubtröge in den Mühlen befindlich; dieß ist aber übel angebracht, und es muß dieser Gebrauch allenthalben, wo er eingeführt ist, abgeschafft werden; denn diese Tröge sind die Behälter für eine Masse, welche, im Falle eines Unglücks, die traurigen Wirkungen beim Auffliegen einer solchen Mühle nur noch vermehren kann.

Ist der Staub in den Stampflöchern, so läßt der Altgeselle Wasser auf das Rad und läßt eine Stunde stampfen, worauf er eine Runde in der Mühle macht, um sich vom Zustande der Masse zu unterrichten. Nach Verlauf von anderthalb Stunden wechselt man, und setzt alsdann das Stampfen noch eine oder anderthalb Stunden fort, wobei man sich nach dem Zustande der Atmosphäre und dem Grade der Austrocknung der Masse richtet, welche nicht mehr Feuchtigkeit behalten darf, als zum Zusammenhängen ihrer Theile nöthig ist. Man hat die Uebelstände eingesehen, welche aus einer zu kurzen oder zu lange fortgesetzten Dauer des Stampfens entspringen können; im ersteren Falle ist die durch die Benetzung verursachte Aenderung in der Mischung, welche den Salpeter aufgelöst und von seinem Platze entfernt hat, noch nicht wiederhergestellt; und im zweiten, wenn die durch das Stampfen verursachte Wärme die ganze Quantität Wasser zum

Verdunsten gebracht hat, so stellt das Benetzen sie in der Masse wieder her, ohne sonst eine Wirkung hervorzubringen; alsdann kann es sich ereignen, daß man bei zu großer Verdünnung genöthigt ist, um zu verhüten, daß die Stampfen nicht die Masse aus den Stampflöchern hinaustreiben, von neuem anzufeuchten.

Der wiedergestampfte Staub ist fähig, wie ein neuer Pulversatz, zu Pulver gekörnt zu werden. Beim Körnen dieses ersten Staubes geht eine neue Quantität davon ab, welche man zweiten Staub (second poussier) nennt; der beim Körnen der Masse des zweiten Staubes erhaltene, ist der dritte und so fort. Diese verschiedenen Arten Staub werden alle auf dieselbe Weise behandelt, und die aus ihnen erhaltenen Gattungen Schießpulver werden unter einander gemischt.

Will man jedoch ein Schießpulver von einem härteren und weniger durch Transporte veränderlichen Korne bereiten, so erreicht man diesen Zweck, wenn man es allein aus Staube, welcher bei dem wiederholten Stampfen und Umarbeiten desselben abfällt, verfertigt. Auch ist dieß das Mittel, welches eben als das zweckmäßigste zur Erhaltung eines guten superfeinen Jagdpulvers angegeben wurde.

Kehricht. Die Theilchen der Masse, welche aus Ungeschicklichkeit abfallen, oder sich bei den verschiedenen Operationen verflüchtigen, dürfen nicht verloren gehen. Zu dem Ende fegt man die Fußböden aller der Werkstätten, wo das Schießpulver seine fernere Bearbeitung erhält, sorgfältig ab. Diese Vorsicht ist für die Sicherheit der Anlage und der dort angestellten Arbeiter wesentlich. Sie muß in dem Augenblicke vorgenommen werden, wo die Arbeiter zur Arbeit in das Körnhaus und in die Werkstätte zum Abstäuben eintreten, diese Reinigung müssen sie wiederholen, so wie sie die Werkstätten verlassen. Der Pulvermeister muß über die Beobachtung dieser Regel wachen, indem er den beim Eintritt der Arbeiter zusammengefegten Kehricht, so wie den bei ihrem Weggehen gesammelten bei Seite thun läßt. Der erstere kann mit Erde, Sand oder anderen, an den Füßen hineingebrachten Substanzen verunreinigt seyn, und muß ausgelaugt werden, der andere Kehricht wird alsdann in einem Winkel der Werkstätte gesammelt, und dort in eine Tonne oder Faß gethan, bis man genug davon hat, um ihn folgendermaaßen behandeln zu können: Man schüttet ihn in ein feines Sieb; die Stücken der Masse, welche nicht durchgehen können, werden auf einen Tisch geworfen, um mit der größten Sorgfalt ausgelesen zu werden, und sie von den Steinen zu trennen, welche damit vermischt seyn können; hierauf benetzt man sie, damit sie sich erweichen und leichter durch die Löcher eines Siebes für Kriegsschießpulver mittelst des Druckes der Hand durchgetrieben werden können, welche letztere in diesem Falle an die Stelle der Scheibe gesetzt worden ist, aus Furcht, daß der Arbeiter sich einige Steine beim Auslesen habe entgehen lassen. Ist die Masse durch das zum Körnen des Kriegsschießpulvers dienende Sieb durchgegangen, so treibt man sie von neuem durch das für das feine Pulver bestimmte Sieb, und alles wird mit der zuerst erhaltenen Quantität vereinigt, um mit dem Staube vom Bergwerkspulver vermengt um mit diesem verarbeitet zu werden. Man muß jedoch darauf sehen, dem vom Stampfen des Bergwerkspulvers herrührenden Staube, nie mehr, als einen Scheffel von der aus dem Kehricht erhaltenen Masse zuzumischen, aus Furcht, daß kleine Kiesel, welche unter der Form von Sand zurückbleiben können, durch ihre Vereinigung eine Art Gefahr, oder wenigstens eine merkliche Veränderung im Mischungsverhältnisse hervorbringen können; um so mehr, da die vom Kehricht herkommende Masse sehr mit Kohle überladen ist, wegen der Leichtigkeit, mit der sich diese bei den verschiedenen Bearbeitungen verflüchtigt.

Was die vom Kehricht getrennten fremden Körper betrifft, so laugt man sie, da sie noch immer zur Bereitung des Pulvers taugliche Bestandtheile enthalten, mit Wasser aus, und bedient sich der erhaltenen Lauge zum Benetzen des Schießpulvers. Nichts darf in einer großen Manufaktur vernachläßigt werden.

Wir glauben die Art angezeigt zu haben, wie man alles bei der Fabrikation des Schießpulvers benutzen könne; so wie bei der Abhandlung des Salpeters die Mittel angegeben wurden, um auch die geringfügigsten Produkte bei dieser Fabrikation zu benutzen.

Neunter Abschnitt.

Von der Polizei in der Pulverfabrik und von den Arbeitern.

Ordnung und Sparsamkeit, von welchen immer der glückliche Fortgang einer Fabrikenanstalt abhängt, müssen hauptsächlich die Basis bei der Leitung einer Pulverfabrik ausmachen. Nur durch strenge Beobachtung dieser beiden Grundsätze, gelangt der damit beauftragte Commissarius dahin, auf gleiche Weise für die Sicherheit der Anlage, deren Führung ihm anvertrauet ist, und für die Erhaltung seines eigenen Interesse zu sorgen. Dieser Vorgesetzte en Chef, da er mit der Administration über alle Theile seines Dienstes zu correspondiren hat; da er Register und Bücher über den Ein- und Ausgang von Materialien führen muß; da er sich mit Anschaffung der verschiedenen Vorräthe für seine Fabrike zu beschäftigen hat, und endlich an die Anfertigung seiner Etats und seiner Rechnungen denken muß, kann nur mit einem allgemeinen Ueberblick seine Wachsamkeit auf die kleineren Gegenstände der Arbeiten richten. Er muß daher in diesem wesentlichen Theile seiner Verrichtungen, durch einen vertrauten und aufmerksamen Menschen unterstützt werden, und dieser ist der Pulvermeister (maitre poudrier). Der Aufseher über die Arbeiter muß sich von der Ausführung der Befehle, welche ihm der Commissarius für die Führung der Arbeit giebt, versichern, und alle die Vorsichtsmaaßregeln beobachten lassen, durch welche man Unglücksfällen vorbeugt. Seine Wachsamkeit muß sich über alles erstrecken; er muß der erste bei der Arbeit seyn, die Arbeiter zu ihr einführen, sie auf eine solche Art vertheilen, daß alle Arme gehörig gebraucht werden, ihnen vorschreiben, was sie zu thun haben, und sie an Genauigkeit und Ausdauer gewöhnen, indem er zu beiden selbst das Beispiel giebt.

Er muß sich versichern, ob man auch beim Auslesen der Kohle die nöthige Sorgfalt anwendet. Diese Operation, deren Wichtigkeit anerkannt ist, geschieht immer durch einen Unteraufseher oder Altgesellen. Die Genauigkeit muß beim Abwiegen der zum Pulversatze erforderlichen Materialien bis auf Skrupel sich erstrecken. Der Pulvermeister muß, wenn er dieß nicht selbst verrichtet, in Betreff des Altgesellen, der damit beauftragt ist, sicher seyn. Die Waagen müssen sehr rein gehalten, die Gewichte immer berichtigt werden.

Der Pulvermeister fängt sein Tagewerk mit der Inspektion der Mühlen an. Er sieht nach, ob die Altgesellen die Stampflöcher gehörig haben reinigen, und, wenn es Montag ist, die Köpfe der Stämpfer abputzen lassen. Er vergewissert sich, ob die Stampfsätze in gutem Zustande sind; ob alle Stücke, wo ein Reiben statt findet, wie die Hebel, die Hebezapfen und alle die Zapfen überhaupt, gehörig mit Fett eingeschmiert sind. Er verläßt die Mühle nicht eher, bevor er sie nicht einige Zeit gehen gesehen hat, damit er gewiß ist, daß alles sich an seiner Stelle befinde und der Mechanismus gut gehe; sein geübtes Ohr muß ihm die kleinste Unordnung in diesem Theile anzeigen. Er wacht mit der größten Genauigkeit darüber, daß die Runden gehörig gemacht werden, und befiehlt selbst das Wechseln. Um das Willkührliche in dieser Hinsicht zu vermeiden, läßt er zu gleicher Zeit alle mit dieser Operation beauftragte Arbeiter auf das Zeichen mit einer Pfeife dieses Geschäft vornehmen.

Er bestimmt den Gang der Polirmaschine, indem er dem Rade nur das nöthige Wasser giebt. Er ist bei dem Füllen und Leeren der Tonnen gegenwärtig, wobei er zusieht, daß es mit Aufmerksamkeit geschieht und kein Pulver verschüttet werde; auch besieht er von Zeit zu Zeit die Zapfen, um zu wissen, ob sie sich nicht abreiben.

Endlich muß er die meiste Aufmerksamkeit auf das Körnhaus richten. Diese Werkstätte, wo sich die Arbeiter in größerer Zahl und fast den ganzen Lauf des Tagewerkes hindurch befinden, kann am leichtesten in Gefahr kommen, und die kleinste Unvorsichtigkeit zu den traurigsten Zufällen Anlaß geben. Nie darf er erlauben, daß man einen gewichtigen Körper darin fortziehe, die Arbeiter müssen alles daselbst tragen und auf ihren Gang und alle ihre Bewegungen aufmerksam seyn. Der Pulvermeister muß die Materialien und Geräthschaften in der größten Ordnung hinstellen, und durch oftmaliges Abkehren den Fußboden und selbst die Mauern in einem Zustande der äußersten Reinheit erhalten lassen.

Die Werkstätte zum Abstäuben erfordert dieselbe Sorgfalt. Der Pulvermeister benutzt jeden zum Trocknen an der Luft günstigen Augenblick, hat aber, während dieß statt findet, beständig auf das Wetter Acht, damit er nicht von einem Regen überrascht werde, welcher die Verschlechterung, oder den Verlust eines Theils des ausgebreiteten Pulvers verursachen würde. Er muß es nicht einen Augenblick aus dem Gesichte verlieren, und von Zeit zu Zeit mit der Harke umwenden, um das Trocknen desselben zu beschleunigen.

Der Pulvermeister wiegt das Pulver, läßt es in Fässer schlagen und in das Magazin tragen. Er muß vermeiden, daß die zuzuschlagenden Fässer mit Pulver überfüllt sind. Hat er Staub, der zum zweiten Male gestampft werden soll, so beendigt er das Tagewerk durch dessen Vorbereitung in den Trögen, und läßt ihn in Fässern hinstellen, damit er gleich den andern Morgen früh in die Mühlen getragen werden könne.

Nach dem Schlusse der Werkstätten muß der Pulvermeister noch ein Tagesregister über den Eingang von Materialien in die Fabrike und deren Verbrauch bei den Arbeiten halten; endlich ist dieser Aufseher über die Arbeiter in einiger Hinsicht gegen den Commissarius über ihre Aufführung verantwortlich; er muß ihm Bericht von den Fehlern abstatten, welche er an ihnen bemerkt; er muß sie in der genauesten Ordnung und in der größten Beharrlichkeit bei der Arbeit erhalten. Wenn sie nicht in gutem Einverständnisse leben, oder wenn einer von ihnen es stört, so muß er auf der Stelle den Commissarius davon benachrichtigen, damit dieser dem gemäß die nöthigen Maaßregeln ergreifen könne.

Dieß sind ungefähr die Verpflichtungen des Pulvermeisters; der Commissarius muß sich überzeugen, daß er sie erfülle. Die beständige Wachsamkeit, die er über die ganze Arbeit hat, muß ihn bald beurtheilen lassen, ob dieser Aufseher sein Zutrauen verdiene, oder nicht.

Bei jeder Pulverfabrik ist auch noch ein Zimmermeister wegen der Einrichtung und täglichen Unterhaltung der Maschinen angestellt. Er ist immer beschäftigt, alle Stücke zum Erneuern der Stampfsätze vorzubereiten, damit er beständig im Stande ist, diejenigen, welche durch den Dienst außer Gebrauch gesetzt, oder durch Explosionen der Mühlen zerstört worden sind, wieder zu ersetzen. Man wird im Anhange die genaue Angabe der Maschinen und Geräthschaften finden, welche in das Fach des Zimmermeisters einschlagen, und der verschiedenen Stücke, von welchen man einen Vorrath haben muß.

Bisweilen stellt man auch bei einer Pulverfabrik einen Böttchermeister mit Besoldung an. Es ist dieß in sehr entlegenen Orten, wo die Pulverfabriken sich öfters befinden, nothwendig. Dieser Oberarbeiter hat nach Maaßgabe des Bedürfnisses für alles Faßwerk, für die Verfertigung der Pulvertonnen und Kappen zu sorgen, so wie für die Verfertigung und Unterhaltung aller Geräthschaften, welche sein Handwerk angehen, wobei er von dem alten Faßwerke dasjenige, was noch einer Benutzung fähig ist, gebrauchen muß.

Im Anhange findet man ein Verzeichniß der verschiedenen Böttcherarbeiten und ihrer Durchmesser.

Immer muß man in einer Pulverfabrike beständig wenigstens eine in gutem Zustande zu erhaltende Feuerspritze haben. Man bedient sich ihrer von Zeit zu Zeit, besonders im Sommer, alle Sonnabend, um nach Beendigung aller Arbeit in den Mühlen den ganzen Mechanismus reichlich mit Wasser zu benetzen. Auf diese Art kann man alle Stücke der Maschinen reinigen, und verhindern, daß die eisernen Bänder aller Art, welche Theile der Maschinerie zusammenhalten, nicht, indem sich diese durch die Hitze zusammenziehen, zu lose werden, mithin die durch sie zusammengehaltenen Theile ein zu freies Spiel bekommen.

Rekapitulation der in einer Pulverfabrik mit Stampfen beschäftigten Zahl von Arbeitern.

Ein Pulvermeister.

Ein Zimmermeister.

Ein Böttchermeister.

Ein mit dem Pülvern der Materialien und der Bereitung des Pulversatzes beschäftigter Altgeselle.

Ein dito zur Fabrikation der Kohle.

Ein dito für jede Mühle.

Ein Arbeiter als Gehülfe bei der Fabrikation der Kohle.

Vier Arbeiter für jede Mühle zur Fabrikation des Schießpulvers.

Einige Zimmerleute und Böttcher zur Tagearbeit, je nach dem Bedürfnisse.

Drittes Kapitel.

Von dem eckigen, in Tonnen zerriebenen, durch Pletten und Pressen in Kuchen geformten und durch Siebe gekörnten Schießpulver.

(Verfahren während der Revolution.)

Die Art, das Schießpulver mittelst Stampfmühlen zu verfertigen, von welcher so eben alle Handgriffe mit der größten Genauigkeit beschrieben wurden, hatte lange Zeit in Frankreich hingereicht, um der Regierung die für die Armeen zu Lande und zur See nöthigen Pulvervorräthe zu verschaffen, auch wurde dadurch der nöthige Bedarf für den Verbrauch der verschiedenen andern Arten von Pulver für Privatleute, für die öffentlichen Arbeiten und den Handel herbeigeschafft. Da aber bei einer neuen Ordnung der Dinge alles das bisher Vorhandene eine Erschütterung und einen außerordentlichen Anstoß bekam, da, um mit der allgemeinen Gährung gleichen Schritt zu halten, man alle Dinge mit erhöhter Lebhaftigkeit betreiben mußte, so konnte die bisher angewandte Fabrikationsart nicht mehr hinreichen. Als auf ein Mal Salpeterwerkstätten in allen Punkten Frankreichs, in den Städten, Flecken, Dörfern, auf den großen Landwegen und in den Straßen gebildet; als alle Autoritäten, Beamten, ja alle Bürger durch das Gesetz aufgefordert wurden, aus allen ihren Kräften die Fabrikation dieser Substanz zu unterstützen, da mußte man zu gleicher Zeit auf Mittel bedacht seyn, durch welche man, bei dieser allgemeinen Bewegung, die ungeheure Menge von Salpeter, welche man sich von dieser Anstrengung versprechen konnte, zu Pulver verarbeitete. Da man die große Beschleunigung, welche man der Arbeit bei Verfertigung des Schießpulvers durch die Stampfmühlen geben kann, noch nicht kannte, so schien die Zahl der vorhandenen Mühlen bei weitem unzureichend, und mit der Errichtung neuer hätte man zu viel Zeit verloren. Es war daher unumgänglich nöthig, dem, was die Fabriken, welche damals im Gange wären, liefern konnten, durch eine andere kürzere und schneller zum Ziele führende Fabrikationsmethode nachzuhelfen. So entstand diejenige neue Verfahrungsart, welche mit dem Namen des revolutionären Verfahrens oder des Verfahrens von Grenelle bezeichnet wurde, weil in der Ebene von Grenelle bei Paris das erste und größte Etablissement, in dem man dieses Verfahren in Ausführung brachte, errichtet worden war.

Erster Abschnitt.

Vom Mischungsverhältnisse und von dem Einschütten des Pulversatzes in die Fässer, um dort zerrieben und gemengt zu werden.

In den ersten Zeiten, als man anfing, das revolutionäre Verfahren zu gebrauchen, that man in ein

Fäßchen von 2 Fuß 8 Zoll Länge auf 1 Fuß 4 Zoll inneren Durchmesser ungefähr 72 Pfund, in dem Verhältnisse von 0,75 salpetersaurem Kali, 0,125 Kohle und 0,125 Schwefel. Zu dieser Masse that man zweihundert kupferne Kugeln, deren jede etwa einen Zoll im Durchmesser hatte, und die zusammen 52 bis 54 Pfunde wogen, in das Fäßchen.

Das Fäßchen, durch welches eine eiserne mit Holz überzogene Axe ging, die an jedem Ende mit einer Kurbel versehen war, wurde zwischen zwei mit kupfernen Pfannen versehenen Böcken gesetzt, in welchen die Axe des Fasses sich bewegte. Zwei Menschen, die von zwei andern in der Zwischenzeit abgelöst wurden, drehten die Tonne zwölf Stunden lang um. Diese Zeit wurde für nöthig erkannt, um die Mengung der drei Substanzen zu bewirken, und sie so vollständig zu machen, als sie es durch die Einwirkung der Stampfen in der oben bestimmten Dauer wird. Seitdem aber die Möglichkeit angezeigt wurde, die Dauer des Stampfens, durch vorhergehendes abgesondertes Pulverisiren der Substanzen, auf das Minimum von drei Stunden zurück zu führen, wie im zweiten Abschnitte des vorhergehenden Kapitels gezeigt wurde, so bemühte man sich, dieß Verfahren gleichfalls anzuwenden, um die Zeit, während welcher man bis dahin die Tonnen hatte müssen umdrehen lassen, abzukürzen. Zur Ausführung dieses Zweckes bediente man sich zweier vertikaler Mahlblöcke, von Stein oder Bronze, deren jeder etwa 5000 Pfund wog, welche an den beiden Enden derselben Axe aufgestellt waren, und in einer kreisförmigen Rinne (auge) ebenfalls von Stein oder Bronze umliefen. Man trug Sorge, daß die Substanzen, bevor sie dem Pulverisiren unterworfen wurden, gehörig trocken waren, und daß sie, so wie man sie unter den Mühlsteinen wegnahm, sogleich mittelst sechs Sichtbeuteln, die durch denselben Mechanismus, der die Mühlsteine trieb, in Bewegung gesetzt waren, gesiebt wurde. Die Maschine, deren man sich zu diesen Operationen bediente, kommt ganz mit der überein, welche schon früher bei der Fabrikation des Pulvers durch Stampfen im ersten Kapitel, das von der Vorbereitung der Substanzen, und im ersten Abschnitte, der vom Pulverisiren handelt, beschrieben wurde.

Nachdem die drei Substanzen so abgesondert, gesiebt und pulverisirt worden waren, mengte man sie in dem Verhältnisse von 0,76 salpetersaurem Kali, 0,14 Kohle und 0,10 Schwefel (welches Verhältniß damals angenommen war) unter einander. Hierauf that man etwa 150 Pfund dieses Gemenges in Fäßchen von 2 Fuß 8 Zoll Länge auf 1 Fuß 10 Zoll Durchmesser. Diese Fässer, welche aus festem Eichenholz von einer gewissen Dicke verfertigt waren, hatten in einem ihrer Boden eine Oeffnung von 6 Zoll ins Gevierte, um dort eine Thüre anzubringen, welche das Ein- und Ausfüllen der Masse erleichterte. Durch diese ging in der Länge eine eiserne mit Holz überzogene Axe hindurch. Diese Axe sprang an ihren beiden Enden etwas hervor, so daß man das Faß, wenn man jedes Ende auf einen Bock legte, frei umdrehen konnte. Um das Reiben und die vollkommene Mengung der Substanzen in diesen Fässern zu erleichtern, befanden sich im Innern eines jeden dieser Fässer sechs hölzerne Leisten, welche einen Zoll breit waren, und einen Zoll drei Linien vorsprangen. Sie waren in gleichen Zwischenräumen an

den

den Wänden der Fässer angebracht; und überdieß that man, wenn man diese Fässer mit 150 Pfunden Masse füllte, noch kleine bronzene Kugeln von 4 Linien im Durchmesser hinzu, welche man gobilles nannte. Das Gewicht der hinzugesetzten Kugeln betrug 80 Pfund. Die Erfahrung lehrte in der Folge, daß es weit bessere Dimensionen, als die anfangs angewandten, für diese Fässer gäbe, und daß man die Operation des Mengens um vieles beschleunigen, so wie die zur Bewegung der Maschine erforderliche Kraft bedeutend vermindern könne, wenn man den Fässern einen Durchmesser von 2 Fuß 2 Zoll giebt, und sie mit 150 Pfund Pulvermasse und 180 Pfunden Kugeln füllt.

An einem Ende der Axe von jedem Fasse befand sich ein mit sechszehn Triebstöcken besetztes Getriebe. Um nun mittelst dieser Fässer einen zum Reiben und Mengen passenden Apparat einzurichten, stellte man sie achtzehn an der Zahl in einem runden Raume auf, in dessen Mittelpunkt sich ein horizontales, mit zweihundert sechszehn Zähnen, welche in die Getriebe der Fässer eingriffen, versehenes Rad befand. Das Ganze wurde durch vier Pferde in Bewegung gesetzt, welche im untersten Stockwerke desjenigen Ortes, wo die Maschine angebracht war, mit einer Geschwindigkeit herumgingen, welche hinreichend war, jedes Faß fünf und dreißig bis vierzig Umdrehungen in der Minute machen zu lassen. Diese Geschwindigkeit, welche erforderte, daß die Pferde immer im Trabe gingen, ermüdete sie sehr; da aber in der Folge die Fässer mit großen Durchmessern an die Stelle der ersteren gesetzt wurden, brauchten die Pferde nur drei Umgänge in der Minute zu machen; sie waren an dem Ende eines Hebelarmes von 9 Fuß 3 Zoll Länge angespannt, das

Wellrad hatte 21 Fuß 9½ Zoll, und war mit zweihundert vier und zwanzig Zähnen versehen. Die Getriebe der Fässer, von 2 Fuß 2 Zoll, und mit sechs und zwanzig Triebstöcken versehen, machten etwa acht und zwei Drittheil Umdrehungen während einer Umwälzung des Rades, und demzufolge fünf und zwanzig und vier Fünftheil in der Minute. Bei diesem Gange wurde die Mischung in drei Stunden fertig, ohne die Pferde zu ermüden. Eine ähnliche Maschine wurde 1794 in der Pulverfabrik zu Essonne angelegt, und da dort die Lage des Ortes erlaubte, statt durch Pferde, die Maschine durch Wasser in Bewegung zu setzen; so konnte man sie bis auf den heutigen Tag beibehalten, und daraus zu verschiedenen Zeiten für die Kunst nützliche Vortheile ziehen. Durch Hülfe dieser Maschine sind die verschiedenen Versuche über das runde Schießpulver, von welchen wir bald sprechen werden, angestellt worden. Heut zu Tage dient sie noch als Hülfsmittel, wenn die Glättmaschine unzureichend ist, so wie man sich ihrer auch zum Zerreiben aller der zur Verfertigung der Congreveschen Brandraketen nöthigen Substanzen bedient.

Man bedurfte daher, bei der eben beschriebenen Verfahrungsart, das Umdrehen nur drei Stunden lang fortzusetzen, statt daß früher zwölf Stunden zum Reiben und ganz genauen Mengen der drei Substanzen erforderlich waren. Um sich zu überzeugen, daß das Gemenge den erforderlichen Grad der Vollkommenheit erreicht habe, strich man mit einer kupfernen Messerklinge eine Lage dieser Masse auf ein recht glattes hölzernes Brettchen; konnte man nirgends etwas körniges, so wie keine Ungleichheiten in der Farbe entdekken, und setzte die Masse dem Drucke der Messerklinge, deren man sich bediente, um sie auf dem hölzernen Brette auszudehnen, keine Art von Widerstand entgegen, so konnte man die Arbeit als beendigt ansehen. Man nahm alsdann die Masse aus den Fässern, und trennte die Kugeln mittelst eines messingenen Siebes davon; sie war alsdann, in diesem Zustande gehörig zubereitet, um die folgenden Operationen bestehen zu können.

Zweiter Abschnitt.

Von dem Zusammendrücken der Masse durch Pletten und Pressen, und von ihrem Körnen.

Die aus den Fässern in Gestalt eines trockenen, nicht knetbaren Pulvers herausgenommene Masse, ist in diesem Zustande nicht im Stande, gekörnt zu werden; man muß ihr daher durch etwas Feuchtigkeit Körper geben, damit man in der Folge die Vereinigung der Theilchen der drei Substanzen desto wirksamer durch einen hinreichenden Druck vornehmen kann.

Diesen doppelten Zweck erreichte man durch folgende Mittel:

Man nahm gut geglättete Scheiben von Nußbaumholz, 2 Fuß lang und 1 Fuß 3 Zoll breit, welche um den ganzen Umkreis ihrer Fläche auf der einen Seite einen erhöhten Rand von 4 Linien Höhe und Breite, und auf der andern Fläche einen Einschnitt (Rinne) von 3 Linien Tiefe halten. Man fing damit an, die Fläche einer dieser Scheiben auf der Seite, wo der erhabene Rand war, mit angefeuchteter Leinwand zu belegen, hierauf breitete man auf diese Leinwand eine Lage von etwa 4 Linien Dicke von dem trockenen, aus den Fässern genommenen Pulverstaube so gleich als möglich aus, und legte auf diese Lage Staub eine zweite befeuchtete Leinwand. Auf diese erste Scheibe legte man eine zweite mit der Fläche, welche die Vertiefung hat, um den erhabenen Rand der unteren Scheibe aufzunehmen, und breitete auf dieser eine gleiche Lage zwischen zwei befeuchteten Tüchern aus. Nachdem man so bis auf dreißig Scheiben, eine auf die andere geschichtet hatte, preßte man sie mittelst eines Hebels zusammen, welcher mit einem seiner Enden unter einem Balken fest gemacht und am anderen Ende mit einem hinreichenden Gewichte versehen war, um die Dicke der auf jeder Scheibe ausgedehnten Lage der Masse von 4 Linien, die sie im Anfange hatte, auf eine Linie zurückzuführen. Man erreichte diesen Zweck gewöhnlich dadurch, daß man den Arm des Hebels, der das Gewicht trug, verlängerte. Wenn dieser Grad der Zusammendrückung der Masse auf den Scheiben erreicht war, so nahm man von jeder Scheibe die gepreßte Masse, welche man den Kuchen (galette) nannte, hinweg; man setzte sie einige Stunden der Luft aus, und nachdem sie den geringen Antheil Feuchtigkeit, welchen ihr die befeuchteten Leintücher mitgetheilt hatte, wieder von sich gegeben, bekam sie die zum Körnen nöthige Consistenz. Der Kuchen wurde hierauf auf einem, wenig Widerstand leistenden Körper, z. B. auf einem doppelt zusammengelegten Tuche ausgebreitet, und mit einer Rolle von geripptem Holze der Breite nach darüber hingefahren. Dadurch wurde sie in schmale Streifen getheilt, und wenn man nun zum zweiten Male die Rolle über diese Streifen in der Längenrichtung hinführte, so wurden die Kuchen dadurch ihrer Gesammtmasse nach in kleine Kuben, deren Oberfläche eine oder zwei Quadratlinien betrug, verwandelt. Diese kleinen Kuben machten das Korn des Schießpulvers aus, und wurden in diesem Zustande angewandt. Wollte man, daß es weniger eckig seyn sollte, so brauchte es dazu weiter nichts, als daß man eine bestimmte Quantität in eine, durch vier Menschen in Bewegung gesetzte Glätttonne that, und diese eine hinreichende Zeitlang umdrehen ließ.

Man muß hiebei bemerken, daß nur im Anfange, als das revolutionaire Verfahren in Ausführung gebracht wurde, das Pulver zwischen Scheiben gepreßt, und der Kuchen durch die angezeigten Mittel in Körner verwandelt wurde; bald nachher bemühte man sich, bei diesen Operationen wesentliche Veränderungen anzubringen, indem man an die Stelle des mit Gewichten versehenen Hebels, eine mit einer eisernen Schraube und einem Hebel von demselben Metall versehene Presse setzte, und den aus den Scheiben herausgenommenen Kuchen, nachdem man ihn in Stücke geschlagen hatte, auf dieselbe Art körnte, wie den durch Stampfmühlen gestampften Pulversatz.

Das revolutionaire Verfahren, dessen Beschreibung so eben gegeben wurde, wurde zuerst zu Grenelle, und hierauf in den drei Pulverfabriken zu Vincennes, des Loges in dem Walde von St. Germain en Laye und zu Ile-Jean, bei der Pulverfabrik zu Essonne angewandt. Grenelle wurde durch eine schreckliche und traurige Explosion, an welche die Erinnerung noch fortdauert, zerstört; die Anlagen zu Vincennes und des Loges sind eingegangen, und die von Ile-Jean ist mit der Fabrik von Essonne vereinigt worden.

In dieser Pulverfabrik, wo man zwei besondere Abtheilungen für die alte und für die neue Fabrikationsart errichtet hatte, fuhr man mehrere Jahre hindurch fort, mit Tonnen und Pressen Pulver zu fabriciren; man war auf diese Art im Stande, die Vortheile und die Unbequemlichkeiten dieser Methode am besten einzusehen. Um diese Zeit geschah es, da der Commissarius zu Essonne sich nun nicht mehr in der Nothwendigkeit befand, seinen Arbeiten diese außerordentliche Beschleunigung zu geben, welche er bei dem revolutionairen Verfahren immer nöthig hatte, daß er verschiedene Verbesserungen anbringen konnte, welche die Mängel, die die Praxis noch bemerken ließ, zum Theil verschwinden machten.

Die Scheiben mit Fugen und Rändern mußten unaufhörlich ausgebessert werden, und kosteten viel. Man setzte an ihre Stelle ganz glatte Scheiben, auf welche man, wenn man sie füllte, einen kleinen Rahmen legte. Das Innere dieses Rahmens füllte man mit der staubförmigen Masse, welche man fest drückte und mit einem platten Streichholze ebnete; hierauf nahm man den Rahmen weg, legte auf die aus der Pulvermasse gebildete Lage eine zweite Scheibe, welche man eben so füllte, und so fort bis zur letzten. Es verstehet sich, daß jede Lage sich zwischen zwei benetzten Stücken Leinwand befand. Durch dieses Mittel wurden die Scheiben in sehr gutem Stande erhalten, und man konnte die Masse mit aller Kraft, welche die Presse und die Arbeiter nur hervorbringen konnten, zusammendrücken.

Auch hatte man in dem Benetzen der Leinwand

einen Uebelstand gefunden, indem, da sie sich beständig ungleich legte, sie dadurch sowohl in dem Grade des Druckes, als in der Befeuchtung des Kuchens bedeutende Verschiedenheiten hervorbrachte. Statt also eines nach dem andern naß zu machen, was man bis dahin gethan hatte, warf man alte Leintücher in eine mit Wasser gefüllte Kanne, woraus man die, welche man zum Belegen der Scheiben bestimmte, wieder herauszog, um sie eines über das andere auf eine Tragbahre zu legen. Hierauf trug man diesen Haufen Leintücher unter eine Presse, mittelst welcher man leicht dahin kam, die Feuchtigkeit gleichförmig unter sie zu vertheilen, indem man ihnen nur die nöthige ließ.

Trotz dieser Verbesserungen in der Behandlung der Masse mit Scheiben, welche immer als der schwächste Theil bei dieser Bereitungsart angesehen wurde, und woraus man doch, unter Umständen, welche ihre Anwendung nöthig machten, Vortheil ziehen könnte, glaubte man doch zu Essonne die Pressen, welche sehr kostbare Werkzeuge sind, nicht wieder erneuern zu müssen. In dem Maaße, wie sie sich verschlechterten, ersetzte man sie durch den zahlreichen Vorrath, welchen die beiden letzten Pulverfabriken zu Vincennes und des Loges geliefert hatten; und als alle verbraucht waren, gab man das Verfahren auf. Die beiden Abtheilungen der Pulverfabrik zu Essonne, wurden also in eine einzige vereinigt, wo die Arbeit nur nach der alten Fabrikationsmethode, nämlich mit Stampfen, von welchen wir schon gesprochen haben, und mit Mühlsteinen, von welchen im folgenden Kapitel die Rede seyn wird, vorgenommen wurde.

Viertes Kapitel.

Von dem eckigen, durch Stampfen zerriebenen, durch Mühlsteine in Kuchen geformten, und durch Siebe gekörnten Schießpulver.

(Bereitungsart des kaiserlichen Schießpulvers.)

Es ist eine anerkannte Wahrheit, daß die Dichtigkeit des Schießpulvers mit dem Durchmesser des Korns in umgekehrtem Verhältnisse stehen muß. Da nun das für das kleine Gewehr, sowohl das für Jagdflinten, als für Pistolen bestimmte Schießpulver immer ein sehr feines Korn hat, so muß man sich bemühen, ihm die größtmöglichste Dichtigkeit zu geben. Man sieht leicht ein, daß wenn das Korn des Schießpulvers von großer Feinheit ist, die dasselbe zusammensetzenden Theile zu gleicher Zeit eine ausnehmende Zartheit besitzen müssen; sonst könnte jedes von ihnen, einzeln genommen, nicht mehr dieselben Verhältnisse der drei Substanzen enthalten. Es ist eben so einleuchtend, daß, je mehr Masse ein sehr feines Korn in seinem kleinen Volumen enthält, man um so mehr versichert seyn kann, daß alle drei Bestandtheile in dem gehörigen Verhältnisse darin befindlich sind. Um diesen Zweck zu erreichen, muß man die das Schießpulver zusammensetzenden Substanzen in den Zustand der feinsten Zertheilung versetzen, ihre Mischung höchst innig machen, und sie dem größten Grade von Zusammenpressung unterwerfen.

Dieß sind die Resultate der bei Verfertigung des superfeinen Pulvers, welches zum Gebrauch des Kaisers bestimmt ist, anzuwendenden Arbeiten.

Erster Abschnitt.

Vom Mischungsverhältnisse in dem kaiserlichen Schießpulver und von dem Reiben der Substanzen.

Das Mischungsverhältniß für dieses Schießpulver ist dasselbe, wie für das Jagdpulver, nämlich 0,78 Salpeter, 0,10 Schwefel, 0,12 Kohle. Diese drei Substanzen, nachdem sie in das feinste Pulver verwandelt und gesiebt worden sind, werden, wie bei dem gewöhnlichen Schießpulver, zur Bereitung des Pulversatzes in Zuber gewogen und in die Mühle getragen, um dort auf dieselbe Weise in die Stampflöcher geschüttet zu werden. Sind die drei Substanzen dort vereinigt, so befeuchtet man sie, je nach dem Zustande der Atmosphäre, mit 4 bis 5 Prozent Wasser.

Man setzt das Stampfen wenigstens acht Stunden lang fort, bis die Masse aus dem teigigen in den pulverichten Zustand überzugehen anfängt: alsdann körnt man sie zuerst durch das für das Kriegsschießpulver bestimmte Körnsieb, hierauf durch ein feines Sieb.

Zweiter Abschnitt.

Von dem Mahlen dieser Masse mit Mühlsteinen und der Dauer dieses Zusammendrückens.

Die so zubereitete Masse, welche zum Theil aus Körnern, zum Theil aus Staub bestehet, wird in eine Mühle mit Mühlsteinen gebracht, deren Beschreibung im Anhange folgt. Diese Maschine ist von der, mit welcher die Substanzen im Anfange zerrieben werden, bloß durch die Fläche verschieden, auf welcher die vertikalen Mühlsteine umherlaufen. Bei der Reibemaschine ist dieß eine metallene kreisförmige Rinne; bei denen zum Zusammendrücken der Masse dienenden Mühlsteinen hingegen, ist es ein liegender Mühlstein, in Form eines platten runden Tisches, dessen Ränder mit einer hölzernen, vom Umfange ein wenig gegen das Centrum geneigten Einfassung umgeben sind. Die Mühlsteine, so wie der Tisch, sind von einer Steinart, welche Hauy stinkenden kohlensauren Kalkstein (chaux carbonatée fétide), Brochant, Stinkstein (pierre puante) (Calcareus suillus *Werneri*) nennt, und der gemeiniglich mit dem Namen Saustein, Schweinestein (pierre de porc) belegt wird. Die Mühlsteine wiegen jeder ungefähr 3000 Pfund; der Tisch hat dasselbe Gewicht. Im siebenten Abschnitt des siebenten Kapitels, von den Verbesserungen, in welchem von der Fabrikation des Schießpulvers durch Mühlsteine die Rede ist, wird man den Vorschlag zu einer Verbesserung in ihrer Form finden, welche dahin abzweckt, die einzige Ursache einer Gefahr, welche diese Fabrikationsart fürchten läßt, verschwinden zu machen.

Man schüttet die Masse, welche, wie schon gesagt, durch die zwei Siebe gegangen ist, auf den runden steinernen Tisch. Auf diesem Tische breitet man 60 Pfund in eine Lage von gleicher Dicke aus, und setzt nun die Mühlsteine mittelst eines Schwunghebels, dessen eines Ende an das Schutzbrett des Rades fest gemacht ist, das andere aber in das Innere der Mühle geht, in Bewegung.

Es wird die Erhebung des Schutzbrettes für eine Quantität Wasser bestimmt, welche nöthig ist, um die Mühlsteine ungefähr sechs Umdrehungen in der Minute machen zu lassen. Man nimmt unablässig mittelst einer hölzernen Schaufel die Masse, welche aus dem Bereich der Mühlsteine nach außen herausgeschleudert wird, auf; die, welche zu weit nach innen fortgetrieben wird, wird mit einem Kehrbesen mit langem Stiele wieder zurückgefegt, und mit dem Kopfe einer Handbürste, die an dem Tische festsitzende Masse, so wie sie durch die Wirkung des Druckes sich ansetzt, losgestoßen. Zwei Arbeiter sind mit diesem Geschäfte beauftragt. Während der eine, den Kopf des Kehrbesens in der Hand, die am Tische festsitzende Masse abstößt, nimmt der andere mit der hölzernen Schaufel das auf, was sich der Einwirkung der Mühlsteine entzogen hat; hierauf, während dieser die unmittelbar hinter einem Mühlsteine befindliche Masse mit dem langstieligen Kehrbesen zusammenfegt, bringt jener den Staub und die Stückchen, welche durch das Abkehren herausgeworfen wurden, wieder zurück.

Eine Stunde reicht zum vollständigen Reiben hin, und es bleibt nun nichts mehr übrig, als der Masse, gleichfalls vermittelst der Einwirkung der Mühlsteine, die Consistenz zu geben, welche ihr nothwendig ist, damit sie in Körner verwandelt werden könne. Dieß ist das, was man den Kuchen bilden nennt.

Man erreicht dieses, indem man die Mühlsteine einige Umdrehungen machen läßt, ohne die Masse zu zerbrechen, und sie bei den folgenden Umdrehungen in Zeiträumen von ungefähr funfzig Sekunden anhält. Man schlägt hierauf mit einem Keil und einem hölzernen Hammer die zu einem Kuchen geformten Antheile der Masse ab, auf welche die Mühlsteine während dieser Ruhe gedrückt haben, die sehr hart sind, und an dem Tische oder dem liegenden Mühlsteine sehr fest sitzen.

Man trägt Sorge, die an dem Rande dieser Kuchen befindlichen Krümel abzulösen, indem man mit den Kuchen leicht auf den Tisch schlägt. Den festesten Theil, welcher die Gestalt eines harten und klingenden Kuchens angenommen hat, wirft man in ein Faß. Man zerschlägt hierauf die übrig bleibende Masse mit dem Rücken der Bürste, und bringt in den von den Mühlsteinen zu durchlaufenden Raum alles das zurück, was sich der Einwirkung der Mühlsteine entzogen hatte. Während dieser Operation haben die Mühlsteine, welche auf zwei andern Punkten in Ruhe gehalten wurden, an anderen Stellen die Masse in Kuchen gebildet, welche man auf dieselbe Weise wegnimmt.

Man fährt auf diese Art so lange fort, bis die zwischen die Mühlsteine gebrachte Masse beinahe gänzlich weggenommen ist, d. h., bis das übrigbleibende so wenig beträgt, daß man, wenn man sie fortgehen ließe, fürchten müßte, sie würden den bloßen Tisch reiben; dieß erfordert ungefähr zwei Stunden. Man läßt alsdann die Mühlsteine über das, was von der Masse noch übrig ist, noch eine Umdrehung machen, indem man sie öfterer ruhen läßt, ohne den Kuchen wegzunehmen; alsdann kehrt man alles mit den Bürsten zusammen.

Um die letzten Antheile der Masse, welche sich unter den Mühlsteinen befinden, zu erhalten, stellt man vor jeden ein Leder, über welches man sie gehen läßt; und nimmt alsdann den Antheil von Masse weg, welcher jedesmal frei ist. Zugleich mit dieser Masse bringt man den Kuchen, den man einen Tag hat trocknen lassen, und hierauf mit Hämmern in Stücke geschlagen hat, in das Körnhaus. Man körnt diese Masse sehr fein, und läßt sie nach und nach die ganze Behandlung, wie bei der Fabrikation des Jagdpulvers, erfahren.

Fünftes Kapitel.

Von dem runden, durch Stampfmühlen zerriebenen und zu Teig gemachten, so wie durch Siebe und Walzen gekörnten Schießpulver.

(Verfahren von Bern.)

In allen Werken über die Kunst der Verfertigung des Schießpulvers und des Salpeters hat man bis jetzt nur sehr oberflächliche Bemerkungen über das gefunden, was zu diesem Behufe in den Cantonen der Schweiz gethan wird. In der Encyklopädie selbst gab man nur eine sehr gedrängte Beschreibung von der in diesem Lande gebräuchlichen Maschine, um rund zu körnen. Einem der General-Inspektoren über die Bearbeitung des Schießpulvers, Herrn Le Maitre, sind wir die bestimmtesten und genügendsten Nachweisungen über das, was in diesem Lande geschieht, schuldig.

Dieser Inspektor hatte vor einigen Jahren Gelegenheit, die Schweiz zu besuchen, und war besonders bemüht, seine Reise mit Nutzen zu machen, indem er, sowohl in den Salpeterwerkstätten, als in den Pulverfabriken, von den gebräuchlichen Fabrikationsprozessen Kenntniß zu erhalten suchte, und sie mit Sorgfalt beobachtete. Durch sein Amt schon von den verschiedenen Arten der Arbeiten unterrichtet, so wie durch seine Verrichtungen in Untersuchung aller Verfahrungsarten geübt, konnte er mit eben so viel Leichtigkeit, als Vortheil in das Innere der Einrichtungen eindringen, welche er in der Schweiz ausführen sah. Wir glauben, sie auf keine schicklichere Art auseinander setzen zu können, als wenn wir uns hier auf das beziehen, was er selbst in einer besondern Denkschrift über diesen Gegenstand sagt.

Erster Abschnitt.

Vom Einsammeln des Salpeters in der Schweiz.

Vor der letzten Revolution zog die Schweiz beinahe allen ihren Salpeter aus Deutschland; sie hat aber, nachdem sie die Möglichkeit davon eingesehen, die Nothwendigkeit gefühlt, ihn auf ihrem eigenen Grund und Boden aufzusuchen. Indem sie demnach in ihrem Lande diesen neuen Erwerbszweig schuf, so hat sie, in diesem so geldarmen Lande, seitdem bedeutende Summen zurückbehalten.

Die Fabrikation des Salpeters geschieht sowohl durch Salpetersieder, welche für eigene Rechnung arbeiten, als auch durch die Regierung selbst. Es scheint jedoch, daß nur eine Salpeterhütte eine Viertelmeile von Bern, auf der Straße nach Freiburg vorhanden ist. Diese Salpeterhütte, welche zu gleicher Zeit auch Raffinerie ist, und von einem National-Commissarius verwaltet wird, bestehet aus zwei Schuppen von 370 Fuß, unter welchen man die beim Graben erhaltene Erde, so wie den Schutt zusammenhäuft und zubereitet. Ein zweites Gebäude von 215 Fuß Länge dient zum Auslaugen der Erden, zum Aufstellen der Kessel, der Krystallisir- und Trockengefäße, so wie zur Aufbewahrung der Materialien; das Ganze hat eine sehr wohl überlegte Anordnung.

Die Erden sind in eine einzige Lage, von der Länge und Breite der Schuppen und von einer drei Fuß betragenden Höhe aufgehäuft. Ihre Oberfläche ist in die Quere gefurcht, und bietet den Anblick eines beackerten Feldes dar. Die Furchen, welche eine von der andern zwei Fuß entfernt sind, haben eine Tiefe von acht Zoll. Man benetzt sie mit einer schwachen Salpeterlauge, oder mit der beim Auslaugen der Abgänge erhaltenen Lauge. Die Oberflächen allein scheinen salpetrisirt zu seyn, jedoch in einem ziemlich geringen Grade.

Die Schuppen sind mit Ziegeln gedeckt, und an den Seiten mit Planken belegt, welche wie die beweglichen Bretter in den Jalousien eingerichtet sind. Auf diese Weise kann man den Zutritt der Luft nach Willkühr bestimmen. Das Auslaugen der Erden geschieht beinahe eben so, wie in Frankreich. Die Schweizer treiben das Abdampfen der Laugen nicht so weit, wie wir; man kann sich davon leicht durch das große Volumen und die Regelmäßigkeit der Krystalle, durch die geringe Dicke der Salpeterbrode und den schwachen Geruch der zum Krystallisiren hingestellten Flüssigkeiten überzeugen. Sie nehmen, während des Abdampfens, gut krystallisirtes Kochsalz, welches sich in Menge anzusetzen scheint, hinweg.

In der Anlage bei Bern nimmt man den in mehreren im Canton Zürich errichteten Salpeterhütten erzeugten Salpeter, so wie den, welcher aus einer Werkstätte bei Thun, dem Hauptorte im Oberlande hergebracht wird, auf. Noch giebt es eine Salpeterhütte zu Langenau, in demselben Canton, welche für eine Pulvermühle, von der weiter unten die Rede seyn wird, die nöthige Menge Salpeter liefert,

Man raffinirt den Salpeter in Broden nach dem ehemals in Frankreich üblichen Verfahren. Der einzige Unterschied ist der, daß man den Salpeter in einer sehr reichlichen Menge Wasser auflößt, und die Lauge nicht verstärkt, daher haben die Brode nur eine sehr geringe Dicke, und die Krystalle, welche sie zusammensetzen, sind fast alle von bedeutender Größe. Die Brode trocknen und tropfen auf einer abschüssigen hölzernen Tenne ab. Man zerbricht die Brode und Krystalle, und legt diesen Salpeter bis zum Abschicken in die Pulvermühlen in große Kasten oder Tröge von Fichtenholz.

Die Salpetersiederei und die Raffinerie unterscheiden sich wenig von den in Frankreich gemachten Anlagen. Man bemerkt nur, daß die Kessel verhältnißmäßig viel tiefer und weniger breit, als die französischen sind; ferner daß der Feuerort, welcher mit Holz erhitzt wird, den Vortheil hat, an den Seiten sehr verschmälert zu seyn, daß er aber zu hoch unter den Kesseln hinaufgeht. Die Becken zum Krystallisiren sind von Kupfer und viel tiefer, als die in Frankreich üblichen. Der zur Krystallisation bestimmte Ort liegt sechs Fuß tief unter der Fläche des Erdbodens, ohne Zweifel, um ihnen mehr Kühlung zu verschaffen.

Zweiter Abschnitt.

Fabrikation des Schießpulvers.

Die Fabrikation des Schießpulvers war oftmals, so wie die des Salpeters, verschiedenen Privatleuten überlassen, welche es der Regierung auf festgesetzte Bedingungen lieferten. Man hat Grund zu glauben, daß dieß Verfahren in dem ehemaligen Belgien und in ganz Deutschland, ungefähr dasselbe war. Seit einiger Zeit haben verschiedene Cantone (und unter ihnen Bern) angefangen, ohne jedoch den Privatleuten ihr Recht, Pulver zu fabriciren, zu nehmen, für sich Schießpulver zu verfertigen. Auch in den Cantonen Solothurn, Zürich und Lucern giebt es Pulverfabriken.

Die Regierung hat im Canton Bern zwei Pulvermühlen, die bei Papyrmollen, eine halbe Meile von der Stadt, an der Straße nach Zürich und die bei Thun, in demselben Cantone gelegene, welche bis an das Thor dieser Stadt reicht. Beide gehörten vormals Privatleuten, welche sie an die Regierung abgetreten haben. Noch giebt es eine dritte bekannte Pulvermühle im Canton Bern; es ist die zu Langenau, welche einem Privatmanne gehört. Man behauptet, daß sie es sey, welche das beste Schießpulver liefere. Herr Le Maitre hat sie nicht sehen können.

Die Pulvermühle bei Bern scheint die bedeutendste zu seyn. Das Dorf Papyrmollen, wo sie angelegt ist, hat seinen Namen von einer dort befindlichen Papiermühle. Sie liegt an einem reißenden kleinen Fluß, welcher sich bei Bern in die Aar ergießt. Sie bestehet aus einer Werkstätte zur Fabrikation der Kohle, aus zwei kleinen Stampfsätzen, einem Körnhause, welches eine Maschine enthält, um das Korn abzurunden, einem Zimmer zum Glätten, einem kleinen Stampfsatz, um das Mehlpulver noch ein Mal zu stampfen, einem Trockenhause, einem allgemeinen Magazin und einem Wohnhause für die Arbeiter. Jede dieser Werkstätten, welche von Fichtenholz, der fast ausschließend in diesem Lande zum Bauen angewandten Holzart, aufgeführt sind, liegt allein auf einer ziemlich weiten, vom Flusse durchschnittenen Ebene.

Verkohlungsmethode. Zur Bereitung der Kohle nimmt man das von seiner Rinde entblößte Holz der Haselstaude, von der Dicke des Fingers. Man verkohlt es in kleinen, länglich viereckigen Kesseln oder Becken von starkem Eisenblech, die $2\frac{1}{2}$ Fuß lang, $1\frac{1}{2}$ Fuß breit und eben so tief sind. Man verschließt hierauf diese Kessel mittelst eines blechernen Deckels, der mit Thon lutirt wird. Die Kohle ist sehr schön und von sehr guter Beschaffenheit.

Die Analyse des Schweitzerschießpulvers, hat bis jetzt als Verhältniß der zusammensetzenden Bestandtheile immer noch gegeben, 0,76 Salpeter, 0,14 Kohle und 0,10 Schwefel. Der letztere dieser Bestandtheile ist sehr gut raffinirt.

Von den drei Substanzen wird der Schwefel allein im gepulverten Zustande angewandt. Der Salpeter muß, wegen der Menge und Dicke seiner Krystalle viel Krystallisationswasser enthalten, welches sein Verhältniß ändert.

Reiben der Substanzen.

Die drei Substanzen werden, gehörig angefeuchtet, wie in Frankreich, in hölzernen, aber nicht ganz so großen Stampflöchern, deren jedes 12 bis 14 Pfund Masse hält, welche sich vollkommen gut darin wendet, gestampft. Die Stampfen führen nicht Stämpfer, sondern Hämmer, welche denen in den Papiermühlen fast ganz ähnlich sind, und eben so, wie in diesen durch Wasser in Bewegung gesetzt werden.

Die Hämmer sind an ihrem untern Theile mit einem eisernen Beschlage versehen, dessen Form wie die unserige, nur kleiner ist. Sie sind weit gewichtiger, als die Stämpfer der französischen Mühlen, jedoch ist die Kraft ihres Schlages geringer, weil, da das eine Ende derselben an einem Punkte festgehalten wird, sie nicht mit ihrer ganzen Masse auffallen, und weil ihr Fall nur von ungefähr 9 Zoll Höhe herab geschieht. Aber sie haben eine bedeutende Geschwindigkeit; und jeder derselben fällt etwa fünf und achtzig

Mal in der Minute nieder. Das Wechseln der Masse geschieht mit einer Art kupfernen, gestielten Krätzer, statt der kleinen Schaufeln von dem nämlichen Metall, deren sich die französischen Pulvermüller bedienen. Man hebt alsdann die Hämmer auf und erhält sie mittelst eines Hebels in der Höhe.

Die Stampfsätze, welche gewöhnlich nicht mehr, als fünf oder sechs Hämmer, nach der Stärke des Wassers, das man anwenden kann, enthalten, sind in eine Hütte von sehr leichtem Holze, die eben so gedeckt ist, und woran die Nägel nicht gespart sind, eingeschlossen. Das Rad, welches zwischen 9 Fuß und 10 Fuß im Durchmesser hat, mit Schaufeln und unterschlächtig ist, ist in eine Hütte oder Baracke von Brettern eingeschlossen, um es gegen Winterfröste zu schützen. Es bewegt sich in einer Rinne von Brettern, wodurch die Kraft des Wassers an seinem untern Theile mehr zusammengehalten wird.

Körnen. Die Masse ist beim Herauskommen aus den Stampfen in kleinen Stücken, höchstens von der Größe einer Nuß, und nicht in großen Massen und Stücken, wie dieß gewöhnlich der Fall ist. Dadurch wird das Körnen sehr erleichtert. Diese Operation geschieht mit Sieben, welche aus einem Flechtwerke aus dem Baste der Haselnußstaude verfertigt sind. Solcher Siebe solle man sich auch in anderen Gewerken in der Schweitz und selbst im Departement des Ober-Rheins, namentlich in der Pulvermühle zu Colmar, bedienen. Diese sehr festen Siebe scheinen vor denen aus Fellen den Vorzug zu haben, daß sie durch die Einwirkung der Feuchtigkeit der Masse, oder der Luft, sich weder erweichen, noch ausdehnen, welches beides der Operation nachtheilig ist. Die Scheiben, deren man sich bedient, sind von Nußbaumholz und linsenförmiger gestaltet, als die französischen. Sie haben in der Mitte ungefähr 2 Zoll im Durchmesser, dieser nimmt aber gegen den Rand hin bis auf $\frac{1}{4}$ Zoll ab. In der Mitte haben sie einen Zapfen oder eine Erhabenheit, welche der Arbeiter, indem er die Scheibe in der rechten Hand zirkelförmig bewegt, während er zu gleicher Zeit sein Sieb mit der linken Hand gehen läßt, im Anfange auf die Masse aufdrückt, um die größten Stücke derselben zu zerquetschen. Es gehört Uebung dazu, um diese doppelte Bewegung gut zu verrichten. Diese Operation geschieht in Trögen und auf Stangen, die den französischen ähnlich sind.

Die Schweizer körnen wahrscheinlich alle ihr Schießpulver durch Siebe von derselben Durchlöcherung; aber, wenn sie es sieben, so scheiden sie das Korn, je nach dem Gebrauche, zu welchem sie es bestimmen, nach Verschiedenheit der Größe der Körner, welche durch jene Operation gebildet wurden, in verschiedene Arten; da alle ihre Pulversorten dasselbe Mischungsverhältniß haben. Nach dem Körnen siebt man durch gewöhnliche Haarsiebe, und giebt dem Korne die runde Form. Die Maschine, welcher man sich bei dieser Operation bedient, und aus welcher man immer in der Schweiz ein Geheimniß gemacht hat, obgleich sie in der Encyklopädie angegeben ist, ist in einem Stockwerke über dem Körnhause aufgestellt, und die Schwierigkeiten, welche Herr Le Maitre übersteigen mußte, um dahin zu gelangen, zeigen an, wie sehr man sie geheim zu halten suchte.

Maschine, um das Korn abzurunden.

Das Wesentlichste derjenigen Maschine, welcher man sich zum Abrunden der Körner bedient, bestehet in folgendem: Das Pulver, welches aus dem Troge des Körnhauses mittelst einer Rolle durch eine im Fußboden angebrachte Klappe hinaufgezogen wird, schüttet man in Behältnisse, welche folgende Einrichtung haben. An einer Axe sind zwei mit Nuten versehene Scheiben befindlich, über welche trommelartig ein Sack, der mit einem an der Seite befindlichen Schlauch versehen ist, gespannt wird. Dieser letztere dient dazu, das Pulver einzufüllen und auszuleeren. Nachdem das Füllen beendigt ist, schlägt man den Schlauch um die Trommel herum. Sowohl der Sack als auch der Schlauch sind aus einem groben baumwollenen Zeuge, einer Art sehr dichten Parchent, angefertigt. Es wäre weit bequemer, das Schießpulver durch eine runde oder viereckige Oeffnung, welche man in einer der hölzernen Scheiben der Trommel anbrächte, in diese einzufüllen, indem der Schlauch nicht ohne Schwierigkeit um den Sack festgemacht werden kann. Auf diese Art würde man das Behältniß weit leichter füllen und entleeren können.

Die Maschine zum Abrunden wird durch ein Wasserrad und mittelst eines im Körnhause befindlichen Räderwerkes in Bewegung gesetzt. Anderthalb Stunden reichen hin, das Korn abzurunden, welches durch diese Operation schon den Anfang einer Glättung erfährt. Man leert die Beutel in eine Rinne aus, welche das Pulver wieder in den Trog des Körnhauses hinabführt. Dort siebt man es von neuem, um die große Menge des durch das Abrunden der Körner gebildeten Mehlpulvers davon zu trennen, und schüttet es nachher, um es zu glätten, in kleine Fässer, welche mit großer Geschwindigkeit im Körnhause selbst und durch dasselbe Rad in Bewegung gesetzt werden. Man glättet etwa drittehalb bis drei Stunden. Das

Schweizer Pulver hat im Allgemeinen wenig Glanz, was daher kommt, daß man diese Fäßchen bis auf $\frac{4}{5}$ ihres Inhalts füllt, was viel zu viel ist, auch trägt der Grad der Trockenheit des Schießpulvers, wenn man es in die Glättonnen thut, viel dazu bei. Dieser Zustand der Austrocknung, welcher viel größer, als der der Pulvermasse in Frankreich ist, läßt sich schon vom Körnen an bemerken.

Nach dem Glätten siebt man zum dritten Male und sichtet das Pulver. Die zu großen Körner und die harten Stückchen werden unter das Mehlpulver geworfen. Das letztere wird, gleich nach seiner Herausnahme, durch einen bloß aus zwei Hämmern bestehenden Stampfsatz, wieder gestampft. Diese Stampfen sind ebenfalls im Körnhause befindlich, und werden durch die Welle, die die Abrundungsmaschine und die Glätttonnen umdreht, in Bewegung gesetzt; so daß das Körnhaus, welches durch die Vereinigung aller dieser Maschinen überfüllt ist, mehrere Ursachen zur Gefahr in sich schließt.

Das Trocknen des Schießpulvers geschieht an der Luft auf Tüchern und Tischen, die auf die französische Art eingerichtet sind.

Sechstes Kapitel.

Von dem runden, in Fässern geriebenen und gemengten, durch Zuguß von Wasser in Teigform gebrachten, durch Siebe getriebenen, und in denselben Fässern gekörnten Schießpulver.

(Ein von Herrn Champy dem Vater im Jahre 1796 in Vorschlag gebrachtes Verfahren.)

Bei Abhandlung des Verfahrens bei der Fabrikation des Berner Schießpulvers im vorhergehenden Kapitel wurde von der Maschine mit Walzen gesprochen, mittelst welcher man dem Korne dieses Schießpulvers die runde Form, die es auszeichnet, giebt. Als im Jahre 1775 die Generalpacht des Schießpulvers aufgegeben wurde, vereinigten sich von jener Zeit an die aufgeklärten Männer, welche der Minister Turgot ausgewählt hatte, um die Direktion dieses Gegenstandes zu übernehmen, und welche für Rechnung der Regierung in eine Regie vereinigt wurden, alle ihre Anstrengungen, um Mittel auszusinnen, welche die Verbesserung des Schießpulvers bewirken könnten. Sie versäumten nicht, sich genau von allen Handgriffen, welche in den Pulverfabriken der Schweiz angewendet werden, zu unterrichten, sich eine genaue Beschreibung ihrer Maschinen zu verschaffen, und es gelang ihnen bald, in der Pulverfabrik zu Essonne, jene Maschine, von welcher im vorhergehenden Kapitel die Rede war, und der man sich in jenem Lande zum Körnen bedient, auszuführen. Bei den verschiedenen Versuchen, welche mit dieser Maschine unter ihren Augen angestellt wurden und welche sie leiteten, erhielten sie ein vollkommen rundes Korn, wie das vom Berner Schießpulver, aber sie fanden auch, daß, da die auf diese Art zu körnende Masse sehr in Hinsicht auf den Feuchtigkeitsgrad, welchen sie enthielt, bevor sie dem gewöhnlichen Stampfen in den Stampfmühlen unterworfen wurde, verschieden ist, es auch sehr schwer sey, die Menge Wasser zu bestimmen, welche man noch hinzusetzen müsse, um ihr den Grad von Befeuchtung zu geben, welcher nöthig ist, damit das Korn die runde Form erhalte. Die Aufseher über das Schießpulver wurden überdieß, durch die Versuche mit dieser Maschine bald überzeugt, daß die Quantität von runden Körnern, die sie erzeugt, so gering ist, daß ein ähnliches Körnungsmittel, wenn es auch für die im allgemeinen sehr beschränkten Arbeiten der Schweizer Pulverfabriken hinreichen konnte, doch keinen Vortheil für eine weit mehr ins Große getriebene Fabrikation, wie die in Frankreich ist, liefern könne. Sie glaubten daher, der Anwendung dieser Maschine entsagen zu müssen, und verließen überhaupt das Projekt, die Form des Kornes zu verändern, indem sie sich überzeugt hielten, daß sie in der gewöhnlichen Bearbeitungsart, welche zu vervollkommnen und mit Sorgfalt vollführen zu lassen, sie allen ihren Eifer und alle ihre Einsichten anwandten, das Mittel finden würden, dem französischen Schießpulver den Vorzug vor dem Schweizer zu geben, trotz der Vortheile, welche aus der runden Form des Korns des letzteren entspringen könnten. So blieb die Lage der Dinge etwa zwanzig Jahre, als die Ausführung des revolutionairen Verfahrens in der Anlage zu Grenelle und einige andere Umstände dem Herrn Champy, einem der wirklichen Administratoren, Gelegenheit gaben, darauf zu denken, ob es nicht möglich sey, sich mit Vortheil zur Abrundung des Kornes des Schießpulvers, der Fässer zu bedienen, welche man bei diesem Verfahren gebrauchte.

Man hatte in den Pulverfabriken bisweilen gefunden, daß das Jagdpulver, wenn es zu feucht in die Glättfässer gethan wurde, statt den Glanz anzunehmen, den man ihm zu geben suchte, sich zusammenballte und sich in Klumpen von allen Größen formte. Ungeachtet das in den Glätttonnen befindliche Pulver, sich nicht ganz in den Umständen, wie das in die Trommeln zum Körnen geschüttete Pulver in den Schweizer-Fabriken befindet, wo es zusammengedrückt wird, so war es doch natürlich zu vermuthen, da man wußte, daß man den Wirkungen des Körnens dadurch Gleichförmigkeit gab, daß man die gehörig befeuchtete Masse vorläufig durch ein Sieb gehen ließ, daß man durch dasselbe Mittel Herr über das Körnen in Fässern werden könnte. Dieß ist der Gedanke, welchen Herr Champy hatte, und in welchem er durch einen Umstand bestärkt wurde, welchen hier anzuführen zweckmäßig seyn möchte, und auf welchen wir nachher zurückkommen werden, um nicht minder vortheilhafte Folgerungen daraus zu ziehen, als die sind, welche unser College daraus hergeleitet hat.

Da die öffentliche Verwaltung des Pulvers und Salpeters, deren Mitglied Herr Champy ist, im Jahre 1795 den Herrn Bottée, damals General-Inspektor, beauftragt hatte, eine Fabrikationsmethode, welche damals von den Herren Barthélemy und Pailliart in einer Pulverfabrik zu Hermitage de Senars angewendet wurde, zu untersuchen, so erstattete er darüber unter dem 6ten April desselben Jahres, an die Verwaltung einen Bericht mit folgendem Protokoll:

„Den 5ten April 1795 begaben sich die Bürger „Barthélemy und Pailliart auf eine Einla-„dung der Verwaltung des Schiesspulvers und Salpe-„ters nach der Pulverfabrik zu Vincennes, um „dort, in Verein mit dem daselbst seinen Sitz haben-„den General-Inspektor, eine Maschine mit Mühl-„steinen, welche Barthélemy angelegt hatte, zu „untersuchen.

„Diese Maschine bestehet aus einer zirkelförmigen „hölzernen Rinne, in welcher sich zwei, aus einer „Verbindung von Blei, Zink und Zinn gegossene, auf „ihren schmalen Kanten laufende Mahlblöcke, drehen, „welche zusammen etwa zwölfhundert Pfund wiegen, „und bei ihrer zirkelförmigen Bewegung von zwei „eisernen Zubringern begleitet werden, welche die „Masse in die Mitte der Rinne zurück führen; „diese ganze Maschine wird durch zwei Menschen, wel-„che an dem Ende eines Hebelarmes von sechs Fuss „wirken, in Bewegung gesetzt. Um elf Uhr fünf und „zwanzig Minuten that man fünf und zwanzig Pfund „frisches Mehlpulver, d. h. Mehlpulver, welches aus „den Glättfässern in der Pulverfabrik zu Vincen-„nes erhalten worden war, unter die Mühlsteine;

„und setzte diese in Bewegung. In demselben Au-
„genblicke goß man mit einer Flasche ungefähr fünf
„Pfund Wasser auf die Masse, wozu man etwa
„drittehalb Flaschen verbrauchte. Um elf Uhr drei und
„dreißig Minuten hielt man die Maschine an; man
„nahm die Masse in Teigform von der Consistenz
„eines Kittes heraus; die Mühlsteine waren stark
„mit der teigartigen Masse belegt, und hatten mehr
„dazu gedient, die Masse durch einander zu rühren,
„als sie zusammen zu drücken. Man körnte diese
„Masse ohne Scheibe mit einem feinen Schrotsiebe
„(demi guillaume), welches einen doppelten Bo-
„den von Fell hatte, durch die einfache Bewegung
„des Siebens auf der Oberfläche eines Tisches. Man
„schied die Körner mit einem messingenen Siebe,
„welches auch einen doppelten Boden hatte, ab.
„Die beiden Siebe wurden so voll Teig, daß sie bei
„jeder Schaufel Pulver wieder geputzt werden muß-
„ten. Man erhielt sieben Pfund Körner von Kriegs-
„schießpulver in runder Form und zwei Pfund
„vier Unzen feine Körner in derselben Form;
„dieß Pulver enthielt noch beinahe alle seine Feuch-
„tigkeit, als es gewogen wurde.

„Vincennes, Jahr und Tag, wie oben.

„Unterzeichnet: Barthélemy, Pail-
liart, Bottée."

Man sieht deutlich aus dem Inhalte dieses Pro-
tokolls, daß das von dem in den Tonnen zu Vin-
cennes geriebenen Pulver abgefallene Mehlpulver,
das mit 20 Prozent Wasser, welches durch die Wir-
kung der Mühlsteine wohl vertheilt wurde, befeuchtet
und durch zwei Siebe gesiebt wurde, bloß durch die
Bewegung, welche nöthig ist, die Masse durch die

Siebe hindurch gehen zu machen, zum Theil in Körner von runder Gestalt verwandelt wurde, welche sich auf dem zweiten Boden des Siebes vorfanden. Es ist wahr, daß der größte Theil der Masse an allen Geräthschaften einem Teige ähnlich hängen geblieben war, und daß dadurch die Bearbeitung sehr schwierig wurde, was auch machte, daß man diese Fabrikationsmethode als fehlerhaft und nicht im Großen anwendbar betrachtete.

Um diese Zeit war es, daß Herr Champy, welcher sich nach Vincennes begeben hatte, um sich selbst von dem Barthélemyschen Verfahren zu unterrichten, auf den Gedanken kam, daß ein Theil der Hindernisse, welche diese Fabrikationsart darbot, durch einige Veränderungen in der Quantität und Natur der Befeuchtung gehoben werden könnte, und dadurch, daß man das Körnen in Tonnen an die Stelle des Körnens in einem Siebe mit doppeltem Boden setzte. Nachdem er über diesen Gegenstand mehrere Versuche angestellt hatte, deren Resultate ihm befriedigend schienen, beschäftigte er sich mit den Mitteln, die Reihe von Operationen, welche diese Art der Bearbeitung erforderte, zu reguliren, und gab dann dem ausübenden Direktorium das gleich zu beschreibende Verfahren an.

Erster Abschnitt.

Vom Befeuchten der in den Tonnen gemengten Masse, und von ihrem vorläufigen Körnen.

Man wandte die drei Substanzen gepulvert an; sie wurden abgesondert in dem Verhältnisse von 0,76 Salpeter, 0,15 Kohle und 0,9 Schwefel, was das damals angenommene Mischungsverhältniß war, abgewogen; was aber die 0,76 Salpeter betraf, so setzte man im Anfange zu einem Pulversatze von 200 Pfunden davon nicht mehr, als 147 Pfund hinzu; indem der Ueberrest in dem Benetzungswasser aufgelöst und so dem Pulversatze zugeführt wurde. Der so gemischte Pulversatz wurde dem Reiben in Fässern mit Kugeln von Glockengut, wie beim revolutionären Verfahren unterworfen; so daß jedes Faß 150 Pfund Pulversatz, (mit Ausnahme dessen, was an Salpeter, wie schon gesagt, noch fehlte), und 180 Pfund Kugeln enthielt.

Die Tonnen wurden viertehalb bis vier Stunden lang in Bewegung gesetzt, mit einer solchen Geschwindigkeit, daß sie sechs und zwanzig Umdrehungen in der Minute machten. Die Substanzen wurden hierauf trocken gerieben. Man erkannte daraus, daß sie hinreichend waren, wenn sie in ein unfühlbares Pulver verwandelt waren, so daß sich keine Klumpen mehr unter den Fingern fühlen ließen.

Das zerriebene Gemisch wurde hierauf in ein Kornhaus gebracht; dort breitete man es in einem

Troge aus, um es mit dem mit reinem Salpeter gesättigten Wasser zu benetzen. Diese Operation war die schwierigste. Die Sättigung war nach Beschaffenheit der Temperatur verschieden, so daß demzufolge das Wasser eine mehr oder minder große Menge Salpeter in das Schießpulver brachte, welcher in der Folge, beim Abdampfen oder Erkalten auf der Oberfläche des Korns effloreseirte. Eben so war auch die zum Annetzen nöthige Menge Wasser verschieden, und doch hing der Erfolg des Körnens von dem Mehr oder Weniger dieser Quantität ab. Es bedurfte vieler Versuche, um diese Schwierigkeiten zu überwinden, und endlich bestimmte man sich dafür, kaltes Wasser anzuwenden, welches auch kalt gesättigt war, und 16° am Aräometer für den Salpeter zeigte. Was das schickliche Verhältniß von Wasser zur Erleichterung des Körnens betrifft, welches durch Annäherung ausgemittelt wurde, so mußte dieß nach der Temperatur und dem Zustande der Atmosphäre verschieden seyn. Bei trockenem und heißem Wetter brauchte man 24 bis 30 Pfund Wasser zu 150 Pfunden Mischung; bei kaltem und feuchtem Wetter reichten 18 Pfund hin. In dem gewöhnlichen Wetter glaubte man sich auf 22 bis 24 Pfund für 150 Pfund Masse (die Ladung eines Fasses) bestimmen zu können, was ungefähr 30 bis 32 Pfund auf 200 Pfund giebt. Diese mit 16 Prozent Salpeter gesättigte Quantität Wasser, enthielt also und setzte demzufolge dem Pulversatze ungefähr fünf Pfund Salpeter auf hundert Pfund zu.

Die in dem Troge angefeuchtete Mischung wurde sorgfältig mit Schäufeln und Hacken, selbst mit den Händen umgerührt, um das zum Anfeuchten der Masse dienende Wasser so gleichmäßig als möglich zu vertheilen. Hierauf siebte man sie mit der Scheibe durch ein gewöhnliches Körnsieb. Man hatte Gelegenheit zu bemerken, daß die Größe des hervorzubringenden Kornes von den Löchern des Körnsiebes abhing; nicht etwa, weil das Korn durch diese Operation gebildet wurde, sondern weil daraus ein Kern des Korns, welcher dem Durchmesser der Löcher proportionirt war, hervorzugehen schien. Man trieb die Masse alsdann noch ein zweites Mal durch das Körnsieb, aber ohne Scheibe. Beide Operationen waren sehr mühsam. Die Häute der Siebe erweichten und die Löcher verstopften sich, so daß die Arbeiter genöthigt waren, die Siebe oft zu wechseln, um die Häute an der Luft trocknen und sich wieder spannen zu lassen, wenn sie zu schlaff geworden waren. Auch mußten die Löcher beständig mit einem kleinen hölzernen Stifte geöffnet werden, damit die Masse durchgehen konnte.

Zweiter Abschnitt.

Von dem Hineinschütten in die Fässer zur Bildung des Kornes.

Die Masse, nachdem sie die im vorhergehenden Abschnitte beschriebene Vorbereitung erfahren hatte, wurde wieder in die Fässer gebracht, um dort, allein und ohne Kugeln, einer drehenden Bewegung unterworfen zu werden. Die Geschwindigkeit, welche man den Tonnen ertheilte, war die gewöhnliche der Glätttonnen, nämlich zwölf bis vierzehn Umdrehungen in der Minute. Diese Operation, deren Dauer verschieden war, indem sie zwischen zwanzig und vierzig Minuten fiel, erforderte in der Regel immer eine halbe Stunde. Die Gewißheit, daß das Korn gebildet sey, erlangte man erst beim Oeffnen des Fasses, jedoch konnte man aus dem mehr trockenen Geräusche, welches das Korn verursachte, indem es gegen die Wände anschlug, die Beendigung der Operation vermuthen. Die Gesammtmenge der Masse, welche hineingethan worden war, fand sich in eiförmige Körner von verschiedener Größe verwandelt, die Mehrzahl derselben war jedoch von mittlerer Größe, welche mit dem Durchmesser der Löcher des Körnsiebes, dessen man sich vorläufig bedient hatte, im Verhältnisse war.

Die Operation des Körnens war mangelhaft, wenn die Masse zu viel oder zu wenig benetzt war. Zu trocken, verwandelte sie sich in Staub, zu feucht, ballte sie sich in mehr oder minder große Kugeln; wenn sie aber in dem schicklichen Befeuchtungszustande war, so scheint es, daß die Kerne der Körner den Staub auf ihrer Oberfläche anhäuften und so durch den Druck, Körner von einer diesen Kernen proportionirten Größe bildeten. Während dieses Körnens entwickelte sich eine merkliche Wärme.

Nachdem man, durch eine gehörige drehende Bewegung, die Masse in den Fässern in abgerundete Körner verwandelt hatte, mußte man sich mit den Mitteln beschäftigen, diese Art Schießpulver zu trocknen. Das Trocknen an der Sonne hatte den doppelten Nachtheil, einestheils auf der Oberfläche des Kornes eine krystallinische Efflorescenz zu erzeugen, welche nach Maaßgabe der Abdampfung mehr oder minder bedeutend war, und anderntheils diese Oberfläche zu schnell zu trocknen, während das Innere des Kornes noch feucht blieb. Man ergriff also den Ausweg, das Schießpulver der trocknenden Wirkung der Luft auszusetzen, indem man es in einem verschlossenen Gebäude auf Rahmen ausbreitete, wo es von einem Luftzuge getroffen wurde. Hier blieb es drei Tage hindurch, worauf man es an einem schönen Tage auf dem gewöhnlichen Trockenplatze der Sonne aussetzte. Das Korn wurde sehr hart und schwer zu zerbrechen. Seine Festigkeit war ohne Zweifel seiner sphäroidischen Form und vielleicht auch dem zuzuschreiben, daß die äußere Lage hauptsächlich aus Salpeter, der zu effloresciren strebte, bestand. Das auf diese Art gehörig getrocknete Schießpulver, gab beim Abstäuben keinen anderen Staub, als das zu feine Korn und den efflorescirten Salpeter, welcher sich sowohl beim Auslüften und auf dem Trockenplatze, als auch bei der Einwirkung des Siebes oder des Sichtbeutels von der Oberfläche des Korns losmachte. Dieser Staub mußte also einen Ueberschuß in dem Verhältnisse des Salpeters enthalten; man fand darin bis auf 85 Procent dieses Salzes. Um es gehörig behandeln zu können, mußte man dieses Verhältniß bestimmen. Man laugte eine Probe davon aus, und nach der gefundenen Menge Salpeter, setzte man Schwefel und Kohle in den schicklichen Verhältnissen zu; rieb sie in den Fässern, und verfuhr wie bei ganz frischem Pulver.

Dieß war die Art des Körnens in Tonnen, welche Champy zur Erhaltung eines runden Kornes vorschlug. Aber man fand, daß das so gestaltete, aus den Fässern erhaltene Kriegsschießpulver keine merklich größere Schußweiten vor dem gewöhnlichen Kriegsschießpulver gab. Man erlangte die Ueberzeugung, daß für die Flinten, und Pistolen das feine runde Korn, welches das Jagdpulver bildet, nicht so gut anwendbar sey, als wenn man das Zündkraut von dem gewöhnlichen feinen Pulver macht, weil es auf den Pfannen der Schießgewehre nicht so schnell Feuer fängt und dasselbe nicht so schnell der Ladung mittheilt. Es könnte dieß von der Härte der äußern Oberfläche des Kornes, oder vielleicht noch vielmehr daher kommen, daß sich auf dieser Oberfläche beständig efflorescirter Salpeter befindet. Man muß sich also bei der Verfertigung von rundem Schießpulver in Fässern, auf das Kriegsschießpulver beschränken.

Diese Bearbeitungsart hat Herrn Champy, als er sich damit beschäftigte, folgende Vortheile dargeboten; 1) die Fabrikation war im Vergleich mit der mit Stampfmühlen beschleunigt, indem die durch dieses Mittel gekörnte Masse viel weniger Mehlpulver gab; 2) die glatte und regelmäßige Form dieses Kornes, machte es fähig, sich bei Transporten besser zu halten; 3) eben diese es besonders auszeichnende Form, machte die Unterdrückung der Diebstähle, und Verschleppungen von Kriegsschießpulver, welche so häufig statt haben, leichter; 4) entfernte der große Grad von Befeuchtung, welcher der Masse gegeben werden mußte, um sie behandeln zu können, die Hauptursache der Gefahr bei der Fabrikation des Schießpulvers. Aber bevor noch zum ersten Mal, Nachfrage, nach dem nach Vorschrift des revolutionairen Verfahrens in Tonnen abgerundeten Schießpulver gewesen war, hatte Riffault schon das Mittel angezeigt, die Dauer des Stampfens des Pulversatzes in den Stampfmühlen auf das Minimum von drei Stunden beschränken zu können; und diese große

Leichtigkeit der Vermehrung der Produktion der ältern Bearbeitung, indem man zugleich die drei Substanzen abgesondert pulverte und siebte, und erst in diesem Zustande aus ihnen den Pulversatz bildete, wog schon den doppelten Vortheil, welchen die Fabrikation des runden Schießpulvers gewähren konnte, die Beschleunigung der Handarbeit und Verringerung der Ursachen zur Gefahr, auf. Auf der anderen Seite mußte doch, wenn gleich die Bearbeitung dieses Schießpulvers weniger Staub gab, der Zustand dieses Staubes untersucht und das Verhältniß des Ueberschusses von Salpeter, welcher sich darin befand, durch eine Probe bestimmt werden, bevor die schickliche Zusammensetzung der drei Substanzen wieder hergestellt werden konnte. Endlich bietet die besondere Form des Kornes keine völlige Sicherheit gegen die Diebstähle an Kriegsschießpulver dar, weil das gewöhnliche Schießpulver, mit eckigen Körnern, sich ebenfalls leicht durch die Größe der Körner auszeichnet, was doch die Diebe nicht abhält, welche, wenn ihr Interesse und ihre Sicherheit es erfordern, die Form desselben schon zu entstellen wissen. Die Vortheile der Fabrikation eines Kriegsschießpulvers mit runden Körnern vermittelst der Tonnen, scheinen also nur gering zu seyn, und werden gewiß durch die Hindernisse aufgewogen, welche aus der großen Menge Wasser, die angewandt werden muß, um der Masse die nöthige Befeuchtung zu geben, entspringen. Dadurch wurde die Bearbeitung ausnehmend erschwert und langwierig, denn da man die feuchte Masse, ehe sie in die Tonnen gebracht wurde, vorher durch Siebe aus Fell treiben mußte, so belegten diese sich stets mit einer Kruste, und wurden schnell durch Fäulniß zerstöhrt. Diese große Feuchtigkeit der Masse, machte das Trocknen des gebildeten runden Korns sehr schwierig; und wirklich bildete, wenn das Korn schnell von der Hitze ergriffen wurde, seine Oberfläche eine Kruste, so daß, indem die Feuchtigkeit aus dem Innern nicht weggehen konnte, die Mitte des Korns ihren ersten Zustand von Feuchtigkeit beibehielt, was eine Ursache der Verschlechterung war; und wenn es wirklich durch die gehörigen Vorsichtsmaaßregeln, gelang, beim Trocknen diesen Nachtheil zu vermeiden, so blieb immer noch ein anderer übrig, der von der Anwendung des mit Salpeter gesättigten Wassers zum Befeuchten herrührte. Dieses verursachte beim Verdunsten nothwendig den Nachtheil, daß ein Theil dieses Salzes auf der Oberfläche des Korns als Efflorescenz zurück blieb.

Diese verschiedene Betrachtungen verursachten ohne Zweifel, daß das schon so lange und so allgemein angenommene System der Fabrikation des Schiespulvers durch Stampfmühlen beibehalten wurde; und wenn es Wille der Regierung wäre, dem Korne des Kriegsschiespulvers die runde Form zu ertheilen, so würde dabei nichts in der gegenwärtigen Bearbeitungsart zu verändern seyn, sondern man könnte durch eine einfache Behandlung, welche keinen der angezeigten Nachtheile hätte, diese runde Form, oder doch eine ihr möglichst nahe kommende, den Pulverkörnern durch ein Verfahren ertheilen, welches Herr Bottee angegeben hat, und welches im folgenden Kapitel beschrieben werden wird.

Siebentes Kapitel.

Von den Verbesserungen, welche mit dem Verfahren bei Fabrikation des Schießpulvers in Frankreich vorgenommen werden könnten, und von verschiedenen Versuchen und Beobachtungen, welche sich darauf beziehen.

Durch Beschreibung der verschiedenen der bekanntesten Fabrikationsarten des Schießpulvers, haben wir den Hauptzweck dieses Werkes, welcher der ist, den Commissarien über das Schießpulver ein Handbuch zu liefern, welches ihnen die Mittel darbietet, Regelmäßigkeit und Einförmigkeit in alle ihre Operationen zu bringen, erfüllt. Wir haben, um dieses Resultat desto sicherer zu erreichen, uns nicht gescheuet, mit einer fast kleinlichen Genauigkeit in die Details der Fabrikationsmethoden, welche gegenwärtig in allen Werkstätten der Administration des Schießpulvers befolgt werden, einzugehen, aber unser Zweck würde nur unvollkommen erfüllt seyn, wenn wir nicht auch das, was eine lange Erfahrung und die Untersuchung der Verfahrungsarten anderer Länder, oder derer, die nur augenblicklich in Frankreich angewandt worden sind, gelehrt haben, zur allgemeinen Kenntniß brächten.

Man kann nicht verhelen, daß Verbesserungen weit langsamer in Anstalten im Großen, welche durch Beamte, die von einer Central-Administration abhängig sind, geleitet werden, als in Privatanlagen eingeführt werden. Dieß geschieht nicht etwa deshalb, weil diejenigen, welchen die Leitung jener Anstalten anvertrauet ist, weniger Eifer und Talente besitzen, als der Fabrikant, der für seine Rechnung arbeitet; sondern deshalb, weil nothwendig alle Unternehmungen eines Beamten von Formen umgeben sind, welche ihm nicht gestatten, sich nach seinem Belieben Versuchen hinzugeben, deren Anstellung ihm vortheilhaft scheint, und er ist darauf angewiesen, sich streng in den Grenzen zu halten, welche ihm in den Instructionen vorgezeichnet sind, von welchen er sich nicht entfernen darf, ohne zu fürchten, sich auf eine schwere Art zu vergehen.

Auch können die eine Administration ausmachenden Mitglieder einzeln Verbesserungen vorschlagen, ohne es erhalten zu können, daß sie Beifall finden und angenommen werden.

Wir ergreifen daher mit Vergnügen die Gelegenheit, welche sich uns darbietet, hier diejenigen Verbesserungen aufzuzeichnen, welche wir für nützlich halten, und wir werden uns bei dieser Arbeit eben so sehr vor jeder Art eines günstigen Vorurtheils für die gebräuchlichen Verfahrungsarten, als vor einem unüberlegten Anpreisen von Neuerungen hüten.

Erster Abschnitt.

Ueber die Bereitung der Kohle.

Im dritten Abschnitte des zweiten Kapitels wurde gezeigt, daß das gebräuchliche Brennen der Kohle in Oefen, den Nachtheil habe, diese Substanz mit einer glänzenden Kruste zu überziehen. Man hat dem abgeholfen, indem man das Weggehen der rußigen Produkte bei der Destillation des Holzes, mittelst eines im Mittelpunkte des Ofengewölbes angebrachten Rauchfanges erleichterte. Man kann diese Oeffnung, mittelst einer Klappe von Eisenblech, welche man, so wie es die Umstände erfordern, bewegt, indem man sie nach innen stößt, oder sie nach außen zieht, nach Willkühr öffnen und schließen, Es sollte diese, durch eine Praxis von mehreren Jahren erprobte Verbesserung überall da vorgeschrieben werden, wo die Verkohlung in Oefen geschieht, da aber diese Methode wenig gebräuchlich ist, so eilen wir uns mit den Verbesserungen zu beschäftigen, deren das Verkohlen in Gruben fähig ist.

Die großen Gruben, deren man sich ganz allgemein bis jetzt bedient hat, sind nicht tief genug; dadurch wird das Einäschern eines größeren Theiles der Kohle bewirkt. Man muß daher derjenigen Einrichtung den Vorzug geben, welche auch schon in einigen Gegenden eingeführt ist, und die sich von der sonst gewöhnlichen, durch nachstehende Einrichtung unterscheidet. Die Gruben sind kleiner, von runder Gestalt, und haben bei derselben Tiefe nur ungefähr ein Drittheil von der Breite der großen. Das Holz verbrennt auf eisernen Stangen, welche in der Höhe der Gruben angebracht sind, und fällt, so wie es verbrennt, in einen Raum, wo der Zutritt der Luft sehr verringert ist, und wo also seine Verbrennung nicht weiter statt haben kann. Die Grube füllt sich auf diese Art sehr bequem, ohne daß Brände übrig bleiben, oder sich Asche erzeugt.

Die runde Form hat auch den Vortheil, den Gruben eine Festigkeit zu geben, welche die großen viereckigen Gruben nicht haben, deren Mauern durch den Druck der Erde immer nach innen gepreßt werden, auch dauern die letzteren nie länger, als einige Jahre. Man kann ferner die runden Gruben auf die bequemste Art mit einem Deckel von Eisenblech, der durch einen Ueberzug von Holz noch fester und mittelst einer Handhabe leicht zu bedienen und tragbar gemacht ist, bedecken. Diesen Deckel belegt man, zum Ersticken der Kohlen, mit Erde.

Endlich bedient man sich in einigen Fabriken zur Bereitung der Kohle, der Kessel von Kupfer oder Gußeisen, welche in die Erde eingegraben sind, und grade so, wie die runden Gruben, von welchen wir eben gesprochen haben, bedeckt werden. Dieß ist diejenige Methode, welche die meiste Sicherheit gegen alles Eindringen fremder Körper gewährt, und welche die beste Kohle liefert, indem letztere bei diesem Verfahren nicht so, wie bei der Verkohlung in Gruben, die Feuchtigkeit aus der Erde einsaugen kann. Man hat bis jetzt die Anwendung dieses Verfahrens bloß auf die Fabrikation des ausgesuchten Schießpulvers beschränkt, es wäre aber vortheilhaft, es allgemein anzuwenden. Sind die kupfernen Kessel zu kostbar anzuschaffen und die von Gußeisen schwer zu bekommen, so kann man die von starkem Eisenblech, deren man sich in der Schweiz bedient, und welche man auch allgemein in Belgien, vor der Vereinigung dieses Landes mit Frankreich gebrauchte, anwenden. Die Anwendung dieser Kessel, oder etwas Aehnlichen, sollte der Gegenstand einer allgemeinen Maaßregel werden; wir glauben, daß die Beschaffenheit des Schießpulvers merklich dadurch gewinnen würde; und wenn die Kosten für die erste Anschaffung ein Mal erst bestritten wären, so würde die Kohle weniger kosten, weil die Produkte, bei derselben Quantität Holz, bedeutender seyn würden.

Zweiter Abschnitt.

Ueber das Mischungsverhältniß im Schießpulver.

Noch kennt man die elastischen Flüssigkeiten, welche bei dem Akte der Detonation frei werden, nicht genug, man weiß noch nicht hinlänglich, welche neue Verbindungen diese Gasarten eingehen und welchen Grad der Ausdehnung sie erfahren, um auf eine bestimmte Art berechnen zu können, auf welchem Punkte, wenn man das Verhältniß der drei Substanzen danach einrichtete, man die größte Wirkung erhalten würde.

Aus diesem Gesichtspunkte wurden die Versuche angefangen, von welchen es möglich ist, daß ihre Resultate uns einige nützliche Aufklärungen über einen so wichtigen Gegenstand verschaffen, oder uns wenigstens bestimmtere Angaben liefern können. Wir haben den Vorsatz, sie mit eben so vieler Beharrlichkeit als Sorgfalt zu verfolgen, dieselben abzuändern und sie zu wieholen; und wenn sie uns irgend ein genügendes Resultat geben, so werden wir uns beeifern, es bekannt zu machen. Bis dahin müssen wir uns auf einige Beobachtungen beschränken, welche wir hier nur vorläufig und als bloße Muthmaaßungen darlegen.

Man hat, aus der oben im zweiten Abschnitte des ersten Kapitels aufgestellten Theorie ersehen, daß in der Mischung des Schießpulvers, besonders der Salpeter und die Kohle, diejenigen Substanzen sind, welche hauptsächlich die Wirkungen hervorbringen, zu denen seine Detonation Anlaß giebt.

Der Salpeter liefert den Sauerstoff, den Wärmestoff und den Stickstoff. Salpeter.

Die Kohle scheidet mit der größten Leichtigkeit den Sauerstoff aus seiner Verbindung mit dem Stickstoffe ab und veranlaßt, indem sie ihm eine Grundlage darbietet, mit welcher er mehr Neigung hat sich zu vereinigen, die Bildung von Kohlensäure, deren gasförmiger Zustand kaum die Hälfte des Wärmestoffes, welchen der Sauerstoff bei dieser Verbindung zurückgehalten hatte, erfordert. Die Kohle hat also das doppelte Geschäft, die Umwandelung der Salpetersäure in zwei elastische Flüssigkeiten zu bewirken, und eine große Menge von Wärmestoff frei zu machen. Kohle.

Es wurde gesagt, daß die Kohle immer einen merklichen Antheil Wasserstoff enthalte; auch trifft man in ihr stets etwas Wasser, welches sie eingesogen hat, und sie kann also, sowohl wegen der großen Elasticitätskraft des Gases, als auch wegen der ungeheuren ausdehnenden Kraft des in Dämpfe verwandelten Wassers, noch ein bedeutendes mehr zu den Wirkungen bei der Explosion des Schießpulvers beitragen.

Der Schwefel hat, so wie die Kohle, die Fähigkeit, den Sauerstoff aus seiner Verbindung mit dem Stickstoffe in der Salpetersäure zu trennen; aber der Schwefel brennt bei einer weit niedrigeren Temperatur, als zur Entzündung der Kohle nöthig ist, also ist es die erste dieser beiden Substanzen, welche die Entzündung des Schießpulvers anfängt. Sie ist es, welche, indem sie das Feuer in die Mischung bringt, Schwefel.

plötzlich das Freiwerden des Sauerstoffes und des Wärmestoffes bewirkt, und da nun, wie schon gesagt, die gute Beschaffenheit des Schießpulvers von der größtmöglichen Schnelligkeit in seiner Entzündung abhängt, so kann man nicht umhin, zu schließen, daß seine Vorzüglichkeit wesentlich von der Funktion des Schwefels abhänge. Aber welche Wirkung kann denn die im Augenblick erfolgende Detonation auf den größten Grad der Stärke des Schießpulvers haben? Meinem Dafürhalten nach erfolgt diese Wirkung größtentheils dadurch, daß bei diesem so schnellen Freiwerden von Sauerstoff und Wärmestoff, eine Bildung von gasförmigem Kohlenoxyd statt habe. Die Versuche von Proust, scheinen dieser Meinung einige Wahrscheinlichkeit zu geben. Dieser Gelehrte hatte, als er sie anstellte, den Zweck, das Volumen der Gasarten, welche bei der Verbrennung des Salpeters, erst mit verschiedenen Verhältnissen von Kohle und dann mit Zugaben von Schwefel in verschiedener Menge, entstehen, kennen zu lernen. Diese Verbrennungen, in den Verhältnissen von 10, 12 und 15 Theilen Kohle auf 60 Theile Salpeter gaben gleiche Volumina von Gas. Aber diese Volumina vergrößerten sich um 13 und um 19 Procent bei den Verhältnissen von 20 und 30 Theilen Kohle, immer bei der nemlichen Dosis, von 60 Theilen Salpeter.

Einem Gemenge aus 60 Theilen Salpeter und aus 12 Theilen Kohle, setzte Proust Schwefel in dem Verhältnisse von 2 Theilen an bis zu 18 Theilen zu; so wie das Verhältniß des Schwefels in diesem Gemenge 10 Theile betrug, erhielt er ein Volumen von Gas, welches um 8 Procent, das bedeutendste Produkt aus dem Gemische von Salpeter und Kohle alsein, in den Verhältnissen von 30 Theilen dieser letzteren Substanz auf 60 Theile Salpeter, überstieg.

Diese Resultate der Versuche des Herrn Proust geben uns Anlaß zu folgenden Vermuthungen: 1) daß, wenn er die Kohle nur in den Verhältnissen von zehn bis funfzehn Theilen auf sechzig Theile Salpeter anwandte, nichts als Kohlensäure gebildet wurde, daß aber, wenn dieser Antheil von Kohle auf 20 bis 30 Theile gegen dieselbe Menge, nemlich 60 Theile Salpeter, gebracht wurde, durch diese Zumischung in bedeutendem Ueberschuß, die Bildung von gasförmigem Kohlènoxyde statt hatte; 2) daß, wenn er, bei der Mischung aus 60 Theilen Salpeter und 12 Theilen Kohle, durch einen Zusatz von Schwefel, zwischen zwei bis 18 Theilen, eine fortschreitende Vermehrung in dem Volumen der erzeugten Gasarten erhielt, dieß deshalb geschah, weil sich durch die von diesem Zusatze verursachte viel größere Schnelligkeit in der Entzündung, nur gasförmiges Kohlenoxyd bildete, wobei vielleicht noch die Entwickelung anderer Gasarten und selbst ein Freiwerden des Schwefels in Dämpfen statt haben mochte.

Schießpulver ohne Schwefel.

Es war uns schon bekannt, daß das ohne Schwefel verfertigte Schießpulver sehr ungünstige Resultate in der Wirkung, in Vergleichung mit dem aus den drei Substanzen zusammengesetzten, gäbe. Noch ganz neulich wurde dieses, durch einen zu Essonne, auf Herrn Robins Veranstaltung mit Pulver in den Mischungsverhältnissen von 0,85 Salpeter und 0,15 Kohle und 0,82 Salpeter 0,18 Kohle angestellten Versuch vollkommen bestätigt. Der Grad der Stärke dieser Arten Schießpulver, welche als Kriegsschießpulver gekörnt wurden, war bei der Pulverprobe von

Darcy, von der wir bald Gelegenheit haben werden zu sprechen, nur halb so groß, als von den gewöhnlichen aus allen drei Substanzen, in dem Verhältnisse von 0,125 Schwefel zusammengesetzten Kriegsschießpulver; und das in dem Verhältnisse von 0,82 Salpeter und 0,18 Kohle bereitete Schießpulver, gab noch eine beträchtlich geringere Schußweite.

Auf der anderen Seite, hat das zu Essonne fabricirte Bergwerkspulver, in dem Mischungsverhältnisse von nur 0,65 Salpeter gegen 0,10 Schwefel und 0,15 Kohle (aus Faulbaumholz in der Pulverfabrike verfertigt) letzthin beim Probiren mit dem gewöhnlichen Probirmörser, und bei einer Ladung von 6 Loth eine Schußweite von 788 Fuß gegeben, welche, wie man nachher sehen wird, die vom Kriegsschießpulver geforderte, merklich übersteigt.

Man kann daher mit Grunde schließen, daß der Schwefel in der Zusammensetzung des Schießpulvers eine weit wichtigere Rolle spiele, als man bisher geglaubt hat.

Annetzen mit einer Auflösung von Gummi.

Zu der Zeit, da die Administration zu Essonne, wie schon gesagt, eine Reihe von Versuchen anstellen ließ, welche den Zweck hatten, dem Korne mehr Dichtigkeit zu geben und es also einer längeren Aufbewahrung fähiger zu machen, wurde auch die Anwendung von Gummi, die man früher als ein Mittel das Pulver gegen das Einsaugen von Feuchtigkeit zu schützen, empfohlen hatte, versucht. Dieß Mittel bestand darin, die drei Substanzen, welche das Schießpulver zusammensetzen, statt mit reinem Wasser, dessen man sich zum Benetzen während des Stampfens bedient, mit reinem Wasser, in welchem Gummi aufgelöst war, zu befeuchten. Man machte demzufolge einen Satz zu

Kriegsschießpulver in dem Verhältnisse von 0,76 Salpeter, 0,10 Schwefel und 0,14 Kohle, welcher nur sechs Stunden gestampft wurde. Von den zwanzig Stampflöchern der Mühle, welche den Pulversatz enthielten, netzte man sechszehn mit einer Auflösung aus einer Drachme 22 Gran arabischen Gummi in 41 Pfunden Wasser an, und jedes der sechszehn Stampflöcher empfing beim Annetzen 2 Pfund 19 Loth dieser Auflösung. Die vier anderen Stampflöcher wurden wie gewöhnlich angenetzt. Die aus den zwanzig Stampflöchern genommene Masse wurde hierauf alle folgende Operationen hindurch auf gleiche Weise behandelt. Herr Robin bemerkte, daß die Masse aus den sechszehn mit Gummiwasser angenetzten Stampflöchern bedeutend mehr an Körnern geliefert hatte. Das mit beiden Annetzungen bereitete, für den Krieg gekörnte Schießpulver, wurde vergleichungsweise mit dem Probirmörser der Fabrik, bei der Ladung von 6 Loth Pulver probirt; die mittlere Schußweite für das mit reinem Wasser angenetzte Schießpulver betrug 866 Fuß; die für das mit der Gummiauflösung bereitete 862 Fuß. Dieser Versuch wurde damals nicht weiter getrieben. Doch kann es seyn, daß ein Annetzen mit Gummiauflösung in dem schicklichen Verhältnisse den Vortheil habe, die Vereinigung der kleinsten Theilchen der Masse unter einander zu erleichtern und ihren Zusammenhang fester zu machen, dieß ist die Meinung von Proust; bevor sie uns aber bekannt wurde, hatte uns doch der Umstand der Bildung des Korns in größerer Menge und die Idee einer besseren Aufbewahrung, die Wiederholung dieses Versuches, als einen aus der Zahl derer, welche zu machen uns noch übrig sind, vorgeschrieben.

Man hat mehrere Zusätze zu dem schon fertigen Schießpulver, als dessen Stärke bedeutend vermehrend, vorgeschlagen.

Zusatz von lebendigem Kalk.

Der Doktor Baini, Arzt zu Fojano in Toscana, hatte angezeigt, daß es ihm gelungen sey, das Schießpulver durch den Zusatz von gepulvertem lebendigen Kalk, in dem Verhältnisse von ungefähr 23 Theilen dem Gewichte nach, auf 100 Theile Schießpulver, wobei die Mischung so lange umgerührt werden muß, bis die Oberfläche aufhört weiß zu seyn, um ein Drittheil zu verstärken. Man versicherte, daß die Toscanischen Jäger, diese Verstärkung des Schießpulvers vollkommen bestätigt gefunden hätten. Wir haben, so unwahrscheinlich uns auch das versprochene Resultat schien, doch geglaubt, den Zusatz versuchen zu müssen; aber, wie wir es erwartet hatten, zeigte das in dem angegebenen Verhältnisse mit Kalk vermischte Pulver an der Probe von Regnier, deren wir uns bedienten, keine andere Wirkung, als daß es den Grad der Stärke des Schießpulvers schwächte.

Zu la Fère wurden durch Herrn le Maitre, in Verbindung mit dem Obristen Charbonel, Commandeur des sechsten leichten Artillerieregimentes, welches dort in Garnison lag, mit diesem Zusatze Versuche mehr im Großen angestellt. Aus demselben Fasse nahm man 8 Pfund gehörig trockenes Schießpulver. Die eine Hälfte davon breitete man sechs Tage hindurch auf dem Fußboden eines Magazins des Polygons aus, und die andere Hälfte wurde, so genau als möglich in dem vom Doktor Baini angegebenen Verhältnisse mit ganz frischem, und, um ihn vor der Einwirkung der Luft zu bewahren, mit der größten Geschwindigkeit gepulverten und gesiebten lebendigen

Kalk

Kalke, gemischt. Von den vier Pfunden Schießpulver, welche die Hälfte von dem auf dem Fußboden des Magazins ausgebreiteten Schießpulver ausmachten, nahm man zwei Pfund und vermischte sie auf dieselbe Weise mit der verhältnißmäßigen Quantität lebendigem Kalk.

Der Zweck dieser verschiedenen Zubereitungen der acht Pfund Schießpulver war der, auszumitteln, ob die Gegenwart des lebendigen Kalkes seine Stärke entweder als vierter zusammensetzender Bestandtheil und durch chemische Einwirkung, oder bloß dadurch, daß er die Feuchtigkeit, welche das Schießpulver enthalten kann, einsauge und ihm entziehe, vermehre; hievon suchte Herr le Maitre sich dadurch zu überzeugen, daß er auf der einen Seite trockenes und reines, und trockenes, mit lebendigem Kalke vermengtes Schießpulver vergleichungsweise anwandte; und auf der andern Seite feuchtes reines Pulver und dasselbe feuchte Schießpulver mit lebendigem Kalke gemengt untersuchte. Diese Proben wurden mit einem alten in den Fabriken reglementsmäßig eingeführten Probirmörser angestellt. Die Ladungen, jede von 6 Loth, wurden mit der größten Genauigkeit gewogen; aus allen Schüssen mit derselben Art Schießpulver wurde das arithmetische Mittel genommen; kurz, alle Vorsichtsmaaßregeln, die sich auch auf das kleinste erstrecken, wurden angewandt.

Folgendes sind die mittleren Weiten dieser Schüsse:

	Toisen.	Fuß.
Reines, trocknes Schießpulver . . .	123	2
Trockenes, mit lebendigem Kalke gemengtes Schießpulver	115	1
Unterschied zum Vortheil des reinen trockenen Schießpulvers	8	1
Reines, feuchtes Schießpulver . . .	119	1
Feuchtes, mit lebendigem Kalke gemengtes Schießpulver	107	2
Unterschied zum Vortheil des reinen feuchten Schießpulvers	11	15

Die Resultate dieser, mit der größten Sorgfalt angestellten Proben zeigen, daß, in diesen beiden Fällen, die Gegenwart von lebendigem Kalke der Stärke des Schießpulvers geschadet habe.

Zusatz von überoxydirt salzsaurem Kali.

Herr de Cossigny versicherte, daß wenn er dem Kriegsschießpulver, im Augenblicke seiner Anwendung im Probirmörser, ungefähr ein halbes Quentchen überoxydirt salzsaures Kali zusetzte, er beständig, sowohl mit dem von ihm zu Jle de France verfertigten Schießpulver, als auch mit verschiedenen fremden Sorten Pulver, beträchtlich größere Schußweiten erhalten habe, als eben dieß Schießpulver ohne diesen Zusatz gab. Auf die Anzeige, welche er dem Kriegsminister davon machte, wurde diese Probe zu Vincennes, in Gegenwart des Generals de Saint-Laurent, der damals Direktor der Artillerie in der Residenz Paris war, des Artillerieobristen Villantroys und des Herrn Riffault, von Seiten der

Administration des Schießpulvers wiederholt Herr de Cossigny setzte selbst jeder der Ladungen von 6 Loth Pulver einen Antheil jenes Salzes zu, das er mit sich gebracht hatte, und aus dessen Beschaffenheit er damals noch ein Geheimniß machen zu wollen schien. Diese Zugabe wurde, wie er nachher sehr mit Unrecht bemerkt hat, nicht durch eine gleiche Wegnahme von der Pulverladung aufgewogen; sondern diese war immer von sechs Loth; wie dieß auch das über die Proben geführte Protokoll, welches diese Bemerkung ganz besonders enthält, bestätigt. Aber es entsprang daraus keine Vergrößerung der Schußweiten und nach mehreren Schüssen, ging Herr de Cossigny mit der Bemerkung hinweg, daß, da diese Versuche nicht dieselben Resultate, welche er zu Jle de France erhalten hätte, gäben, er es für unnöthig halte, sie fortzusetzen.

Zusatz von Wasser, Alkohol und Aether.

Es ist auch gesagt worden, daß man, wenn man den Ladungen mit Kriegsschießpulver ein wenig Wasser, Alkohol oder Aether zusetzte, man wegen der grossen Expansibilität dieser Flüssigkeiten, eine weit grössere Wirkung erhalten müßte. Diese Meinung schien uns nicht ohne allen Grund zu seyn, wir glaubten aber, daß dieses vortheilhafte Resultat nur bei Kanonen erhalten werden könnte. Da wir aber schon lange Zeit das Verlangen hatten, uns in dieser Hinsicht einige Erfahrungen zu verschaffen, und da jedes andere Mittel, dessen wir uns zu diesen Versuchen hätten bedienen können, mangelte, so waren wir darauf beschränkt, uns eines gewöhnlichen Probirmörsers bedienen zu müssen. Da wir aber wenig auf die Resultate zählten, welche er uns zur Bestimmung unserer Meinung geben könnte, so machten wir weiter keine Vorbereitungen, und begnügten uns damit, ohne alle weitere Vorsicht, der Ladung von Schießpulver, in der Pulverkammer des Mörsers, auf der Hälfte oder zwei Drittheil des Raums, welchen sie dort einnimmt, etwas von diesen drei verschiedenen Flüssigkeiten, eine nach der andern, zuzusetzen. Die Schußweiten, statt sich zu vergrößern, waren bedeutend schwächer. Wir glaubten dessenungeachtet, daß es zweckmäßig wäre, über diesen wichtigen Gegenstand Versuche mit Kanonen anzustellen. In diesem Gedanken wurden wir noch mehr bestärkt, als wir erfuhren, daß Herr le Maitre in einigen Versuchen zu la Fère mit einem sechspfündigen Kanon, wo er den Kern, oder den Mittelpunkt der Ladung durch einen festen Körper oder mit einer mit irgend einer Flüssigkeit gefüllten Flasche ausfüllte, oder an dieser Stelle einen leeren Raum ließ, interessante Resultate erhalten hatte, so daß sie wohl verdienten, seiner Versicherung zufolge, die Aufmerksamkeit auf sich zu ziehen.

Wir haben es, wie Herr le Maitre, versucht, eine Höhlung in dem Innern der Pulverkammer des Probiermörsers zu bilden, indem wir einen Kegel von Papier einbrachten, welcher den Platz eines Theiles der Ladung einnahm, und troß der Nachtheile, welche das Geschütz, dessen wir uns bedienten, für dergleichen Versuche hat, waren die Resultate befriedigend, weil wir dieselben Schußweiten, wie mit der ganzen Ladung erhielten.

Es scheint uns, wenn man diese Versuche, mit einem Zusatz von expansiblen Flüssigkeiten, mit Kanonen wiederholen wollte, daß es nur darauf ankomme, in der Patrone, welche die Pulverladung enthält, auf dem dritten oder halben Theil ihrer Höhe, eine mit der zuzusetzenden Flüssigkeit gefüllte Blase oder kleine Glasflasche anzubringen. Aber wir sind auch der Meinung, daß es alsdann zweckmäßig seyn würde, in der Mischung des Schießpulvers das Verhältniß des salpetersauren Kalis zu vermehren, weil man, um die Ausdehnung der Flüssigkeit zu bewirken, mehr Wärmestoff nöthig hat, und der Salpeter diejenige Substanz ist, welche ihn liefert.

Dritter Abschnitt.

Von dem Stampfen des Schießpulvers.

Da die Operation des Stampfens diejenige ist, welche das Mengen und das Zusammenpressen der drei Substanzen bewirkt, so ist es sehr wichtig, daß man diese beiden Resultate auf die vollständigste Weise erhalte; was in den Stampfmühlen nicht immer der Fall ist. Wenn in jeder Fabrike eine hinreichende Menge Wassers vorhanden und so beständig wäre, daß man versichert seyn könnte, eine Stampfe von gleichmäßig bestimmtem Gewichte eine gewisse Anzahl von Malen in einer bestimmten Zeit und von einer bestimmten Höhe auf die Substanzen fallen zu lassen, so würde die Administration das Recht haben, von allen Fabriken-Commissarien ein Schießpulver zu fordern, welches in demselben Grade die Vorzüge, welche durch ein gutes Stampfen bewirkt werden, besäße. Es wäre dann weiter nichts nöthig, als ihnen vorzuschreiben, dem Schutzbrette der Mühle das nöthige Wasser zu geben, um jede Stampfe, welche ungefähr 80 Pfund von einer Höhe von 1 Fuß 3 Zoll auf die in die Stampflöcher gebrachte Masse sechs und dreißig tausend Mal fallen zu lassen. Jeder Commissarius würde also sicher seyn, dieses Resultat zu erhalten, wenn er seine Stampfen auf sechzig Hube in der Minute bestimmte, denn, wenn man von den vierzehn durch den Befehl vorgeschriebenen Stunden zum Stampfen, ungefähr vier für das Einschütten des Pulversatzes, das Wechseln und Annetzen abrechnet, so bleiben zehn Stunden für das wirkliche Stampfen, welches im Ganzen, wenn man sechzig Hube auf die Minute rechnet, sechs und dreißig tausend Stöße giebt; aber dem ist nicht so.

Es giebt wenig Fabriken, wo der Lauf des Wassers beständig ist; und in einigen ist er zu schwach, als daß es möglich wäre, den Stampfen das bestimmte Gewicht zu geben, noch sie von der bestimmten Höhe mit der nöthigen Geschwindigkeit herab fallen zu lassen. Man ist daher noch weit entfernt, die Gewißheit von der Vervollkommnung des Stampfens erlangt zu haben, um die Dauer desselben überall gleichmäßig auf vierzehn Stunden bestimmen zu können.

Die Administration ist von dieser Wahrheit überzeugt; aber sie glaubte sich in diesem Betreff auf die Instruktionen und den Eifer ihrer Commissarien verlassen zu können, indem sie hoffte, daß diese Mittel zu finden wissen würden, an jedem Orte den Mängeln ihrer Werke abzuhelfen, und sie kommt durch dieses Vertrauen größtentheils zu ihrem Ziele. Da indessen hier darum zu thun ist, die Mittel anzugeben, um den bestmöglichen Erfolg zu erreichen, so kann man nicht in Abrede seyn, daß das sicherste Mittel, um dahin zu gelangen, das ist, sich von Menschen und Sachen unabhängig zu machen; und man kann dieß leicht durch die Vollkommenheit und Regelmäßigkeit der Maschinen erlangen. Nachdem man also bestimmt hat, welches die nöthige Zahl von Huben der Stampfen von einem gegebenen Gewichte, die von einer ebenfalls gegebenen Höhe herabfallen, zur Bewirkung der Mengung und des Zusammenpressens der Masse sey, so muß man überall das nemliche Resultat zu erhalten suchen, auf welches Unregelmäßigkeit und Schwäche des Wasserlaufes keinen Einfluß haben können. Dieß ist ein leicht zu lösendes Problem; man braucht nur an einem der beweglichen Theile des Mechanismus der Stampfmühle, ein Instrument (den Zähler) anzubringen, welches die Geschwindigkeit der Bewegung angiebt. Diese sehr einfache und wichtige Verbesserung ist in den Italiänischen Pulvermühlen schon von Morosi, einem sehr ausgezeichneten Mechaniker dieses Königreichs angebracht; und es ist zu wünschen, daß die Pulverfabriken in Frankreich, so bald als möglich, einen ähnlichen Vortheil genießen mögen.

Nichts ist leichter, als ein Instrument dieser Art an der Welle des Rades fest zu machen, und aus der Zahl seiner Umdrehungen, die der Hube der Stampfen, welche es bewirkt, zu folgern. Alsdann wird es hinreichend seyn, statt eine bestimmte Anzahl Stunden für das Stampfen vorzuschreiben und es der Aufmerksamkeit und Beurtheilung der Arbeiter zu überlassen, auszumitteln, ob die Masse gehörig gestampft sey, um diesen Zweck vollständig zu erreichen, bloß die Zahl der Stampfenstöße zu bestimmen, welche das Schießpulver erhalten muß. Dieses wird schon ein sehr wichtiger Schritt, vollkommenes Schießpulver zu erhalten, seyn. Es verstehet sich, ohne Zweifel, daß diese Zahl nach dem Gewichte der Stampfen und nach der Höhe ihres Falles verschieden seyn muß. Im Anhange wird eine durch Zeichnungen erläuterte Beschreibung eines Zählers gegeben werden, welchen Herr Botté erfunden und in Ausführung gebracht hat. Er kann mit der größten Leichtigkeit an dem inneren Zapfen des Wasserrades aller Stampfmühlen angebracht werden. Nichts ist bequemer als dieses Instrument, das durch seine Eintheilungen, die Zeit der Runden, des Wechselns und Benetzens, welche während der ganzen Dauer des Stampfens des Schießpulvers gemacht werden müssen, angiebt.

Es ist leicht einzusehen, wie fehlerhaft es sey, zur Bestimmung dieser Operation, wie man bisher gethan hat, eine Uhr zu nehmen, welche nur die absolute Dauer der Zeit anzeigt, da doch, während dieser Dauer, Zögerungen und Untersuchungen des Ganges der Maschine, durch Veränderungen im Laufe des Wassers, durch die größere oder geringere Langsamkeit, mit der das Wechseln geschieht, ja selbst durch Beschädigungen der Maschine, welchen auf der Stelle abgeholfen werden muß, kurz, durch alle Ursachen, welche augenblicklich die Wirkung der Stampfen aufheben, veranlaßt werden können.

Mittelst des von Botté vorgeschlagenen Zählers hört alle Ungewißheit auf, und die Resultate der Dauer des Stampfens des Schießpulvers sind überall gleichförmig sicher gestellt.

Die Bedingung einer bestimmten Anzahl Stampfenstöße, bei vorgeschriebenem Gewichte und Höhe, ist nicht das einzige, zur Vollkommenheit des Stampfens nothwendige Erforderniß; noch ist, wie im zweiten Kapitel gesagt wurde, bei der Fabrikation des

Schießpulvers mit Stampfmühlen wesentlich, daß die Masse sich in den Stampflöchern umwende, und daß nach und nach alle Theilchen dem Stoße und dadurch dem Zusammendrücken unterworfen werden. Diese Bedingung ist um so unerlaßlicher, da, wenn sie nicht statt hat, nicht allein die Mengung unvollständig vor sich geht, sondern auch, da das Stampfen immer denselben Antheil der Masse trifft, dadurch Erhitzung und Entzündung hervorgebracht werden kann. Das, was dieß Resultat der gehörigen Beweglichkeit der Masse in den Stampflöchern sichern kann, ist der Grad ihres Befeuchtens in der Mühle, man muß sich, im allgemeinen, hiebei nach der Jahreszeit und Temperatur richten, und es muß dieß besonders ein Gegenstand der Wachsamkeit für den Aufseher über die Arbeiter seyn. Da aber die Verdunstung in den besondern Stampflöchern, wegen ihres Mangels an Regelmäßigkeit und der schlechten Form der Köpfe der Stampfen verschieden seyn kann, so wird man erst dann sicher seyn, eine beständigere Gleichförmigkeit zu erhalten, wenn die Stampflöcher vollkommen gleich vermittelst einer Maschine gebohrt und die Kronen der Stampfen in Form von Birnen, nach dem Modell von Bottée, gegossen werden.

Beide Verbesserungen, welche bis jetzt nur theilweise angenommen sind, und deren Einführung in allen Pulverfabriken nützlich ist, können nicht genug empfohlen werden.

Vierter Abschnitt.

Von dem Körnen des Schießpulvers.

Aus den genauen Nachrichten, welche wir über die verschiedenen, sowohl in Frankreich als in anderen Ländern gebräuchlichen Fabrikationsarten des Schießpulvers gegeben haben, hat man gesehen, daß diese Substanz in Körner von eckiger und in solche von runder Form verwandelt werden kann. Wir haben die zur Erhaltung beider Arten von Körnern gebräuchlichen Verfahrungsarten beschrieben, aber ohne sie unter einander zu vergleichen, und bloß um sie kennen zu lehren: jetzt wollen wir, aus dem Gesichtspunkte der Ersparniß an Handarbeit und Vervollkommnung der Resultate, die Vortheile, welche jede darbietet, untersuchen, so daß ein gegründetes Urtheil, welches von beiden die vorzüglichere sey, gefällt werden könne.

Man kann nicht läugnen, daß die Verschiedenheiten in der Gestalt des Kornes des Schießpulvers auch auf seine Eigenschaften und Wirkungen bedeutend einfließen. Es ist augenscheinlich, daß das runde Schießpulver durch seine glatte und regelmäßige Form, weit mehr, als das eckige Pulver fähig sey, seine Haupteigenschaft zu bewahren; denn es ist nicht, wie dieses, dem Zerbrechen unterworfen, und verwandelt sich auch nicht durch Transporte in Staub.

Auch muß man zugeben, daß eine Masse von rundem Pulver, welche aus kleinen Sphären zusammengesetzt ist, die zwischen sich gleiche Zwischenräume lassen, einer vollständigeren Entzündung, und demzufolge einer größeren Wirkung, als eine Masse eckigen Schießpulvers von demselben Volumen, fähig sey.

Auf der andern Seite bietet das eckige Pulver, welches von dem Funken im Schießgewehre getroffen wird, diesem Rauhigkeiten dar, welche eine schnellere Entzündlichkeit, als beim runden Korne, bedingen. Dieser Vortheil des eckigen Schießpulvers kommt zwar bei dem Kriegsschießpulver nicht in Betracht, allein er ist für das Jagdpulver wichtig, dessen Vorzug wesentlich in der augenblicklichsten Entzündung bestehet. So wird auch das Berner Schießpulver, welches wegen seiner Wirkung bei der Pulverprobe, von einigen Jägern für vorzüglicher als das französische gehalten wird, von den eigentlichen Schützen nicht geachtet, welche in ihm nicht die Lebhaftigkeit, wie in dem eckigen, kaiserlich französischen Schießpulver finden.

Aus diesen verschiedenen Eigenheiten, die durch die Verschiedenheit in der Form des Kornes bestimmt werden, würde natürlich der Schluß folgen, daß man am besten thäte, für den Krieg nur rundes und für die Jagd nur eckiges Schießpulver zu fabriciren; wenn man aber diesen Grundsatz ein Mal aufgestellt hat, so ist es zweckmäßig, sich zu versichern, ob nicht die durch die Theorie angezeigten Vortheile zum Theil durch die Natur der Fabrikationsmethoden verschwinden, und ob das übrig bleibende dann noch hinreicht, um Veränderungen des gegenwärtig in Frankreich gebräuchlichen Verfahrens nöthig zu machen. Dieß soll jetzt untersucht werden, wobei wir auf die verschiedenen Mittel, das Schießpulver zu körnen, von welchen wir in den vorhergehenden Kapiteln Rechenschaft gegeben haben, zurückkommen.

Es wurde gesagt, daß man, nach den zu Essonne über die schweizerische Art zu körnen angestellten Versuchen, eingesehen habe, daß sie bei den Fabrikationen im Großen, die in den französischen Pulvermühlen statt haben, nicht anwendbar sey, dieß ist durch die geringfügigen Produkte der Schweizer-Fabriken, deren größte in einem Jahre kaum so viel, als eine französische in einem Monate liefert, hinlänglich bewiesen.

Dieß ist nicht etwa deshalb der Fall, weil die französische Art zu körnen so sehr schnell ist, sondern sie ist bloß, ihrer Einfachheit wegen, jeder Veränderung fähig, welche man daran anzubringen für nöthig hält. Man muß jedoch bekennen, daß sie, so wie sie bisher betrieben wurde, viele Menschen erfordert. Wir haben gesehen, daß man jeden Arbeiter nur ein Sieb in die Hände giebt, und daß der Arbeiter nur mit vieler Mühe dahin kommt, einen zweckmäßigen Gebrauch von diesem Geräthe zu machen; indem viel Uebung dazu gehört, um der Scheibe die gehörige drehende Bewegung mitzutheilen.

In Deutschland, Preußen, in den ehemaligen Provinzen von Holland und Belgien, so wie in den zwei oder drei französischen, an diese Länder angränzenden Pulverfabriken, setzt ein einziger Mensch auf ein Mal drei Siebe in Bewegung, und zwar auf folgende Art: man hängt an der Decke des Körnhauses, über dem Körntroge an vier Schnüren, einen hölzernen in drei Fächer getheilten Kasten auf, und stellt in jedes Fach ein Sieb. In jedes dieser drei Siebe thut man von dem zu körnenden Schießpulver etwas weniger, als man hineinschüttet, wenn man mit einem einzigen Siebe arbeitet, und legt auf jedes Sieb zwei Scheiben. Der an einem Ende des Troges stehende Arbeiter bewegt den Kasten hin und her, wobei ihm noch eine Feder, welche aus einer hölzernen Stange bestehet, die am entgegengesetzten Ende entgegenwirkt, zu Hülfe kommt.

Bei dieser Art zu körnen, wird ein großer Theil der Masse, durch den beständigen Stoß der Scheiben gegen einander und gegen die Wände des Siebes in Mehlpulver verwandelt; während die Masse durch die zirkelförmige Bewegung einer Scheibe einem beständigeren Drucke ausgesetzt ist, welcher dem Korne mehr Festigkeit ertheilt. Auch ist dieß vermittelst der Kasten und mit zwei Scheiben gekörnte Schießpulver weit zerreiblicher und eckiger, als das auf die gewöhnliche Weise gekörnte. Man verliert also bei dieser Methode wenigstens eben so viel an der Qualität des Schießpulvers, als man an Handarbeit zu ersparen scheint.

Wir wollen unterdessen zu der Körnmethode von Barthélemy zurückkehren, welche man, wie die von Herrn Champy dem Vater, das Körnen durch Agglomeration nennen kann, weil es ohne irgend einen Druck, bloß durch das Anhängen der kleinsten Theilchen, das einzig durch Vermittelung des Wassers bewirkt wird, statt hat. Wenn man, wie es Herr Champy gethan hat, der zu großen Nässe abhilft, um das Durchgehen der Masse durch die Siebe zu erleichtern, wenn man die Verbesserung hinzufügt, jedem Arbeiter drei Siebe, statt eines, zu bewegen zu geben; wenn diese drei Siebe, statt, wie in Deutschland, auf einem Rahmen angebracht zu seyn, der nur eine zitternde hin- und hergehende Bewegung empfängt, in ein hölzernes Gestelle eingefugt sind, welches durch Kurbeln eine kreisförmige Bewegung erlangen und den drei Sieben mittheilen kann; wenn dieses Gestelle erlaubt, unter jedes Sieb ein Sieb mit doppeltem Boden, in Form einer Schublade, unter zu setzen, in welches das Schießpulver fällt, so wie es durch die Siebe geht; so würde dieß wohl, ohne Widerspruch, das einfachste Mittel seyn, rundes Schießpulver zu machen, weil das Bemühen des Arbeiters um die Masse durch das Sieb hindurch zu treiben, dazu gedient hatte, durch eine einzige Operation, die Körner in dem doppelten Boden dieser Siebe abzurunden.

Und wirklich ist durch eine lange Reihe von Erfahrungen, welche Herr Bottée mit einer ähnlichen Maschine, der er den Namen Granulator (granulateur) gegeben hat, bewiesen worden, daß es kein vollständigeres und schnelleres Verfahren geben kann, um rundes Schießpulver durch Agglomeration zu machen. Da aber dieses Verfahren, so wie das von Champy, den Nachtheil hat, dem Schießpulver noch einen Ueberschuß von schädlicher Feuchtigkeit zu lassen, so wie es die Unterdrückung aller Stampfmühlen erforderte, um an deren Stelle Maschinen mit Tonnen zum Zerreiben der Substanzen zu setzen, so ist es nicht hinreichend, Vorschläge zu thun, diese Methode zu vereinfachen, wenn man nicht auch zugleich die Hindernisse aus dem Wege räumen kann, welche die Annahme derselben bisher hintertrieben. Statt also bei den Verbesserungen stehen zu bleiben, welche so eben empfohlen wurden, um durch ihre Anwendung die Fabrikation des runden Schießpulvers zu vervollkommnen, gehen wir zu der Untersuchung über, ob es nicht möglich wäre, Mittel zu finden, durch welche die gegenwärtige Art zu körnen sich verbessern lasse.

Wir haben aus dem, was oben über die Vortheile des runden Schießpulvers gesagt worden ist, gesehen, daß es unbezweifelt den Vorzug habe, sich bei Transporten besser zu erhalten, als das eckige Schießpulver, von welchem immer ein Theil durch das Zerbrechen der Rauhigkeiten in Staub verwandelt wird; daß mit diesem Vorzuge sich ein anderer des runden Schießpulvers vereinige, nemlich der, daß es weniger, als das eckige, für die Eindrücke einer mit Feuchtigkeiten überladenen Atmosphäre empfänglich sey; diese Vortheile sind bedeutend. Es ist nicht hinreichend, daß das Schießpulver beim Herauskommen aus der Fabrike gut sey, es muß auch seine gute Beschaffenheit so lange als möglich erhalten. Man hat auf diese Eigenschaft des Schießpulvers so viel Werth gelegt, daß man ihr einen Theil seiner Stärke aufopfern zu müssen geglaubt hat, indem man zu dem älteren Mischungsverhältnisse zurückkehrte, um ein Korn von größerer Härte und weniger Porosität zu erhalten. Diese Maaßregel hat ohne Zweifel schon einen Theil der Vortheile, welche wir suchen, verschafft, und wir glauben, daß man das vorgesetzte Resultat mittelst einiger leichten Veränderungen in der gebräuchlichen Behandlung vollständig erlangen könne; sie würden in Folgendem bestehen.

Es wurde gesagt, daß sich die aus der Mühle kommende Masse in einem teigigen und feuchten Zustande befinde, so daß man, bevor man sie durch das gegenwärtige Verfahren körnt, die Gewohnheit hat, sie an der Luft stehen zu lassen, und dadurch sie auf einen gewissen Grad der Austrocknung zu bringen. Es scheint nach den von Bottée gemachten Erfahrungen, daß wenn man diese Masse in dem größten

Grade von Feuchtigkeit nimmt, welchen sie beim Herausnehmen aus den Stampflöchern haben kann, und sie nachher mit dem Granulator, von welchem schon oben gesprochen wurde, behandelt, man ein Korn erhalte, an dem, wenn es auch nicht vollkommen rund ist, doch die Ecken dermaßen abgestumpft sind, daß man Grund zu glauben hat, es werde das auf diese Weise fabricirte Schießpulver alle Vortheile des runden haben. Wenn man ferner bedenkt, daß der Gebrauch dieses Granulators, weit entfernt, die Operationen verwickelter zu machen, im Gegentheil eine Einfachheit in das Ganze bringt, wodurch die Arbeit beschleunigt und die Zahl der Arbeiter verringert wird, so würde man vielleicht in dieser Verbesserung allein, hinreichende Beweggründe finden, um sich zu Gunsten dieser Bearbeitungsart zu bestimmen.

Man würde dabei folgendermaßen verfahren:

Da die Operation, welche darin besteht, die Masse in dem Schrotsiebe zu zerbrechen, sehr schnell geht, so könnte sie, wie gewöhnlich, über einem Troge mit einfachen Sieben statt haben; um sie aber noch mehr zu beschleunigen, könnte man drei Siebe auf einen von einem Menschen bewegten Rahmen setzen, was gewiß jeden Tag, für die beträchtlichste Fabrikation hinreichend seyn würde. Die so zerbrochene Masse würde nachher den Maschinen zum Körnen unterworfen.

Jeder Granulator würde, wie wir gesehen haben, aus einem leichten Gestelle bestehen, welches eine doppelte Reihe von Schubladen bildete, die obere Reihe würde aus drei Kriegssieben bestehen, und die zweite würde drei Siebe mit doppeltem Boden bekommen, in welchen sich die aus den Sieben herausfallenden

Körner

Körner und das Mehlpulver sammelten. Diese Maschine würde mittelst Schnüren an der Decke über dem Troge aufgehängt, und erhielte durch Kurbeln eine horizontal zirkelförmige Bewegung. Auf die in der ersten Reihe von Sieben befindliche Masse, könnte man auch eine Scheibe drücken lassen, und die in die Siebe mit doppeltem Boden der unteren Reihe fallenden Körner würden dort mit dem Staube die ganze Zeit des Körnens hindurch umgerollt. Ein einziger Mensch könnte, den aus drei Sieben bestehenden Granulator bewegen. Dieser Arbeiter müßte, so wie seine Siebe mit doppeltem Boden sich füllen, sie in hinter ihm aufgestellte Fässer ausleeren.

Ein zweiter und ein dritter Granulator, welche mit dem ersten einen rechten Winkel bildeten, würden für die Arbeit einer kleinen Fabrike hinreichen und nicht mehr als drei Arbeiter erfordern.

Man könnte, um allen Zeitverlust zu vermeiden, die neun Siebe der drei Granulatoren, während sie im Gange wären, durch ein Kind füllen lassen. Wenn man zu diesen Arbeitern noch den hinzuzählt, welcher, wie oben gesagt, die Masse in dem Schrotsiebe bricht, und welcher die vierte Seite des Körnhauses einnähme, so geschähe das ganze Körnen, in einer kleinen Fabrike, durch vier Arbeiter und ein Kind.

Endlich würde dieser Apparat verdoppelt und durch acht Männer und zwei Kinder geleitet, für die Arbeit der bedeutendsten Pulverfabrike hinreichen.

Die Operation des Körnens könnte durch dieselben Arbeiter geschehen, indem man die mit doppeltem Boden versehenen Siebe wegnähme, und an die Stelle der Körnsiebe auf das Gestell des Granulators Sichtsiebe setzte. Das Herausnehmen des Kornes könnte man auf die bequemste und schnellste Art machen, und das Mehlpulver fiele in die Tröge.

Selbst wenn diese Methode zu körnen nicht den erwarteten Vortheil, nämlich die Qualität des Schießpulvers durch die Form des Kornes zu erhöhen (woran jedoch kaum zu zweifeln ist), hätte; so würde sie doch den bedeutenden Vortheil darbieten, daß die Vereinfachung der Arbeit eine beträchtliche Ersparniß bewirken würde, welche wichtig genug ist, um zu Verfolgung der ersten damit angestellten Versuche aufzumuntern.

Die Administratoren haben häufig angezeigt, sie hofften, man werde eine gute Art, das Schießpulver künstlich zu trocknen, auffinden, deren Erfolg von der Erfahrung werde bestätigt werden, um dann in der übrigen Behandlung, namentlich im Körnen, Veränderungen anzubringen, welche die Zahl der dabei gebrauchten Arbeiter einschränken.

Der Augenblick ist gekommen, diese nützlichen Reformen in den Pulverfabriken, welche künstliche Trockenhäuser haben, vorzunehmen.

Die Administration kann sich zu Essonne, welches sich in diesem Falle befindet, leicht überzeugen, welcher Reduktion die Zahl der Arbeiter in dieser Fabrike, durch die Annahme des vorgeschlagenen Granulators fähig wäre, und bis auf welchen Grad die Qualität des Schießpulvers, durch die Form, welche dieses Verfahren dem Korne geben würde, dadurch gewinnen könnte.

Wir ergreifen diese Gelegenheit, um von dem Rechenschaft zu geben, was Herr Bequet, Pulver-Commissarius zu Turin, welcher sich eifrig mit den ihm anvertrauten Operationen beschäftigte, in dieser

Pulverfabrike gethan hat, in der Absicht, die Behandlung beim Körnen zu vereinfachen.

Er hat, da er den großen Ueberfluß an Wasser bei seinem Lokal benutzen wollte, mit sehr vieler Einsicht einen Theil davon dazu angewandt, achtzehn auf Rahmen befestigte Siebe, welche durch eine sehr kleine Anzahl von Armen bedient werden, in Bewegung zu setzen, welche für die in dieser Anstalt (deren jährliche Fabrikation an Schießpulver nie unter 400000 Pfund beträgt) sehr bedeutende Arbeit des Körnens vollkommen hinreichen.

Es ist außer Zweifel, daß wenn man mit dem verbesserten Verfahren beim Körnen, welches zu Turin im Gange ist, noch das künstliche Trocknen verbinden könnte, der Preis der Handarbeit, welcher dort schon geringer ist, als in anderen Pulverfabriken, auf eine höchst ersparende Weise eingeschränkt werden würde.

Fünfter Abschnitt.

Ueber das Trocknen des Schießpulvers.

Herr Champy der Sohn schlägt in der Construktion der Trockenplätze, welche man in der Zukunft errichten wird, folgende zwei Verbesserungen vor: die erste soll eine Ersparniß in der Handarbeit bewirken; die zweite hat den Zweck, den größtmöglichsten Vortheil aus den Sonnenstrahlen zu ziehen.

Der durch den Ventilator bewirkte Luftstrom hat ungefähr 22 Fuß Geschwindigkeit in der Sekunde, die Geschwindigkeit steigt aber für die in unserer Atmosphäre herrschenden Winde bis auf 92 Fuß in derselben Zeit, die, wenn sie nur 22 bis 25 Fuß Geschwindigkeit haben, nur einen gewöhnlichen Wind darstellen. Es ist daher natürlich, eine Kraft zu benutzen, welche durchaus nichts kostet, und welche selbst in dem Falle, wo sie zu schwach ist, als daß man sich auf ihre Wirkung allein beschränken könnte, doch den Arbeiter unterstützen kann, indem sie ihm einen Theil der Kraft liefert, welche er erst entwickeln soll.

Wir wollen annehmen, daß man an den nordöstlichen und nordwestlichen Ecken des Trockenhauses zwei kleine Thürme von ungefähr anderthalb Fuß innerem Durchmesser errichte, welche man vom Anfange des Daches bis zu der Höhe der Gallerie, die das Gebäude umgiebt, aufführt; daß man auf der Spitze eines jeden dieser Thürme einen aus eisernen Stangen, mit gefirnißter Leinwand überzogenen Windfang, (geschlossenen Wolfsrachen gueule de loup fermée) errichtet, dessen Wetterhahn diametrisch der Oeffnung entgegengesetzt wäre; so ist es klar, daß dieser beständig vom Winde umgedreht werden, und einen Luftstrom im Innern des Thurmes hervorbringen wird. Diese Luft wird sich anhäufen, und in der Kammer, in welcher der Ofen befindlich ist, zusammengepreßt werden, und wenn diese verschlossen ist, so wird sich die Zusammenpressung gleichmäßig in der Umgebung des Ventilators, und demzufolge in der Wärmstube, dem Kanal durch welchen der Wind eindringt und unter dem Trockenboden fortpflanzen. Wenn der Wind eine Geschwindigkeit von 22 Fuß in der Sekunde hat, so ist der Arbeiter, welcher das Gebläse bewegt, dieser Arbeit überhoben, und die Zeit des Trocknens ist dieselbe, wie gewöhnlich; wenn diese Geschwindigkeit größer ist, so wird diese Zeit kürzer seyn: ist sie geringer, so hat der Arbeiter nichts zu thun, als das Zusammendrücken der Luft noch zu verstärken, d. h., z. B. statt die Handhabe in der Sekunde fünf Umdrehungen machen zu lassen, wird es jetzt hinreichen, sie zwei, drei, vier machen zu lassen, je nachdem der Wind mehr oder weniger Stärke hat. Die Zeit des Trocknens wird alsdann dieselbe seyn, während der Arbeiter weniger ermüdet wird, oder aber, wenn er seine fünf Umdrehungen in der Sekunde macht, so wird seine Arbeit dieselbe, die Zeit des Trocknens aber geringer seyn. Hiezu kommt noch, daß das Trocknen über Nacht ohne Hülfe der Arbeiter geschehen kann. In diesem Falle ist es hinreichend, den Ofen gegen die Zeit des Feierabends zu füllen, und die Ofenklappen so zu stellen, daß die Verbrennung langsam geschieht; und sollte sie selbst bevor die Arbeit am folgenden Tage anfängt, beendigt seyn, so würde doch der in den Wänden des Ofens der Wärmkammer und den Kanälen angehäufte Wärmestoff, das Benöthigte hergeben. So wird der beschriebene Apparat zu jeder Zeit nützlich seyn, ausser in dem sehr seltnen Falle einer vollkommnen Windstille.

Die zweite vorgeschlagene Verbesserung bestehet darin, in die untern Lagen des zu trocknenden Schießpulvers den Wärmestoff, der sich durch die Einwirkung der Sonnenstrahlen in den obern Schichten anhäuft, zu bringen. Wenn die Sonne stark wirkt, so erhitzt sich das Schießpulver bis auf 70 und 72° nach dem hunderttheiligen Thermometer. Man richte alles so ein, daß man nichts überflüssig verschwendet, und man wird eine schnelle und vollständige Trocknung erhalten.

Setzt man das Schießpulver der Sonne an einem verschlossenen Orte aus, so erhitzt sich die oberste Schichte; die unteren erhitzen sich ebenfalls, aber langsamer und um so weniger, je mehr sie von der Oberfläche entfernt sind, Wenn der Luftstrom, dessen man sich bedient um das Schießpulver unter den angeführten Umständen zu trocknen, es von unten nach oben durchstreicht, so wird diese Luft das Maximum der Temperatur nicht eher erreichen, als bis sie mit den Körnern auf der Oberfläche in Berührung kommt; und auch diese Temperatur ist unnütz, weil sie sich den Augenblick nachher in der Atmosphäre verliert. Die untern Schichten werden nur mit der äußersten Schwierigkeit trocknen, weil das Pulver ein sehr schlechter Leiter für den Wärmestoff ist, und weil der Oberfläche, welche etwas Wärmestoff hergeben könnte, derselbe beständig durch den Luftstrom, der durch die Schichten streicht, entzogen wird. Im Gegentheil aber, wenn dieser Luftstrom eine entgegengesetzte Richtung hätte, so würde er der schlechten Leitungsfähigkeit des Schießpulvers abhelfen, indem er den Wärmestoff, welchen die Sonne auf der Oberfläche vertheilt, den unteren Schichten zuführen würde. Man kann übrigens die Einrichtung treffen, nach Willkühr die Richtung des Luftzuges zu verändern; hiezu ist nichts weiter nöthig, als an dem Apparate noch einen Kanal anzubringen, welcher den Kanal, durch welchen die Luft einströmt, mit den Oeffnungen des Kastens des Ventilators verbindet. Dieser Kanal müßte demzufolge in der Nähe dieses Kastens in zwei Theile getheilt seyn; einer seiner Aeste müßte in die obere Oeffnung, der andere in die untere einmünden. Man müßte ferner am Kanal, nahe bei seiner Theilung, eine Klappe und eine Thüre anbringen; wenn man die Klappe öffnete und die Thüre schlösse, so hätte der Ventilator nur mit der Atmosphäre Verbindung; und schlösse man die Klappe, öffnete hingegen die Thüre, so erhielte man eine Verlängerung des Kanals, durch welchen die Luft einströmt, und er würde bloß mit dem Trockenzimmer in Verbindung stehen. Der Apparat in seiner ersteren Anlage, würde zum Trocknen mit Feuer dienen, bei welcher Einrichtung der Luftstrom von unten nach oben gehen muß. Alsdann muß die große Klappe des Kastens des Ventilators geöffnet seyn, die Windfänge haben ihre Oeffnungen dem Winde zugekehrt, so wie die Klappen der Gallerie, welche das Gebäude umgiebt, auf der abwärts vom Winde gekehrten Seite geöffnet sind. Die zweite Anlage ist zu dem Trocknen im Sommer eingerichtet. Zu diesem bedarf es des Feuers nicht; man reicht dann mit der Wirkung der Sonnenstrahlen aus. Der Luftstrom muß also von oben nach unten gehen. Alsdann muß die Klappe des Ventilators niedergelassen, dagegen die Thüre seiner Umgebung geöffnet seyn, um der durch das Instrument herbeigeführten Luft einen freien Ausfluß zu lassen; die Klappen, welche den Dienst der Windfänge versehen, müssen gegen die Windseite geöffnet und windabwärts verschlossen werden; die Windfahnen des Windfanges (Wolfsrachen), welche nur durch Haken daran befestigt sind, werden zurückgelegt; sie werden gewöhnliche Windfänge, und ihre Mündungen finden sich unter dem Winde.

Im ersten Falle drücket man die unter dem Schießpulver befindliche Luft zusammen; sie strömt in die Atmosphäre aus, und der Luftstrom geht von unten nach oben. Im zweiten Falle drückt man diese Luft herab; die Atmosphäre ersetzt jeden Augenblick die, welche eingesogen wird, und der Luftstrom geht von oben nach unten. Man begreift, daß jedes Mal, wenn die Kräfte bei der Compression und bei der Depression sich gleich sind, sie mögen nun vom Winde oder von Ventilatoren herkommen, auch die verkehrten Luftströme, welche daraus hervorgehen, dieselbe Geschwindigkeit haben werden.

Sechster Abschnitt.

Ueber die Magazine zu Aufbewahrung des Schießpulvers.

Wir haben im zehnten Abschnitte des fünften Kapitels, der vom Einmagasiniren des Schießpulvers handelte, die Vorsichtsmaaßregeln angezeigt, welche man in den Pulverfabriken gewöhnlich nimmt, damit ein zur Aufbewahrung des fertigen Schießpulvers bestimmtes Gebäude, mit dem Vorzuge, gut verschlossen zu seyn, den nicht minder wesentlichen vereinige, so trocken als möglich zu seyn. Doch kann man nicht in Abrede seyn, daß, welches auch die Vorsichtsmaaßregeln seyen (deren vollkommene Beobachtung, Umstände und Lokalitäten oft nicht einmal erlauben) doch das Schießpulver sich, während seines Aufbewahrens im Magazin, nie in dem Zustande der Austrocknung erhalte, in welchem es dort niedergelegt wurde.

Die Eigenschaft, welche die Kohle besitzt, Feuchtigkeit so mächtig an sich zu ziehen, theilt sich auch dem Schießpulver mit, und macht es fähig, sich in einer damit gesättigten Atmosphäre, bis auf vierzehn Procent seines Gewichtes, damit zu beladen.

Dieser Eigenschaft ist die häufige Verschlechterung des Schießpulvers in den Magazinen der festen Plätze zuzuschreiben, welche, wegen ihrer Bauart in Form von unterirdischen Casematten; so wie auch die Räume der Schiffe, eine sehr feuchte Luft enthalten. Es giebt einige Magazine, welche in dieser Hinsicht so fehlerhaft sind, daß man entweder kein Schießpulver mehr in ihnen aufbewahren, oder erwarten muß, es bald zu allem Gebrauche unfähig zu sehen.

Herr Champy der Sohn, fand bei einer Inspektion, mit der er beauftragt war, in dem Platze Vließingen, ein Magazin von dieser Art, was ihn bestimmte, Versuche über die Möglichkeit anzustellen, die Magazine der Seeplätze zu verbessern, ohne in der durch die Regeln der Kunst gebotenen Lage, dieser Arten von unterirdischen Gewölben, etwas zu verändern.

Er glaubte, daß man diesen Zweck erreichen könnte, indem man so viel als möglich die Zugänge verstopfte, welche Luft in das Innere des Magazins dringen lassen, und wenn man in der einzig unerläßlichen Oeffnung, der Thüre, ein Behältniß, welches mit zerfließenden, nach Feuchtigkeit sehr begierigen Substanzen, angefüllt wäre, anbrächte, durch welches die äußere Luft erst durchgehen müßte, ehe sie in das Innere des Magazins gelangen könnte. Er ließ zu diesem Ende ein kleines Modell, eines mit einer Bleiplatte ausgelegten Magazins, bauen; welches mit einer doppelten Thüre verschlossen war. Die eine dieser Thüren, war ein doppeltes, mit salzsaurer Kalkerde gefülltes Gitter. Es war leicht dieses Magazin zu den Versuchen in den Keller, oder an einen andern feuchten Ort zu versetzen, und mitelst zweier Hygrometer, deren eines draußen, das andere aber im Innern des kleinen Magazins angebracht war, erkannte man die Einwirkung der salzsauren Kalkerde auf die Atmosphäre im Innern, welche man austrocknen wollte. Diese Einwirkung war so groß, daß das innere Hygrometer in ein und dreißig Tagen, während welcher das Magazin nicht geöffnet wurde, über 50° tiefer, als das äußere fiel.

Diese Versuche ließen keine Ungewißheit über die Möglichkeit, ähnliche Mittel im Großen an einem Pulvermagazine anzubringen. Der Kriegsminister, welcher bestimmte Resultate in dieser Hinsicht zu haben wünschte, befahl am Ende des Jahres 1810 einen Versuch dieser Art mit dem Magazin des Forts Creche zu Boulogne anzustellen. Man hatte dieses Magazin gewählt, weil es dem Erfolg der verlangten Versuche die größten Hindernisse darbot, und wirklich war es so feucht, daß man in ihm Stalaktiten bemerkte, welche durch Infiltrationen gebildet waren, und daß ein Theil des Mörtels in eine schlammige Masse verwandelt wurde.

Es war ein Gewölbe von 37 Fuß Länge, auf 17 Fuß Breite und 8 Fuß Höhe.

Man fing damit an, dies alte Magazin auf die Hälfte seiner Ausdehnung zurückzuführen, vermittelst einer hölzernen Scheidewand, welche es in zwei gleiche Theile theilte. Die vordere Abtheilung erlitt keine Veränderung; die hintere aber wurde an ihrer ganzen innern Fläche mit Blei überzogen.

Die Thüre wurde glatt über ihre Schlagleiste mit einem Hammelfelle überzogen und so zugemacht, daß diese Haut nach Willkühr zwischen die Thüre und ihren Rahmen gezogen werden konnte. Vor dem neuen Magazin wurde eine längliche, mit Blei ausgefütterte Grube angebracht, welche unter der Thürschwelle durchging, um mit dem Innern des Magazins in Verbindung zu seyn. Einen Fuß über dem Boden, wurde ein Gitter angebracht, das dazu diente, die zerfließliche Substanz darauf zu legen, welche bei diesem Versuche im Großen nicht salzsaure Kalkerde, sondern bloß gebrannter Kalk war.

Nach dieser Anordnung konnte keine Luft in das Magazin dringen, ohne durch den gebrannten Kalk hindurch zu gehen.

Endlich wurde ein ebenfalls mit gebranntem Kalk angefüllter Kasten am Schlußstein des Gewölbes aufgehängt. Dieser Kalk war dazu bestimmt, den kleinen Antheil Feuchtigkeit einzusaugen, der vielleicht in das Magazin eindringen konnte, wenn es, um in dasselbe hineinzugehen, geöffnet wurde.

Nachdem das neue Magazin so eingerichtet worden war, merkte man bald aus dem Gange des Hygrometers, daß sein Inneres nach und nach einen bedeutenden Grad von Trockenheit annahm, weil nach Verlauf von fünf und zwanzig Tagen, das innere Hygrometer vom äußeren um 45° abwich.

Pulverproben, welche in dem Theile des alten Magazins, wo die Luft mit einer Masse von Feuchtigkeit, die durch 95° am Hygrometer ausgedrückt wurde, beladen war, hingestellt wurden, saugten bis auf vierzehn Procent Wasser ein, und erlitten eine solche Verschlechterung, daß jetzt, statt einer Schußweite von 797 Fuß, welche das Schießpulver vor seinem Hinstellen in das Magazin gegeben hatte, es die Kugel nur

61 Fuß weit trug; dieselben Proben aber, nachdem sie in das neue Magazin waren hingestellt worden, gaben, nachdem sie die Feuchtigkeit, welche sie im alten eingesaugt, verloren hatten, wenigstens eben so vortheilhafte Schußweiten, als man bei dem Probiren des Schießpulvers, so wie es aus der Pulverfabrike kam, erhielt.

Diese genügenden Resultate, welche zu nützlichen Verbesserungen in der Art, das Schießpulver einzumagasiniren, führen können, sind durch ein beglaubigtes Protokoll bestätigt.

Der Kriegsminister hat, nach dem Berichte, der ihm über diese zu Boulogne angestellten Versuche vorgelegt worden ist, bevor er einen entscheidenden Beschluß in dieser Hinsicht faßte, erst gewollt, daß sie zu Paris wiederholt würden, und zwar in einem der feuchten Keller, der zur Artillerie gehörenden Niederlagen. Herr Champy der Sohn, sollte diese Versuche leiten, ihm wurde eine gemischte Commission aus dem Artillerie- und Geniecorps, welcher noch Herr Bottée, als Administrator des Schießpulvers und der Major Malus, Unterdirektor der Befestigungen zugegeben worden sind, beigeordnet.

Siebenter Abschnitt.

Ueber die Fabrikation des Schießpulvers mit Mühlsteinen.

Die Art, das Schießpulver mit Mühlsteinen zu fabriciren, welche in vielen Ländern die einzige gebräuchliche ist, war in Frankreich bloß zur Verfertigung des für die Vergnügungen des Herrschers bestimmte Schießpulvers angenommen; und noch gegenwärtig wird das kaiserliche Schießpulver auf diese Art gemacht. Es giebt nur eine einzige Mühle von dieser Einrichtung, welche 1754 in der Pulverfabrik zu Essonne, auf Befehl des Herrn Micaut de Courbeton, nach den Plänen und unter der Aufsicht des Pater Fery, vom Minimitenorden, erbaut wurde. Wir haben eben im sechsten Kapitel die Gründe aus einander gesetzt, welche dieses Verfahren geschickter machen, um das Jagdpulver so gut, als nur irgend möglich, zu verfertigen; aber wir haben auch nicht verhehlt, daß seine Anwendung Gefahren darbietet, welche nur durch die angestrengteste Aufmerksamkeit vermieden werden können. In der Pulverfabrik zu Essonne, wo sich die einzige Mühle dieser Art in ganz Frankreich befindet, hat man noch ganz frische Beispiele von Explosionen, welche statt hatten, während die Maschine nur den Pulversatz zu mengen im Gange war, und diese Explosionen sind immer von sehr traurigen Folgen begleitet, weil sie stets erst geschehen, wenn die Pulvermasse einen gewissen Grad der Vollkommenheit erreicht hat. Da nun die Theile dieser Masse, welche sich im Augenblicke der Explosion, unter dem Drucke der Mühlsteine befinden, sehr große Stärke anwenden müssen, um diese Massen, welche 3000 Pfund wiegen, in die Höhe zu heben, so entstehen daraus schreckliche Detonationen, welche alles zerstören nnd die Arbeiter einem fast gewissen Tode aussetzen. Die Ursache dieser Explosionen, welche man bisweilen, als von einigen Substanzen herrührend betrachtete, die in der Masse der Mühlsteine enthalten und geeignet sind Funken hervorzubringen;

scheint uns mit mehr Grund der zerlegten Bewegung dieser Mühlsteine zugeschrieben werden zu müssen. Diese sind Theile von Zylindern, welche in geraden Linien zu gehen streben, da sie aber durch die Axe unaufhörlich in die zirkelförmige Bahn zurückgeführt werden, welche sie auf dem liegenden Mühlsteine beschreiben müssen, so erhalten sie bei jedem Schritte eine zerlegte drehende Bewegung, welche, indem die Masse dabei unter ihrem ungeheuren Gewichte zerrieben wird, fähig scheint, die Detonation derselben zu bewirken, wenn, durch Ungeschicklichkeit oder Nachläßigkeit, es an einer gehörig dicken Lage der Pulvermasse fehlt. Man hat diesen beiden Fehlern, welche man den Mühlen mit Steinen vorzuwerfen hat, durch verschiedene Mittel abzuhelfen gesucht.

Um sich vor den Folgen zu schützen, die durch heterogene Körper entstehen können, hatte man im Jahre 1795, in der Gießerei der Gebrüder Daumy, welche im Jardin de l'Archevéché zu Paris errichtet worden war, zwei sehr schöne Mahlblöcke von Kupfer gießen lassen, welche aber nicht gebraucht werden konnten, denn da sie zylindrisch und noch breiter, als die von Stein, waren, und in eine sehr scharfe Kante zuliefen, so wurde die drehende Bewegung bei ihnen noch merklicher und gefährlicher, als bei den steinernen. Auch hatte man zu einer anderen Zeit, zu Essonne, den Versuch mit metallenen Mahlblöcken gemacht, welches Theile von Kegeln waren, und welche, da sie die Form einer bei dem Siamspiel gebräuchlichen Kugel *) hatten, ohne Anstrengung oder Reibung

*) Zur Verständlichkeit dieser Stelle, trägt vielleicht folgende, aus der Encyclopédie méthodique, Article Jeu, entlehnte Beschreibung des Siamspieles bei: „On a com-

auf einer zirkelförmigen Basis gehen konnten; aber man bemerkte bei Anwendung dieser kegelförmigen Mahlblöcke, daß in der Lage, in der sie sich befanden, ihr Druck nur an ihrem innern Winkel statt hatte, und sie also aus diesem Grunde ihren Zweck nicht erfüllten, welches der ist, die Pulvermasse gleichmäßig, auf der ganzen Breite des Tisches zu drücken, um den Kuchen daraus zu bilden. Man kam daher zu den alten zylindrischen Mühlsteinen zurück, welche noch gegenwärtig im Gebrauche sind.

Wir glauben, daß man bei der Idee, die konischen Mühlsteine an die Stelle der zylindrischen zu setzen, nicht lange genug stehen geblieben ist, und daß es vielleicht nur die Anbringung einer leichten Abänderung daran bedurfte, nm einen trefflichen Gebrauch davon zu machen. Herr Bottée, welcher sich mit diesem Gegenstande beschäftigt hat, ließ ein kleines Modell eines konischen Mühlsteins verfertigen, das, auf den dazu gehörenden Bodenstein gestellt, in seiner ganzen Breite einen gleichen Druck ausübt, und dieß auf eine sehr einfache Art. Ein konischer Mühlstein hat in der geneigten Lage, in der er auf den Bodenstein gestellt ist, wie eine der zum Siamspiel dienenden Kugeln, seinen Schwerpunkt nahe bei dem durch sei=

me au jeu de quilles ordinaire, neuf quilles, qu'il faut tacher d'abattre. La différence de ce jeu de Siam c'est, que la boule n'est pas ronde, mais qu'elle est presque plate et a pan coupé, en sorte, qu'elle roule sur son côté, et qu'elle fait des détours et des lignes courbes qu'il est de l'habileté du joueur de savoir diriger. On ne la jette point directement contre les quilles, mais sur le côté et hors des quilles parmi lesquelles dans un mouvement oblique elle entre, et fait des abats, en décrivant des lignes courbes.

nen kleineren Kreis gebildeten inneren Winkel, und ein solcher Mühlstein muß demzufolge, wie man es zu Essonne gesehen hat, seinen Druck auch nur mit diesem Winkel ausüben, so wie man aber den Schwerpunkt dieses Mühlsteins in den Mittelpunkt seiner Figur zurückführt, so ist kein Zweifel mehr, daß sein Druck auf alle Punkte der Oberfläche, die zu seiner Unterlage dient, gleichmäßig werde.

Dieß erreichte Herr Bottée, indem er von dem äußeren Winkel des konischen Mühlsteines vier eiserne Arme ausgehen ließ, welche sich in einen einzigen Punkt vereinigen, wo er eine Kugel von Blei oder Kupfer anbringt, deren Gewicht im Stande ist, den wirklichen Schwerpunkt in den Mittelpunkt des Mühlsteines zu versetzen.

Es bliebe nichts übrig, als diese Idee im Großen auszuführen, und wenn die Erfahrung die hier vorgetragene Meinung bestätigt, so würde die Fabrikation des Schießpulvers mit Mühlsteinen alle ihre Vortheile behalten, und aufhören, von den gefährlichen Fehlern begleitet zu seyn, welche man ihr bei der bisherigen Einrichtung vorwerfen kann.

Achtes Kapitel.

Von verschiedenen Arten Schießpulver, die mit anderen Salzen, als mit salpetersaurem Kali zusammengesetzt sind.

Von allen salpetersauren Salzen, ist das salpetersaure Kali das einzige, das man bisher zur Fabrikation des Schießpulvers angewandt hat; und wirklich ist es auch dasjenige was am leichtesten zu erhalten und am wenigsten kostbar ist, und es scheint, die Natur habe uns damit in so bedeutender Menge versorgen wollen, daß wir es uns immer genugsam verschaffen können, unsere Bedürfnisse mögen auch noch so groß seyn.

Erster Abschnitt.

Schießpulver mit salpetersaurem Natrum.

Man hat Schießpulver mit salpetersaurem Natrum gemacht, und gefunden, daß es sich zwar entzünde, allein langsam detonire; und eine Flamme von gelber Färbung und ohne Lebhaftigkeit erzeuge.

Zweiter Abschnitt.

Schießpulver mit salpetersaurem Ammonium.

Das salpetersaure Ammonium scheint mehr, als die beiden anderen salpetersauren Neutralsalze, einer lebhaften Detonation fähig zu seyn, und es scheint besonders den Vortheil einer vollständigen Zersetzung zu gewähren, ohne irgend einen Rückstand zu lassen. Jedoch sehen wir nicht, daß man mit Anwendung dieses Salzes bei der Fabrikation des Schießpulvers einen Versuch gemacht hätte; wir haben es kürzlich versucht. Herr Robin, dem wir zu diesem Ende ungefähr drei Pfund davon geschickt haben, hat zu Essonne einen Pulversatz damit, nach dem gegenwärtig vorgezogenen Mischungsverhältnisse von 0,750 Salpeter, 0,125 Schwefel und 0,125 Kohle gemacht. Nachdem er dieses Gemenge mit dem salpetersaurem Ammonium, mit etwa 13 Loth Wasser angenetzt hatte, unterwarf er es der Einwirkung einer Stampfe. Herr Robin bemerkte, daß so wie das Stampfen statt hatte, die Masse das Wasser von sich ließ, so daß sie bald einem Schlamme glich, und nicht mehr Consistenz annehmen konnte. Er ließ sie hierauf aus dem Stampfloche nehmen, um sie an der Sonne auszubreiten. Nachdem sie eine gewisse Zeit der Sonne ausgesetzt gewesen, schien ihm der Teig gehörig getrocknet, er wurde in das Stampfloch zurückgebracht, die Einwirkung der Stampfe trieb aber von neuem Wasser hervor, und die Masse mußte abermals an der Sonne getrocknet werden. Nachdem sie nun zum zweiten Male in das Stampfloch gebracht worden war, wurde sie durch das Stampfen in kurzer Zeit abermals etwas feucht; bald aber formte sie sich zu einem Teige und die Masse schien nach Verlauf von zwei Stunden viel Consistenz zu haben. Zu Kriegsschießpulver gekörnt, gab sie viel Körner, welche jedoch noch ein wenig weich schienen, so wie auch das Reiben der Scheiben etwas Feuchtigkeit auspreßte. Das Korn war, nachdem man es ungefähr sechs Stunden der Sonne ausgesetzt hatte, vollkommen trocken. Während des Trocknens hatten die Körner Neigung, sich an einander zu hängen; doch wurde dieß durch die Vorsicht vermieden, welche man hatte, das Schießpulver fleißig umzuwenden, um die Oberflächen zu erneuern. Dieß Schießpulver wurde mit dem Mörser der Fabrike, in Vergleich gegen das gewöhnliche Kriegsschießpulver, bei einer Ladung von 6 Loth Pulver untersucht, aber die Kugel wurde nicht ein Mal aus dem Mörser gestoßen. Das mit salpetersaurem Ammonium bereitete Schießpulver entzündete sich überdieß langsam; es brannte aus dem Zündloche heraus, indem es einen dicken grünlichen Rauch ausstieß, der rund um die Kugel wirbelte und aus dem Mörser langsam herausdrang. Das Innere und die Kammer des Mörsers fand man mit einer Art von schwarzem und stinkendem Schlamme erfüllt, so wie mit Wassertropfen, welche ohne Zweifel von der Zersetzung des Ammoniums herrührten. Ein Theil dieses Schießpulvers wurde als fein gekörnt, um mit der kleinen Pulverprobe von Régnier probirt zu werden, aber es konnte nicht anders, als mittelst eines Zündkrautes von gewöhnlichem superfeinen Schießpulver entzündet werden, und alsdann brannte es langsam aus dem Zündloche heraus, ohne den Stöpsel der Pulverprobe in die Höhe heben zu können.

Herr Robin, dem wir hier mit Vergnügen die schuldigen Lobsprüche für das Interresse, den Eifer und die Genauigkeit ertheilen, die er bei allen ihm aufgetragenen Versuchen, welche irgend auf die Vervollkommnung der Kunst Einfluß haben können, anwendet, hat noch verschiedene andere Versuche über das Stampfen dieses Salzes mit verschiedenen Verhältnissen von Schwefel und Kohle angestellt, und hat aus allem allgemeine Resultate gezogen, welche wir hier eben so wiedergeben zu müssen glauben, wie er selbst sie aufgesetzt hat.

1. Das salpetersaure Ammonium zerfließt an der Luft und befeuchtet wegen dieser Eigenschaft das Gemenge von Schwefel und Kohle, welchem man es einverleibt, bedeutend.

2. Jedoch bindet sich dieses Gemenge ohne Zusatz von Wasser nicht zu einer Masse.

3. Dieß Wasser muß in sehr kleiner Menge, etwa von 2 bis 3 Procent, hinzugesetzt werden

4. Das Stampfen vermehrt, auf eine merkwürdige Weise, die Feuchtigkeit des Gemenges, so daß es dasselbe in eine schlammige Masse verwandelt; was auf den Gedanken bringt, daß das Krystallisationswasser sich durch die bloße Reibung, oder durch Einwirkung einer geringen Hitze aus den Krystallen losmache.

5. Doch bringt die Sonnenhitze diese Wirkung nicht hervor, indem sie das Gemenge trocknet, wenn es ihr ausgesetzt ist.

6. Wenn dieß Gemenge der Einwirkung des Feuers ausgesetzt wird, so schmilzt das Salz.

7. Die Neigung dieses Salzes, Feuchtigkeit einzusaugen ist so groß, daß man nach jeder Operation, sowohl die Masse, als das Korn trocknen mußte.

8. Das Mengen dieses Salzes mit Kohle und Schwefel, sowohl durch einfaches Reiben, als durch Stampfen und Körnen, giebt ein Schießpulver, welches sich, selbst auf glühenden Kohlen, schwer entzündet.

9. Dieß Schießpulver detonirt nicht, wenn es sich entzündet hat; aber es fließt langsam auseinander, wobei es viel Rauch und sehr wenig Funken giebt.

10. Es kann den fortzutreibenden Körper nicht aus dem damit geladenen Geschütze heraus treiben, und nicht ein Mal die Feder einer Handprobe bewegen; so daß es unmöglich scheint, sich seiner zur Fabrikation des Schießpulvers zu bedienen.

Dritter Abschnitt.

Schießpulver mit oxydirt salzsaurem Kali.

Man war lange Zeit der Meinung, daß nur die salpetersauren Salze es wären, welche mit Schwefel und Kohle gemengt, die Zusammensetzung zu Schießpulver bilden könnten, dessen detonirende Wirkung bekannt wär; als Berthollet anzeigte, daß man noch weit stärkere Detonationen mit dem oxydirt salzsauren Kali erhalten könne, einem Salze, welches im Großen zu bereiten, er Mittel gefunden hätte. Nur mit Bedauern, erinnern wir uns an eine Epoche, welche so traurige Wirkungen für unsere Administration hervorgebracht hat, und welche noch immer schmerzhafte Erinnerungen in uns erregt; wir glauben aber, daß, da wir hier von neuem auf die Substanzen zurückkommen, welche zur Fabrikation des Schießpulvers angewandt werden können, wir nichts übergehen dürfen, was man in dieser Hinsicht versucht hat; und wir führen daher das, was Berthollet selbst, über das mit oxydirt salzsaurem Kali bereitete Schießpulver im neunten Bande der Annales de Chimie, Seite 22 und 23, sagt, hier wörtlich an.

„Einige Zeit nachher, als ich in den Annales de „Turin angezeigt hatte, daß das oxydirt salzsaure „Kali ein Schießpulver geben könne, welches beson„dere Eigenschaften besäße, machte ich bei mir Vor„bereitungen zu diesem Schießpulver. Ich hatte da„mals Gelegenheit, Herrn de Bullion zu sehen, „welcher, da er schon mehrere Versuche über die Fa„brikation des gewöhnlichen Schießpulvers angestellt „hatte, sich erbot, auch das zu bereiten, mit dem ich „mich beschäftigte; ich nahm sein Anerbieten mit „Dank an und kam mit ihm überein, das Schießpul„ver in den gewöhnlichen Verhältnissen zusammen„zusetzen, nur aber das Verhältniß des Schwefels „etwas zu verringern. Bald nachher überschickte er „mir eine Probe von diesem Schießpulver, welches „er schon probirt hatte und welches an Stärke das „beste Schießpulver aus dem Arsenal übertraf *).“

„Diese Versuche veranlaßten die Regie über das „Schießpulver und den Salpeter, sich beim Minister „auszuwirken, dieses Schießpulver zu fabriciren und „seine Eigenschaften zu untersuchen. Ich verweile „nicht bei dem traurigen Ereignisse zu Essonne.“

*) In dieser ersten Zeit versuchte Herr Riffault, zu Ripault, dieß Schießpulver in hinreichender Menge zu bereiten, um eine Ladung des Probirmörsers damit zu machen. Er verfertigte demzufolge mit vieler Vorsicht, und in kleinen Portionen, etwa 6½ Loth, davon. Es hatte dieß Schießpulver, mit welchem er die gewöhnliche Behandlung nicht vorzunehmen wagte, kaum die Form von Körnern angenommen, und war noch nicht vollkommen getrocknet. Man bediente sich zum Versuche, bei einer Ladung von 6 Loth, eines alten schadhaften Mörsers, aus dem man mit gewöhnlichem Kriegsschießpulver von guter Beschaffenheit nur eine mittlere Schußweite von 575 Fuß erhalten konnte.

„Herr Lavoisier und ich säumten nicht zu un„tersuchen, ob es nicht möglich sey, den Ereignissen „vorzubeugen, welche aus der Leichtigkeit entspringen, „mit der dieses Schießpulver sich bei einer starken Er„schütterung entzündet, und wir sahen bald, daß es „keine so lange Bearbeitung und so heftiges Stam„pfen, als das gewöhnliche Schießpulver erfordert. „Man macht es sehr leicht auf einem marmornen „Tische mit einem Reibestein, so wie man Farben „reibt. Den Teig muß man immer wohl befeuchtet „halten. Zweistündiges Reiben ist hinreichend, es „trocknet sehr leicht durch freiwilliges Verdunsten, „und körnt sich, wenn es auf dem gehörigen Punkte „ist, auf die gewöhnliche Weise. Herr Royer hat „zu verschiedenen Malen dergleichen Schießpulver be„reitet, und es in verschiedenen Verhältnissen ange„fertigt, um es zu den von uns vorgeschlagenen Pro„ben zu gebrauchen. Man sieht, daß dieses Schieß„pulver ungeachtet seiner schrecklichen Wirkungen mit „weniger Gefahr bereitet werden kann, als das ge„wöhnliche."

Die Erfahrung hat bewiesen, daß Berthollet in dieser Hinsicht sich durch zu große Erwartungen getäuscht hat; es wurde eine Fabrikation dieses Schieß-

Das Pulver mit oxydirt salzsaurem Kali, wurde mit der größten Vorsicht in die Kammer des Mörsers, die Kugel in die Seele (ame) gebracht; das Feuer legte man mittelst eines langen Stückes Zündschwamm an. Der Schuß drang mit großer Lebhaftigkeit heraus, und die Kugel, welche man kaum mit den Augen in der Luft verfolgen konnte, wurde etwa 1173 Fuß weit fortgeschleudert; und senkte sich bei ihrem Falle so tief in die Erde ein, daß man sie nur mit Mühe finden und herausnehmen konnte.

pulvers während der Revolution anbefohlen; sie hatte zu Paris, in einem Gebäude in der Vorstadt Saint-Germain statt. Herr Fallot, welcher, nachdem er lange Zeit Gehülfe im Laboratorium des berühmten Macquer gewesen, und als Direktor über die Arbeiter in der Salpeterraffinerie des Arsenals angestellt worden war, und der fast alle Tage im Laboratorium unsers berühmten Chefs Lavoisier arbeitete, wurde mit dieser Fabrikation beauftragt; kaum aber hatte er zwei Gefäße damit füllen können, als alles Schießpulver, welches in der Arbeit war, mit der größten Heftigkeit aufflog, und diese Wirkung wurde durch das bloße Reiben der Scheibe, gegen die Wände des Siebes, in welchem man das Schießpulver körnte, hervorgebracht.

Wirklich wurde seitdem eine ziemlich große Menge dieses Schießpulver durch den Chemiker Welter, im Schlosse zu Meudon, verfertigt; aber die Geschicklichkeit dieses trefflichen Arbeiters ist bekannt und wir glauben, daß sein Glück bei der Fabrikation des Schießpulvers mit oxydirt salzsaurem Kali im Großen nicht zu der Meinung berechtigen könne, als böte dieses Schießpulver, bei seiner Verfertigung, weniger Gefahren, als das gewöhnliche, dar. Im Gegentheile scheint uns, daß man nur mit vieler Vorsicht dabei zu Werke gehen und seine Bereitung nur sehr geübten Händen anvertrauen müsse.

Doch hat, als vor etwa einem Jahre, sich jedermann mit der Fabrikation dieses Schießpulvers aus oxydirt salzsaurem Kali beschäftigen wollte, dieses, zur Erfindung einer neuen Art von Flintenschloß Anlaß gegeben, in welchem ein Stämpel, auf welchen der Hahn, der die Gestalt eines Hammers hatte, schlug, durch den Stoß das Zündkraut, aus dieser gefährlichen Mischung bestehend, entzündete.

Im zweiten Theile des achten Jahrganges der Bibliothèque physico-économique, Seite 83, findet man das Detail der Versuche, woraus hervorgeht, daß ein Schießpulver dieser Art, von Herrn Pajot-Laforet verfertigt, die dreifache Stärke des gewöhnlichen Kriegsschießpulvers hatte. Die Art dieser Versuche aber giebt hinlänglich zu erkennen, daß dabei nicht der eigentliche Zweck berücksichtigt wurde, welcher darin bestehet, sich eine durch Stoß detonirende Mischung zu verschaffen, deren Wirkungen so wenig Gefahr, als möglich darbieten. Herr Bottée, dem Herr Gengembre, General-Inspector der Münze, seinen Bericht an die Société d'encouragement, über das neue Flintenschloß des Herrn Lepage mitgetheilt hatte, unternahm mit diesem ausgezeichneten Künstler, eine Reihe von Versuchen, deren Resultat die Entdekkung eines Gemenges mit dem oxydirt salzsaurem Kali war, welches zu gleicher Zeit die Eigenschaft hatte, lebhaft bei dem Stoße des stählernen Stämpels an dem Lepageschen Flintenschlosse zu detoniren, keine Wirkung an der Probe zu zeigen, und selbst auf der Pfanne einer Flinte durch den Funken kaum entzündlich zu seyn, wo es wie naßgewordenes Pulver brannte.

Das Mischungsverhältniß dieses Pulvers war folgendes:

Ueberoxidirt salzsaures Kali	0,450
Salpetersaures Kali	0,250
Schwefel	0,150
Geraspeltes und durch ein seidenes Sieb gesiebtes Faulbaumholz	0,075
Lykopodium	0,075
	1,000

Man befeuchtete dieses Gemenge mit etwa 30 Procent Wasser, welches ein Hunderttheil arabisches Gummi aufgelößt enthielt.

Herr Bottée hat Proben von diesem Schießpulver an den General Gassendi geschickt, welcher sie bei Versuchen über ein Mittel von seiner Erfindung, das Feuer durch Stoß in die Kanonen zu bringen, angewandt hat.

Er hat gleichfalls eine Probe davon an Herrn Guyton de Morveau gegeben, welcher sie an Herrn Fulton, zu seinen Versuchen mit der Maschine, welche er den Kriegszitterfisch (torpille de guerre) nennt, und die den Zweck hat, Feuer unter dem Wasser anzulegen, schickte.

Endlich hat der Gewehrfabrikant Lepage, eine bedeutende Menge davon mit Erfolg beim Gebrauche seiner neuen Flintenschlösser angewandt.

Da aber die Erfahrung gelehrt hat, daß alles mit überoxydirt salzsaurem Kali bereitete Schießpulver den großen Nachtheil habe, die Gewehre auf eine sehr bedeutende Art rostig zu machen, so war man genöthigt, zur Bedienung der Flintenschlösser von dieser Erfindung, zu einem anderen detonirenden Gemenge seine Zuflucht zu nehmen, und man gebraucht jetzt mit Vortheil dazu, ein mit Knallsilber zusammengesetztes Schießpulver.

Vierter Abschnitt.

Schießpulver mit Knallsilber.

Man wird ohne Zweifel überzeugt seyn, daß die Zubereitung von Knallsilber, welche zur Bereitung dieses Pulvers angewandt wird, etwas von der verschieden seyn müsse, wodurch dieses metallische Präcipitat in den chemischen Laboratorien verfertigt wird, und welche so gefährlich ist, daß die leichteste Berührung hinreicht, um sie mit Gewalt detoniren zu machen. Herr Cagniard-Latour, Auditeur des Staatsraths und zur Administration des Schießpulvers gehörend, welcher Gelegenheit hatte, sich mit einigen Versuchen über diese detonirende Substanz zu beschäftigen, hat angezeigt, auf welche Weise er sie sich verschaffte, sie ist folgende:

Man nimmt cupellirtes Silber, welches man in seinem zehnfachen Gewichte reiner Salpetersäure von 40° nach dem Bauméschen Aräometer auflößt. Ist die Mischung vollständig geschehen, so gießt man eben so viel an Gewicht, als die salpetersaure Silberauflösung beträgt, Alkohol von 36° am Aräometer darauf. Man erhitzt das Gemisch im Sandbade, bis es eine Temperatur von 65 bis 75° nach dem hundertgradigen Thermometer erreicht, und erhält es so lange auf dieser Temperatur, bis kein Niederschlag mehr in der Flüssigkeit entstehet. Die hiezu erforderliche Zeit, beträgt für die Bereitung von einem halben Quentchen Knallsilber, ungefähr eine Stunde. Herr Cagniard-Latour hat sich überzeugt, daß diese Operation mit vieler Leichtigkeit geschieht, wenn man sich dazu einer etwas langen, an einem Ende verschlossenen Glasröhre bedient. Ist aller Niederschlag auf dem Boden des Gefäßes gesammelt, so gießt man die überstehende Flüssigkeit mit Vorsicht ab und wäscht den Niederschlag mit der hinreichenden Menge destillirten Wassers aus. Alsdann thut man das Ganze auf ein Filtrum und läßt es durch Einsaugung zwischen zwei Papieren trocknen, nicht allein, damit die Austrocknung schneller geschehen, sondern auch, um den Niederschlag, der das Knallsilber ist, vor dem Lichte zu bewahren, durch dessen Einwirkung es schnell geschwärzt wird.

Um alsdann mit dieser detonirenden Substanz das Gemenge zu bilden, das bei den neuen Flintenschlössern gebraucht wird, so vermischt man es in dem Verhältnisse von einem Theile mit drei Theilen gewöhnlichem Mehlpulver. Man befeuchtet das Gemenge mit etwa 10 Procent schwachem Gummiwasser und körnt die Masse, indem man sie mittelst eines Spatels, durch ein feinlöcheriges Sieb treibt. Das Korn läßt man an der Luft bei sehr gelinder Wärme trocknen, und trägt Sorge, daß seine Austrocknung ganz vollständig geschehe.

Es erfordert diese Zusammensetzung viele Vorsicht bei ihrer Bearbeitung; aber es ist nicht nöthig, sie zum Gebrauche der Jäger, in großen Mengen zu bereiten, und wenn sie erst ein Mal gemacht ist, so bietet sie keine Gefahr mehr dar und erfüllt ihren Zweck vollkommen, welches der ist, durch den Stoß in den neu erfundenen Flintenschlössern zu detoniren, ohne die Gewehre schneller, als das gewöhnliche Schießpulver zu oxydiren.

Es giebt noch außerdem viele sehr heftig detonirende Zusammensetzungen, wie das Knallpulver, das Knallgold, das ammoniakalische Knallquecksilber u. s. w.; die man aber, den bisherigen Erfahrungen zufolge, noch bei keiner Art von Feuergewehren anwendbar gefunden hat: sie können daher nur als chemische Zusammensetzungen betrachtet werden, die nicht für dieses Werk gehören. Wir glauben daher keinen Grund zu haben, hier davon zu sprechen.

Neuntes Kapitel.

Von den verschiedenen Mitteln das Schießpulver zu probiren, um dessen Stärke kennen zu lernen.

Man hat bisher noch nicht hinreichende Versuche angestellt, um auszumitteln, in wie weit es zweckmäßig sey, Korn und Dichtigkeit des Schießpulvers, nach der Natur der Feuergewehre, für welche es bestimmt ist, abzuändern. Es ist gewiß, daß, sowohl die Feinheit, als Dichtigkeit des Kornes, wesentliche Erfordernisse für das zu den tragbaren Gewehren mit langer Seele dienende Schießpulver sind, wo die Ladung eine gewisse Zeit hat, damit die Verbrennung vor sich gehe. Eben so zweckmäßig ist es, bei dem Geschütze mit kurzer Seele, diese Verbrennung durch Größe und Porosität des Kornes zu erleichtern, damit in diesen, das Verbrennen, auf eine eben so vollständige Weise, als in den langen Gewehren erfolge.

Wir wollen aus dieser Beobachtung nicht gerade den Schluß ziehen, daß es eben so viele Verschiedenheiten in der Größe und Dichtigkeit des Kornes geben müsse, als es verschiedene Arten von Geschütz giebt; aber dieß wäre zu wünschen, daß man zwischen dem, zu der kleinen Ladung für die lange und schmale Röhren, welche die gewöhnlichen Soldatenflinten haben, bestimmten Schießpulver und zwischen dem, welches zu Ladungen von vielen Pfunden dient, die auf ein Mal in dem weiten und kurzen Rohre eines Mörsers von großem Kaliber abbrennt, machen möchte. Oft habe ich diesen Wunsch ausgesprochen; und wenn es zum Vortheil des Artilleriedienstes gereicht, daß ihm nicht genügt wird, so glaube ich, daß man wenigstens nicht wird läugnen können, daß es nothwendig sey, die Art der Probe, welcher man das Schießpulver unterwirft, um seine wahre Beschaffenheit kennen zu lernen, jeder Art von Schießpulver wohl anzueignen.

Es soll jetzt untersucht werden, ob die verschiedenen zu diesem Ende gebräuchlichen Verfahrungsarten ihren Zweck gehörig erfüllen.

Erster Abschnitt.

Von der Art, das Kriegsschießpulver zu probiren.

Seit langer Zeit bedient man sich, in Frankreich, zum Probiren des für die Zeughäuser bestimmten Kriegsschießpulvers eines Instruments, welches unter dem Namen des Probirmörsers (mortier éprouvette) bekannt ist. Seine Anwendung wurde seit 1799 auf den Bericht einer, von dem Finanz-, Kriegs-

und Marineminister ernannten Commission, zur Untersuchung der zum Probiren des Schießpulvers angenommenen Verfahrungsart, gebilligt und angenommen.

Die Commission sah wohl ein, daß bei dem Mörser, dessen man sich bedient, einige Fehler sind, welche zu Unregelmäßigkeiten in den Resultaten Anlaß geben können, aber nachdem man reiflich über das nachgedacht hatte, was an die Stelle dieser Art das Pulver zu probiren gesetzt werden könnte, so hat man sich entschlossen, diese Probe, wegen ihrer Einfachheit und wegen der Leichtigkeit, mit der sie allenthalben auf eine gleichmäßige Art eingeführt werden kann, beizubehalten.

Unserem Dafürhalten nach, kann man, so lange das Kriegsschießpulver nur von einer einzigen Art des Korns fabricirt wird, den Mörser, wegen seiner Analogie, mit den meisten Feuerschlünden, als die passendste Probe betrachten, um die Beschaffenheit des Schießpulvers, welches die Ladung derselben ausmachen soll, zu bestimmen.

Nichts desto weniger glauben wir doch, hier einen gegen diese Art der Probe schon gemachten Einwurf wiederholen zu müssen. Da nemlich der Mörser eine Kammer von beständiger (constanter) Weite hat, so werden, da man sich desselben zum Probiren des Pulvers von verschiedener Größe und Dichtheit des Kornes bedient, die erhaltenen Erfolge nicht genau vergleichbar seyn, man mag die Ladungen nach dem Gewichte, oder nach dem Volumen bestimmen.

Und wirklich wird, wenn man nach dem Gewichte ladet, das sowohl der feinen Zertheilung, als der innigen Mengung wegen vollkommenste Schießpulver, welches die größte Wirkung bei dem kleinen Gewehr hervorbringt, und das wegen seiner Dichtigkeit zur Aufbewahrung vorzüglich geschickt ist, weniger vortheilhafte Resultate geben, als ein weniger gestampftes, weiches und zerreibliches Schießpulver; weil das letztere, da es die Kammer des Mörsers wohl ausfüllt und sich augenblicklich entzündet, mehr Wirkung auf den fortzutreibenden Gegenstand haben wird, als das erstere, welches einen leeren Raum in der Kammer läßt und von welchem ein Theil aus dem Mörser herausgetrieben werden kann, ohne verbrannt zu seyn *).

Diese Erfahrung rechtfertigt diesen Erfolg auf unläugbare Weise. Man hat mehrmals erfahren, daß die nicht gekörnte und grob gemengte Pulvermasse, in einen Probirmörser gethan, gute Schußweiten gab, welche dieses Gemenge, wie anderes Kriegsschießpulver, nach den von der Regierung vorgeschriebenen Bestimmungen, zur Aufnahme fähig machten, während die Schußweiten mit einer gleichen Ladung von gut verfertigtem feinen oder superfeinen Schießpulver bei weitem schwächer waren.

Dieß

*) Wir glauben, daß es möglich wäre, dieser in die Augen fallenden Ursache zu Unregelmäßigkeiten am Probirmörser abzuhelfen, wenn man niemals anders damit schösse, als mit vollständig gefüllter Kammer; der Raum, den das zu untersuchende Schießpulver darin einnähme, mögte seyn, welcher er wollte. Es wäre dazu nichts nöthig, als auf die in den Mörser gebrachte Ladung eine runde Scheibe von sehr dünnem Papiere, oder jede andere Scheidewand zu legen, welche man mit Sand, Sägespänen oder einer andern ähnlichen Substanz bedecken könnte.

Dieß Resultat, welches zu verschiedenen Zeiten und in verschiedenen Pulverfabriken durch das bloße Mengen der Substanzen beständig erhalten wurde, zeigt das Unbequeme, was die Anwendung des Probirmörsers zur Annahme des feinen für die Waffenmanufakturen gelieferten Schießpulvers hat. Diese Fälle sind wirklich selten und für die bei der Fabrikation des Schießpulvers angestellten Commissarien in ihren Beziehungen mit der Artillerie, von wenig Wichtigkeit, und wenn wir ihrer erwähnen, so geschieht dieß weniger um gegen diesen Gebrauch Einwendungen vorzubringen, als um aus der Analogie bemerklich zu machen, wie wenig zweckmäßig zum Probiren des Jagdpulvers die Pulverproben sind, deren man sich dazu bedient. Sie haben alle eine kurze Seele, und demzufolge sind sie wenig geeignet, den Grad der Stärke eines Schießpulvers zu zeigen, welches, wegen seiner Feinheit und der Dichtigkeit seines Kornes, zur gänzlichen Entwickelung seiner Wirkung, das zu werfende Objekt oder den Stöpsel der Probe, einen gewissen Raum hindurch nothwendig begleiten muß.

Doch wollen wir zu dem Verfahren bei dem Probiren des Kriegsschießpulvers zurückkehren. Die mit dieser Untersuchung beauftragte Commission, hat, nachdem sie es als allen übrigen vorzuziehen, und demzufolge als beizubehalten, erklärt hatte, über diese Probirmethode einen Unterricht bekannt gemacht, mit welchem seitdem einige Abänderungen vorgenommen worden sind. Wir geben ihn so, wie er damals erschien, und werden das, was in seiner Anordnung verändert worden ist, nachher anführen.

1. Das Kriegsschießpulver wird, wie ehemals, in metallenen Mörsern, an Gewicht ungefähr 350 Pfund, Art, beim Probiren

und bei der Annahme des Kriegsschießpulvers zu verfahren.

deren innerer Durchmesser 7 Zoll beträgt, probirt. Diese Mörser sind in allen ihren Ausdehnungen dem Profil, welcher diesem gegenwärtigen Unterrichte angehängt ist, gänzlich gleich geformt.

2. Jeder der besagten Mörser, wird mit seinem Sohlenstücke gegossen, so daß er gerade 50 Grad Erhöhung hat. Das Sohlenstück ist in eine Bohle eingefugt und an den vier Ecken sehr fest mit vier Bolzen, welche durch Schraubenmuttern gehalten werden, fest gemacht. Zwei eiserne Bänder gehen unter der Bohle weg und umfassen sie von oben, so daß die Bolzen durch diese eisernen Bänder durchgehen.

3. Der so eingefugte Mörser wird auf ein hölzernes sehr ebenes horizontales Gestelle (den Stuhl) gesetzt, aber nicht darauf fest gemacht, damit er volle Freiheit habe, zurück zu springen, wenn daraus geschossen wird.

4. Da es wesentlich ist, daß dieses Gestelle eine horizontale Lage behalte; so wird es aus Balken von 6 Zoll Breite auf 4 Zoll Dicke, welche fest durch zwei starke Querbalken zusammen gehalten werden, zusammengesetzt. Das so eingerichtete Gestelle, ruhet auf einem fest gemauerten Fundament, auf welchem es in vollkommen wagerechter Lage aufgestellt und fest gemacht wird, so daß die Länge der Balken in der Richtung der Schußlinie läuft.

5. Die Artillerieoffiziere, welche mit der Pulverprobe beauftragt sind, werden vor den besagten Proben Acht haben, mit der größten Genauigkeit und in Gegenwart der über die Verfertigung des Schießpulvers gesetzten Commissarien, den inneren Durchmesser der Mörser, die Lage und den Durchmesser ihrer Zündlöcher, so wie die Formen, welche zum Kalibriren der

Kugeln dienen, zu bestimmen. Sie werden sich, zu diesen Berichtigungen, eines doppelten, durch Querlinien in 0,04 einer Linie abgetheilten Maaßstabes bedienen, welcher jedesmal nach dem Normalmaaßstabe des nächsten Zeughauses berichtigt werden muß, um zu sehen, ob nicht die zylindrischen Platten, welche den besagten Maaßstab beendigen, sich durch das Reiben verkleinert haben; und damit sich diese Maaßstäbe weniger schnell abnutzen, so müssen sie von Stahl gemacht werden. Plan und Abriß dieser Maaßäbe sollen am Ende dieses Unterrichtes gegeben werden. Sie werden sich zur Berichtigung der Zündlöcher stählerner zylindrischer Maaßstäbe bedienen, welche gleichfalls am Ende des Unterrichts beschrieben sind.

6. Findet sich die geringste Erweiterung an einem Mörser oder seinem Zündloche, selbst wenn es keiner Verbesserung bedürfte, so muß der zum Probiren ernannte Offizier Sorge tragen, dieß im Protokoll zu erwähnen und in demselben das genaue Maaß des größten und kleinsten Durchmessers des besagten Mörsers anzugeben, so wie die Veränderungen, welche er an der Kugel bemerken konnte.

7. Jeder Mörser muß mit vier Kugeln versehen seyn, von welchen zwei, Nr. 2, einen um 0,8 Linie größeren Durchmesser haben, als die beiden anderen Nr. 1. Man bedient sich im Falle einer Erweiterung des Mörsers der ersteren, um dadurch den Raum zwischen der Mündung des Mörsers und der Kugel, so viel als möglich, auf die vorgeschriebenen Dimensionen zurückzuführen.

8. Ist die Seele eines Probirmörsers in einem ihrer Durchmesser bis auf 7 Zoll 0,14 Linien ausgeschossen, so muß der besagte Mörser als unbrauchbar

bei Seite gestellt und ein anderer geliefert werden, welcher genau 7 Zoll im Durchmesser hat.

9. Die Kugel muß gerade 6 Zoll 11,6 Linien im Durchmesser haben und regelmäßig seyn, demzufolge müssen alle größten Kreise an ihr vollkommen gleich seyn. Es giebt jedoch eine Richtung, in welcher dieß viel wesentlicher ist *). Die Regelmäßigkeit desjenigen größten Kreises, welchen man den Meridian der Kugel nennen könnte, ist von weniger Bedeutung; allein, die des Kreises, der auf ihm senkrecht stehet, oder des Aequators der Kugel ist wesentlich. Man verstehet unter letzterem, denjenigen Kreis, auf dessen Fläche die Axe des Mörsers perpendikulair fällt, wenn die Kugel im Innern desselben, die gehörige Lage hat; d. h., es ist der, durch welchen eigent-

*) Diese Bestimmung könnte dazu verleiten, es als etwas unbedeutendes anzusehen, ob die Kugel mehr oder minder elliptisch ist; aber wir glauben, daß es nöthig sey, festzusetzen, nicht allein, daß die Kugel vollkommen sphärisch sey, sondern auch, daß die Höhlung, welche man gewöhnlich darin anbringt, um ihr Gewicht zu reguliren, nicht so gemacht werde, daß sie ihren Schwerpunkt vom Mittelpunkte ihrer Figur zu sehr entfernt.

Im allgemeinen ist es anerkannt, daß man nicht zu viel Regelmäßigkeit und Vollkommenheit bei der Ausführung eines zu so wichtigen Versuchen bestimmten Instrumentes anwenden kann; und wir glauben, daß als strenge Bedingung für den Probirmörser des Schießpulvers vorgeschrieben werden müßte, daß seine Kugel vollkommen sphärisch sey, damit ihr Schwerpunkt sich so viel als möglich dem Mittelpunkte ihrer Figur nähere, und besonders, daß die Kammer des Mörsers vollkommen im Mittelpunkte seiner Seele ausgebohrt sey, damit die Projektionskraft des Schießpulvers wesentlich auf den Mittelpunkt des zu werfenden Körpers wirken kann, indem sie durch seine Axe geht.

lich der freie Spielraum bestimmt wird. Die Kugel muß nicht nur dann verworfen werden, wenn dieser Kreis 0,2 Linien weniger im Durchmesser hat, als 6 Zoll 11,6 Linien, die er haben soll, sondern auch, wenn ihr Durchmesser im Verhältnisse zu dem des Mörsers 0,2 Linien mehr Spielraum hat, als sie haben soll.

10. Das Korn des Probirmörsers soll von Platina gemacht werden; und da dieß Metall beinahe unzerstörbar ist, so kann dasselbe Korn nach und nach für mehrere Mörser dienen *).

11. Ist das Zündloch eines Probirmörsers in einem seiner Durchmesser bis auf 2,2 Linien ausgeschossen, so muß der besagte Mörser bei Seite gestellt, und an seiner Stelle ein anderer geliefert werden.

12. Um sich einer vollkommenen Einförmigkeit bei der Fabrikation der Probirmörser zu versichern, soll eine bestimmte Anzahl für den Dienstbedarf in einer besondern Werkstätte, im Departement der Seine, unter den Augen und der Aufsicht von Commissarien, die der Finanz-, Kriegs- und Marineminister, so wie das National-Institut ernennen sollen, gegossen werden. Diese Werkstätte soll für die Zukunft, mit der alleinigen Verfertigung dieser Mörser bei den nöthig gewordenen Ergänzungen beauftragt werden.

Die funfzig schon gegossenen, sollen vervollkommnet werden, damit man sie in der Folge an die verschiedenen Pulverfabriken versenden könne **).

*) Diese Vorschrift hat nicht statt gefunden, das Korn von Platina, wurde durch ein bewegliches Korn von Kupfer ersetzt, welche Einrichtung man ebenfalls, wegen der Schwierigkeit es abzunehmen, wenn der Mörser geschossen hatte, wieder aufgegeben hat.

**) Die sehr bedeutenden Kosten, welche die Anfertigung dieser Mörser verursacht, und die schlechte Beschaffenheit des

Auch soll in jedem der Hauptzeughäuser, die am meisten mit diesen Pulverfabriken zu thun haben, einer der besagten Mörser niedergelegt werden, von dem aber nur in den Fällen Gebrauch gemacht werden soll, wo zwischen denen mit der Probe beauftragten Offizieren und den die Fabrikation des Schiesspulvers und Salpeters vorgesetzten Commissarien Streit entstehet. Diese Mörser und ihre Kugeln sollen immer von der höchsten Genauigkeit seyn; und sobald nur ein Unterschied von 0,886 Linien an einem oder dem andern bemerklich wird, so sollen sie verworfen werden.

13. Man wird dafür sorgen, so weit sich dieses thun läßt, zu den Proben einen Ort zu wählen, der ein weiches Erdreich ohne Steine hat, um möglichst die kupfernen Kugeln zu schonen.

14. Die mit der Aufsicht über das Schiesspulver beauftragten Commissarien, sind gehalten, das Kriegsschiesspulver nach Maaßgabe seines Einpackens zu überschreiben; indem sie mit wenig Worten auf dem Boden des Fasses, Jahr und Monat der Fabrikation und des Einpackens bemerken.

15. Wenn die General-Administration Schiesspulver zum Probiren anbietet, so kann der damit beauftragte Offizier nach Willkühr ein Zwanzigtheil der dargebotenen Fässer wählen. Diese Fässer werden geöffnet und man wiegt das in denselben enthal-

Metalls, wodurch sie in kurzer Zeit unbrauchbar wurden, verursachten, daß man von diesem Punkte der Instruktion abgewichen ist. Es ist jedoch zu bedauern, daß diese Beweggründe sich der Beibehaltung dieser Maaßregel entgegen gesetzt haben, weil im übrigen diese Probirmörser mit aller möglichen, nur irgend zu verlangenden Vollkommenheit und Sorgfalt verfertigt worden waren.

tene Pulver, um sich von der Richtigkeit des Gewichtes zu überzeugen; hierauf nimmt man die zur Probe bestimmte Quantität heraus, wobei man das beobachtet, daß man die Fabrikationen von jedem Datum, der Untersuchung unterwirft. In jedes der besagten Fässer, schüttet man eine, der zum Probiren herausgenommenen gleiche Quantität Schießpulver wieder hinein.

16. Die Proben, jede von 6 Loth an Gewicht, werden in Büchsen oder Schachteln gethan, welche zusammen in einen einzigen zu verschließenden Kasten gesetzt werden, der mit dem Pettschaft des Artillerieoffiziers, des über die Verfertigung des Schießpulvers gesetzten Commissarius und des Kriegscommissarius versiegelt wird. Dieser Kasten wird in diesem Zustande an den zur Probe bestimmten Ort gebracht, und kann nicht anders als in Gegenwart der drei obbenannten geöffnet werden *).

17. In dem Falle, daß der Versuch mit einem Schießpulver von einem besondern Datum merklich schlechtere Schußweiten gegeben hätte als die anderen, wird noch eine besondere Probe angestellt, welche sich nur auf die Fabrikationen von demselben Datum erstreckt, und über welche ein besonderes Protokoll geführt wird.

18. Alles von der General-Administration gelieferte Schießpulver, muß von einem gleichen und har-

*) Die Zahl der aus jedem Fasse, das zur Verificirung seines Gewichtes geöffnet ist, zu nehmenden Proben, soll gleichfalls in dem Verhältnisse eines Zwanzigtheils der die Lieferung ausmachenden Fässer seyn, d. h., es soll ein Schuß aus dem Probirmörser auf jede zweitausend Pfund des gelieferten Schießpulvers geschossen werden.

ten Korne, so wie gut von Staube gereinigt seyn. Die Gleichheit des Kornes entscheidet der Anblick. Um sich von der Härte zu überzeugen, nimmt man mehrere Finger voll, von den zur Probe ausgesuchten Quantitäten und reibt sie stark mit dem Finger in der hohlen Hand; sie müssen sich nur mit Schwierigkeit zerreiben lassen. Endlich versichert man sich dadurch, ob das Korn gut abgestäubt ist, daß wenn man einen kleinen Antheil davon über den Rücken der Hand laufen läßt, er keine Spur hinterläßt; und nur wenn es diese drei vorläufigen Eigenschaften besitzt, kann ein Schießpulver für probefähig gehalten werden.

19. Nach Untersuchung und Berichtigung des Kornes des Schießpulvers, des Kalibers des Mörsers, des Durchmessers der Kugel, ihres Gewichtes, welches 60 Pfund betragen muß, und des Gestelles, welches gehörig horizontal stehen muß, damit der Mörser gerade auf 50° Erhöhung gerichtet sey, schreitet man zum Probiren des Schießpulvers, indem man 6 Loth davon in die Kammer des Mörsers thut, ohne es zu stoßen oder einzustampfen. Man bringt die Kugel in den Mörser, an welchen man das Feuer mit einer Zündruthe legt.

Ist diese Pulverladung so eingerichtet, so muß sie die Kugel 615 Fuß *) weit treiben, wenn das Schießpulver annehmbar gefunden werden soll; es wird verworfen, wenn die Schußweite nur 513 Fuß **) beträgt; und wenn die Schußweite zwischen diesen beiden Distanzen mitten inne stehet, oder wenn der über die

*) Die Schußweite ist gegenwärtig auf 646 Fuß festgesetzt. (Aide-Mémoire d'Artillerie, Seite 664.)

**) Gegenwärtig 615 Fuß.

Verfertigung des Schießpulvers gesetzte Commissarius gegen Fehler an dem Mörser protestirt, so werden neue Proben genommen, welche in eine versiegelte Schachtel eingeschlossen und nach dem nächsten Zeughause gebracht werden, um dort mit dem zu den vergleichenden Proben dienenden Mörser probirt zu werden. Wenn an diesem die kleinsten Schußweiten nicht 615 Fuß *) sind, so wird das Schießpulver nicht annommen.

20. Dasselbe Verfahren befolgt man beim Probiren des Schießpulvers, welches umgearbeitet werden muß, und welches vor der Umarbeitung nicht in die Artillerie- und Marinemagazine aufgenommen werden darf, wenn es nicht soweit verbessert werden kann, daß 6 Loth des besagten Pulvers die Kugei 554 Fuß **) weit treiben. Werfen sie sie aus dem Mörser der Pulverfabriken nur 492 Fuß ***) weit, so werden diese Sorten Schießpulver zurückgewiesen, und die, welche eine Schußweite von 492 und 554 Fuß ****) geben, werden von neuem mit dem Vergleichungsmörser probirt; sie werden nicht angenommen, wenn sie nicht die letztere Schußweite geben.

21. Das neue von der General-Administration zum Dienste der Landartillerie gelieferte Schießpulver, soll in neue Fässer, welche zweihundert Pfund enthalten, eingeschlossen und diese mit ihren gleichfalls neuen Kappen umgeben werden. Das für die Marine gelieferte, soll in Fässer von hundert Pfunden gethan werden. Einpacken des Schießpulvers.

22. Die Fässer von zweihundert Pfunden sollen 2 Fuß äußere Länge oder Totallänge, und 1 Fuß 8 Zoll innere Länge (das heist von einem Gergel zum andern)

*) Jetzt 692 Fuß. **) Jetzt 646 Fuß.
) Jetzt 615 Fuß. *) Jetzt 615 und 646 Fuß.

haben. Ihre äußeren Durchmesser sollen in der Mitte oder am Bauche 1 Fuß 9 Zoll, an den Enden 1 Fuß 6 Zoll betragen. Die Dauben sollen in ihrer Mitte höchstens 5 Zoll Breite, die Bodenstücke wenigstens 6 Zoll Breite haben; die Dicke soll für die einen und anderen 5½ Linie betragen; an jedem Ende sollen acht Reifen seyn, und ein anderer Reif soll an jeder Rinne der Dauben, in welche der Boden befestigt wird, seyn, welcher mit dem äußeren am untersten Ende befindlichen Reife durch Pflöcke zusammengehalten wird.

23. Die Kappen für Fässer von 200 Pfunden sollen 2 Fuß 5 Zoll Totallänge und 2 Fuß zwischen den beiden Gergeln haben. Ihre äußere Durchmesser sollen 1 Fuß 11 Zoll am Bauche und 1 Fuß 9 Zoll an den Enden seyn. Die Dauben sollen höchstens 5 Zoll, die Bodenstücke wenigstens 6 Zoll Breite haben; ihre Dicke soll 5½ Linie betragen. Es sollen 8 Reifen an jedem Ende seyn, und ein anderer Reif innen an jeder Falze, welcher, wie der am Ende, durch drei Zapfen festgehalten wird.

24. Die Fässer von hundert Pfund sollen 2 Fuß Totallänge und 1 Fuß 8 Zoll zwischen den beiden Gergeln haben. Ihre äußeren Durchmesser sollen 1 Fuß 4 Zoll am Bauche und 1 Fuß 1 Zoll an den Enden seyn. Die Dauben sollen höchstens 3 Zoll 8 Linien, die Bodenstücke wenigstens 4 Zoll Breite haben; ihre Dicke soll von 5½ Linie seyn. Sie sollen dieselbe Anzahl von Reifen haben und eben so eingerichtet seyn, wie die Fässer von zweihundert Pfunden.

25. Die Kappen für Fässer von hundert Pfunden sollen 2 Fuß 3½ Zoll Totallänge und 1 Fuß 11½ Zoll zwischen den beiden Gergeln haben. Ihre äußeren Durchmesser sollen 1 Fuß 10 Zoll am Bauche und 1 Fuß

4½ Zoll an den Enden seyn. Die Dauben sollen höchstens 4½ Zoll, die Bodenstücke wenigstens 5 Zoll Breite haben; ihre Dicke soll von 5½ Linie seyn. Sie sollen dieselbe Anzahl Reifen, die eben so wie bei den Kappen für Fässer von zweihundert Pfund eingerichtet sind, haben. Die Dauben und Bodenstücke aller Fässer und Kappen sollen von Eichenholz ohne Splint seyn, das gespalten und nicht gesägt ist. Die Reifen müßen von der Rinde entblößt seyn.

26. Sowie von der General-Administration über Schießpulver und Salpeter die Reifen von Kupfer eingeführt werden, soll ein besonderer Unterricht über diesen Gegenstand ertheilt werden.

27. Wenn Säcke mit den hundert Pfund haltenden Fässern geliefert werden, so müssen sie von dichter und starker Leinwand seyn; sie müssen, ohne Inbegriff der Säume und Näthe, 3 Fuß 8 Zoll Umfang, und 3 Fuß Höhe haben.

28. Die Direktoren der Artillerie sind gehalten, in allen Plätzen und Häfen ihres Bezirkes mit der größten Genauigkeit auf das Zurückschicken aller Fässer und Kappen, sowie sie leer sind, in die Pulverfabriken zu wachen, sie mögen so schlecht seyn, wie sie wollen, ja selbst die, welche aus Unachtsamkeit, durch Ausschlagen des Bodens, oder auf andere Weise ganz verdorben sind. Die Commissarien über das Schießpulver werden ihnen Empfangscheine darüber ausstellen.

29. Ueber die Proben, sowohl des frischen als umgearbeiteten Schießpulvers, sollen Protocolle geführt werden, in welchen man Sorge tragen wird, die verschiedenen Schußweiten aller Proben, die aus den Fässern genommen worden sind, zu bemerken, wie es Artikel 15 gesagt worden ist. Die Protokolle werden

von dem mit der Probe beauftragten Offizier, von dem Kriegs- oder Marinecommissarius, und von dem über die Pulver- und Salpeter-Fabrikation gesetzten Commissarius unterschrieben. Man verzeichnet in diesen Protokollen den mehr oder minder feuchten Zustand der Luft, die Richtung des Windes, in Bezug auf die Schußlinie, selbst die Höhe des Barometers und Thermometers im Augenblicke der Probe, oder doch kurz zuvor oder nachher. Diese Beobachtungen sind von Nutzen und dienen zur Erklärung der erstaunlichen Verschiedenheiten, welche bei den Proben, sowohl in Absicht auf Richtung als auf Schußweite, statt haben, alle übrigen Umstände sonst gleich gesetzt.

30. Der über das Schießpulver gesetzte Commissarius ist beauftragt, wenn das Schießpulver gut zum Dienst befunden wird, auf beiden Boden der Fässer oder Kappen mit Oelfarbe das Jahr, in welchem es angenommen, sowie den Namen der Pulverfabrik wo es verfertigt wurde, zeichnen zu lassen.

Auf die Fässer oder Kappen des umgearbeiteten Schießpulvers zeichnet man den Buchstaben R und das Jahr der Umarbeitung.

Einmagasiniren des Schießpulvers.

31. Die Pulverfässer können in den Magazinen, sowohl der General-Administration über das Schießpulver, als der Artillerie, nicht anders auf einander geschichtet werden, als drei über einander, bei den von zweihundert Pfunden, und vier auf einander bei den von hundert Pfunden, um das Ueberladen der unteren Reihen und die Zufälle, welche daraus entspringen können, zu vermeiden. Die Artillerie-Direktoren und die Commissarien bei dem Pulverwesen, sollen, jeder in seinem Amte, über die strenge Befolgung dieser Maaßregel wachen.

32. Die Pulverfässer dürfen unter keinem Vorwande, weder im Innern, noch außerhalb der Magazine umhergerollt oder gefahren werden.

Man bedient sich zum Einbringen in die Magazine Tragbahren mit starker Leinwand oder aus geflochtenen Stricken. Die Fässer von hundert Pfunden können auf eben diese Weise oder auf der Schulter transportirt werden.

33. Die Lager in den Magazinen werden aus gesundem Eichenholze ohne Splint angefertigt. Sie müßen die volle Breite der Fässer und Kappen, welche auf ihnen ruhen sollen, haben.

Diese Gerüste müssen von den Mauern oder Wandpfeilern der Magazine drittehalb Fuß entfernt seyn, ist aber der innere Raum des Magazins mit dieser Anordnung nicht vereinbar, so muß man sich ihr wenigstens so viel als möglich nähern.

34. Man ordnet das Pulver in den Magazinen nach der auf den Fässern oder Kappen bemerkten Zeit seiner Fabrikation.

35. Man muß von Zeit zu Zeit Sorge tragen, bei heiterem Himmel und trockener Luft, die Fenster und selbst die Thüren der Magazine zu öffnen, um die Luft darin zu erneuern, welche oft wegen der Lage und Gestalt dieser Gebäude ganz feucht ist, jedoch muß in diesem Falle die nöthige Vorsicht für die Sicherung des Pulvers getragen werden.

36. Keiner, er sey wer er wolle, darf in die Magazine gehen, ohne die Schuhe aus- oder die Sandalen und Socken angezogen zu haben, welche man zu diesem Endzwecke hält.

37. Alle Arten Stein oder Metall, deren Stoß Feuer erzeugen kann, müssen mit der größten Sorgfalt

bei der Handhabung und Bewegung des Schießpulvers im Innern und aus der Nähe der Magazine entfernt, und der Boden muß leicht benetzt werden.

38. Es ist streng verboten, die Pulverfässer im Innern der Magazine auszubessern, wenn sie nicht so verdorben sind, daß sie nicht von der Stelle gebracht werden können. In allen andern Fällen trägt man sie heraus, und bessert sie auf untergelegten Tüchern aus, um das durchstäubende Pulver aufzunehmen.

Aufladen, Transportiren und Begleiten des Schiesspulvers.

39. Die Pulverfässer müßen auf den Wagen befestigt werden, so daß die Bewegung dieser Wagen nie ein Reiben des einen Faßes gegen das andere verursachen kann. Sie werden gut in Stroh eingepackt, und außerdem noch mit sehr dichter Leinewand bedeckt.

40. Der Transport des Schießpulvers, von welcher Art es auch sey, kann nie ohne eine hinreichende Begleitung geschehen, welche, wenn der Transport durch den Pulvercommissarius zu Stande gebracht ist, von ihm bei dem Commendanten der bewaffneten Macht, am Orte des Abganges, nachgesucht wird, welcher diese Forderung nicht abschlagen darf.

41. Der Befehlshaber der besagten Eskorte wird jedem Wagen einen Mann von dem Commando als besonderen Aufseher beigeben, und sie häufig visitiren, um sich zu überzeugen, daß man auch die nöthige Vorsicht zur Vermeidung aller Unfälle nicht vernachlässige. Man wird, wenn es möglich ist, Sorge tragen, die Bedeckung auf nicht gepflastertem Boden einherziehen zu lassen, nie schneller als Schritt zu fahren, und die Wagen nur in einer einfachen Reihe folgen lassen.

42. Kein Tabackraucher, weder von der Bedeckung, noch ein Fremder, wird bei der Convoi gelitten. Der Befehlshaber der Bedeckung ist für die aus dieser Ur-

sache entspringenden Unfälle, sowie für alle anderen, welche seiner Nachlässigkeit zugeschrieben werden können, verantwortlich.

Man wird sich bei allen andern zu nehmenden Maaßregeln und Vorsichten nach dem richten, was in den Reglements für die Artillerie vorgeschrieben ist. *)

Den Finanz-, Kriegs- und Marineministern vorgelegt durch die Unterzeichneten.

Paris, den 16ten März im Jahre 1799.

Unterzeichnet: Rozily, Dubouchage, F. M. Aboville, Theod. Durtubie, A. Bottée und Ducamp.

*) Man hat es diesem Unterrichte vorgeworfen, daß er nichts von den bei Pulvertransporten zu nehmenden Maaßregeln erwähne, und auf die, nicht durch den Druck bekannt gemachten, Reglements für die Artillerie verweise.

Wir haben den Vortheil, diese Lücke hier ausfüllen zu können, indem wir aus dem trefflichen Werke des General Gassendi, die Verordnungen, deren der Unterricht gar nicht erwähnt, schöpfen. Sie bestehen in folgenden Vorsichtsmaaßregeln:

Kein Fremder darf auf dem Wagen seyn, niemand darf hinaufsteigen, außer in dem Falle, wo irgend ein Fehler auszubessern ist, oder der Dienst es erfordert, immer aber mit großer Vorsicht.

Man muß es vermeiden, in bewohnte Orte hineinzufahren, sich unterrichten, ob man nicht außen herum kommen kann, einen Führer verlangen, und den Condukteur der Artillerie zur Untersuchung der Straße abschicken, sich aber erst auf seinen Bericht, wenn er günstig ausfällt, darauf einlassen, sie zu befahren.

Wenn man gezwungen ist, in die Orte hineinzufahren, so muß man bei der Ortsobrigkeit nachsuchen, daß sie die Werkstätten der Schmiede und andere, welche Unfälle veranlassen können, verschließen, und die Straßen, welche der Zug zu passiren hat, mit Wasser benetzen läßt.

Zweiter Abschnitt.

Von verschiedenen Proben, die man zur Untersuchung der Stärke des Jagdpulvers angewandt hat.

Probe mit gezähntem Rade.

Die älteste bekannte Probe zur Untersuchung des Jagdpulvers, ist die mit gezähntem Rade, welche die Gestalt einer Pistole hat; sie ist die bequemste und dauerhafteste. Man hat sich nie einer anderen zur Prüfung bei der Annahme des Schießpulvers des Königs bedient, und es ist auch diejenige, deren sich gegenwärtig der Büchsenspanner des Kaisers bedient. Auch gebraucht man sie im Commissariat zu Paris, wo dieselbe schon seit mehr als funfzig Jahren dient, ohne sich wesentlich geändert zu haben; im Anhange findet sich ihre Beschreibung.

Man

Nie muß man sich in Orten aufhalten, sondern die Wagen draußen, an einem von Wohnungen entblößten, sicheren, vorher untersuchten Orte auffahren laßen.

Im Falle, daß die Bedeckung oder Wache, die man hat, unzureichend ist, muß man bei der Ortsobrigkeit die erforderliche Wache nachsuchen; sie steht unter den Befehlen des Commendanten des Zuges.

Militairtransporte sind denselben Vorschriftsmaaßregeln unterworfen, und sie sind bei jedem Zuge anzuwenden, wo Schießpulver einen Theil der Ladung der Wagen ausmacht. Die Gendarmerie muß die Bedeckung im Innern liefern.

Man kann dieser Probe die Fehler vorwerfen, von welchen wir in dem vorhergehenden Abschnitt gesprochen haben.

1. Sie ist mit kurzer Seele und bietet demzufolge der Entzündung des Schießpulvers keine hinreichende Entwicklung dar.

2. Sie hat eine Kammer, deren Raum, da er immer ein und derselbe ist, beim Probiren des Schießpulvers nach dem Gewichte mehr oder minder gefüllt ist, und der beim Probiren nach dem Volumen, nach der Dichtigkeit des Schießpulvers, auch mehr oder minder viel enthält.

3. Läßt sie sich schwer mit einer anderen Probe derselben Art in Vergleichung bringen.

Der letztere Nachtheil der Probe hat uns bestimmt, unter den anderen bekannten Probearten die nachzusuchen, welche am geeignetsten wäre, in die Hände der bei den Pulverfabriken angestellten Commissarien gegeben werden zu können, als ein leichtes und schnelles Mittel, sich über die Kraft des Jagdpulvers, nach Maaßgabe seiner Fabrikation annähernd zu unterrichten.

Aus diesem Gesichtspunkte warfen wir die Augen auf die von Regnier erfundene Probe, welche er Probe mit der Schnellwage (eprouvette a peson) nennt. Die Beschreibung mit einer Abbildung erläutert, findet man im Anhange. Da dieses Instrument vor der Probe mit gezähntem Rade den Vorzug hat, keine Reibung in seinem Spiele zu gestatten, so schien es uns leicht, eine gewisse Anzahl davon zu verfertigen, deren Resultate hinreichend vergleichend seyn würden. Und wirklich brachte es Regnier dahin, indem er sich genau an die Verhältnisse hielt, über welche man Probe.

zur Verfertigung seiner Proben übereingekommen war, eine ziemlich große Anzahl derselben zu verfertigen, welche in ihren Resultaten fast ganz zusammenstimmten, und sie wurden an die Commissarien geschickt.

Wir verhehlten uns nicht, daß sie, so wie die mit gezähntem Rade, die Fehler einer zu kurzen Seele und einer Kammer von einem bestimmten Umfange hätten. Aber bald zeigte der Gebrauch an diesen Proben noch einen anderen wesentlichen Fehler. Es ist gewiß, daß dieß Instrument wegen der Beschaffenheit seiner Bauart, nur von einer sehr kurzen Dauer seyn kann; auch fanden sich bald alle Pulverproben dieser Art, welche wir an die Commissariate geschickt hatten, verdorben und unfähig zu dem Gebrauch, und es ist gegenwärtig nur noch die kleine Zahl derjenigen vorhanden, welche sehr häufig nach Paris zum Ausbessern geschickt werden konnten.

Da nun diese beiden Proben, eine wie die andere, den doppelten Nachtheil haben, aus einer kurzen Seele mit constanter Capacität zu bestehen, mittelst welcher die wesentlichste Eigenschaft des Jagdpulvers, welche in seiner Dichtigkeit und in der großen Härte seines Kornes besteht, nicht geschätzt werden kann, indem ein Theil der Ladung durch die Detonation herausgeworfen wird, ohne sich zu entzünden, wovon man sich leicht überzeugen kann, wenn man eine gewisse Anzahl von Schüssen in einem großen Tuche, welches zu diesem Ende gehörig ausgebreitet ist, abbrennt.

Noch giebt es eine andere Probe, welche zwar in ihren Wirkungen der von Regnier, von welcher wir eben gesprochen haben, ähnlich, aber weit dauerhafter ist. Dieß ist die Probe mit der Kugel, welches vielleicht keine neue Erfindung ist, die aber mit vieler Einsicht durch Herrn Hoxr, einen Kunstschlösser, ausgeführt worden ist. Sie ist im Anhange beschrieben. Die, deren wir uns seit sechs Jahren bedienen, hat noch keine Ausbesserung irgend einer Art erfordert. Man kann ihr nichts vorwerfen, als daß sie eine kurze und konstante Seele hat.

Diese Fehler, welche sich in allen tragbaren Proben wiederholen, haben Herrn Bottée auf den Gedanken gebracht, eine Probe ohne Kammer auszudenken, wo das Pulver frei und ohne ein anderes Hinderniß, als die Oberfläche, auf welcher die Masse ruhet, detonirte. Er hofte, die Kraft durch die Größe des Zurückspringens des zu prüfenden Schiespulvers von diesem Stützpunkte messen zu können. Folgendes war die sehr einfache Form, welche er anfänglich seinem Instrumente gab: es war eine Glasröhre, die wie ein Aräometer durch aufgelegte Gewichte im Gleichgewicht erhalten wurde, und ins Wasser tauchte; an ihrem oberen Ende war eine kleine Schale, in welcher das Pulver lag; es bildete daselbst einen immer gleichen, kleinen, konischen Haufen, weil es von einer gegebenen Höhe durch einen Trichter, dessen Oeffnung nie variirte, hieher geschüttet wurde. Das Feuer wurde durch einen kleinen Zünder, in welchen sich der konische Haufen endigte, an das Schießpulver gebracht, und eine geringe Menge Kohlenstaub, der auf die Oberfläche des Wassers, in welches die Probe eintauchte, umhergestreuet war, zeigte an der Röhre den Grad des Einsenkens an, welchen sie durch die Wirkung des durch die Detonation des Schießpulvers verursachten Zurückspringens erfahren hatte. Es ist leicht einzusehen, daß dieses nur der erste Entwurf eines Instruments ist, welches fähig war, die Grundlage

Hydrostatische Probe.

und die Form der neuen von Herrn Bottée ausgesonnenen Probe zu geben; wir wollen untersuchen, was das Resultat seiner Versuche war.

Man überzeugte sich bald, daß der konische Haufen des zu probirenden Schießpulvers jedesmal vollkommen verbrannt wurde, und dieß war eine wesentliche Verbesserung, da das Schießpulver, seine Dichtigkeit mochte seyn, welche sie wollte, immer das Maximum seiner Stärke gab; aber auf der andern Seite, vernichtete die durch die Wirkung der Entzündung verursachte Entfernung des Pulverhaufens von der Schale, indem sie ein Bestreben des Instrumentes zu steigen, veranlaßte, einen Theil der entgegengesetzten durch das Zurückspringen hervorgebrachten Wirkung, und dieser Rücksprung, welcher das Maaß der Stärke des Schießpulvers abgeben sollte, wurde sehr wenig merklich. Es zeigten sich daher zu kleine Verschiedenheiten bei den Versuchen mit verschiedenen Sorten Schießpulver; und es war unmöglich, die Wirkung des Zurückspringens anders zu vermehren, als daß man eine Kammer an die Stelle der Schale setzte, durch welches Mittel wieder der erste Vortheil der Probe für Schießpulver von verschiedener Dichtigkeit verloren ging. Durch diese Umstände wurde Herr Bottée bestimmt, einer Probe zu entsagen, welche er ausgesonnen, und von welcher er anfänglich mehr Erfolg gehofft hatte.

Als Herr Bottée das Resultat seiner Versuche dem Herrn Regnier mittheilte, glaubte dieser Künstler diese Gelegenheit nicht vorübergehen lassen zu dürfen, um zu den genialen Maschinen, welche die Künste ihm verdanken, noch eine sehr artige hinzu zu fügen; er verfertigte also eine Probe nach den Grundsätzen von Bottée, aber mit einer Kammer. Dieß Instrument trägt, wie die andern, den Stempel einer vollkommenen Ausführung. Herr Regnier stattet selbst davon in dem neunten Stück des Bulletin de la Sociéte d'encouragement Bericht ab, nachdem er bekannt hat, daß die erste Idee dazu von Bottée herrühre. Er nennt sie die hydrostatische Probe.

Man kann jedoch nicht bergen, daß dieß eine zu den anderen, von welchen man schon gesprochen hat, hinzugekommene Probe ist, welche außer den Fehlern der übrigen noch den hat, daß sie nicht tragbar ist. Man kann selbst sagen, daß der Fehler einer unvollkommenen Verbrennung, welcher der andern vorgeworfen wurde, bei dieser letzteren noch merklicher wird, wo die Kammer, da sie ohne Stöpsel ist, mit noch mehr Leichtigkeit einen Theil der Ladung auswirft, ohne ihn zu entzünden. Man sieht dieses deutlich, wenn man über die Oeffnung, durch welche die Entzündung geschieht, ein Blatt Papier hält, durch welches die nicht entzündeten Körner in größerer oder geringerer Menge durchgehen.

In Deutschland, Preußen und allen nordischen Ländern, bedient man sich einer Probe, welche zugleich für das Jagd- und für das Kriegsschießpulver dient: sie hat die Form eines Rammgestelles; der Rammklotz an dem eine gezähnte Stange befindlich ist, dient zum Verschließen derselben.

Wenn sie in etwas großen Verhältnissen ausgeführt ist, so sind ihre Detonationen sehr heftig, und man kann sich ihrer nicht, wie der schon erwähnten, im Zimmer bedienen; sie hat, wie jene, den Fehler einer kurzen Seele; außerdem findet bei ihren Bewegungen eine sehr starke Reibung statt, und stets

Probe mit gezähnter Stange.

bemerkt man bedeutende Abweichungen in ihren Resultaten.

Pendel-Probe. Endlich giebt es eine noch weniger tragbare Probe, als die letztere, indem sie bleibend an einer besonders für sie bestimmten Stelle aufgestellt werden muß; es ist die, des Ritter Darcy. Die Administration des Schießpulvers besitzt die schönste, welche bis jetzt sowohl in Absicht auf ihre Verhältnisse, als auf vollkommene Ausführung angefertigt worden ist.

Diese Probe ist ohne Widerspruch zur Untersuchung des Jagdpulvers die vollkommenste von allen bisher erwähnten. Sie hat keine bestimmte Kammer, eine lange Seele, und überhaupt alle mögliche Aehnlichkeit mit der Waffe, in der das feine Schießpulver angewandt wird, so daß man gewiß seyn kann, daß alle Wirkungen, die man damit erhält, sich bei der Flinte wiederholen werden.

Wir schließen diesen Abschnitt mit der Bemerkung, daß, so vollkommen auch die Proben zur Untersuchung des Jagdpulvers seyn mögen, sie doch nicht dazu dienen, eine der wesentlichsten Eigenschaften dieses Pulvers in das gehörige Licht zu setzen; diese ist die Schnelligkeit der Entzündung. Schon oben wurde angeführt, daß ein Pulver, welchem dieser für seine Anwendung so wesentliche Vorzug fehlt, so vortheilhaft auch die Resultate, welche die Pulverproben lieferten, seyn mögen, von den Jägern verworfen werden müsse. Es wurde bemerkt, daß das runde Schweizerpulver sich in diesem Falle befinde; alle andere Sorten von rundem Pulver, welche seitdem gemacht worden sind, haben denselben Fehler, und noch mehr, wenn sie mit einem großen Verhältnisse Wasser verfertigt wurden. Und wirklich muß der Funke viel träger seyn, (wenn man sich dieses Ausdruckes bedienen darf) um die Entzündung auf der Oberfläche des runden, mit einer Efflorescenz von Salpeter bedeckten Schießpulvers, wie das schweizerische ist, zu bewirken, an dem sich nichts aussetzen läßt, als die zu vollkommene Regelmäßigkeit seines sphärischen und glatten Kornes, auf welches der Funke weniger Einfluß hat, als auf das eckige Korn des mit Mühlsteinen und Stampfen fabricirten Schießpulvers.

Zehntes Kapitel.

Von der Analyse des Schießpulvers und der Art, dasjenige, welches Schaden gelitten hat, wieder zu verbessern.

Die Analyse des Schießpulvers bestehet, wie die der übrigen Körper, in der Scheidung seiner Grundbestandtheile; und demzufolge in den Mitteln jede der drei Substanzen, Salpeter, Kohle und Schwefel, welche es zusammensetzen, daraus auszuziehen, oder darin zu erkennen.

Diese Analyse kann zum Zweck haben:

1) Sich zu versichern, ob in einem Schießpulver, dessen Ursprung und Fabrikation man kennt, und welches sich nicht verschlechtert hat, das Mischungsverhältniß genau ist.

Oder auch bei fremden, gleichfalls in gutem Zustande sich befindenden Schießpulver zu erfahren, welches seine Zusammensetzung etwa sey.

2) Sich zu überzeugen, bis zu welchem Grade das sonst bekannte Mischungsverhältniß sich durch Verderbniß oder andere Ursachen verändert habe.

Und bei einem Schießpulver, dessen Zusammensetzung unbekannt ist, und welches ebenfalls Schaden gelitten hat, zu erfahren, was von den dazu angewandten Substanzen noch darin zurückgeblieben sey.

In den beiden ersten Fällen arbeitet man mit Schießpulver, welches von seiner ersten Beschaffenheit nichts verloren hat; in den beiden anderen ist es verdorbenes Pulver, welches man untersucht, um den Grad seiner Verderbniß zu schätzen.

Man kann also, indem man von diesen Arten von Proben handelt, eine Gränzlinie zwischen beiden ziehen, nach dem verschiedenen Ziele, welches man sich bei ihrer Anstellung vorgesteckt hat.

Erster Abschnitt.

Von der Analyse des Schießpulvers, welches seine erste Beschaffenheit beibehalten hat.

Von den drei, das Schießpulver zusammensetzenden Substanzen, ist der Salpeter allein in Wasser auflöslich, während diese Flüssigkeit auf den Schwefel und die Kohle keine Einwirkung hat. Diese beiden Substanzen hängen aber, nachdem der Salpeter von ihnen getrennt ist, fest an einander, und dieß ist der Grund, weshalb man die Analyse des Schießpulvers zu jeder Zeit als eine sehr schwierige Operation angesehen hat. Sie schien die Aufmerksamkeit der Gelehrten zu verdienen, welche mehrere Verfahrungsarten, um diese Analyse anzustellen, versucht und angegeben haben, um den Rückstand aus Kohle und Schwefel, nach dem Ausziehen des Salpeters, welches letztere in allen Fällen leicht auf dem Wege der Auflösung geschieht, zu behandeln.

Baumé hat vorgeschlagen, den Schwefel und die Kohle in einen bloß mit einem darauf gelegten Deckel verschlossenen Tiegel zu thun, und ihn gelinde zu erhitzen. Bei der Temperatur, wo der Schwefel zu brennen anfängt, sieht man eine blaue Flamme unter dem Deckel des Tiegels herausgehen; wenn sich diese nicht mehr zeigt, was andeutet, daß keine Verbrennung des Schwefels mehr statt hat, so treibt man das Feuer bis zum Rothglühen des Tiegels, und erhält ihn in diesem Zustande einige Zeit hindurch, worauf man ihn aus dem Ofen nimmt, und nach seinem Erkalten die darin enthaltene Kohle wiegt. Bei diesem einfachen und leichten Verfahren, soll, nach Baumé, aller Schwefel verbrennen und die Kohle sich unversehrt erhalten. Aus dem so erhaltenen Gewichte der letzteren Substanz schließt man, daß nachdem man zu dem Rückstande im Tiegel das schon gefundene Gewicht des Salpeters hinzusetzt, daß dasjenige, was noch am Gewichte der zu untersuchenden Pulverprobe fehlt, auf den Antheil Schwefel, den sie enthält, zu rechnen sey.

Art, das Schießpulver durch die Sublimation des Schwefels zu analysiren.

Eine andere Art bestehet darin, das Gemenge von Kohle und Schwefel in eine kleine lutirte, gläserne Retorte zu bringen, an welche eine ebenfalls gläserne und tubulirte Vorlage befestigt ist, wobei die Oeffnung nur leicht mit einem Korkstöpsel verschlossen wird, um den Gasarten freien Durchgang zu gestatten. Man

Durch Destillation in der Retorte.

giebt langsam Feuer, welches man nach und nach bis zum Rothglühen der Retorte verstärkt, wobei in die Vorlage Wasser und verflüchtigter Schwefel übergehen und sich geschwefeltes Wasserstoffgas in großer Menge entwickeln wird. Hat alle Einwirkung aufgehört, so hält man doch die Retorte noch einige Zeit im Rothglühen, worauf man sie vom Ofen wegnimmt; ist sie hinlänglich erkaltet, so zerbricht man sie, um das, was noch in ihr enthalten ist, heraus zu nehmen und zu wiegen, was man für die Gesammtmasse der Kohle allein nimmt.

Durch Quecksilber.

Pelletier hat die Einwirkung des Quecksilbers auf den Schwefel als ein Mittel angegeben, von dem Gemische aus Schwefel und Kohle, letztere zu trennen; indem diese zurückbleibt, wenn das geschwefelte Quecksilber durch Sublimation abgeschieden wird.

Durch Salpetersäure.

Man hat auch die Anwendung der Salpetersäure vorgeschlagen. Wenn man diese Säure rein und verdünnt auf das Gemenge aus Kohle und Schwefel gießt, wobei man das Ganze einige Zeit aufwallen läßt und nach Bedürfniß neue Quantitäten Säure zusetzt, bis dieselbe keine Einwirkung mehr äußert, so betrachtet man den Schwefel als gänzlich in Schwefelsäure verwandelt. Nachher sättigt man diese neu gebildete Säure mit salzsaurer Baryterde, wo dann schwefelsaure Baryterde zu Boden fällt, welche man trocknet und in einem Tiegel kalcinirt. Man zieht alsdann von dieser Quantität schwefelsaurer Baryterde, in welcher das Verhältniß der Bestandtheile gegenwärtig als ein constantes angesehen wird, den Antheil von Schwefelsäure ab; und aus der letzteren schließt man auf den Antheil Schwefel.

Man verfährt noch auf eine andere Weise. Man behandelt den vereinigten Schwefel und die Kohle mit einer Auflösung von kaustischem Kali, indem man das Ganze einige Zeit kochen läßt, die Flüssigkeit filtrirt, und das auf dem Filter zurückbleibende mit destillirtem Wasser auswäscht, bis das Waschwasser keinen alkalischen Geschmack mehr zeigt; durch dieses Mittel trennt man den Schwefel gänzlich von der Kohle, die auf dem Filtro zurückbleibt. Durch kaustisches Kali.

Um endlich nichts auszulassen, was bis jetzt über diesen Gegenstand zu unserer Kenntniß gekommen ist, so müssen wir noch anführen, daß Herr Vito Caravelli, Professor der Physik und Chemie zu Neapel, in seinen Elémens d'Artillerie, Ausgabe von 1773, versichert, es sey ihm durch bloßes Waschen des Gemenges aus Kohle und Schwefel mit reinem Wasser, gelungen, die eine dieser Substanzen von der anderen zu trennen. Man gießt eine hinreichende Menge Wasser auf das Gemenge, und rührt es wohl um; hierauf läßt man es einige Zeit hindurch ruhig stehen, damit die Theile des Schwefels, welche weit gewichtiger, als die der Kohle sind, sich auf den Boden des Gefäßes niedersenken können. Man gießt sodann die Flüssigkeit schnell in ein anderes Gefäß, und zwar so viel davon, daß bloß Kohle und kein Schwefel mit weggeführt wird; hierauf gießt man wieder frisches Wasser in das Gefäß und wiederholt das ganze Verfahren so lange, bis man gewiß ist, daß der Schwefel sich allein auf dem Boden befinde. Man nimmt ihn heraus, trocknet und wiegt ihn. Da man nun das Verhältniß des Salpeters und des Schwefels kennt, so schließt man auf das der Kohle. Durch Abwaschen mit reinem Wasser.

Prüfung dieser verschiedenen Arten der Analyse.

Wir haben diese verschiedene Methoden, das Schießpulver zu analysiren, auf Schießpulver von schon bekannten Mischungsverhältnissen in dem Laboratorium für chemische Untersuchungen des Museums für Naturgeschichte, unter der Leitung von Vauquelin versucht, welcher uns mit der Güte, die ihm eigen ist, und dem Interesse, das er für alles hat, was nur irgend mit seiner Wissenschaft in Beziehung ist, durch seinen Rath dabei unterstützt hat, und wir haben sie in unseren Privatlaboratorien wiederholt. Wir sind also im Stande, Rechenschaft davon zu geben.

Wenn man den Rückstand von Kohle und Schwefel in einem Tiegel erhitzt, so verbrennt wirklich die letztere Substanz ihrem ganzen Antheile nach, und bloß Kohle allein bleibt im Tiegel zurück; aber wir haben uns überzeugt, daß das Verbrennen des Schwefels beständig auch das Verbrennen eines Theils Kohle veranlaßt, und es fand sich, daß dieser Verlust an Kohle in dem mittleren Verhältnisse von 10 bis 11 Procent betrage.

Bei der Destillation des Gemenges aus Schwefel und Kohle, bleibt beständig ein Antheil der ersteren Substanz mit dem Rückstande im Gefäße zurück. Man kann sich davon überzeugen, wenn man den Inhalt der Retorte so behandelt, wie es Smithson Tennant bei seiner Arbeit über den Diamanten gethan hat. Man läßt ihn in einer Kapsel von Platina mit sehr reinem salpetersauren Kali verpuffen, wo man dann eine merklich blaue Flamme und demzufolge die Gegenwart von Schwefel bemerkt. Nachdem die Verbrennung der Kohle mit dem salpetersauren Kali vollkommen erfolgt ist, löst man die gebildeten Neutralsalze in destillirtem Wasser auf, und nachdem man diese Auflösung mit Salzsäure gesättigt hat, gießt man salzsaure Schwererde dazu, bis kein Niederschlag mehr erscheint, was auf der Stelle Statt findet. Man filtrirt, und nachdem die schwefelsaure Barylerde getrocknet und kalcinirt worden, schließt man aus dem zuletzt von Berzelius *) festgesetzten Verhältnisse der Bestandtheile dieses Salzes. Man findet im gegenwärtigen Falle, daß in dem so behandelten Rückstande die Menge des Schwefels 13 Procent betrage; wird dieses Quantum vom Gewichte des Rückstandes abgezogen, so findet man ein um mehr als 19 Procent zu geringes Resultat an Kohle, als man erhalten sollte.

Die Sublimation des schwefelhaltigen, mit dem Gemenge von Kohle und Schwefel gebildeten Quecksilbers, nimmt die letztere Substanz hinweg, aber mit ihr zugleich auch einen Antheil Kohle.

Durch Einwirkung der Salpetersäure auf das Gemenge aus Kohle und Schwefel, wird Schwefelsäure gebildet. Aber bei mehreren Versuchen, welche mit dieser Art der Analyse angestellt wurden, bemerkte man, daß der Schwefel nur zum Theil verbrannt wurde, und in einem noch geringeren Verhältnisse, wenn man in verschlossenen Gefäßen arbeitete. Doch hat sich Herr Laugier Professor der Chemie am Museum für Naturgeschichte, der schon lange den Vorsatz hatte, sich mit der Analyse des Schießpulvers zu beschäftigen, vorgenommen, diesen Versuch zu wiederholen und abzuändern, mit dem Wunsche, sich zu

*) Das von diesem gelehrten schwedischen Chemiker für die schwefelsaure Schwererde festgesetzte Verhältniß ist auf 100 Theile, 34 Schwefelsäure und 66 Schwererde, und die Schwefelsäure ist nach ihm in 100 Theilen, aus 59,42 Sauerstoff und 40,58 Schwefel zusammengesetzt.

überzeugen, ob es nicht ein Mittel gäbe, vollständig auf diese Weise die Umwandelung des Schwefels in Schwefelsäure bewirken zu können.

Das Auswaschen mit reinem Wasser, was Herr Vito Caravelli versuchte, hat keinen Erfolg gehabt, was wir schon vor Anstellung des Versuches erwarteten, indem Kohle, die in einem mit Wasser gefüllten Gefäße untergetaucht und darin umgerührt wird, dadurch die Eigenschaft erlangt, sich auf den Boden des Gefäßes niederzuschlagen.

Wir haben das Verfahren, das Schießpulver durch eine Auflösung des kaustischen Kali zu analysiren, bis zuletzt aufgespart, weil es das einzige ist, welches seinem Zwecke, so wie wir es wünschten, Genüge leistete. Wir wollen daher von der Art, diese Analyse anzustellen, weitläuftiger reden.

Das schwefelhaltige Kali, löst nach unseren Erfahrungen die Kohle, wenn die angewandte Kaliauflösung sehr verdünnt war, nicht auf. Dieß war schon vor dem Versuche Vauquelins Meinung, und der Erfolg hat diese vollkommen bestätigt; denn wenn wir auf diese Art, sowohl in seiner Gegenwart, als allein, arbeiteten, so erhielten wir immer die Quantität Kohle, welche wir finden sollten. Wir glauben daher, daß man bei der Analyse sich an dieses Mittel halten müsse, und bemerken mit Vergnügen, daß es, nächst dem vom Baumé angegebenen, das einfachste und das am leichtesten ausführbare ist. Da jedoch die Resultate dabei nur durch viele Vorsichtsmaaßregeln und Sorgfalt genau werden können, so glauben wir die Handgriffe hier im größten Detail beschreiben zu müssen.

Man nimmt eine Probe von dem Schießpulver, welches man analysiren will, und erwärmt sie sehr gelinde, damit das Pulver recht trocken sey. Es ist genug mit drei Quentchen von dem zu untersuchenden Schießpulver zu arbeiten, welche genau auf einer richtigen und sehr empfindlichen Waage abgewogen werden müssen. Man pulvert diese Quantität sorgfältig in einem sehr reinen gläsernen, porcellanenen oder agatnen Mörser, mit einer Reibekeule von derselben Materie. Sind alle Körner des Schießpulvers vollständig in Staub verwandelt, so thut man es in eine Flasche, welche man ungefähr auf drei Viertheil mit destillirtem Wasser füllt, und läßt dieses Gemisch einige Zeit hindurch kochen. Hierauf gießt man es auf ein Filtrum von Druckpapier, welches vorher gut am Feuer getrocknet und genau gewogen worden ist. Ist der erste Aufguß von Wasser filtrirt, so gießt man nach und nach neue Antheile darauf, bis die letzten aus dem Trichter fallenden Tropfen durchaus keinen Geschmack mehr haben, und man überzeugt ist, daß das destillirte Wasser so durchgeht, wie man es aufgegossen hat. Man wäscht alsdann den ganzen oberen Umfang des Filtrums außen und innen ab, so wie das ganze Filtrum, indem man neues Wasser bis an die Ränder des Trichters darauf gießt. Am Feuer trocknet man eine sehr reine gläserne oder porcellanene Schale und wiegt sie, bevor sie gänzlich erkaltet ist. In diese Schale gießt man alle zum Abwaschen gebrauchte Flüssigkeit zusammen, und fängt an, sie abzudampfen. Ist diese Operation etwas vorgerückt, so darf man die Arbeit nicht verlassen. Man trägt Sorge, den an den Wänden der Schale sich ansetzenden Salpeter wieder in die noch vorhandene Flüssigkeit zurückzustoßen,

Art der Analyse, auf welche man sich beschränken muß.

wozu man sich einer kleinen Röhre oder eines Spatels von Glas bedient. Endlich, wenn der Salpeter anfängt sich zu bilden, so rührt man beständig darin, so daß er in den Zustand der vollkommenen Trockenheit übergeht, ohne an das Gefäß, noch an das Instrument, womit man ihn umrührt, sich anzuhängen. Man nimmt hierauf die Schale vom Feuer und wiegt sie mit dem darin enthaltenen Salpeter, bevor sie ganz erkaltet ist. Von diesem Gewichte zieht man das schon bekannte der Schale ab, und hat nun das reine Gewicht des Salzes, ohne irgend einigen Verlust; wenn nichts in Ansehung der Aufmerksamkeit, welche die Leitung dieses Abdampfens erfordert, versehen wurde.

Der Rückstand von Kohle und Schwefel, der auf dem Filtrum nach dem Auslaugen des Salpeters zurückgeblieben ist, wird vorsichtig an einem sehr gelinden Feuer getrocknet, wobei das Filtrum beständig umgewendet werden muß, damit es nicht zu heftig an einem seiner Theille von der Hitze ergriffen werde, und um zu verhüten, daß nicht ein Anfang der Sublimation des Schwefels statt habe. Man wiegt es noch warm, wenn man in diesem Gewichte des Rückstandes, von welchem man das des Filtrums abziehen muß, mit dem schon gefundenen Gewichte des Salpeters eine Uebereinstimmung haben will; obgleich die Operation nicht weniger verfolgt werden muß, wenn diese Verhältnisse sich auch nicht ganz strenge ergeben. Man nimmt nun sorgfältig, mittelst eines kleinen gut zugeschärften Messers von Elfenbein oder Ebenholz, oder selbst mit einem gewöhnlichen recht reinen Messer, den Rückstand von dem Filtrum weg, und thut ihn in eine Flasche. Vorher hat man eine Auflösung aus einem Loth durch Alkohol gereinigtes Kali in einer solchen

Menge Wasser bereitet, daß sie, nachdem man sie filtrirt hat, höchstens 5° am Aräometer von Baume und etwa 7 an dem für den Salpeter zeigt. Man theilt diese Auflösung in zwei oder drei ziemlich gleiche Theile. Den ersten gießt man in die Flasche mit dem Rückstande und läßt die Mischung einige Zeit kochen. Man gießt hierauf das Ganze auf ein Filtrum von Druckpapier, welches vorher am Feuer getrocknet und gewogen worden ist. Es geht eine Flüssigkeit von sehr dunkel goldgelber Farbe durch. Man läßt hierauf den zweiten und selbst den dritten Antheil der Kaliauflösung, wenn man sie so eingetheilt hat, allein kochen, und gießt sie, einen nach dem anderen, auf den auf dem Filtro zurückgebliebenen Rückstand. Die Flüssigkeit ist nicht mehr so gefärbt und geht oft, vom zweiten Auslaugen an, eben so durch, wie sie aufgegossen worden ist. Alsdann wäscht man den Rückstand mit destillirtem Wasser so lange aus, bis die aus dem Trichter fallenden Tropfen auf der Zunge keinen Geschmack mehr zeigen. Man wäscht alsdann den oberen Umkreis des Filtrums innen und außen, so wie auch das ganze Filtrum mit destillirtem Wasser aus, indem man Wasser bis an den Rand des Trichters darauf gießt. Man nimmt hierauf das Filtrum, wenn es gut abgetropft ist, aus dem Trichter heraus, um es ganz zusammengefaltet auf Löschpapier zu legen, worauf man es von Zeit zu Zeit umwendet; alsdann, wenn es nicht mehr feucht ist, breitet man es auf diesem Papiere aus, bis der Rückstand ganz trocken ist. Das Filtrum wird hierauf einem gelinden Feuer genähert, wobei man es beständig umdreht, bis man bemerkt, daß die Austrocknung vollkommen geschehen sey. Man wiegt das Filtrum mit dem noch warmen

Rückstande, und, indem man vom Gesammtgewichte das schon bekannte des Filtrums abzieht, so erhält man das Gewicht der Kohle; man zieht hievon das des Schwefels ab, und wenn man nun das schon ausgemittelte des Salpeters hinzufügt, so schließt man, wenn man auf diese Weise das Gesammtgewicht der zu analysirenden Probe erhält, mit Sicherheit auf das Verhältniß, in welchem die drei Substanzen sich darin befanden.

Da man durch das kaustische Kali den Schwefel gänzlich abtrennt, so muß diese Substanz, ihrer Gesammtmasse nach, in der angewandten alkalischen Auflösung vorhanden seyn, zu welcher man gleichfalls das Wasser von den verschiedenen Abwaschungen geschüttet hat. Es schien interessant ihn darin wieder finden zu können. Man glaubte zur Erreichung dieses Zweckes sich der gasförmigen oxydirten Salzsäure bedienen zu können, welche man durch diese Auflösung von Schwefelleber streichen ließ; allein man hielt sich bald für überzeugt, daß dieses Mittel unzureichend und die Verbrennung unvollständig sey, weil, da das Wasserstoffgas zuerst verbrennt, der Schwefel sich präcipitiren, krystallisiren und der Einwirkung des oxydirt salzsauren Gases widerstehen werde. Doch war Vauquelins Meinung, daß wenn man mit kleinen Quantitäten von Schwefel und mit einer sehr verdünnten Auflösung der Schwefelleber arbeitete, daß alsdann dieser Uebelstand nicht statt haben würde; und auf diese Weise wurde auch der Versuch mit diesem Mittel im Laboratorium des Museums für Naturgeschichte angestellt. Man behandelte mit durch Alkohol kaustisch gemachtem Kali nur etwa 18 Gran des Gemenges aus Kohle und Schwefel, welche von einem

Quentchen Kriegsschießpulver, aus denen man den Salpeter ausgezogen hatte, übrig geblieben waren, und welche nach ihrem Mischungsverhältnisse 9, 5 Gran Schwefel enthalten mußten. Die durch die Abtrennung dieser Substanz aus dem Gemenge erhaltene Schwefelleber, wurde mit ihrem zwanzig bis fünf und zwanzigfachen Volumen destillirtem Wasser verdünnt, und so in ein Gefäß gethan, durch dessen Boden zwei Röhren hindurch geführt waren, welche aus zwei mit einem Gemische aus schwarzen Manganesoxyd und gehörig verdünnter Salzsäure gefüllten Flaschen ausgingen. Die Entwickelung des oxydirt salzsauren Gases wurde mit vieler Lebhaftigkeit unterhalten, und nicht eher unterbrochen, als bis die Flüssigkeit der Flasche vollkommen hell und ungefärbt geworden war. Es fand kein Niederschlag von Schwefel statt, und die Verbrennung war vollkommen. Es war leicht, die Quantität des in dieser Flüssigkeit enthaltenen Schwefels, aus der schwefelsauren Baryterde, die durch die Sättigung des Fluidums mit salzsaurer Baryterde entstand, zu schätzen. Wir haben uns vorgenommen, dieses Verfahren bei verschiedenen Gemengen von Kohle und Schwefel, in dem Zustande, in welchem diese Substanzen bei ihrer Anwendung zum Schießpulver sind, zu wiederholen. Man erhält auf diesem Wege die dritte derjenigen Substanzen, welche in die Zusammensetzung des Schießpulvers eingehen. Da nun die Bestimmnng des quantitativen Verhältnisses der beiden anderen schon hinreicht, das Mischungsverhältniß des Schießpulvers zu bestimmen; so giebt dieses ein sehr gutes Mittel an die Hand, die ersten der erhaltenen Resultate zu verbessern oder abzuändern, wenn sie einige Ungewißheit enthielten.

Durch diese Arbeit, welche wir über die Analyse des Schiesspulvers unternommen haben, haben wir, was auch Vauquelins Meinung ist, die Ueberzeugung erhalten, daß unter den verschiedenen, bis jetzt vorgeschlagenen und versuchten Methoden, die eben beschriebene den Vorzug vor allen anderen verdiene, indem sie die sicherste und genaueste ist, welche man nur verlangen kann. Wir glauben, daß es diejenige sey, welche allgemein angenommen werden muß; wo man alsdann, wenn sie als Norm dienen soll, den Commissarien und General-Inspektoren die nöthigen Geräthschaften liefern müßte, um sie mit aller von uns angegebenen Sorgfalt machen zu können.

Am Schlusse dieses Abschnittes bemerken wir noch, daß, um das Verhältniß des in einem zu analysirenden Schiesspulver enthaltenen Salpeters gehörig zu kennen, man es immer durch Abdampfen zur Trockene derjenigen Auflösung, mittelst welcher dieses Salz von der Kohle und dem Schwefel geschieden wurde, zu erfahren suchen muß. Man kann sich irren, wenn man sich darauf beschränkt, die Quantität des Salpeters aus dem Gewichte der beiden anderen Substanzen zu schließen.

Noch muß bemerkt werden, daß das, durch das Abdampfen zur Trockene erhaltene salzige Produkt nicht ganz aus Salpeter bestehen kann, und daß es zweckmäßig ist, um sich von dem Grade seiner Reinheit zu versichern, es der gewöhnlichen Probe mit dem mit salpetersaurem Kali gesättigten Wasser zu unterwerfen.

Auch muß man, wenn man ein Schiesspulver analysiren will, die ganze Operation mit derselben Probe dieses Schiesspulvers vornehmen, d. h. den Salpeter davon trennen, um alsdann das Gemenge von Kohle und Schwefel zu behandeln. Es wäre vielleicht weniger genau, sich damit zu begnügen, bloß einen Theil eines Gemenges aus Kohle und Schwefel, welches von einer Quantität Schießpulver herkäme, dem der Salpeter schon entzogen wäre, zu nehmen, weil es seyn könnte, daß in diesem, zur Untersuchung genommenen Theile des Gemenges, die respectiven Verhältnisse der zwei Substanzen nicht dieselben wären, wie in der Gesammtmasse des Gemenges.

Zweiter Abschnitt.

Von der Analyse des Schießpulvers, welches einige Veränderung oder Verderbniß erlitten hat, und den Mitteln, es wieder zu verbessern.

Das Schießpulver hat von seiner guten Beschaffenheit verloren, wenn es seit seiner Fabrikation Feuchtigkeit in den Magazinen und an anderen Orten, wo es aufbewahrt wurde, an sich gezogen hat.

Das Schießpulver ist verderbt, wenn sein Mischungsverhältniß vernichtet wird, weil es bei Transporten oder durch andere Ursachen so naß geworden ist, daß eine Auflösung des Salpeters statt fand, welcher sodann auf der Oberfläche des Kornes effloreseirt; oder indem ihm, wenn es versenkt war, ein Theil des Salpeters durch das Auswaschen entzogen, und selbst vielleicht ein Theil der anderen Substanzen, welche in seine Zusammensetzung eingehen, weggeschwemmt worden ist.

Noch eine andere Art der Verderbniß des Schießpulvers ist die, wenn es durch irgend einen Umstand mit einer bedeutenden Menge Kiessand oder anderen fremden Körpern vermengt worden ist.

Wir kommen jetzt zu der Untersuchung, bis auf welchen Grad man durch irgend eine Bearbeitung das Schießpulver, welches sich in diesen verschiedenen Zuständen befindet, wieder verbessern könne; was man mit dem Kunstausdrucke radouber (umarbeiten) bezeichnet.

Feuchtes Pulver.

Wenn man versichert ist, daß einem Schießpulver, dessen Ursprung und Fabrikation man kennt, nichts weiter fehlt, als daß es Feuchtigkeit angenommen hat, so ist es besonders darum zu thun, zu erfahren, in welchem Verhältnisse dieß geschehen sey. Hiezu nimmt man aus jedem mit dergleichen Schießpulver angefülltem Fasse von der Oberfläche, der Mitte und gegen den Boden zu, so gleichmäßig als möglich, kleine Quantitäten hinweg, welche zusammengethan und mit Sorgfalt unter einander gemengt, die zu untersuchende Probe bilden. Nachdem sie genau gewogen ist, läßt man sie an der Luft oder im künstlichen Trockenhause, auf die für die eine oder die andere Operation angezeigte Weise trocknen; oder, wenn man dazu zu wenig hat, so setzt man sie der Wärme des Sandbades, oder eines sehr gelinden Feuers aus, wobei man wohl umrührt, damit die Austrocknung gleichmäßig geschehe. Man setzt dieß so lange fort, bis man beim leichten Auflegen der Hand auf die Oberfläche des Schießpulvers bemerkt, daß dieß bedeutend warm ist. Ist die Probe durch das eine oder das andere dieser Mittel ausgetrocknet, so wiegt man sie gleich nach dem Erkalten, und der Unterschied zwischen dem Gewichte derselben in diesem

Zustande und dem vor der Operation, giebt das Quantum Feuchtigkeit an, das ihm auf diesem Wege entzogen wurde, und man kann alsdann das Verhältniß in Procenten der Totalmasse des nassen Pulvers bestimmen. Ist dieß Verhältniß nicht bedeutend, und überschreitet es z. B. nicht 6 bis 7 Procent, so ist es hinreichend, dieß Schießpulver auf die in der Fabrike, wo es verbessert wird, gebräuchliche Art zu trocknen, um ihm seine erste Beschaffenheit wieder zu geben. Geht aber dieses Verhältniß für 100 auf 8 bis 10 Procent, oder drüber, bis auf 14, was, wie schon gesagt, das Maximum der Feuchtigkeit ist, welches das Schießpulver absorbiren kann, dann glauben wir, daß eine bloße neue Trocknung nur eine unvollständige Verbesserung seyn würde, welche Meinung sich auf folgendes gründet.

Im Laufe der Versuche, welche Herr Chamdy der Sohn neulich zu Boulogne anstellte, und von welchen schon gesprochen worden ist, fand er, daß frisches Schießpulver von guter Beschaffenheit, welches er an einen Ort brachte, wo es bis auf 14 Procent Feuchtigkeit einsaugen konnte, die ihm nachher durch ein austrocknendes Medium, ohne Hülfe der Wärme, wieder entzogen worden war, nach dieser Austrocknung merklich stärkere Schußweiten gab, als in dem Zustande, in welchem er es aus der Fabrike erhalten hatte. Herr Proust, der dieses überraschend scheinende Faktum erfuhr, theilte uns die Erklärung mit, welche er davon geben zu müssen glaubte, und welche er nachher in seiner vierten Abhandlung über die Verfertigung des Schießpulvers darlegte. Da nach diesem geschickten Chemiker, die Atomen des Kornes des Schießpulvers nicht elastisch sind, wie die eines Kornes, welches man aus vegetabilischen Pulvern gemacht hat, so mußten sie unter sich die Trennung und Ausdehnung, welche die Feuchtigkeit sie anzunehmen gezwungen hatte, beständig beibehalten. Da nun dieß Schießpulver dadurch aufgetrieben und voluminöser, als vorher, wurde, so mußte es demzufolge mehr Raum in der Kammer des Mörsers einnehmen, was hinreichend ist, die Schußweiten bei dieser Art der Probe merklich vortheilhafter zu machen. Dieser Bemerkung von Proust zufolge, welche wir als sehr gegründet betrachten müssen, sieht man, daß wenn man sich darauf beschränkt, das Schießpulver, welches Feuchtigkeit in bedeutender Menge eingesogen hat, aufs neue zu trocknen, man es dadurch scheinbar ganz gut verbessert; indem es scheint, daß es dadurch nicht nur seine vorige Beschaffenheit, sondern sogar einen größeren Grad der Vollkommenheit erhalte. Aber was ereignet sich alsdann? man bringt alsdann in die Magazine ein Schießpulver zurück, dessen Korn porös und sehr zerreiblich geworden ist, was sich demzufolge leicht in Staub verwandelt, und von dem man in der Folge keine vorzügliche Dienste erwarten kann. Wir glauben daher, daß in allen Fällen, wo die Feuchtigkeit eines Schießpulvers mehr als 6 bis 7 Procent beträgt, man es, um es vollkommen zu verbessern, einem neuen Stampfen in der Mühle unterwerfen muß, um dem Korne seine frühere Dichtigkeit wieder zu geben, und es alsdann, wie die anderen Zusammensetzungen, von neuem Schießpulver behandeln.

Nasses Pulver. Bestehet der Zustand der Verschlechterung eines Schießpulvers, von französischer Fabrike, bloß darin, daß, durch Naßwerden desselben in den Fässern, die es enthalten (durch Regen oder anderes gewöhnliches Wasser), die innige Mischung seiner zusammensetzenden Bestandtheile gestört ist, vielleicht selbst mit Verlust von Salpeter, welcher, da er auf der Oberfläche der Körner efflorescirt, durch das Reiben abgestoßen werden kann, so muß man sein gegenwärtiges Mischungsverhältniß folgendermaaßen zu erfahren suchen. Nachdem man von diesem Schießpulver eine Probe zur Untersuchung genommen, und seine Feuchtigkeit, wie schon angegeben worden ist, bestimmt hat, so entzieht man ihm den Salpeter durch Auflösen und Auslaugen, um ihn nachher, durch Abdampfen der Auflösung zur Trockne, auf die im vorhergehenden Abschnitte angegebene Weise zu untersuchen. Man bestimmt das Verhältniß des gefundenen Salpeters nach Procenten; und da das Verhältniß, in welchem das Schießpulver diese Substanz enthalten soll, bekannt ist, so kann man leicht folgern, ob bloß eine Aenderung in der Mischung statt gefunden habe, oder ob Salpeter fehlt, und in welcher Menge. In dem einen und dem anderen Falle unterwirft man dieses Schießpulver einem neuen Stampfen in der Mühle; aber mit einer Zugabe von Salpeter, wenn man findet, daß ein Verlust von dieser Substanz statt gefunden habe. Man behandelt hierauf dieses Schießpulver wie ganz neu fabricirtes, und es kann ihm so seine gute Beschaffenheit ganz wieder gegeben werden.

Ist Schießpulver von französischer Fabrike, mit den Fässern, welche es enthalten, versenkt worden, so kann es, man mag versuchen, es zu verbessern, wie man will, nicht mehr in guten brauchbaren Zustand für die Armeen zu Wasser und zu Lande ge- Versenktes Schießpulver.

setzt werden, wenn es Kriegsschießpulver ist, so wie auch nicht zum Verkauf, wenn es Jagdpulver ist. In diesem Falle muß die Analyse einer gehörig ausgetrockneten Probe davon gemacht werden, um zu bestimmen, was es von den Substanzen, welche in sein Mischungsverhältniß eingehen, noch beibehalten habe, und man wird aus dem, was davon übrig geblieben ist, schließen, ob dieses Schießpulver in dem Zustande, in welchem es sich befindet, noch fähig sey, als Bergwerkspulver gebraucht zu werden, oder erst dann, wenn man es einem neuen Stampfen und den übrigen Operationen unterworfen hat.

Hatte das Versenken des Schießpulvers im Meere statt, wo es von einem, salzsaures Natrum und andere dem Salpeter fremde Salze haltenden Wasser durchdrungen wird, so kann man nichts weiter damit vornehmen, als den Salpeter durch Auflösen davon zu trennen; wobei man aber Sorge trägt, das durch Abdampfen zur Trockene erhaltene Salz mit einer saturirten Salpeterauflösung abzuwaschen, um versichert zu seyn, daß es bloß aus reinem Salpeter bestehe.

Mit fremden Körpern vermischtes Schießpulver.

Ist ein Schießpulver von französischer Fabrike weder naß noch versenkt worden, aber ist es durch einen Zufall mit Kiessand und andern fremden Körpern vermengt, welche man durch Siebe nicht genau davon scheiden kann, so muß man, da demzufolge die Behandlung dieses Schießpulvers mit zu vieler Gefahr verknüpft wäre, dasselbe auslaugen, um den Salpeter daraus auszuziehen.

Zusatz.

Ueber das Mischungsverhältniß im Schießpulver.

Als im siebenten Kapitel, da von den Verbesserungen bei der Fabrikation des Schießpulvers geredet wurde, auch aufs neue des Mischungsverhältnisses im Schießpulver erwähnt wurde; so wurden die Versuche von Proust, über die Verbrennung des Salpeters und der Kohle, angeführt, mit Beziehung auf die früherhin im zweiten Abschnitte des ersten Kapitels Seite 247 geäußerte Meinung, daß ein größeres Verhältniß von Kohle in der Zusammensetzung des Schießpulvers nothwendig die Wirkung seiner Detonation, und demzufolge seine Stärke, vermehren müsse.

Ein ganz neuer Umstand unterstützt noch das, was wir über diesen Gegenstand glaubten anführen zu müssen; aber wir müssen bekennen, auf eine Art, welche für uns selbst überraschend war.

Da bei der Vereinigung von Holland mit dem französischen Reiche, der Dienst der Pulverfabriken nach den französischen Gesetzen dort eingeführt werden sollte, so bekam die Administration den Befehl, einen ihrer General-Inspektoren dahin zu senden, um die Zahl und Beschaffenheit der dortigen Pulverfabriken zu untersuchen. Der damit beauftragte Inspektor berichtete, daß acht derselben vorhanden wären, und sandte aus jeder derselben Pulverproben, um vergleichungsweise mit den französischen probirt zu werden.

Bei diesen Proben, welche zuletzt zu Vincennes in unserer Gegenwart statt hatten, hat dieses Schießpulver im allgemeinen den Vorrang vor dem von Essonne behauptet. Da wir das Mischungsverhältniß desselben zu kennen wünschten, so unterwarfen wir einige der Proben einer Analyse, welcher zufolge wir uns versicherten, daß dasselbe nur 0,70 Salpeter enthielte, und daß von den übrigen 0,30, die Kohle 0,16 ausmachte.

Wir eilten, zu Essonne, einen Pulversatz zu Kriegsschießpulver in demselben Verhältnisse von 0,70 Salpeter 16 Kohle und 14 Schwefel machen zu lassen; und das so bereitete Schießpulver gab, mit dem von gewöhnlicher Fabrikation verglichen, folgende Schußweiten:

Pulver von der neuen Mischung . . . 812⅓ Fuß,
Pulver von der gebräuchlichen Fabrikation 803,5 „

Man sieht aus diesen Resultaten, daß das Schießpulver von der neuen Mischung einen Vorzug von fast zehn Fuß, in Ansehung der Schußweite, vor dem von Essonne hatte. Da aber das Korn des letzteren Schießpulvers nicht dieselbe Dichtigkeit haben konnte, wie das des Holländischen, welches mit Mühlsteinen bereitet wird, so haben wir geglaubt, daß man sie auch in dieser Beziehung gleich machen müsse. Um dieß auf die schicklichste Art zu thun, haben wir zum arabischen Gummi unsere Zuflucht genommen, mit dem man schon, wie oben gesagt worden, unter anderen Umständen Versuche zu Essonne gemacht hatte. Die Gummiauflösung, deren man sich damals zum Annetzen des Pulversatzes bedient hatte, enthielt nur ein

Pfund Gummi auf drei und dreißig Pfund Wasser, oder ungefähr 0,03. Dieses Mal wollten wir diese Auflösung stärker mit Gummi anschwängern, und sie enthielt es in dem Verhältniß von 0,05. Aber es scheint, daß dieß Verhältniß etwas zu stark war, wenigstens machte es das Stampfen schwierig. Die zu klebrige Masse saß an den Wänden der Stampflöcher fest, wendete sich nicht zweckmäßig und nahm auch keine gehörige Consistenz an, so daß, als sie gekörnt worden war, die Dichtigkeit des Kornes noch etwas geringer, als die des Kriegsschießpulvers zu Essonne gefunden wurde, statt das man erwartet hatte, sie würde weit größer seyn. Auch ist es möglich, daß dieses Verhältniß von Gummi, wenn es wirklich zu groß war, auf die Schußweiten des Schießpulvers Einfluß gehabt habe, indem es dasselbe weniger entzündlich machte; und dessen ungeachtet waren diese Schußweiten denen des Schießpulvers von der gewöhnlichen Fabrikation zu Essonne, noch immer gleich. Wir haben daher jetzt mehr als jemals Grund zu hoffen, daß man mit diesem neuen Mischungsverhältnisse von 70 Salpeter, 16 Kohle und 14 Schwefel dahin gelangen werde, Kriegsschießpulver wenigstens von derselben Beschaffenheit, wie das nach dem jetzt gebräuchlichen Mischungsverhältnisse zu verfertigen, und daß es, durch ein passendes Verhältniß von Gummi in dem Wasser zum Annetzen, gelingen werde, trotz dieser bedeutenden Zugabe von Kohle, die Aggregation der kleinsten Massentheilchen des Gemenges so zu befestigen, daß man ein Korn von derselben Consistenz, wie das des Essonner Kriegsschießpulvers erhalten werde. Wenn dieses glückliche Ereigniß, welches wir freilich nur hoffen können, das Resultat der Versuche wäre, welche wir uns über diesen wichtigen Gegenstand anzustellen vorgenommen haben, so würde man das Mittel darin finden, die Anwendung des Salpeters zur Verfertigung des Schießpulvers um 0,05 vermindern zu können, und so für diesen Zweig der Fabrikation des Schießpulvers, eine jährliche Ersparniß von fast 40000 Reichsthalern machen.

Indem wir uns mit den Mitteln beschäftigten, dem Korne des mit einer auf Kosten des Salpeters vermehrten Menge Kohle bereiteten Schießpulvers, durch einen schicklichen Zusatz von Gummi, die nöthige Consistenz zu geben, ohne der Qualität dieses Schießpulvers zu schaden, so haben wir unsere Forschungen auch auf die Mittel verbreitet, die hygrometrische Eigenschaft der Kohle in diesem Schießpulver, welche bei ihrem großen Verhältnisse nothwendig noch mehr zu seiner Verschlechterung hinwirken muß, wo nicht ganz aufzuheben, doch wenigstens so viel als möglich zu schwächen.

Herr Proust hatte in seiner zweiten Abhandlung über das Schießpulver, die Anwendung der Hausenblase, als sehr vortheilhaft, um das Korn des Schießpulvers härter und es weniger den Zerstörungen bei den Erschütterungen durch Transporte unterworfen zu machen, gerühmt. In seiner vierten Abhandlung spricht er vom Gebrauche des Gummiwassers, um die Neigung des Schießpulvers, Feuchtigkeit einzusaugen, zu verhindern. Wir glauben, daß man den letzteren Zweck weit besser durch Anwendung einer Substanz erreichen würde, welche fähig wäre, jeder Einwirkung des Wassers zu widerstehen, und außerdem in der Entzündlichkeit des Schießpulvers keine Aenderung hervorbrächte. Wir beschäftigen uns mit Versuchen über diesen Gegenstand, und wenn diese, welche wir anstellen werden, von Erfolg sind, so wird man leicht ein Mittel finden können, durch eine einfache letzte Operation bei der Verfertigung von Schießpulver jeder Art, dasselbe vor dem Einflusse der Feuchtigkeit zu bewahren, ohne seiner Qualität zu schaden, und wir haben Grund zu glauben, daß die Anwendung dieses Mittels keine merkliche Erhöhung der Kosten bei der Pulverfabrikation nach sich ziehen werde.

Ueber das in Fässern abgerundete Schießpulver.

Herr Cagniard Latour, Auditeur im Staatsrathe für die Administration des Schießpulvers und Salpeters, welchen wir schon oben bei Gelegenheit eines Versuches über das Glätten des Schießpulvers angeführt haben, wodurch er einen Fehler, welcher dem runden, nach dem im sechsten Kapitel beschriebenen Verfahren bereiteten Schießpulver vorgeworfen wird, abzuhelfen suchte; hat vorgeschlagen, um die Krystallisation des Salpeters, welche gewöhnlich auf der Oberfläche des Kornes dieses Schießpulvers statt hat, zu verhüten, es nicht eher an der Luft oder im Trockenhause zu trocknen, als bis man ihm einen Theil seiner überschüssigen Feuchtigkeit auf dem Wege der Einsaugung entzogen hätte, d. h. dadurch, daß man es mit einem gleichen Gewicht trockenen Pulverstaubes umgiebt.

Herr Cagniard Letour suchte demzufolge die Genehmigung der Administration nach, mit Herrn Deportes, Auditeur des Staatsrathes und ebenfalls bei der Administration angestellt, sich den 10ten No=

vember in die Pulverfabrik zu Essonne begeben, und dort mehrere Versuche anstellen zu dürfen, deren vorzüglichste Resultate folgende sind:

Man machte einen Pulversatz von 50 Pfunden Jagdpulver, nach dem gewöhnlichen Mischungsverhältnisse, wobei die drei pulverisirten Substanzen in ein Faß gethan wurden, um darin, wie beim revolutionairen Verfahren, durch Kugeln zerrieben zu werden.

Aus diesem Gemenge machte man drei Proben von Schießpulver, von der nämlichen Größe des Kornes.

Die erste A, gewöhnliches rundes Schießpulver, wurde mit 20 Procent Wasser angenetzt, und im Trockenhause getrocknet.

Die zweite B, dasselbe Schießpulver, aber, wie oben gesagt, mit Mehlpulver umgeben, und alsdann im Trockenhause getrocknet.

Die dritte C, wurde mit derselben Masse gemacht, mit 6 Procent Wasser angenetzt und leicht zusammengedrückt, um ein gewöhnliches eckiges Korn zu bilden; hierauf im Trockenhause getrocknet.

Diese verschiedenen Pulverproben wurden, nachdem sie vollkommen fertig und im Stande waren, versucht zu werden, mit der Probe mit der Schnellwage, und mit dem Mörser probirt, wo sie folgende Resultate gegeben haben:

Bei der kleinen Probe mit der Schnellwage.				Beim Probirmörser.			
Schießpulver	A	7	Grad	Schießpulver	A	751	Fuß
„	B	$9\frac{1}{4}$	„	„	B	822	„
„	C	9	„				

Das erste dieser Resultate bestätigt das, was über die Porosität des runden Schießpulvers und der daraus

aus entstehenden Mangelhaftigkeit für die Jagd und der Schießgewehre gesagt wurde, weil es an der kleinen Probe noch schwächer ist, als ein ganz unvollkommenes, bloß aus Mehlpulver mit der Hand leicht zusammengeknetetes Schießpulver.

Die Schußweiten am Probirmörser haben gezeigt, daß durch das von diesen Herrn angewandte Mittel, die Stärke des runden Schießpulvers wirklich vermehrt werde; aber geschieht dieß, wie Herr Cagniard Latour glaubt, wohl bloß deshalb, weil die Krystallisation des Salpeters auf der Oberfläche des Korns verhindert wird, oder kommt es nicht vielmehr daher, daß man durch die Wegnahme eines Uebermaaßes von Salpeter von diesem Schießpulver, die zurückbleibende Menge dieser Substanz mit dem Schwefel und der Kohle, welche das Schießpulver enthält, in eine desto genauere Verbindung setzt? daß letzteres der Fall sey, scheint wenigstens aus den Versuchen, von welchen wir eben Rechenschaft geben, hervorzugehen.

Auch glauben wir die Bemerkung machen zu müssen, daß dieses Verfahren nothwendig die schon sehr zusammengesetzten Handgriffe bei Bereitung des runden Schießpulvers in Fässern noch vermehren und überhaupt Irrungen, die aus der Ungewißheit in dem Mischungsverhältnisse der Substanzen entsprängen, verursachen würde, da das Mischungsverhältniß sich unaufhörlich ändern muß, indem man bei jeder Operation, den Ueberschuß von Salpeter in dem Schießpulver, in den frischen Staub übergehen macht. Es würde also dieser Staub, welcher sich damit bald in größerer, bald in geringerer Menge anschwängerte, zu häufigen Analysen und zu nachträglichen Zusätzen an Kohlen und Schwefel nöthigen, was diese Arbeit sehr beschwerlich machen muß.

Doch müßen wir dem Eifer der Herren Cagniard Latour und Deportes bei Anstellung dieser Versuche Gerechtigkeit wiederfahren lassen und sie versichern, daß die Administration, von der wir einen Theil ausmachen, es sich immer werde angelegen seyn lassen, die Bemühungen der bei ihr angestellten Herrn Auditeurs zu unterstützen, indem sie ihnen, so viel von ihr abhängt, behülflich seyn wird, sich praktische Kenntnisse von den Anlagen der Regierung, welche ihr anvertraut sind, zu verschaffen.

Zusatz des Uebersetzers.

Nachstehende Nachrichten über die Pulverfabriken im Kasanschen, so wie über das chinesische Pulver, gründen sich auf mündliche Mittheilungen, welche ich der Güte des Herrn Hofrath und Professor Wuttich verdanke.

Die im Kasanschen angelegte Pulvermühlen befinden sich unweit Jagodna und der Tartaren Slobode, vier Werste von der Hauptstadt Kasan, am rechten Ufer der Kasanka. Die Zahl der Mühlen beträgt einige zwanzig. Sie gehören sämmtlich der Krone und stehen unter der Admiralität. Das dabei angestellte Personale bestehet aus einem Generale, einem Obersten, zwei Meisterleuten und vierzig Arbeitern, welche Kronleibeigene sind. Die Anzahl der zum Betrieb erforderlichen Pferde, beträgt ungefähr funfzig.

Ein trockenes Pochwerk, welches aus sechs Stampfensätzen, jeden von drei Stampfen, bestehet, dient zum Verkleinern des Schwefels und der Kohle. Die Stampfer haben eine Höhe von sieben Arschinen (die Arschine enthält 318 pariser Linien, ungefähr eine brabanter Elle), und sind mit viereckigen Köpfen aus Gußeisen versehen, welche in die Stampfer eingezapft sind. Die mit hölzernen Daumen besetzte und ½ Arschinen im Durchmesser habende Welle, wird durch einen kleinen Pferdegöpel in Umtrieb gesetzt. Wegen des großen Durchmessers der Welle sind keine Stirnräder angebracht, um das Aufheben der Stampfer zu bewirken.

Die fernere Bearbeitung des Pulversatzes geschieht auf Maschinen. Im Jahre 1805 that Herr Wuttich den Vorschlag, Mahlblöcke aus Gußeisen einzuführen, und fand bei seiner Anwesenheit in Kasan, im Jahre 1808 diese Idee ausgeführt. Die Mahlblöcke haben die Gestalt von Walzen, sind anderthalb Arschinen lang und 10 Werschock dick *). Der Durchmesser der Bahn, auf welcher die Mahlblöcke umlaufen, beträge 2½ Arschine. Sie ist gleichfalls aus Gußeisen und mit Holz eingefaßt. Die senkrecht auf der Bahn stehenden Mahlblöcke sind eine Arschine von einander entfernt. Sie sind durch eiserne Arme, welche von den Achsen ausgehen, an

*) Das Werschock ist $\frac{1}{16}$ Arschine, oder nahe an 20 pariser Linien, mithin 10 Werschock 200 Linien.

den Hebel, welcher sich an der senkrecht stehenden Welle befindet, befestigt.

Der Kreis, welchen das die Mühle in Bewegung setzende Pferd durchläuft, hat zwei Saschennen (die Saschenne hält drei Arschinen) im Durchmesser. An einigen Mühlen sind an der stehenden Welle Streichhölzer angebracht, welche die Masse immer wieder unter die Mahlblöcke zurückführen; an anderen geschieht dieses durch Menschen, welche zugleich mit dem Pferde herumgeführt werden.

Der Salpeter wird in der Hälfte seines Gewichtes kochendem Wasser aufgelöst, und in einem kupfernen Kessel über Feuer mittelst einer hölzernen Rührkelle so lange gerührt, bis er trocken wird. Er wird dadurch in ein sehr feines Pulver verwandelt, und verliert durch diese Operation ungefähr 8 Procent.

Der Schwefel kommt, so wie der Salpeter, raffinirt aus Petersburg nach Kasan; die Kohle brennt man in großen Oefen aus dem Holze des Faulbaumes und aus Lindenholz.

Der Schwefel und die Kohle, welche in dem Pochwerke äußerst fein gestampft und durchgesiebt worden, werden mit dem auf die angegebene Art gleichfalls fein zertheilten Salpeter in dem erforderlichen Verhältnisse vermischt. Von dem Pulversatze werden auf eine Mühle dreißig Pfund Masse geschüttet und diese vier Stunden lang gemahlen.

Man beschickt alle Mühlen täglich dreimal und wechselt zweimal Menschen und Pferde. Steigt die Kälte bis auf 20 Grad unter Reaumür's Null, so hört man auf zu arbeiten, weil nach dem Ausdrucke der Arbeiter, die Masse sich nicht verbindet. Auch wenn die Hitze über 26 Grad steigt, wird die Arbeit unterbrochen.

Da die Walzen aus ganz grauem Gußeisen bestehen, so sind sie nicht so sehr dem Wechsel der Temperatur ausgesetzt, wie aus anderen Metallen angefertigte Mahlblöcke; sie nutzen sich sehr wenig ab, und behalten auch dann noch Werth, wenn sie zu dem Geschäfte in den Pulvermühlen nicht ferner brauchbar sind; sie sind demnach wohlfeiler als irgend ein anderes Material.

Das Mischungsverhältniß der verschiedenen Arten des russischen Pulvers ist nachstehendes. Man nimmt, zu dem

	Salpeter.	Kohle.	Schwefel.
Bergwerkspulver	6 Pud.	$1\frac{1}{2}$ Pud.	$1\frac{1}{3}$ Pud.
Musketen- und Kanonenpulver	6 —	$1\frac{1}{4}$ —	1 —
Pistolenpulver	7 —	1 —	$\frac{3}{4}$ —
Jagdpulver	10 —	$1\frac{1}{2}$ —	1 —

Das Körnen des Pulvers wird folgendermaßen veranstaltet. Auf einem Rahmen, der sich in einem länglichen, viereckigten Kasten hin und her bewegen läßt, sind fünf Siebe angebracht, von denen jedes drei Abtheilungen hat. Die oberste ist von Pergament, in diese schüttet man die zu körnende Masse und 6 messingene Kugeln, von denen jede anderthalb Zoll im Durchmesser hat. Die mittlere Abtheilung dient zur Aufnahme des grobkörnigen Pulvers, und in die untere fällt das feinkörnige; während sich der Staub in dem Kasten sammelt. Die fünf Siebe werden von zwei Arbeitern hin und her (nach entgegengesetzten Richtungen) bewegt. Die Bahn, auf welcher sich der Rahmen bewegt, ist nicht eben, sondern wellenförmig, wodurch die Siebe wiederholt Stöße empfangen. Durch dieses Verfahren erhält man 80 Procent in Körnern.

Das Trockenen geschieht in besonderen Trockenzimmern, welche durch einen gewöhnlichen schwedischen Stubenofen erwärmt werden. Der Ofen ist mit zwei Mänteln bekleidet, und wird von außen geheizt. In dem Fußboden des Trockenzimmers ist ein Kanal angelegt, durch den die Luft aus dem Trockenzimmer auf den Heerd des Ofens geleitet wird; so kann die feuchte Luft aus dem Zimmer fortgeschafft werden. Der Ofen wird täglich zweimal geheizt, und so lange das Feuer brennt der Abzugskanal geöffnet, welches überhaupt täglich drei Stunden dauert. An den Wänden läuft ein Gerüste umher, welches acht Etagen hat; man stellt das in hölzernen Mulden befindliche Pulver zuerst auf die unterste, und so wie das Trocknen fortschreitet auf die nächstfolgende höhere u. s. w.

Das Pulver wird nicht geglättet.

Die Nachrichten über das chinesische Pulver erhielt Herr Professor Wuttich von einigen griechischen Geistlichen, die sich länger als sechs Jahre in Peking aufgehalten hatten *), so wie von einigen Manschuren und Mongolen, welche jährlich nach Makariew zur Messe kamen.

*) Bekanntlich befindet sich seit den Zeiten Peter des ersten ein rußisches Kloster zu Peking. Es ist im Winkel der Kaufmannstadt (um es möglichst mit den übrigen Theilen der Stadt außer Verbindung zu setzen) eingerichtet. Man schickt von Zeit zu Zeit von den geistlichen Akademien in Kasan, Kiew, Petersburg

Das chinesische Pulver, welches man in Rußland sieht, bestehet aus drei Sorten.

Die gemeinste ist staubicht, jedoch so fein bearbeitet, daß die mechanische Absonderung der Kohle Schwierigkeit macht. Es enthält keinen Schwefel in der Mischung, verpufft mit dumpfen Knalle, und verbreitet den Geruch nach verbranntem Zucker.

Die zweite Sorte ist, wie die erste, schwarz, verhält sich auch in den übrigen Eigenschaften wie diese, nur ist sie gekörnt. Die Körner wiegen einen halben Gran, sind vollkommen rund und mit einer leicht entzündlichen Glasur überzogen *).

Die dritte Sorte ist weißes Pulver von vermischtem Korne. Es bestehet aus Klümpchen, die mit Staub umgeben sind. Diese Sorten dienen fast alle zu Feuerwerken, vorzüglich die erste und zweite.

Kandidaten in dasselbe, damit sie die chinesische Sprache lernen, und künftig als Dollmetscher gebraucht werden können. Durch diese Vermittelung haben sich nach und nach in Peking dreißigtausend Russen und georgische Christen eingeschlichen.

*) In den Transactions of the Royal Irish Academy für das Jahr 1788 Seite 97 ꝛc. befindet sich eine Abhandlung von Georg Napione (Ober-Inspektor bei dem Laboratorium zu Woolwich) über das Schießpulver, in welcher eine Analyse des chinesischen Schießpulvers, und zwar, wie es scheint, dieser zweiten Sorte, enthalten ist. Als Mittel aus sechs Versuchen ergab sich folgendes Verhältniß der Bestandtheile:

Salpeter	1 Unze	10 Skrupel	(à 24 Gran)	— Gran.
Kohle	= —	6 —		= —
Schwefel	= —	3 —		14 —

Ueber die Materialien, aus welchen das Schießpulver bereitet wird, wurden folgende Nachrichten erhalten:

In der Gegend von Peking, ungefähr 36 rußische Werste von der Kaiserstadt, ist in der Nähe eines Steinkohlengebürges ein Salzsee, der im Sommer austrocknet, und dann eine rothe Eisenerde zurückläßt, aus welcher ein salpetersaures Salz auswittert, das der Beschreibung zufolge Salpeter, vielleicht auch salpetersaures Natrum zu seyn scheint. Aus diesem gewinnt man durch Auslaugen und Krystallisiren, das zur Pulverfabrikation erforderliche Salz.

Zum schwarzen Pulver mengt man dieses Salz mit Kohlenpulver, das aus den Stängeln verschiedener Kräuter gemacht wird, und arbeitet das Gemenge mit einem dünnen Kleister, der in seiner Mischung ein flüchtiges, leicht entzündliches Oel enthält, durch. Zum weißen Pulver nimmt man statt der Kohle, das leicht zerreibliche Mark eines Baumes, oder vielleicht eine dem Lerchenschwamme ähnliche Substanz (die Borrochowaja Muka, Pulvermehl?) genannt wird.

Ueber die Manipulationen bei der Bearbeitung des Pulversatzes waren die Nachrichten sehr schwankend. So viel konnte man daraus abnehmen, daß die Bearbeitung des Pulversatzes durch steinerne Kegel geschieht, welche sich um eine eiserne Axe bewegen. Ihre Spitze ist der Axe zu, die Basis ist nach außen gekehrt. Die Kegel bewegen sich in einem kupfernen Kasten, der unten mit einem Loche versehen ist, um die fertige Masse heraus zu langen.

Anhang.

Von den sowohl zum Auslaugen als Raffiniren des Salpeters; dem Kalciniren der Pottasche, der Bereitung der Kohle, dem Reinigen des Schwefels, der Bereitung und dem Probiren des Pulvers erforderlichen Werkzeugen, Maschinen und Werkstätten.

Beschreibung der zum Auslaugen der Salpetererden dienenden Laugekasten.

(Tafel I. verglichen mit Seite 42 ff.)

Diese Kasten (Fig. 1.) werden aus eichenen Bohlen angefertigt. Sie haben die Gestalt eines Mühlentrichters, nur nach einem größeren Maaßstabe. Ihre Länge beträgt 12 Fuß, ihre Höhe ungefähr 3 Fuß, die Breite am oberen Theile 6 Fuß, am unteren (da sie sich verengend zulaufen) 4 Fuß; durchgängig im Lichten.

Sie sind längs einer ihrer längeren Seiten, dicht am Boden mit Löchern a a a ... durchbohrt, welche etwa 5 Zoll von einander abstehen. Sie dienen dazu hölzerne Abzüge k aufzunehmen, welche man nach Willkühr öffnen und verschließen kann, um die Flüssigkeit ablaufen zu lassen. Der Boden bb bildet eine schiefe Ebene, er erhebt sich etwa um 2 Zoll gegen die nicht durchlöcherte Seite hin, und endigt sich an der entgegengesetzten, genau in der Höhe der Löcher. Man schützt die Oeffnungen durch ein schräg gestelltes, mit kleinen Löchern seiner ganzen Länge nach durchbohrtes, ungefähr einen Fuß breites Brett. Dieses bedeckt man überdieß mit einer Flechte aus Weidenruthen, um zu verhindern, daß die Erden, die Löcher nicht verstopfen, und damit die Laugen, welche durch sie ausfließen sollen, kein Hinderniß finden.

Die Kasten werden aus guten eichenen Bohlen, welche wenigstens 2 Zoll dick seyn müßen, angefertigt. Um den zusammengefugten Bohlen mehr Haltung zu geben, so versieht man die Kasten mit vierzehn auf einen Grad eingeschobenen Leisten ddd. Zehn von diesen Leisten befinden sich auf den Längenseiten, und vier auf den Breitenseiten. Die Kanten werden mit starken eisernen Winkelbändern eee versehen, welche man von Entfernung zu Entfernung einschlägt, um zu verhindern, daß die beiden großen Seitenflächen, durch den Druck der in den Kasten befindlichen Erde nicht auseinandergepreßt werden. Man vereinigt diese beiden großen Flächen durch zwei eiserne Schraubenbolzen ff, von denen jeder in der Entfernung von 4 Zoll vom oberen Rande durch zwei der entgegengesetzten Leisten hindurchläuft.

Um allen Verlust an Lauge, die durch irgend eine Fuge ausfließen könnte, zu vermeiden, stellt man die Kasten auf eine Unterlage aus Brettern gg, der ganzen Breite ihres Bodens nach, welche sich bis an eine Rinne h aus Eichenholz, erstreckt, die einen Fuß breit und einen halben Fuß dick ist, und über 3 Zoll tief ausgehöhlt ist. Sie ist in die Erde, mit dem Boden gleich, eingegraben, und da sie längs der Abzüge, welche an den Kasten befindlich sind, hinläuft, so führt sie die Laugen, vermittelst einer schwachen Neigung in das Laugenbehältniß i, welches ungefähr 12 Kubikfuß Inhalt hat, und gleichfalls in die Erde, an dem Ende der Laugenkasten eingegraben ist. In dieses Behältniß ergießen sich die Rinnen, indem sie um etwa 4 Zoll hervorspringen.

Zwei solcher Kasten reichen für die bedeutendste Salpeterhütte hin, indem ihr Inhalt dem von ungefähr sechszig der gewöhnlichen Laugenfässer in den Salpeterhütten gleich ist.

Um das Geschäft des Auslaugens noch mehr zu vereinfachen und zu erleichtern, so wie mit weniger Zeitaufwand und Kosten es zu verrichten, bedient man sich einer Pumpe, um den Kasten vermittest über denselben angebrachter, und von Entfernung zu Entfernung durchlöcherter Rinnen, durch welche das Wasser ausfließen kann, die zum Auslaugen erforderliche Wassermenge zuzuführen. Ebenfalls bedient man sich einer kleinen beweglichen Pumpe aus Holz, welche man abwechselnd in die Laugenbehälter stellt, um die Laugen aus dem einen in den anderen Behälter hinüberzuschaffen.

Beschreibung des Krystallisirgefäßes für den Salpeter.

(Taf. I. Fig. 2. verglichen mit Seite 112.)

Das Krystallisirgefäß ist ein großes, zum Theil aus Mauerwerk, zum Theil aus Holz erbautes Behältniß, welches im Innern mit Kupfer oder Blei überzogen ist.

Man kann demselben im Aeußern eine Länge von 12 Fuß, eine Breite von $7\frac{1}{2}$ Fuß, und eine Höhe von 2 Fuß geben.

Wesentliche Eigenschaften für die Construktion desselben sind die, daß man ihm die nöthige Festigkeit und eine bequeme Einrichtung für den Zweck, zu welchem es bestimmt ist, giebt. Zu dem Ende errichtet man ein mit Kalkmörtel aufgeführtes Fundament aa, das 15 Fuß lang, 9 Fuß breit und anderthalb Fuß hoch ist. Wenn es die Höhe des Fußbodens der Werkstätte erreicht hat, so giebt man ihm die Dimensionen des Krystallisirgefäßes, welche früher angegeben wurden. Das ganze Mauerwerk wird nunmehr aus Werkstücken angefertigt. Man muß alle Sorgfalt anwenden, damit es genau die Gestalt des Bodens vom Krystallisirgefäß erhalte, welchem man eine Neigung von ungefähr 4 Zollen giebt. Die eine geht von den längeren Seiten, nach der Mitte hin wie bc; die andere findet der ganzen Länge cd nach statt.

Die vier Wände bestehen aus vier eichenen Bohlen, welche auf ihre schmale Seite eee gestellt sind; sie sind an ihrem unteren Ende, welches ihnen zur Basis dient, 5 Zoll dick, am oberen Ende beträgt ihre Dicke $3\frac{1}{2}$ Zoll und ihre Höhe 1 Fuß 3 Zoll.

Sie sind ungefähr 2 Zoll tief in das Mauerwerk eingefügt, und werden von eisernen Ankern ff, welche 2 Fuß voneinander abstehen, und mit dem einen Ende in das Mauerwerk eingekittet sind, während das andere durch Schrauben an die Bohlen befestigt ist, noch stärker zusammengehalten.

Am Ende jedes Ankers macht man eine Versenkung in die Bohlen, um die Schraube hineinlassen zu können.

Um dem aus den eichenen Bohlen gebildeten Behältnisse alle mögliche Festigkeit zu ertheilen, legt man auf jede Ecke desselben zwei starke eiserne Winkelbänder gg auf, welche man mit Holzschrauben befestigt, wobei man Sorge trägt, alles in Falze einzulassen, um der Arbeit einen größeren Grad der Nettigkeit zu geben. Noch muß bemerkt werden, daß die Verjüngung der Seitenflächen der Bohlen, wodurch die Stärke am oberen Rande bis auf 3½ Zoll verringert wird, ganz von den inneren Theilen hinweggenommen werden muß, indem die äußeren in gerader Linie mit dem Mauerwerk fortgehen müssen.

Wurde das Ganze, den hier ertheilten Regeln zufolge, errichtet, so müssen die inneren Dimensionen des Krystallisir-Behälters 11 Fuß 8 Zoll in die Länge, 7 Fuß in die Breite und 1 Fuß 1 Zoll an den längern Seitenwänden in die Höhe betragen, 1 Fuß 3 Zoll in der Mitte des höchsten Theiles der Länge, und 1 Fuß 6½ Zoll an der tiefsten Stelle.

Um das Krystallisir-Behältniß zu vollenden, ist nun noch nöthig, das Innere desselben mit Metall auszufüttern. Entweder wählt man hiezu Kupfer, in diesem Falle macht man immer einen vollständigen Einsatz von Kupfer, oder wenn man Blei dazu anwendet, so werden die Bleiplatten auf die Bohlen selbst befestigt, und zusammengelöthet; wobei man Sorge tragen muß, so viel stehen zu lassen, daß der eine Rand über den anderen gelegt werden kann.

Das Kupfer giebt eine weit vorzüglichere Belegung als das Blei, indem letzteres wegen den Löthungen schnell angegriffen wird, und daher beständige Reparaturen erfordert. Es wurde jedoch darum dieser Bekleidung Erwähnung gethan, weil man sich an Orten befinden kann, wo die Herbeischaffung des erforderlichen Kupferbleches schwierig wäre.

Dem Krystallisirgefäß muß in der Mitte der Werkstatt die Stelle angewiesen werden, um damit an seinen beiden Seiten der Länge nach, die zum Auswaschen des Salpeters dienende Kufen aufgestellt werden können.

Behältniß zum Austrocknen des Salpeters.

(Tafel II. Fig. 3. zu Seite 115.)

Die Dimensionen dieses Gefäßes p, welches einen flachen Kessel p vorstellt, sind 8½ Fuß Länge, 5 Fuß Breite und 1 Fuß Tiefe. Es ist von Kupfer und wiegt ungefähr 700 Pfund. Die nöthige Wärme erhält es durch den Rauch des Ofens, welcher zum Verdunsten der Salpeterlaugen dient. Zu dem Ende leitet man ihn durch mehrere unter dem Gefäß angebrachte Züge bbb.

In dem Rauchfange bringt man eine Klappe q, (einem Ventil, das sich um die durch die Mitte gehende Achse dreht, ähnlich) an, durch welche man das Eindringen des Rauches beschleunigen oder zurückhalten kann, indem man zugleich das Verbrennen des Brennmaterials im Ofen belebt oder beschränkt.

Dieses zum Austrocknen des Salpeters dienende Behältniß, muß weit genug, von dem Kessel der zum Verdunsten der Salpeterlaugen dient, entfernt seyn, um es durch eine leichte Scheidewand isoliren zu können, damit der zu trocknende Salpeter, gegen die aus dem Kessel aufsteigende Dünste geschützt werde, und so das Trocknen vollständiger und mit größerer Reinlichkeit erfolge.

Beschreibung eines Kalcinirofens für die Pottasche.

(Tafel IV. zu Seite 141.)

Die zweckmäßigste Art einen Ofen zum Kalciniren der Pottasche zu errichten, ist folgende:

An dem zu seiner Errichtung bestimmten Orte, legt man einen Grund von ungefähr einem Fuß Tiefe, 11 Fuß Breite, und 8 Fuß Länge abcd. (Fig. 1.) So wie man mit dem Fundament aus der Erde herauskommt, führt man das Ganze auf die Höhe von $\frac{3}{4}$ Fuß, von recht festem Mauerwerk auf, indem man sich hiezu gehauener Steine bedienet.

In dieser Höhe fängt man (Fig. 2.) in der mittleren Wand, und 2 Fuß von den Ecken abstehend, die beiden Aschenlöcher aa an. Diese Aschenlöcher werden aus Backsteinen gemauert; man giebt ihnen einen Fuß drei Zoll Oeffnung beim Eingange, und erhöht das ganze Mauerwerk um einen Fuß, drei Zoll, jedoch mit steter Berücksichtigung der Fortbildung der Aschenlöcher. Dem Aschenheerde giebt man von den Löchern bis zum Ende des Ofens gerechnet, das heist bei einer Länge von 7 Fuß, eine Neigung von 1 Fuß 3 Zoll a'a; auch trägt man Sorge, dadurch, daß man nach und nach die beiden Mauern einander nähert, den hinteren Theil um einen Fuß zu verengen.

Das Mauerwerk hat jetzt eine Höhe von 2 Fuß, man erhöht dasselbe noch um 1 Fuß 3 Zoll, indem man die Mündungen des Aschenfalles mit einer oberen Wand von dieser Dicke, bei einer Länge von nur 3 Fuß bedeckt, dadurch entstehet für den Aschenfall eine Oeffnung von 4 Fuß Länge a'b'. Diesen leeren Raum theilt man durch eine eiserne, quer hindurch gehende Stange c, welche 2 Zoll dick ist, in zwei Theile. Man errichtet, indem man senkrecht von jeder der inneren Mauern des Aschenfalls heraufgeht, eine Scheidewand dd (Fig 3 und 5) von einem halben Stein auf seiner hohen Kante. Diese Scheidewände bilden die beiden langen Seiten der Kammer. Man füllt den innern Raum der Kammer mit Mauerwerk 4 Zoll hoch aus, dadurch bewirkt man, daß die Scheidewände nicht mehr als 4 Zoll über den Heerd hervorragen. Dieser Heerd bildet demnach ein Parallolegram von 6 Fuß Länge und 4 Fuß Breite.

Unmittelbar von den äußeren Wänden des Aschenfalles an, und ihrer ganzen Länge nach, errichtet

richtet man einen Bogen eee (Fig. 5.), welcher die Kammer des Ofens in der Höhe von einem Fuß überdeckt. Der Raum, welcher auf jeder Seite zwischen dem Gewölbe und den Seitenwänden der Kammer übrig bleibt, bildet die Feuerungen de. Diese Feuerungen, welche, so wie die Kammer des Ofens, sechs Fuß Länge haben, bestehen aus einer Sohle aus Steinen oder Ziegeln ab (Fig .3.) von 3 Fuß Länge, wenn man die Länge des Einganges dazu rechnet; die noch übrigen 4 Fuß sind leer, und durch sie hindurch geht eine eiserne Stange c, welche als Rost dient.

Um den Ofen in die Höhe fortzuführen, erhöht man seine vier Seitenwände um 2 Fuß, und bringt in der vorderen drei Thüren b,b,c (Fig. 2.) an, von denen zwei, zur Schwelle die Sohle des Feuerheerdes haben, die andere aber, welche sich in der Mitte befindet, die, der Kammer des Ofens. Man giebt den beiden Thüren der Feuerung 1 Fuß zur Breite und Höhe, und der der Kammer c, anderthalb Fuß. Dieser Eingang der Kammer ist vorne, hinten und an den Seiten, mit zwei eisernen Schienen (plattes bandes) gg (Fig. 3.) versehen, welche 8 Linien Dicke und 3 Zoll Breite haben. Die Enden dieser Stangen sind in das Mauerwerk eingelassen.

Der obere Theil des Ofens reicht, indem man den Rücken des Gewölbes mit Schutt, der mit Thon vermischt worden, bedeckt, und diese Bekleidung durch einen Ueberrug aus Mörtel, welcher aus Thon und Sand bestehet, gleich macht, bis an die Höhe der vier Mauern der Fronte. Man könnte, um die durch das Gewölbe des Ofens zurückgeworfene Wärme, zu verstärken, die Decke des Futtermantels aus einer Lage von Asche oder Kohlenstaub zusammensetzen.

Das Verhältniß der Mündungen der beiden Aschenheerde, aus welchen die Flamme des Brennmaterials hervorbricht, zu der Mündung der Ofenkammer, welcher ihr einziger Ausweg ist, muß den Zufluß einer beträchtlichen Menge Luft, welche sich in den Aschenfall stürzt, bewirken. Dadurch werden die beiden Flammen, welche in der Mitte des Gewölbes zusammentreffen, genöthigt zu wirbeln und sich leckend über die Fläche des Heerdes der Kammer hinzuziehen, ehe sie aus der Oeffnung c herausdringen, deren gedrückte Lage und geringe Breite den Ausgang derselben etwas aufhalten. Um den Weg der Flamme zu verlängern und eine größere Wirkung durch dieselbe zu erhalten, haben die Feuerungen einen Heerd, der an dem vorderen Theile drei Fuß lang ist, von wo der Rost seinen Anfang nimmt. Man verschließt die Mündungen dieser Feurungen mit Thüren aus geschlagenem Eisen.

Die Anwendung der Ziegeln zu den Scheidewänden ist weit vorzüglicher, als der Platten aus Gußeisen, deren man sich in den Oefen von der alten Einrichtung bediente; indem die Hitze in diesem Theile des Ofens, sich stets von der an den anderen Stellen desselben unterschied, wodurch man nicht im Stande war, das Feuer so zu leiten, wie es für das Gelingen des Geschäfts zweckmäßig ist. Man ertheilt überdieß diesen Wänden an den vier Ecken der Kammer eine zirkelförmige Gestalt, während die sonst übliche der Refraktion nachtheilig war.

Das sehr gedrückte Gewölbe des Ofens, macht die Wirkung der Flamme auf den Heerd des Ofens weit unmittelbarer. Dieser Vortheil ist so merklich, daß man nur vier Stunden nöthig hat, um den Ofen bis auf den Grad zu erhitzen, daß man die rohe Pottasche eintragen kann; während bei den gewöhnlichen Oefen, die Kalcination erst zwölf bis funfzehn Stunden, nachdem das Feuer angezündet worden, beginnen konnte.

Gewöhnlich erhält man in diesen Oefen 1200 Pfund Pottasche, wenn man 29 Kubikfuß Holz zur Feuerung anwandte. Die Hitze des Ofens wird nach Verlauf von zwei bis drei Tagen, so beträchtlich, daß man dann nur nöthig hat, abwechselnd eine der Feuerungen mit Brennmaterial zu versehen, und einige Kloben in das Loch der innern Feuerung zu werfen, wenn aus der anderen keine Flamme mehr hervorbricht.

Einer genauen Schätzung zufolge, welche sich auf die Arbeit mehrerer Jahre gründet, muß die Dauer jeder Kalcination, wenn der Ofen in voller Thätigkeit ist, auf zwei Stunden funfzehn Minuten gesetzt werden, wobei das Eintragen und Austragen aus dem Ofen mit einbegriffen ist. Das Produkt einer solchen Kalcination ist 320 Pfund.

Der Vorzug dieser Einrichtung vor der älteren ist auffallend. In den älteren Oefen brauchte man acht bis zehn Stunden, um eine Masse von 500 Pfunden zu kalciniren, während in den neueren Oefen bei einem geringeren Aufwand von Brennmaterial, in derselben Zeit eine fast dreimal so große Menge kalcinirt wird. Auch sind die Kosten der

Errichtung eines solchen Ofens nicht bedeutender, als bei den älteren.

Verbesserter Ofen und verbesserte Grube zum Kohlenbrennen.

(Tafel IV. zu Seite 152 — 153.)

Die Figuren M und N stellen einen Aufriß und Längendurchschnitt des verbesserten Ofens dar.

a ist die Thüre, durch welche die Holzbündel eingebracht werden, sie ist 27 Zoll breit und 23 Zoll hoch.

Die Thüre b, durch welche die Kohlen herausgelangt werden, ist 14 Zoll breit und 22 Zoll hoch.

Der Rauchfang hat 8 Zoll Oeffnung, und kann durch einen Schieber c verschlossen werden, welcher sich nach Belieben hinwegnehmen läßt.

Die Wölbung ist ein vollkommener Halbzirkel und hat 6 Fuß im Durchmesser, bei 10 Fuß in der Länge im Lichten.

Die ganze Größe des Ofens beträgt 11 Fuß in der Länge, bei 8 in der Breite.

An der Thüre b befinden sich zwei eiserne Platten, welche dazu dienen, das Herabfallen der Kohlen in die Dämpfer, beim Herausziehen derselben aus dem Ofen zu erleichtern. Die eine ist senkrecht, und der geöffneten Thüre des Ofens entgegengesetzt. Jede ihrer Seiten ist 8 Zoll groß.

Die andere liegt mit dem Heerde in derselben Ebene, sie ist 27 Zoll breit und 6 Zoll lang.

Die Figur P stellt den horizontalen Durchschnitt einer runden Grube von 4½ Fuß Durchmesser im Lichten, und von 7 Fuß, die Dicke der Mauer mit einbegriffen.

Die Figur Q ist ein vertikaler Durchschnitt dieser Grube, derselbe zeigt, daß sie 3 Fuß 6 Zoll tief ist.

Die Figuren R und S stellen die Deckel zum Dämpfen der Kohlen vor; sie bestehen aus starkem Eisenblech, und erhalten durch eine Einfassung und Riegel von Holz eine größere Festigkeit. Sie sind rund und von denselben Dimensionen wie die Grube. Wenn man sich derselben bedienen will, so steckt man zwei Tragehölzer aa (Fig. R und S) durch die eiserne Krammen bb und trägt sie auf die Grube. Hierauf zieht man die Tragehölzer heraus, und bedeckt sie mit Erde, wie man in der Figur Q sieht, um zu verhindern, daß das Holzwerk nicht Feuer fasse, und um alle Gemeinschaft der äußeren Luft mit dem Innern der Grube, welche mit Kohlen angefüllt ist, zu unterbrechen.

Beschreibung des zur Destillation des Schwefels dienenden Apparates.

(Tafel V. zu Seite 192. ff.)

Die Beschreibung, welche hier geliefert wird, ist die Beschreibung der Gestalt und der Dimensionen des Läuterungsapparates, welcher zu Marseille in der Raffinerie der Administration eingerichtet ist, und welcher hinreicht, den jährlichen Bedarf an Schwefel für alle Fabriken des Reiches zu liefern.

Dieser Apparat enthält nur zwei Kessel; auf

Tafel V. sind die verschiedenen Durchschnitte derselben zu sehen.

Die Kessel, welche aus Gußeisen angefertigt sind, müßen eine eiförmige (cul-d'oeuf) Gestalt, und nachstehende Dimensionen haben, nemlich:

Breite	2 Fuß 9 Zoll.	
Tiefe	1 Fuß 10 Zoll.	
Dicke am Boden	4 Zoll.	Die Dicke nimmt nach u. nach von 4 Zoll bis 6 Lin. ab.
Dicke am Rande	6 Lin.	
Breite der Ränder	4 Zoll.	

Die Heftigkeit des Feuers, welche so bedeutend ist, daß sie das Gußeisen in den Zustand des Rothglühens versetzt; die Natur des Brennmaterials (Steinkohlen), welches so leicht das Metall angreift, und die Natur der Operation selbst, wirken alle dahin, den Kessel schnell zu zerstören, welches auch die Dicke seyn mag, die man seinem Boden gegeben hat. Diese Zerstörung der Kessel ist eine der bedeutendsten Ausgaben bei dieser Operation. Die Dauer eines Kessels steht mit der Güte des Gußeisens im Verhältniß. In Frankreich sind die aus der Eisengießerei von Creusot die vorzüglichsten.

Die Erfahrung hat gelehrt, daß ein Kessel aus gutem Gußeisen zur Destillation von ungefähr 200000 Pfunden Schwefel dienen kann.

Die Construktion der Oefen hat einen wesentlichen Einfluß auf den Verbrauch des Brennmaterials, und bestimmt die Wirkung der Hitze auf die Kessel. Der Feuerort muß über dem Boden des Kessels verschlossen werden, indem man der Flamme eine Oeffnung, der Ofenthüre gegenüber, läßt, damit sie den Kessel in einem aus Ziegeln erbauten Kanal umspielen und den Umkreis durchlaufen könne, indem sie sich zu der Oeffnung des Nebenausganges in den allgemeinen Rauchfang zurückbegiebt.

Die Oefen werden aus gehauenen Steinen erbauet, und bekommen eine Bekleidung aus Ziegeln.

Die Helme oder Dome werden gleichfalls aus Werkstücken erbauet und auf gleiche Art bekleidet. Man kann sie mit dem Dom eines Reverberirofens vergleichen, nur findet der Unterschied statt, daß das Gewölbe derselben länglicht ist, und sich, indem es etwas schräg aufsteigt, n die Mauer der Kammer lehnt, mit der es durch eine zu diesem Zweck in dieser Mauer angebrachte Oeffnung, in Verbindung stehet.

Die Oeffnungen der Aschenfälle werden mit Thüren aus Eisenblech verschlossen. Der Heerd des Aschenfalls hat eine Neigung nach vorne, um das Feuer durch lebhafteres Eindringen der äußeren Luft zu beleben.

Die Thüren des Feuerortes werden wie die vorhergehenden verschlossen.

Die Helme haben, wegen der Beschickung der Kessel, Oeffnungen, die mit einer starken Platte aus Gußeisen verschlossen werden, welche durch eine Querstange aus Eisen, die in zwei eisernen Klammern ruhet, festgehalten wird.

Bei'm Anfange der Oeffnung, und der ganzen Breite derselben nach, befindet sich eine stufenförmige Erhöhung, welche einen Fuß 3 Zoll über den Kessel herüberragt. Diese Erhöhung, welche aus einem Werkstücke bestehet, ist wesentlich nothwendig, um das Ueberfließen des Schwefels zu verhindern. Die angegebene Höhe läßt sich nicht ohne Nachtheil vermindern.

Da die Oefen eine bedeutende Last, welche aus der des Kessels, dessen Gewicht 1600 bis 2000 Pfund beträgt, und aus dem Gewichte des Schwefels, mit welchem derselbe angefüllt wird, und das man gleich 1200 Pfund setzen kann, zusammengesetzt ist, zu tragen haben; so kann man sie nicht fest genug bauen. Der Körper des Ofens wird aus Werkstücken errichtet, der Feuerheerd und der Kanal für die Flamme, aus Ziegeln.

Während des Ganges der Operation, werden die Kessel, wie schon gesagt wurde, in den Zustand des Rothglühens versetzt, dadurch wird das Metall bedeutend ausgedehnt, und das Mauerwerk wird an dem Orte, wo der Rand des Kessels durch Kalk und kleinere Steine befestigt wurde, stark gedrückt. Zieht sich nun beim Erkalten, das Metall wieder zusammen, so entstehen unvermeidlich Risse, dadurch findet der Schwefel des Kessels Gelegenheit in den Kanal zu treten, in welchem das Feuer spielt und aus dem Ofen herauszufließen. Man muß die größte Sorge anwenden, diese Risse oft mit einem Kütt, der am meisten geeignet ist, der starken Einwirkung des Feuers zu widerstehen, zu verschließen.

Die Helme oder Dome sind gleichfalls einer beträchtlichen Hitze ausgesetzt, und müßen dem ungeheuren Druck der Gasarten und sich anhäufenden Dünste widerstehen; sie müßen demnach ausnehmend fest seyn. Eiserne Reifen, welche mit der größten Gewalt durch Klammern zurückgehalten werden, müßen das Mauerwerk zusammenhalten, und verhindern, daß es Risse bekomme.

Zwischen dem Ofen und der an die Kammer stoßenden Wand, muß ein Raum zur Cirkulation der Luft gelassen werden. Die Nothwendigkeit dieser Vorsicht, welche in der Zeichnung nicht angegeben wurde, ist durch Erfahrung dargethan worden. Die Berührung des Ofens erhitzt die Mauer der Kammer so stark, daß in der Mauer Risse entstehen, durch welche der Schwefel, der sich in der Kammer in einem flüssigen Zustande befindet, sich einen Weg nach außen bahnt.

Der Wechsel der Kessel, wenn diese nicht ferner zu dem Geschäfte tauglich sind, erfordert die gänzliche Zerstörung der Helme und die theilweise der Oefen. Bei dem Wiederaufbauen derselben, kann man sich nur derjenigen Werkstücke bedienen, welche nicht gänzlich von der Hitze kalcinirt wurden.

Die Kammer muß starke Mauern haben, von ungefähr drei Fuß Dicke, und mit einer Wölbung aus Backsteinen versehen seyn.

Der Fußboden ist mit Ziegelsteinen gepflastert, auch sind die unteren Seitenwände bis zum Anfange der Wölbung damit belegt. An der einen Wand befindet sich eine Oeffnung oder Thüre. Diese wird durch eine Platte aus Gußeisen, welche durch eine starke eiserne Querstange festgehalten wird, die in zwei eisernen Klammern ruht, verschlossen.

In der Wölbung befinden sich zwei Oeffnungen oder Zuglöcher in der ganzen Dicke des Mauerwerkes angebracht; sie werden durch zwei Klappen aus geschlagenem Eisen, welche sich in einem horizontalliegendem Rahmen, in ihren Angeln bewegen, verschlossen. Diese Klappen dürfen nicht über anderthalb Linien dick seyn, und über 3 Pfund eine wiegen, indem eine größere Last von den Dämpfen und Gasarten, im Augenblicke des Druckes, nicht würde aufgehoben werden können. Daraus würden sehr bedenkliche Zufälle entstehen; indem durch das Zurückhalten der sich theilweise entwickelnden elastischen Flüssigkeiten, unvermeidlich Detonationen entstehen würden.

Da die Klappen ununterbrochen mit der gasförmigen schweflichten Säure in Berührung sind, so nutzen sie sich bald ab, und man muß sie durch neue ersetzen.

Die Kammer ist ein längliches Viereck, welches sich an seinem oberen Theile in ein Gewölbe, das ein vollkommener Zirkelbogen ist, endigt. Sie ist aus einem Parallelepipedum und einem halben Zylinder zusammengesetzt, wovon die Dimensionen folgen:

Länge d. Parallelepipedums		15 Fuß 2 Zoll	Dieses giebt einen körperlichen Inhalt nahe von 1053 Kubikfuß.
Breite	—	10 Fuß	
Höhe	—	6 Fuß 8 Zoll	
Den Radius des Zylinders		5 Fuß	Dieses giebt für den körperlichen Inhalt des Zylinders nahe 583 Kubikfuß 825 Kubikzoll, wovon die Hälfte nahe 292 Kubikf. ist.
Höhe	—	15 Fuß 2 Zoll	

Inhalt des Ganzen 1053 Kubikfuß.
292 —

1345 Kubikfuß.

Die Einrichtung des Destillirapparates, wird aus der Beschreibung der Kupfertafel deutlich werden.

Beschreibung der Kupfertafel.

Fig. 1. stellt einen horizontalen Aufriß der Werkstätte und der Kammer vor; der Durchschnitt ist in der Höhe des Rostes geführt.

MMMM. Hauptmauren des Gebäudes.

mmmm. Mauren der Kammer.

P¹. Thüre zum Eingang in die Kammer.

P². Thüre zum Eingang in die Werkstätte.

P³. Thüre, durch welche die Gemeinschaft mit der Kohlenkammer bewirkt wird.

FF. Ofen.

CC. Aschenfall.

Q. Oeffnung in der Mauer zur Aufnahme der Ausflußröhre.

r. Hahn, durch welchen der Schwefel ausfließt.

R. Hölung im Boden, zur Aufnahme des flüssigen Schwefels.

Fig. 2. ist ein Durchschnitt und Aufriß auf der Linie CD.

MM. Hauptmauren.

tt. Das Dachwerk.

C. C. C. C. Facade der Kammer.

F. F. Oefen.

D. D. Helme oder Dome mit ihren eisernen Bänden.

P. P. Thüre zum Eintragen des Brennmaterials.

T. Rauchfangsröhre, welche die Feuerheerde beider Oefen verbindet.

SS. Die mit Klappen versehene Rauchfänge.

Q. Aushölung in dem Boden, zur Aufnahme des geschmolzenen Schwefels.

r. Der Hahn.

Die Figur 3. ist der Durchschnitt auf der Linie, AB. der horizontalen Ebene.

MM. Hauptmauren.

mmmm. Mauren und Gewölbe der Kammer.

L. Lucke um auf das Dach zu gelangen.

I. I. I. Inneres der Kammer.

S. Klappe.

t. Röhre des Rauchfanges mit der Klappe.

f. Ofen.

D. Dom des Ofens.

F. Feuerheerd.

C. Aschenheerd.

c. Kessel.

P. Thüre zum Eintragen.

V. Gewölbe des Doms.

m¹. Treppe.

E. Oeffnung, durch welche der Dom mit der Kammer Gemeinschaft hat.

Beschreibung der Maschine mit Mühlsteinen.

(Tafel VI. zu Seite 232.).

Die Maschine mit Mühlsteinen bestehet aus einem Fundamente von Mauerwerk AA (Fig. 1 und 3), welches eine horizontalliegende, zirkelförmige Rinne BB aus einer sehr harten, festen Substanz, Stein oder Gußeisen, trägt.

Aus der Mitte des Tisches, auf welchem die Rinne (Fig. 1.) sich befindet, erhebt sich ein senkrechter Wellbaum C, durch welchen eine eiserne Axe D hindurchgeht, die bestimmt ist, einen steinernen oder metallenen Mahlblock (Fig. 4.) in Bewegung zu setzen, welcher eine zirkelförmige Bahn auf seiner schmalen Seite E (Fig. 1.) vermittelst eines Hebelarmes beschreibt, der gleichfalls durch die Welle hindurchgeht, und an dessen Ende man ein Pferd anspannt.

Kann man sich des Wassers, als bewegender Kraft bedienen, so muß man an dem senkrechten Wellbaume, dessen Zapfen sich in der Zapfenmutter p, welche auf der Mitte des Tisches befindlich ist, bewegt, ein Rad G (Fig. 1. und 6) anbringen, das in den Trilling H (Fig. 1. und 5.) eingreift, der sich an einer Axe I, welche zugleich die Axe des Wasserrades M ist, befindet.

Der Wellbaum des Wasserrades muß, außer dem Trillinge, noch mit einer großen Rolle NN (Fig. 1. und 8.) versehen seyn. Diese dient dazu, vermittelst eines oder mehrerer darumgeschlagener Seile cc, der Axe O eines Sichtbeutels eine rotirende Bewegung, vermittelst einer kleinen Rolle P mitzutheilen. (Fig. 1. und 7.)

Im Gefolge des Mühlsteins E (Fig. 2.) und vermittelst einer eisernen Kette F, welche an der Axe dieses Mühlsteines befindlich ist, bewegt sich ein Streicher R (Fig. 2 und 3). Seine Verrichtungen bestehen darinn, die zu zermalmende Masse von dem Rande abzulösen, und sie der Mitte der Rinne zuzuführen. Dieser Streicher ist von Holz und mit Blei belastet. Der Sichtbeutel ist von einem Kasten aa (Fig. 1. 7. 8 und 9.) umgeben, dessen Wände genau zusammengefugt seyn müßen. An einer der Seitenwände befindet sich eine Thüre Q, welche genau schließen muß. Der untere Theil des Kastens läßt sich, vermittelst der beweglichen Theile, welche durch eiserne Haken r (Fig. 1.) festgehalten werden, auseinandernehmen.

An einem der Enden des Kastens, befindet sich ein Mühlentrichter b (Fig. 1. 7. und 8.), welcher auf einem Gestelle c ruhet. Unter der unteren Oeffnung des Mühlentrichters ist ein Schuh (auget) angebracht, der an vier Schnüren hängt, um damit er erschüttert werden kann. Am Ende dieses Schuhes befindet sich eine Rinne e, deren unteres Ende sich in den Sichtbeutel einmündet. Ist die Rolle P in die rotirende Bewegung versetzt worden, so berührt die hölzerne Stange f, die Spitzen eines Sternes g, der sich an der Axe des Sichtbeutels befindet. Indem sie von den Spitzen dieses Sterns zurückgestoßen wird, zieht sie den Schuh mit sich, welcher durch eine eiserne Feder h (Fig. 8.) nach der entgegengesetzten Richtung zurückgeschnellt wird, wodurch der Schuh in eine ununterbrochene, zitternde Bewegung geräth.

An den beiden Enden des Kastens und senkrecht an den beiden Mündungen des Sichtbeutels, befinden sich zwei kleine Behältnisse qq (Fig. 7.), von denen das eine am unteren Ende des Sichtbeutels, zur Aufnahme der gröberen Theile, welche nicht durch das Beuteltuch hindurch gingen; das am oberen Theile des Sichtbeutels, zur Aufnahme eben dieser Substanzen dient, welche, da sie auf die Axe fielen, aus dem Zylinder des Sichtbeutels herausspringen können, ohne in das Innere desselben zu gelangen.

Die hier beschriebene Mühle mit Mühlsteinen dient zur vorläufigen Verkleinerung der Ingredienzien, welche als Bestandtheil in den Pulversatz eingehen. Einer ähnlichen Mühle kann man sich statt der Stampfmühlen, zur Bildung des Pulversatzes bedienen. In diesem Falle, läßt man zwei auf ihrer schmalen Seitenfläche stehende Mühlsteine aus Marmor von großen Durchmessern, die an zwei horizontale Arme einer lothrecht stehenden Welle eingeschoben und daran befestigt sind, auf einem liegenden Steine (Bodensteine) aus derselben Substanz, sich bewegen. Als bewegender Kraft kann man sich des Wassers, oder auch thierischer Kräfte bedienen.

Die Sichtbeutel u. s. w. fallen bei einer Mühle für diesen Zweck, wie sich von selbst versteht, hinweg.

Beschreibung einer Pulver-Stampfmühle.

(Tafeln VII., VIII., IX., zu Seite 255 ff.)

Die Einrichtung einer Pulver-Stampfmühle ist folgende: AA ist ein großes, unterschlächtiges Wasserrad, welches an einer Wasserwelle BB befindlich ist. Die beiden Enden der Wasserwelle liegen auf zwei Unterlagen CC, von denen die eine sich im Innern, die andere außerhalb des Mühlengehäuses befindet. An dem im Innern des Mühlengehäuses befindlichen Theile der Welle, ist ein Sternrad DD befestigt, an dessen Umfange die Zähne vertheilt sind, welche in die Triebstecken der beiden Trillinge EE eingreifen. Durch jeden dieser Trillinge geht eine Welle FF hindurch, welche die Daumenwelle genannt wird. Diese Axen werden von den Trillingen in Bewegung gesetzt, indem letztere von dem Sternrade, so wie dieses von dem großen Wasserrade ihre Bewegung erhalten.

Vermittelst dieser Bewegung heben diese zwei Wellen, welche auf vier festen Unterlagen F′ ruhen, eine Anzahl Stampfer GGG u. s. w. vermittelst der Hebebäume HHH u. s. w., welche durch sie hindurchgehen. Diese Hebebäume sind an der Länge der Welle in einer Spirallinie angeordnet.

Die Stampfer werden durch Querhölzer IIII, welche Scheidelatten heißen, in senkrechter Richtung erhalten, und bewegen sich zwischen denselben. Zwei dieser Scheidelatten befinden sich aus diesem Grunde eine über der anderen, und sind mit Zapfenfugen, die aufeinander zutreffen, um die Stampfer aufzunehmen, versehen. Sie werden in horizontaler Richtung von anderen Stücken KKKK, welche man Backenstücke (jumelles) nennt, festgehalten. Diese Bänder werden senkrecht in die festesten Holzstücke der Mühle eingezapft; es sind diejenigen, in welchen die Gruben, welche die Stampfer aufnehmen, angebracht sind; diese Holzstücke nennt man Grubenstöcke LL. Das Ganze, welches jeder Grubenstock mit den dazu gehörenden Stampfern bildet, wird ein Stampfensatz (Batterie) genannt. Die Abbildung, welche zu dieser Beschreibung gehört, stellt eine Stampfmühle mit zwei Stampfsätzen dar.

Diese Grubenstöcke werden durch starke Querhölzer, welche Riegel (entretoises) MMMM genannt werden, festgehalten, und das ganze Stampfgerüste wird von schräg angesetzten Holzpfeilern, die man Streben NNNN nennt, zusammengehalten. Diese Holzstücke ruhen mit dem einen Ende

auf

auf den oberen Verbandstücken, mit den anderen auf den Mauern des Mühlengehäuses ppTT, und auf der vorderen Seite der Hölzer SS.

In einigen Pulverfabriken giebt es Mühlen mit nur einem Stampfsatze. In diesem Falle ist die Daumenwelle von der Wasserwelle nicht verschieden; nur ist alsdann das Wasserrad ungleich kleiner, weil es sich weit schneller bewegen muß, als bei der Einrichtung, wo das an ihr befindliche Sternrad, die an den besonderen Daumwellen befindliche Drillinge in Bewegung setzen muß.

Beschreibung der zum Körnen dienenden Maschinen.

(Tafel X., zu Seite 268.)

Die Tröge M (Fig. 1. 2. 3.), deren man sich zum Körnen bedient, sind große hölzerne Kasten von parallelepipedischer Form, deren Gerippe aus starken Pfosten von Eichenholz bestehet, und wo die Zwischenräume gleichfalls aus Füllungen, welche starke eichene Bohlen sind, gemacht wurden. Alle Pfosten werden durch Querriegel festgehalten, und dadurch das Verwerfen der die Tröge bildenden Stücke verhindert.

Jeder dieser Tröge ist an seinem hinteren Theile AA (Fig. 3.), welcher etwas von der Mauer des Gebäudes abstehen muß, etwa um drei Fuß höher, als an dem vorderen Theile aa, wo die Höhe nur etwa 1 Fuß 3 Zoll von dem oberen Rande bis an den Boden des Troges beträgt.

Die beiden Seitenstücke sind ausgeschweift, wie man es bei A. e. a. (Fig. 3.) sieht. Die Breite des Troges im Lichten beträgt 4 Fuß, die Länge 17 Fuß, die ganze Höhe, die Füße mm (Fig. 2. und 3.) mit einbegriffen, ist an der vorderen Seite, welche diejenige ist, wo die Arbeiter stehen $2\frac{1}{2}$ Fuß, und an der hinteren Wand 4 Fuß 2 Zoll. Quer durch die Tröge gehen hölzerne Stangen b (Fig. 1. und 3.); diese sind viereckig; ihre Breite auf jeder ihrer Flächen beträgt anderthalb Fuß, und ihre Länge ist der, der Breite der Tröge gleich.

Man schiebt sie horizontal, ungefähr einen Fuß vom Boden entfernt, ein. In dieser Lage erhält man sie durch Leisten tt (Fig. 1. 2. 3. 4. und 5.), welche Einschnitte haben, um sie aufzunehmen. Diese Leisten sind fest an die Seitenwände des Troges angeschraubt. Die Einschnitte sind so gemacht, daß wenn die Stange in ihnen ruhet, eine ihrer Kanten nach oben gekehrt ist.

In einem Troge bringt man mehrere dergleichen Stangen, in Entfernungen von etwa 6 Fuß an, damit die Arbeiter bei ihren Verrichtungen einander nicht stöhren. Da die Fugen nur bis auf die halbe Holzstärke in die Leisten eingeschnitten sind, so kann man die Stangen mit der Hand hinwegnehmen, und so mit größerer Leichtigkeit das gekörnte Pulver herauslangen.

Zu Seite 269.

Die Eintheilung der Siebe in Schrootsiebe, Körnsiebe und Scheidesiebe, hängt von dem Durchmesser der Löcher ab, mit denen die Felle, welche den Boden derselben ausmachen, durchbohrt sind. Alle diese Siebe, (Fig. 6. und 7.) haben eine runde Form und bestehen aus zwei Reifen von Nußbaumholz, welche zylinderförmig zusammengebogen sind. Sie sind acht Fuß lang, da aber ihre Enden beinahe zwei Fuß übereinander gelegt sind, so beträgt der Umfang nur 6 Fuß außerhalb am oberen Rande, und etwas mehr an dem unteren, wegen dem zweiten Reife, welcher über den ersten gelegt ist, um damit man das Fell, welches den Boden des Siebes ausmacht, befestigen könne.

Der innere Reif ist höher als der äußere, welcher ihn bedeckt. Er endigt die innere Höhe des Siebes, welche gewöhnlich 6 bis 7 Zoll beträgt; für den äußeren Reif genügt eine Höhe von 4 Zoll. Die so angeordneten Reifen, welche eine Dicke von ungefähr 6 Linien haben, lassen für den inneren Durchmesser des Siebes ungefähr 2 Fuß. Die Erfahrung hat jedoch gelehrt, daß ein kleinerer Durchmesser das Geschäft des Arbeiters erleichtere, man hat daher in der Pulverfabrique zu Eßonne, den innern Durchmesser der Siebe auf 1 Fuß 10 Zoll, als die zweckmäßigste Dimension, zurückgebracht.

Diesen Durchmesser von 1 Fuß 10 Zoll muß auch der durchlöcherte Theil der Felle haben. Außerdem läßt man einen nicht durchlöcherten Streifen, von etwa 4 Zoll Breite, stehen. Dadurch wird der Durchmesser des ganzen Felles (indem 4 Zoll auf jeder Seite desselben hinzukommen) 2 Fuß 6 Zoll.

Die Durchmesser der Löcher für die verschiedenen Siebhäute, sind gesetzmäßig folgendermaßen bestimmt:

Für das Schrootsieb	4,432 Linien.
Für das zweite Schrootsieb (demi guillaume)	2,216 —

Für das feinste Schrootsieb, oder das Körnsieb zum Bergwerkspulver	1,773	Linien.
Für das Körnsieb zum Kriegsschießpulver	1,007	—
Für das Körnsieb zum feineren Pulver	0,443	—
Für das Körnsieb zum feinsten Pulver	0,2216	—

Die Felle sind von Schweinen oder Kälbern.

Beschreibung der Maschine zum Glätten des Pulvers.

(Tafel XI. zu Seite 281. ff.)

Der Apparat zum Glätten des Schießpulvers ist äußerst einfach. Er bestehet aus einer bis zwei Tonnen, welche an einer horizontalliegenden Axe AA (Fig. 1. und 2.), die durch die beiden Boden derselben hindurchgeht, befestigt sind.

Diese Axe könnte zugleich zur Welle eines Wasserrades dienen, welches bei seiner Umdrehung die Tonnen mit in Bewegung setzt. Auch kann dasselbe Wasserrad R zwei Reihen von Tonnen vermittelst eines Sternrades H, das sich am andern Ende der Welle befindet, und in die Triebstecken der Trillinge L eingreift, in Bewegung setzen.

Die Größe des Betriebes der Fabrike muß bestimmen, ob es nöthig sey, an jeder Axe zwei Tonnen anzubringen. Die Abbildung zeigt eine Einrichtung zum Glätten, wo an jeder Axe zwei Tonnen befindlich sind.

Um das Pulver in die Glättonnen einzuschütten, bringt man in der Mitte des Bauches vom Fasse, zwei Oeffnungen von etwa 7 Zoll Größe, die einander diametrisch entgegengesetzt sind, an oo (Fig. 3 und 4.). Jede derselben wird mit einem Spunde in Gestalt eines Brettchens, das genau in die Oeffnung paßt, und das vermittelst eines Falzes, den man in der Dicke desselben gespart hat, noch 1½ Linien in dem ganzen Umfange der Oeffnung überspringt, verschlossen.

Außer der Axe, welche durch die Tonnen hindurchgeht, sind noch in jeder vier viereckige Hölzer bb (Fig. 4.) von drittehalb Linien Dicke, parallel mit der Axe, in denselben angebracht. Sie sind an den Boden der Tonnen befestigt, und befinden sich an den vier Ecken der Axe, von der sie nur etwa 5 Linien entfernt sind. Diese Stäbe dienen dazu, die Masse des Pulvers mehr zu zertheilen und die Reibung zu vermehren. Zum Einfüllen des Pulvers in die Glättonnen, dient ein wie ein Mühlrumpf gestalteter Trichter (Fig. 5.), dessen untere Oeffnung in die Tonnen einmündet.

Unter jeder Glättonne bringt man einen großen Kasten e an (Fig. 3 und 4.), über den man ein Tuch breitet, um sowohl das Pulver, welches während der Operation herausfällt, als dasjenige aufzunehmen, welches nach beendigtem Glätten durch Oeffnen der Schieber und fortgesetztes Umdrehen der Tonnen erhalten wird.

Beschreibung der Trockenanstalt.

(Tafel XII. zu Seite 297.)

Der Blasebalg ist ein Ventilator, der sich in einer Trommel AA (Fig. 1 und 2) befindet. Diese hat vier Oeffnungen; die eine B am oberen Theile (Deckenstücke) (Fig. 1 und 3.), ist zirkelförmig; die andere, am entgegengesetzten (Bodenstücke) C, hat mit dem unterirdischen Kanal H (Fig. 1.), welcher der Kanal des Einsaugens genannt wird, Gemeinschaft. Die dritte Oeffnung ist der Einschnitt E, welcher in die Mauer der Trockenstube gemacht worden ist; die vierte ist die Thüre P, durch die man in die Trommel hineingehen kann, und welche genau schließt.

Der in dieses Behältniß eingeschlossene Ventilator, von dem Fig. 2. den Durchschnitt darstellt, bestehet aus einer eisernen Axe ab, welche sich an ihrem unteren Theile in einen Zapfen endigt, der sich in einem Zapfenlager e bewegt, in einem hölzernen Pfosten p, der mit Klammern an dem Boden des Einsaugungskanals befestigt ist. An den Punkten ee der senkrechten Axe, befinden sich am oberen Theile vier eiserne Aerme, eben so viele am unteren. Diese acht Aerme, welche durch eiserne Stange vereinigt sind, die mit der Axe parallel sind, und sich in ff, gg, hh, ii befinden, bilden Rahmen, die mit gefirnißter Leinwand überzogen, die vier Flügel des Ventilators darstellen. Andere diagonale Stangen fg und hi, endigen sich in Stellschrauben, welche dazu dienen, im Fall sich die Aerme krümmen, den äußersten Theil der Flügel in die Höhe zu ziehen.

Die Axe des Ventilators wird in ihrer senkrechten Richtung durch eine eiserne Querstange, die an der oberen Oeffnung der Trommel befindlich ist, erhalten. In der Mitte der Querstange befindet sich ein kupfernes Band, das der Länge nach gespalten ist, welches den oberen Theil der Axe des Ventilators, der diesem gemäß eingerichtet ist, umfaßt. Die beiden Theile des Bandes sind mit einer Nuthe versehen, und lassen sich vermittelst Schrauben mehr oder weniger nähern.

Am Ende der Axe des Ventilators befindet sich ein Getriebe, welches in ein gezähntes Rad k eingreift. Durch dieses Rad geht eine eiserne Axe hindurch, deren beide Enden auf kupfernen oder zinnernen Lagern ruhen, welche in der erforderlichen Höhe, durch Stangen mmm die mit Riegelnägeln an die Balken der Decke befestigt sind, festgehalten werden. An einem der Enden, dieser zum gezähnten Rade gehörenden Axe, befindet sich eine Kurbel. Jedes der ringförmigen Lager bestehet aus zwei Theilen, von denen der untere die Axe trägt; der obere dieselbe völlig umgiebt, und von einem Bande festgehalten wird. Da wo die Axe sich in den Angeln bewegt, oder wenigstens die Stelle, welche der Kurbel am nächsten liegt, ist eine wie eine Olive gestaltete Beuchung, welche in die Dicke des Lagers einpaßt und sich darin bewegt, um das Schwanken der Axe des gezähnten Rades, und mithin zu verhindern, daß die Theile so verrückt werden, daß das Eingreifen des Getriebes in das gezähnte Rad nicht ferner statt finden könne.

Die Verbindung E, welche zwischen dem Gehäuse des Ventilators und der Wärmestube (Fig. 1.)

statt findet, wird durch eine Klappe nn (Fig. 2 u. 3) geöffnet und verschlossen.

Der Blasebalg wird vermittelst des Umdrehens der Kurbel, durch einen Arbeiter, welcher auf einem Gerüste, das sich zwischen dem Gehäuse des Blasebalges und der Mauer befindet, welches anderthalb Fuß Höhe hat, in Thätigkeit gesetzt.

Durch diese rotirende Bewegung, welche dem Blasebalge ertheilt wird, erhält die in dem Gebäude zwischen den Flügeln befindliche Luft, eine Centrifugalkraft, durch welche dieselbe, wenn die Kappe geöffnet ist, aus der Oeffnung E herausgetrieben wird, sie wird von der Luft des Cylinders gg hh (Fig. 3.) und diese durch die atmosphärische Luft ersetzt, welche in das Gehäuse, durch den unteren Einsaugungskanal und die zirkelförmige Oeffnung im Deckenstücke eindringt. So wird durch die fortgesetzte rotirende Bewegung, welche dem Blasebalg ertheilt wird, die Luft in der Wärmstube angehäuft und zusammengedrückt, mithin auch in dem Aushauchungskanale und dem Trockenorte. Diese Theile des Apparates sollen sogleich beschrieben werden.

Die Wärmstube wird durch einen Ofen B (Fig. 1. 2. und 4.) erwärmt. Die erste Thüre a, ist die des Aschenheerdes; die zweite b dient zum Eintragen des Holzes und zum Herauslangen der Asche, wenn man sich der Kohlen zur Feurung bedient; durch die dritte e, schüttet man die Kohlen auf den geneigten Rost c (Fig. 4.).

Die durch die Thüre a des Aschenfalls eintretende Luft, verbrennt den Theil des Brennmaterials, welcher zunächst am Roste liegt; dringt in den Kanal N (Fig. 1.), wo sie bald eine sehr erhöhte Temperatur annimmt, gelangt in die Röhren oo, welche an dem Ende des Kanals anfangen, und in der Wärmstube, durch einen Raum von 174 Fuß Länge herumgeführt sind, und sich an dem unteren Theile des Rauchfanges e (Fig. 4.) endigen.

Während das Brennmaterial an der unteren Fläche brennt, ist die obere Fläche desselben beträchtlich erhitzt; da dieselbe nur mit einer Luft, welcher durch das Verbrennen der Gehalt an Sauerstoff entzogen wurde, in Berührung kommt, so wird, wenn man nicht Vorkehrungen dagegen trifft, ein sehr dicker Rauch erzeugt werden, der den doppelten Nachtheil hätte, einmal, daß dadurch ein Theil des Brennmaterials verloren ginge, dann aber auch, daß die innere Fläche der Röhren sich mit Ruß belegen, wodurch sie ein schlechter Leiter der Wärme werden, und die Erhitzung der Wärmstube verhindern. Um dieses zu vermeiden, bringt man in der Thüre d einen Zug an, durch welchen die atmosphärische Luft in den Feuerraum eindringt. Sie wird daselbst erwärmt, vermischt sich mit dem Rauche in dem Kanal N, und befördert das Verbrennen desselben.

Hinter dem Kanale N, wird eine Trommel von Eisenblech, welche einen Inhalt von dreißig Kubikfuß hat, angebracht. Die Röhren, welche den Rauch ausführen, gehen von der oberen Fläche desselben aus; im Boden befindet sich eine Thüre, durch welche man die Asche, welche sich daselbst absetzt, herauslangt; widrigenfalls würde dieselbe in das Innere der Röhren geführt werden, diese verstopfen und die Erwärmung der Wärmstube verhindern.

An jedem Ende des Innern der Wärmstube,

erblickt man eine schwache Mauer aus Ziegeln F (Fig. 1.) Diese Mauern, welche bis an die Decke hinaufsteigen, lassen zwischen sich und den Wänden des Gebäudes einen Zwischenraum von ungefähr 8 Zoll. Da die in diesen Raum eingeschlossene Luft, ein schlechter Leiter der Wärme ist, so verhindert sie das Entweichen des in der Wärmstube angehäuften Wärmestoffes.

Die kleine Mauer G schließt nicht, wie die beiden andern, an die Decke der Wärmstube an, sondern läßt an dem oberen Theile eine Oeffnung, welche ein Kreisabschnitt, dessen Höhe anderthalb Fuß beträgt, ist. Durch diese Oeffnung, dringt die vom Blasebalg fortgetriebene Luft in den Aushauchungskanal HH und vermittelst der Mündung M unter die Trockenanstalt. Es wird demnach bei dieser Vorrichtung, nur die wärmste Luft, welche stets den obersten Theil des Gemaches einnimmt, in den Kanal treten, und den unteren Schichten Zeit lassen, sich zu erwärmen.

Ebenfalls um den Verlust des Wärmestoffes zu verhindern, ist die Wärmstube mit einer doppelten Wölbung ff (Fig. 4.) eine über der anderen, welche zwischen sich einen Raum g lassen, versehen.

Man sieht in D (Fig. 1.) und in o (Fig. 2.) die Thüre, durch welche man in die Wärmstube geht. Man bringt in derselben ein Fenster an, und an diesem an der nach der Stube zugekehrten Seite ein Thermometer, um die Temperatur im Innern bemerken zu können.

Der Trockenraum ist ein parallelepipedischer Kasten. Der Kanal, durch welchen die Luft ausströmt, öffnet sich in der Mitte des Bodens vom

Trockenraume. Dieser, so wie das ganze zur Trokkenanstalt gehörende Gebäude, liegt mit seinen Ecken nach den vier Kardinalpunkten. Die nach Süden gerichtete Wand (Fig. 4.) ist weniger hoch, als die nördliche k. Dieser Kasten bestehet aus Mauerwerk, und ist mit einer hölzernen Einfassung i umgeben. In dieser sind eiserne viereckige Stangen l, welche auf ihren Kanten quer über dem Kasten liegen, befestigt. Ihre Lage ist so, daß beim Sommer Solstitium die Sonnenstrahlen senkrecht auf sie fallen. Die Entfernung der Stangen beträgt einen Fuß. Quer über dieselben, ist von einem Ende des Kastens zum anderen starker Eisendraht gezogen, welcher straf angezogen und an der Einfassung des Kastens befestigt wird. Ueber diesen zieht mnn nach der Richtung der Stangen feineren Drath, in einer Entfernung von etwa 5 Linien. Das Ganze bildet ein festes Netz, über welches man wollenes Zeug, das ziemlich dicht ist, um keinen Staub hindurchzulassen, spannt. Man nagelt es längs seines ganzen Umfanges inwendig an der hölzernen Einfassung fest, so daß es straff gespannt ist und genau die ganze obere Fläche der Trockenanstalt bedeckt.

Die Mündung des Kanals M, durch welchen die Luft strömt, kann nach Willkühr durch eine in einem Gewinde n (Fig. 4.) sich bewegenden Fallthüre, vermittelst einer Schnur, welche durch die gegen Norden liegende Mauer k hindurchgeht, und außerhalb an einem Haken befestigt ist, verschlossen werden. Um ferner dem Wärmestoffe, der warmen, in den Trockenapparat einströmenden Luft, weniger Oberfläche zum Entweichen darzubieten, ist der Apparat durch Erde bis zu den Punkten p erhöhet worden, und der Boden, welchem man einige Neigung gegeben hat, ist mit weißen Fliesen aus Fayence, welche genau an einander gefugt sind, belegt.

An den äußersten Enden und westlich vom Troge, befinden sich zwei kleine Thüren vou 6 Quadratzoll, durch welche Menschen kriechen können, um mit Besen den Staub zusammenzufegen, welcher während des Ausleerens des Pulvers durch das wollene Zeug hindurchgestäubt und auf den Boden gefallen ist. Einige im Innern, an den in den Thüren befindlichen Glasfenstern angebrachte Thermometer, zeigen die Temperatur des Ortes an.

An dem gegen Süden gelegenen Ende der Einfassung, befinden sich sechs trichterförmige Oeffnungen, an deren äußerem Theile eben so viele geneigte Röhren, die dazu bestimmt sind, das getrocknete Pulver in die Fässer zu füllen, angebracht sind. Während des Trocknens, werden diese Oeffnungen mit genau passenden Holzstöpseln verschlossen.

Das Zimmer, in welchem das Pulver getrocknet wird, hat keine Gemeinschaft mit der Wärmstube, so wie diese gänzlich von dem Behältnisse, in welchem sich der Ofen befindet, durch eine Scheidemauer, welche von Osten nach Westen in der Richtung des Gebäudes hinläuft, getrennt ist. Dieses Zimmer ist mit einem geneigten gläsernen Dache versehen, das auf eisernen Schienen q (Fig. 4.) ruhet, die mit einem Ende an der Mauer, die nach Süden gerichtet ist, mit dem anderen an dem Kranze, an einem Balken der von Säulen getragen wird, befestigt sind. In der Mitte der Decke jeder Schiene q, sind durch mit Schraubenmuttern versehene Schrauben, kleine viereckige Hervorragungen, welche den

Scheiben auf jeder Seite eine Unterstützung darbieten, befestigt. Diese Hervorragungen sind an ihrem unteren Theile, an jeder Seite, mit einem hervorspringenden unter einem rechten Winkel gebogenen Theile, welcher 2 bis 3 Linien Länge hat, versehen, wodurch das Verschieben und Herabgleiten der Scheiben verhindert wird. An dem oberen Ende sind die kleinen Hervorragungen so gebogen, daß der hervorspringende Theil, von der Biegung an, senkrecht gegen den Horizont ist. Sie endigen sich in einen halben Ring, in welchem sich runde Stängelchen t befinden, welche an dem unteren und oberen Theile des Daches, an dem Kranze und der Mauer befestigt sind.

Die Scheiben sind so gelegt, daß die eine zum Theil die andere deckt, so daß ein Theil der oberen auf der zweiten, ein Theil von dieser auf der dritten u. s. w. liegt. Die Ränder der Scheiben sind auf den großen Schienen festgeküttet; sie sind anderthalb Fuß breit und zwei Fuß hoch, und es ruhen achtzehn Reihen derselben auf neunzehn Schienen.

Die runden Stangen t verhindern, daß die Leinwand, welche man im Falle eines Hagelwetters über das Glasdach spannt, dieses unmittelbar berühre, die Scheiben durch die Reibung verrücke, oder daß sie, durch den Wind in Bewegung gesetzt, dieselben zerbreche.

Diese Leinwand läßt sich, vermittelst Rollen, die sich am oberen und unteren Theile des Daches befinden, durch vier Schnüre, welche durch Ringe gehen, und sich in demselben Punkte vereinigen, und eine runde Stange, welche vermittelst Hebel durch einen Mann der sich in dem Trockenraum befindet, in Bewegung gesetzt werden kann, wie ein Vorhang auf und niederlassen. Die Leinwand wird ihrer Länge nach durch zwei runde Stangen aus Fichtenholz, welche sich zugleich mit ihr in die Höhe ziehen, gespannt erhalten; sie bewirken, daß die Falten derselben gedrängter und gleichförmiger ausfallen. Das Ganze lagert sich unter dem kleinen Dache u, wo es gegen Sonne und Regen geschützt ist.

Das kleine Dach u, hat die ganze Länge des Gebäudes, und bestehet aus einigen gekrümmten eisernen Stangen, von denen das eine Ende hervorspringt, das andere in dem Balken befestigt ist; auf ihnen ruhen einige hölzerne Stangen, an die eine gefirnißte Leinwand festgenagelt ist.

Die runden Stangen t, dienen auch noch zur Unterstützung der Strohmatte und des getheerten Seegeltuches, womit man beim Eintritt des Winters das gläserne Dach belegt.

Die Entfernung der gegen Süden gelegenen Mauer, so wie die geringere Höhe derselben, verhindern, daß von der Frühlings Nachtgleiche bis zu der des Herbstes, je zwischen acht Uhr des Morgens und vier Uhr Nachmittags der Schatten derselben auf das Trockenzimmer fallen könne. Die inneren Wände sind geweißt, damit sie um so stärker die Lichtstrahlen zurückwerfen. Man sieht in v ein in jeder Schiene q angebrachtes Loch; durch dasselbe steckt man eine runde Stange, welche, indem sie alle die verschiedenen Schienen verbindet, verhindert, daß sie durch ihre Reibung rechter oder linker Hand, die Scheiben zerbrechen können.

Von den zur Anlage eines Pulvermagazins erforderlichen Bedingungen.

(Zu Seite 304.)

Das Pulvermagazin muß an dem entferntesten Orte der Fabrike, auch wohl außerhalb dem Bezirk derselben angelegt werden. Bei seiner Anlage muß man jedoch eine solche Lage wählen, die gestattet, das Pulver leicht und bequem, es sey zu Wasser oder zu Lande, dahin bringen zu können. Um der Feuchtigkeit einen Abzug zu verschaffen, so umgiebt man es mit einem Graben, welcher sowohl das von den Dächern abfließende Wasser, als auch das von dem inneren Boden, der überdieß mit auf Lagerholz ruhenden Dielen belegt wird, aufnimmt. Auch die Mauren im Innern sind mit Brettern bekleidet, und auf dem Fußboden befinden sich in einiger Entfernung von den Mauern, zur Aufnahme der Pulverfässer, bestimmte Lager.

Diese Lager sind der ganzen Länge des Magazins nach angelegt. Vermittelst schwacher Balken, welche auf Unterlagen die dreiseitige Prismen sind, ruhen, und quer über die Lager gelegt sind, kann man die verschiedenen Arten von Pulver sondern, und Verwirrung vermeiden, zugleich aber auch das Nachsehen des Bestandes des Magazins erleichtern.

Will man ein Magazin für 500 bis 600 Zentner Pulver haben, so giebt man ihm eine Breite von 18 Fuß, bei einer Länge von 60 Fuß. Nahe an der Mauer legt man eine einfache Reihe Pulverfässer längs der Länge des Magazins, und in der Mitte zwei Reihen nebeneinander, und eine Reihe Fässer übereinander. Bei dieser Anordnung bleiben die erforderlichen Zwischenräume, um die nöthigen Geschäfte in dem Magazin verrichten zu können.

Das Magazin hat die Form eines länglichen Viereckes. An einer der schmalen Seiten ist die Thüre, an der entgegengesetzten der Fenster. Sowohl die Thüre, als das Fenster, haben zwei Flügel. Erstere, um das Einbringen und Fortbringen der Pulverfässer zu erleichtern; letzteres, um durch Oeffnen des Fensters und der Thüre bei schönem Sommerwetter, die Luft zu erneuern.

Um die Magazine gegen Unvorsichtigkeit und Diebe zu sichern, umgiebt man sie mit einer Mauer, und durch Blitzableiter schützt man sie gegen den Wetterstrahl.

Verfertigung des Pulvers vermittelst Tonnen und Pressen.

(Tafel XIII. und XIV. zu Seite 318 ff.)

MM. Mauer des Mühlengehäuses.

V. Schutzbrett, um dem Rade Wasser zu geben.

R. Wasserrad.

C. Wellbaum, welcher dem Wasserrade und einem senkrecht stehenden Drillinge mit vier und funfzig Triebstecken zur gemeinschaftlichen Axe dient.

R¹. Unteres Rad, welches in dem Drilling L eingreift, von dem es in Bewegung gesetzt wird, und das hundert zwölf Zähne hat.

R². Oberes Rad mit zweihundert achtzen Zähnen.

S. Axe der beiden Räder.

BB.

BB. Eiserne Stäbe, sechszehn an der Zahl, welche die Verbindung der beiden Räder, und ihre horizontale Lage erhalten.

ll. Drillinge, deren Zahl, so wie der der Tonnen achtzehn beträgt, und die achtzig Triebstecken haben.

TT. Tonnen, in welchen das Reiben des Pulvers erfolgt, die mit den Drillingen eine gemeinschaftliche Axe haben.

cc. Unterlagen, welche zur Unterstützung der Tonnen und der zu ihnen gehörenden Drillinge dienen.

Wenn das Wasserrad sechs Umläufe in der Minute macht, so kommen für die Tonnen acht und zwanzig Umläufe in derselben Zeit.

Zusammendrücken der Pulvermasse durch Pressen und Plätten.

(Tafel XV. zu Seite 323. ff.)

mm. Tröge, in welchen das Pulver geplättet wird.

pp. Starke Bretter, auf welche man Schichten Pulver legt, um sie zu pressen.

cc. Trage, auf welche man jene Bretter bis zur Zahl von dreißig aufstapelt, um sie unter die Presse zu tragen.

PP. Vier Pressen, in derjenigen Lage, in welcher sie sich an dem Arbeitsorte befinden müßen, damit das Zusammenpressen auf die geschwindeste und bequemste Art verrichtet werden könne.

Beschreibung des Zählers.

(Tafel XVI. zu Seite 376.

Dieses Werkzeug dient zum Zählen der Hübe der Stämpfer, so wie zur Regulirung aller Operationen der Mühle.

Man stellt dasselbe auf die im Innern befindliche Unterlage des Wellbaumes des Rades A (Fig. 1.) und setzt es mit dem Zapfen T dieser Welle in Verbindung, damit sich die Bewegung dem Theile P, der ein Getriebe mit acht Einschnitten ist, mittheile. Dieses Getriebe greift in ein gezähntes Rad RR (Fig. 1. 2. 3.), welches sechs und neunzig Zähne hat. In die Axe dieses Rades aa, (Fig. 1. 2.) sind ihrer ganzen Länge nach, Striche eingeschnitten; sie bildet auf die Art eine Schraube, an welcher sich ein Zeiger befindet, der sich von der Linken gegen die Rechte bewegt, so wie sich die Schraube umdreht, indem der Kopf t desselben eine Schraubenmutter ist, welche nach derselben Richtung wie die Schraube eingeschnitten ist. Ueber diesem Kopfe befindet sich eine Spitze i, welche auf einem eingetheilten Lineal EE, die Zahl der Umdrehungen des gezahnten Rades RR angiebt.

Die Spitze p des Zeigers I, zeigt auf einem zweiten Lineal E^2 (Fig. 2) die nach und nach vorzunehmenden Umtragungen und andere Arbeiten an, welche die ganze Zeit des Stampfens hindurch statt finden müßen.

Proben für die verschiedene Arten Pulver.

Proben für das Kriegsschiesspulver.

(Tafel XVII. zu Seite 414. ff.)

Figur 1.

Dimensionen des zum Probiren des Pulvers dienenden Probirmörsers.

aa. Kaliber des Mörsers	7 Zoll	0,6695 Lin.
bb. Durchmesser der Kugel (Fig. 2) . . .	7 —	0,0046 —
cc. Tiefe der Seele, den Halbzirkel mit einbegriffen .	8 —	9,94774 —
dd. Tiefe der Kammer, der Boden ein Zirkelstück .	2 —	4,81424 —
ee. Oeffnung, oder Durchmesser der Kammer .	1 —	10,16480 —
ff. Dicke am Umfange der Kammer . . .	2 —	0,824576 —
gg. Dicke am Bauche des Mörsers . . .	1 —	2,62877 —
hh. Dicke am Mundstücke	—	11,86900 —

Der Mörser und die Kugel wiegen zusammen 345 Pfund. Figur 2. stellt die Kugel mit dem eisernen eingeschraubten Ringe vor, dessen man sich bedient, um sie von einem Orte zum andern zu bringen, und sie in den Mörser zu-laden. Der untere Theil der Schraube dieses Ringes, endigt sich in eine mit zwei Seiten schräg zulaufende Fläche, damit man sich seiner als Schraubenzieher bedienen könne.

Figur 3. ist ein Stöpsel, dessen man sich statt

des Ringes bedient, wenn die Kugel in den Mörser gelegt worden. Man schraubt diesen Stöpsel mit dem oben angegebenen Werkzeuge aus, nachdem die abgeschossene Kugel ausgegraben worden.

Figur 4. ist eine Kugellehre (lunette) um den Durchmesser der Kugel zu untersuchen.

Die Figuren 5. 6. 7. und 8 sind Abbildungem des Kaliberstabes. Fig. 5 und 6. zeigen ihn von vorne, Fig. 7. ist der Grundriß, und Fig. 8. der Durchschnitt nach der Linie AB.

Figur 9. ist eine Abbildung des auf der einen Fläche des Kaliberstabes befindlichen Nonius.

Figur 10. ist die Abbildung eines zur Verificirung der Zündlöcher dienenden Instrumentes.

Figur 11. ist ein kupferner Keil, dessen man sich zur Verificirung des Spielraumes der Kugel bedient. Eine der Seiten dieses Instrumentes ist eben, die andere zylindrisch wie die Seele des Mörsers. Seine größte Dicke, welche sich am Kopfe befindet, beträgt 2,659776 Linien, sie nimmt für 1 Zoll 10,1648 Linien Länge um 0,443296 Linien ab. Es wird demnach die Zunahme des Spielraumes um einen Theil, durch funfzig Theile am Maaßstabe ausgedrückt, oder wenn der Spielraum um 0,0443296 Linien zunimmt, so wird das keilförmige Instrument 2,21648 Linien tiefer eindringen.

Will man sich des Maaßstabes, welcher zur Verificirung des Spielraumes dient, bedienen, so muß man einen Zylinder aus hartem Holze nehmen, dessen Durchmesser mit dem der Kammer des Mörsers übereinkommt, und ihn in diese stellen. Er muß so hoch seyn, daß wenn die Kugel auf ihm ruht, der Punkt ihrer Oberfläche, welcher dem Berührungspunkte entgegen ist, mit der Mündung des Mörsers in dieselbe Ebene falle. Dieses beurtheilt man nach dem Augenmaaße, oder dadurch, daß man ein Lineal auf die Mündung des Mörsers legt. Jetzt bringt man den Maaßstab zwischen die Kugel und den oberen Theil des Mörsers, bis er seiner Dicke wegen sich nicht weiter fortschieben läßt. Man betrachtet jetzt die zylindrische Fläche, auf welcher die Dicken des Keils, einen Halbmesser der Kugel höher als sie wirklich sind, eingegraben sind, so daß demnach die Zahl, welche dem Rande des Mörsers correspondirt, die Dicke des Instrumentes an dem Orte, wo es die Kugel berührt, anzeigt; mithin dient es die Größe des Spielraumes zu bestimmen.

Wäre jedoch der Spielraum so vergrößert, daß das Ende des Keils bis an den Ort, wo der Halbkreis der Seele anfängt, sich einstecken ließ, so müßte man in die Kammer einen Zylinder einbringen, welcher hoch genug wäre, um damit das Werkzeug nur allein durch seine Dicke aufgehalten würde. In diesem Falle würde die den Spielraum angebende Zahl, nicht der Mündung des Mörsers correspondiren, sondern um eben so viel höher stehen, als die Erhöhung der Kugel mehr, als bei dem gewöhnlichen Zylinder beträgt. Findet dieses statt, so muß man auf der Mündung des Mörsers, und gegen die krumme Fläche des Maaßstabes, eine der vermehrten Erhöhung des Zylinders gleiche Erhöhung anbringen, und es wird die Zahl, welche dem oberen Rande des Aufsatzes entspricht, die Größe des Spielraumes anzeigen.

Das zur Verifikation der Zündlöcher dienende Instrument, gleicht einer Sonde der Wundärzte, die sich in einen zylindrischen Knopf aus Stahl von 2,21648 Linien im Durchmesser endigt. Kann man diesen Knopf in das Zündloch hineinbringen, so kann der Mörser nicht eher gebraucht werden, als bis man diesem Fehler abgeholfen hat.

Zur Prüfung der Mörser bei der Aufnahme, hat man zwei Sonden, welche sich von der ersten, nur durch den Durchmesser des Knopfes unterscheiden. Die erste, mit Nummer 1 bezeichnet, hat einen Knopf von 1,773184 Linien im Durchmesser; die zweite, Nummer 2. hat 1,817513 Linien im Durchmesser. Die erste muß mit Reibung, die zweite darf gar nicht in das Zündloch eindringen.

Zur Prüfung der Aufnahme für die Kugeln, hat man zwei Kugellehren, die eine von 6 Zoll 11,00463 Linien; die andere von 6 Zoll 10,56133 Linien. Die Kugel muß mit Reibung durch erstere, hingegen gar nicht durch die zweite hindurchgehen.

Diese Prüfungen werden bei einer Temperatur vorgenommen, die nicht unter 12° nicht über 22° nach der hunderttheiligen Skale ist; auch darf die Temperatur der Kugel binnen 24 Stunden diese Gränzen der Temperatur nicht überschritten haben.

Pulverproben für das Jagdpulver.

Pulverprobe mit dem gezähnten Rade.

(Tafel XVIII. zu Seite 432.)

Figur 1.

Beschreibung.

a. Die Kammer, in welche das zu probirende Schießpulver geschüttet wird.

b. Zum Verschließen derselben dient die Fortsetzung eines gezähnten Rades cc, dessen Mittelpunkt der Bewegung in d ist.

e. Eine Feder, welche in die Zähne am Umfange des gezähnten Rades eingreift, und den verschließenden Theil auf der Mündung der Kammer festhält.

Gebrauch.

Will man die Probe laden, so zieht man die Feder, vermittelst der Stange f, welche sie umfaßt, und der Schraubenmutter g, welche an das Ende der Stange angeschraubt ist, zurück. Die Feder wird zusammengedrückt, und der verschließende Theil wird frei, so daß man jetzt das Pulver in die Kammer schütten kann, welche man damit gestrichen anfüllt. Hierauf bedeckt man sie vorsichtig mit dem verschließenden Theile, läßt alsdann die Stange f los, und erlaubt der Feder frei ihren Druck auf die Zähne des Rades auszuüben, und mithin den verschließenden Theil fest auf die Mündung des Laufes zu drücken. Man schüttet Pulver auf die Pfanne, und drückt ab, wie bei einer Pistole.

Wirkung.

Die Detonation des in der Kammer eingeschlossenen Pulvers, stößt den verschließenden Theil fort, und nöthigt ihn irgend eine krumme Linie bhi zu beschreiben, welche durch die Anzahl von Zähnen des Rades, die durch Fortstoßen des verschließenden Theiles über die Spitze der Feder hingegangen sind, gemessen wird.

Pulverprobe von Regnier.

Zu Seite 433.

Figur 2.

Beschreibung.

a. Ein kleiner Behälter, welcher 18 Gran feines Jagdpulver faßt.

b. c. Feder, welche von einem überzwerchgehenden Kreisbogen gespannt wird, dessen eines Ende an dem Schenkel b der Feder befestigt ist, indem das andere, durch einen Spalt in dem Schenkel c hindurchgeht, und sich in einen Stöpsel e endigt, welcher zum Verschließen der Mündung des kleinen Pulverbehälters dient, wo er einen Druck von sechs Pfunden ausübt. An dem hintersten Theile des Pulverbehälters befindet sich ein zweiter überzwerchgehender Kreisbogen f, welcher mit dem ersten parallel ist. Er hat einen freien Durchgang durch eine Spalte, die sich an dem unteren Theile des Schenkels b der Feder befindet. Auf einer der Flächen des Kreisbogens ist eine Eintheilung in dreißig Theile angebracht, von denen jeder ein Gewicht von zwei Pfunden bezeichnet, welches das Maaß ist, das dieser Eintheilung zum Grunde liegt; noch ist ein Ring und ein Haken an diesem Instrumente befindlich, ersterer an dem Auge des verschließenden Theiles, letzterer am Ende des eingetheilten Bogens.

g ist ein Messingdraht, dessen eines Ende an der Schraube h befestigt ist, das andere aber frei durch den Schenkel b der Feder hindurchgeht. Der Draht geht zugleich durch ein kleines rundes Stück glatten Maroquin i, das ein Zeiger ist, die verschiedenen Grade der Zusammendrückung der der Feder angiebt.

Gebrauch.

Um die Probe zu laden, drückt man die Feder an den beiden Enden bc, damit derjenige Theil, welcher die Mündung des Pulverbehälters verschließt, frei werde. Der Schenkel b wird in b′, und der Kopf des verschließenden Theiles nach e′ kommen. Man erhält das Instrument mit Hülfe eines mit einem Kopfe versehenen Stiftes j in dieser Lage, welchen man in das Loch k steckt. Nunmehr kann man vermittelst einer gebogenen Karte den Pulverbehälter mit Pulver füllen. Dieser wird ganz angefüllt, die Ladung mit einem Bleche glatt gestrichen, und hierauf der verschließende Theil sanft darauf gelegt. Der Zeiger i wird an den Schenkel b der Feder gelegt, es wird Pulver auf die Pfanne geschüttet, und dieses mit einem Stückchen Schwamm, oder einer Stoppine entzündet.

Wirkung.

Das sich entzündende Pulver stößt den Deckel

zurück; der Schenkel b der Feder, nähert sich dem anderen Schenkel, und treibt den Zeiger i vor sich her, welcher auf dem Bogen der Eintheilung, die Größe der dem Deckel ertheilten Bewegung, mithin die Kraft der der Probe unterworfenen Ladung anzeigt.

Probe mit Kugeln von Hoer.

Zu Seite 435.

Figur 3 und 4.

Beschreibung.

Die Gestalt dieser Probe kann mit der einer senkrechten Zange, deren oberer Theil (das Maul, machoires) durch zwei horizontalliegende Kanonen aa gebildet wird, verglichen werden. Die Mündungen dieser Kanonen stehen einander entgegen, und ihr Kaliber ist verschieden, damit man nach Verschiedenheit der Größe des Kornes des zu probirenden Pulvers, sich der einen oder anderen bedienen könne. Durch diese Einrichtung erhält man gleichsam eine doppelte Probe.

Bedient man sich der einen Kanone als Probe, so dient die andere dazu, sie zu verschließen. Dieses geschieht vermittelst eines zylindrischen Stückes Eisen b, welches die Seele derselben ausfüllt, während die Mündung mit einem Schließblech, dessen Durchmesser dem äußeren Durchmesser der Kanone gleich ist, verschlossen wird.

Der Mittelpunkt des Gewindes (Charniers) ist in c, und die beiden Arme dd endigen sich in zwei Kugeln ee, daher hat man diese Pulverprobe, die Pulverprobe mit den Kugeln genannt.

Sie ist auf einem hölzernen Gestelle ff befestigt, welches wie ein Pfeiler gestaltet ist. An seinem oberen Theile ist ein kupferner Kreisbogen gg angebracht. Auf der Fläche dieses Bogens befindet sich eine doppelte Eintheilung, und auf derselben Axe, wie die des Gewindes, sind zwei Nadeln hh, welche als Zeiger dienen, die auf dem getheilten Bogen, die Entfernung der beiden Aerme angeben.

Gebrauch.

Will man eine der beiden Seiten der Probe, z. B. die Kanone rechter Hand, laden, so hebt man den linken Arm in die Lage a'e', und erhält ihn in derselben dadurch, daß man einen Stift in das Loch k steckt. Der Stift ist besonders in j abgebildet. Man füllt die kleine Kanone a' bis an die Mündung mit Pulver, und streicht dieses mit einem Blech glatt; hierauf hebt man den Arm i in die Höhe, zieht den rechten Arm gegen die Linke bis seine Kanone, die der Probe verschließt, und läßt alles in eine senkrechte Lage kommen. Man schüttet alsdann Pulver auf die Pfanne, und entzündet es mit einem Stücke Schwamm oder einer Stoppine.

Wirkung.

Durch die Detonation des Pulvers werden beide Kanonen von einander entfernt, mithin auch die beiden Aerme, um irgend eine Größe, welche durch die beiden Nadeln, die sie zugleich bis auf eine gewisse Entfernung an dem getheilten Gradbogen mit sich fortführen, wo sie dieselben lassen angezeigt wird. Der Gang beider Nadeln muß auf beiden Seiten gleich seyn. Wäre dieses nicht der Fall, so könnte man dieses leicht durch die Stellung der Kugeln, die mam vermittelst der Schraube l nach Belieben stellen kann, bewirken. Bequem läßt sich diese Probe vermittelst der Handhabe mm tragen.

Hydrostatische Probe von Regnier.

Figur 5.

Zu Seite 436.

Beschreibung.

a. Ein Eimer von Eisenblech, welcher innen und außen mit Oelfarbe angestrichen ist.

bb. Vier Träger von Messingdraht, die mit Schrauben an einen Kreis von Eisenblech, welcher sich am oberen Theile des Eimers befindet, befestigt sind.

Diese vier Träger tragen eine runde Scheibe von Messing, welche mit einer runden Oeffnung versehen ist.

c. Eine eingetheilte Röhre aus polirtem Messing, welche frei durch die Oeffnung der Scheibe hindurchgeht.

d. Der zum Eintauchen in das Wasser bestimmte Theil des Instrumentes aus weißem Eisenblech, welcher gefirnißt, an der Röhre e befestigt und an seinem unteren Theile e belastet ist.

f. Ein kleiner Mörser aus Eisen, der sich an dem oberen Theile der Röhre befindet, bestimmt das zu probirende Pulver aufzunehmen.

ggg. Derselbe Mörser besonders dargestellt.

h. Ein Zeiger aus einem sehr feinen Messingdraht, welcher sich im Innern der Röhre befindet, um den Grad des Eintauchens des Tauchers (d) anzuzeigen.

i. Kratzbürste, um das Innere und die Mündung des Mörsers zu reinigen.

Gebrauch.

Man füllt den Eimer bis auf zwei Drittheile mit Fluß- oder Regenwasser an.

Bringt den mit seiner Röhre und seinem Mörser versehenen Taucher in denselben.

Man gießt so lange Wasser in den Eimer hinzu, bis die Röhre sich am Rande des Ringes, welcher die eingetheilte Röhre in der Mitte des Eimers senkrecht erhält, bis auf Null erhebt.

Den Mörser stellt man an den oberen Theil der Röhre. Wenn alles so angeordnet ist, so schüttet man ein Quentchen Pulver in den Mörser, welcher dadurch nun bis auf die Hälfte angefüllt wird.

Ohne irgend einen Pfropf aufzusetzen, bringt man eine Stoppine an, welche aus der Mündung herausgeht, um das Pulver zu entzünden.

Die Stoppine bestehet aus einem starken Faden Baumwolle, der mit einer Mischung aus Mehlpulver und Alkohol getränkt worden.

Der Zeiger wird hierauf auf Null gestellt, und die Stoppine angezündet.

Wirkung.

Das entzündete Pulver ertheilt der eingetauchten Röhre einen Rückstoß, wodurch diese genöthigt wird, sich in das Wasser bis auf eine gewisse Tiefe einzutauchen, welche durch den Zeiger, der auf der eingetheilten Skale zurück geblieben isst, angezeigt wird.

Dieser Probe kann man sich in einem Ziimmer bedienen. Regnier vergleicht das Geräusch,, welches sie macht, mit dem, welches durch eine heftig zugeworfene Thüre verursacht wird.

Pulverprobe mit der gezähnten Stange.

Zu Seite 437.

Figur 6.

Beschreibung.

a. Ein hölzerner Klotz, auf welchem die Probe befestigt ist.

bb. Zwei gleichlaufende, senkrechte eiserne Stangen.

c. Eine Haube von Kupfer, welche diese beide Stangen verbindet.

d. Ein kleiner eiserner Mörser, der genau in der Mitte zwischen ihnen steht.

e. Eine Masse aus Kupfer, durch deren beide hervorragende Stücke, welche mit einem zylindrischen Loche durchbohrt sind, die beiden Stangen bb hindurchgehen. Dieser Theil der Probe dient zum Verschließen des kleinen Probirmörsers.

f. Eine eiserne, an beiden Seiten gezähnte Stange, welche mit der kupfernen Masse e zusammenhängt, und mit ihr steigt und fällt.

gg. Eiserne Federn, welche als Sperrkegel bei der doppelt gezähnten Stange dienen; durch zwei kleine stählerne Bleche h, welche an ihrem unteren

Theile federn, werden sie stets wieder in die Zähne der gezähnten Stange zurückgebracht.

i. Ein kleiner Läufer, welcher sich frei längs der Länge nach durchschnittenen Stange, die sich an der gezähnten Stange befindet, bewegt. In der Oeffnung des Querstückes sind zwei gekrümmte Stahlbleche, durch welche die harte Reibung zwischen den Flächen jener Oeffnung, und den Zähnen der gezähnten Stange beim Auf- und Niedersteigen der Masse vermieden wird. Bei k sieht man einen Mörser von größerem Kaliber, den man an die Stelle dessen, der in der Figur verzeichnet ist, setzen kann, um die Proben nach der Verschiedenheit der Größe des Kornes abzuändern. Man schraubt diesen Mörser in ein eisernes Band ein, welches das Gestelle der Probe umgiebt.

Gebrauch.

Wenn man diese Probe laden will, so hebt man die Masse e, so wie die gezähnte Stange f in die Höhe, bis sich alles in der Lage e'f' befindet, wo es vermittelst der Federn gg festgehalten wird.

Man füllt den Mörser d mit Pulver gestrichen voll, läßt hierauf den ihn verschließenden Körper sanft niederfallen, nachdem man vorher die beiden Federn der gezähnten Stange in die Höhe gehoben, und sie aus den Zähnen ausgelöst hat. Den Läufer i stellt man unter das Querstück, welches die beiden Stangen verbindet.

Die Entzündung des Pulvers geschieht vermittelst einer Stoppine, auf eine der bei der vorhergehenden Probe beschriebenen, ähnliche Art.

Wirkungen.

Die Detonation der Ladung hebt die Masse e in die Höhe, und stößt sie senkrecht von unten nach oben fort, wo sie, vermöge der an ihr befindlichen gezähnten Stange, hängen bleibt. Der Läufer zeigt genau, auf der eingetheilten Skale, die Größe der Bewegung an, welche der Masse mitgetheilt wurde.

Dieser kleine Läufer ist eine Verbesserung, welche Herr Hoer an dieser Pulverprobe angebracht hat. Bei der älteren Einrichtung begnügte man sich, die Größe der Bewegung aus der Anzahl von Zähnen zu bestimmen, welche sich aus den Federn ausgelöst hatten; allein hiebei wurden die Brüche der Zwischenräume von einem Zahne zum andern, nicht in Anschlag gebracht; auch wurde häufig dadurch ein Irrthum veranlaßt, daß die Federn, nachdem die Masse in die Höhe gehoben worden, nicht schnell genug in die Zähne eingriffen, wodurch dieselbe wieder um einige Zähne zurückfiel, wobei zugleich häufig die Spitzen der Zähne an der gezähnten Stange beschädigt wurden.

Beschreibung der Pulverprobe von Darcy.

(Tafel XIX., zu Seite 438.)

AA. Linie des Terrains, von unten herauf; an derselben befindet sich in Mauerwerk eingelassen ein starker Rahmen, welcher dem Apparate der Probe zur Grundlage dient.

BB. Aufrecht stehende senkrechte Pfosten, von dem unteren Theil nach dem oberen, in der Rich-

tung

tung der Schußlinie divergirend, Fig. 1. und senkrecht in der anderen Richtung Fig. 2.

CC. Verbandstück, welches an dem oberen Ende der Pfosten eine Einfassung bildet.

aa. Eisenknacken, welche auf dem Verbandstücke CC ruhen und in der Richtung der Länge, oder der Schußlinie festgeschraubt sind.

bb. Stützen, welche die Gestalt eines Winkelmaaßes haben; sie sind gleichfalls festgeschraubt, und an die Eisenknacken aa angelehnt.

cc. Zwei parallele eiserne Querbänder, welche auf den beiden Eisenstücken aa liegen, und an jedem Ende zwischen den beiden Stützen bb (Fig. 2.) festgehalten werden.

dd. Doppelte Querhölzer, welche die ersten kreuzen, und dieselben vermittelst Schrauben ee fest zusammenhalten.

f. Ein anderes eisernes Querband auf den beiden Bändern dd ruhend, die Einschnitte g liegen auf scharf zulaufenden Unterlagen.

h. Stellschraube (Fig. 2.) um den Queerbändern cc. die möglichst horizontale Lage zu geben.

DD. Ein starker eiserner Rahmen, welcher durch die Axe f hindurchgeht, in welcher er durch den Pflock i festgehalten wird, und dem Laufe der Probe G als Unterlage dient.

EE, E'E', Verlängerung des eisernen Rahmens, an der eine eiserne Kugel befindlich, welche Fig. 1 und 3. von vorne, Fig. 2 und 4. im Profil darstellen. Diese Verlängerung ist abgebrochen dargestellt, um die Höhe des Apparates zu vermindern; ihr Zweck ist, mit der Kugel im Gegengewicht für den Lauf der Probe zu bilden.

FF. Doppelte eiserne Bügel, welche durch Schrauben an den Hauptpfosten DD befestigt sind, und welche sich nach unten entfernen, um dem Laufe zu Trägern zu dienen. Sie umfassen denselben an zwei Stellen in ihrer Länge durch ein halbkreisförmiges Band FHI (Fig. 2.) an dem ein gleichfalls halbkreisförmiger Bügel KLM angebracht ist.

G. Lauf von Kupfer, von welchem der Durchmesser und die Gestalt der Seele, des Zündloches und des hinteren Theiles durch punktirte Linien angegeben sind.

NN. Eine starke hölzerne Bohle, welche an zwei der Pfosten BB vermittelst vier mit Flügeln versehenen Schrauben m und einer stärkeren, jenen entgegengesetzten n (Fig. 2.) befestigt ist. Der Zweck dieser Schrauben ist, die hölzerne Bohle vollkommen zu richten.

opq (Fig. 2.) Ein Stück Kupfer, welches rechtwinklicht in eine der Seiten des eisernen Rahmens DD eingelassen und durch Schrauben vv befestigt ist. Dieses Stück dient dazu, an seinem Ende q seinen Zeiger r, welcher in ein Behältniß s eingeschlossen ist, anzubringen. Er kann sich frei vor und rückwärts, vermittelst einer messingenen Drahtfeder, quer über seinen unteren Boden und den durchbohrten Deckel bewegen. Der Zeiger und sein Behältniß werden in einer horizontalen Lage in einer Büchse q, vermittelst einer Schraube u so festgehalten, daß die Spitze sich gegen den kupfernen Rand OO, welcher in Gestalt eines Kreisbogens in die Bohle NN eingelegt ist, stützt und federt.

Gebrauch.

Will man die Probe laden, so zieht man den Zeiger hinterwärts zurück, und bewegt den Lauf bis nahe an die beiden Pfosten BB (Fig. 2.); hierauf steckt man ein Querholz in die Krammen xx, und hält auf diese Art dieselbe in einer sattsam geneigten Lage, um sie laden zu können. Vermittelst eines kleinen Trichters aus Eisenblech schüttet man ungefähr $2\frac{1}{2}$ Quentchen Pulver in den Lauf, und legt darauf ein rundes Stück Filz, welchem man vermittelst eines scharfen Eisens (Locheisen) genau die Größe von dem Kaliber des Laufes gegeben hat. Diese Scheibe stößt man, vermittelst eines Ladestockes, so weit herunter, bis sie das Pulver berührt, ohne sie jedoch zu scharf aufzusetzen.

Man zieht den Riegel aus den beiden Krammen xx heraus, läßt die Unterstützung des Laufes in ihre senkrechte Lage zurückfallen, stößt den Zeiger vorwärts, so daß er an den kupfernen Rand drückt, den man mit Oel oder Fett eingeschmiert und mit einem Daunenquast bepudert hat; endlich legt man an das Zündloch eine Stoppine, welche man nach Belieben entzündet.

Wirkung.

Die Detonation der Ladung ertheilt dem Laufe der Probe, welche frei schwebt, einen Rückstoß, welcher sie nach vorne und hinten in eine schwingende Bewegung versetzt. Die Größe dieser oscillirenden Bewegung wird durch eine krumme Linie bestimmt, welche der Zeiger auf der mit Fett bestrichenen und bepuderten Fläche des kupfernen Randes beschreibt. Nachdem die schwingende Bewegung aufgehört hat, oder unterbrochen worden, zieht man den Zeiger zurück, und bringt den Lauf in diejenige Lage, in welcher sich derselbe befinden muß, wenn er geladen werden soll. Hierauf mißt man die beschriebene krumme Linie vermittelst eines Stangenzirkels Fig. 7., trägt das Maaß auf den Maaßstab Fig. 8. auf, und urtheilt nach der Größe desselben über den Grad der Stärke des der Prüfung unterworfenen Pulvers.

Kolibri 360 GmbH
Ferdinand-Jühlke-Straße 7
99095 Erfurt, Deutschland
produktsicherheit@kolibri360.de